高等院校木材科学与工程专业教材

木材干燥学

（第3版）

王喜明　主编

朱政贤　顾炼百　张璧光　主审

中国林业出版社

图书在版编目（CIP）数据

木材干燥学/王喜明主编．－3版．—北京：中国林业出版社，2007.2（2017.8重印）
高等院校木材科学与工程专业教材
ISBN 978-7-5038-4155-2

Ⅰ．木… Ⅱ．王… Ⅲ．木材干燥-高等学校-教材 Ⅳ．S781.71

中国版本图书馆CIP数据核字（2007）第035160号

中国林业出版社·教育出版分社

策划、责任编辑：杜 娟

电话：83143553 **传真**：83143516

出版发行 中国林业出版社（100009 北京市西城区德内大街刘海胡同7号）
E-mail：jiaocaipublic@163.com 电话：（010）83143500
网 址：http：//lycb.forestry.gov.cn
经 销 新华书店
印 刷 中国农业出版社印刷厂
版 次 1981年6月第1版（共印6次）
1992年3月第2版（共印6次）
2007年9月第3版
印 次 2017年8月第3次印刷
开 本 850mm×1168mm 1/16
印 张 19.5
字 数 451千字
定 价 39.00元

木材科学及设计艺术学科教材

编写指导委员会

编写人员名单

主　　编　王喜明

副 主 编　苗　平　蔡英春

编写人员（按姓氏笔画排序）

于建芳（内蒙古农业大学）
王喜明（内蒙古农业大学）
杨文斌（福建农林大学）
杨　敏（广西大学）
苗　平（南京林业大学）
金永明（浙江林学院）
常建民（北京林业大学）
蔡英春（东北林业大学）
薛振华（内蒙古农业大学）

主　　审　朱政贤（东北林业大学）
顾炼百（南京林业大学）
张璧光（北京林业大学）

第3版前言

目前我国高速发展的木材干燥事业对专业人才知识结构已经提出新的要求，过去传统的木材干燥技术已被现代化高性能的木材干燥技术所代替，与之配套的相关知识和技能也需要更新，为此再次修订木材科学与工程专业用《木材干燥学》教材。

木材干燥学是木材科学与工程专业的主干课程，是实践性、理论性很强的一门专业课。本教材以木材学和热工学等为理论基础，以木材的常规干燥为主，结合其他干燥方法，重点介绍木材干燥理论、木材干燥工艺和设备。在内容的安排上结合木材干燥技术发展的现状，面向21世纪，本着以板方材的干燥为重点，结合竹材和单板干燥，适当吸收国内外最新研究成果的原则，既总结了我国成熟的木材干燥生产技术和科研成果，又适当介绍了符合我国国情的国外先进的木材干燥技术。

与《木材干燥学》第2版相比，本教材增加了竹材干燥特性与工艺、木材干燥室的CAD设计、单板干燥原理与工艺以及木材干燥智能控制等内容，注重用基础理论解释木材干燥生产实际问题。

本教材由王喜明教授任主编；苗平副教授、蔡英春副教授任副主编。

编写人员及分工如下：

绪论，第3章第3.7节，第7章，第8章由王喜明教授和于建芳编写；

第1章，第13章由杨敏老师编写；

第2章，第11章由苗平副教授编写；

第3章第3.1~3.6节，第9章由常建民教授编写；

第4章，第15章由薛振华副教授编写；

第5章由杨文斌教授编写；

第6章，第10章，第12章由蔡英春副教授编写；

第14章由金永明副教授编写。

本教材请朱政贤教授、顾炼百教授、张璧光教授为主审。全书由内蒙古农业大学王喜明教授汇总和修改，内蒙古农业大学于建芳老师做了大量的文稿整理工作，书中部分图由内蒙古农业大学霍志斌等绘制，在本教材的编写过程中还得到姚利宏、贺勤、左彩香等同志的大力帮助，在此谨向他们表示诚挚的谢意。

由于编者水平有限，书中不足之处，欢迎读者批评指正。

王喜明

2007年3月

第 2 版前言

本书原版脱稿于 10 年前，其间木材干燥工业有了较大发展，科学技术有了较大进步，教学改革也有了较大进展。为了推动我国木材干燥事业的发展，适应新形势的需求，特此修订了本书。

本书的修订，是以高等林业院校木材加工专业教学计划为依据。本着以常规干燥为主兼顾其他干燥方法、理论联系实际、适合国情需要、照顾南北方地区特点、适当吸收和借鉴国外教材内容、采用法定计量单位等原则，力求更新内容、健全体系、加强衔接、弥补遗漏，使本书能适应时代的需要。但由于编者水平有限，经验不足，难于做到恰到好处，一定会有缺点和错误，敬希读者批评指正。

修订本由东北林业大学朱政贤教授主编，参加修订编写人员及分工是：东北林业大学朱政贤（绪论、第一、二、三、四章）、熊民棣（第五章第一、二、三节）；北京林业大学田赞成（第六章）；南京林业大学孙令坤（第七章）、顾炼百（第九、十、十一、十二、十三章）；中南林学院林伟奇（第八章及第五章第四节）。

编　者

1989 年 3 月

目　录

常用符号表

一、希腊字母符号

α　阻尼系数、单位换热系数、水流动系数
β　太阳高度角、充实系数、介质密度
γ　水的表面张力、电阻率
δ　材料壁层的厚度、相对真空度、损耗角
ε　介电常数、相对变形、当辐射系数
η　效率、功率
ρ　密度
σ　应力、均方差
τ　时间
θ　湿润角、无因次温度
λ　导热系数
φ　相对湿度、饱和度、纬度
Ψ　室内外温度差系数
χ　附加热损系数
Φ　热梯度系数、角系数
ω　壁面的空气速度、角频率
y　毛细管张力
Δ_i　隔热层厚度
Δh　阻力差
ξ　阻力系数
κ　补偿系数、壳体的传热系数、消光系数

二、拉丁字母大写体符号

A　两极板的面积、壳体的外表面积
B　蒸发系数
B_i　毕渥准数
C　升温时间系数
COP　除湿机性能系数
COP_s　除湿装置系统的性能系数
D　叶轮直径、扩散系数、换水系数
E　弹性模量、电场强度、电力消耗
F　面积
F_0　傅立叶准数
G　蒸汽消耗量
H　风机压力
I　太阳辐射强度、焓、电流有功分量强度
J　等温过程中水分扩散通量
K　干缩系数
L　长度
M　含水率
P　风机的安装功率、压力、排气道中气流的阻力
Q　流量、风量、热流量、热量、能量
R　气体常数
S　距离
T　热力学温度
V　体积、风机风量
W　质量、功、功率
Y　叉齿变形率

三、拉丁字母小写体符号

a	木材导温系数、宽度
c	电容、比热容、物质的浓度
d	湿含量、直径、板间距离
f	周转次数、挠度、电流的频率、振动频率
h	高度、厚度、时角
l	长度
m	质量、某组分的质量分数
n	数量、混合物组分的摩尔数
p	压力
q	热通量、风量
r	汽化潜热、溶解热、毛细管半径
t	温度
v	比容、速度
y	干缩率

绪　论

干燥是一种传统而古老的通用操作，在自然界、人民生活和工业生产过程中经常可见。特别是在工业生产中从农业、食品、化工、医药、矿产到纸浆造纸、木材工业，几乎所有的产业都有干燥。干燥是一种高能耗的工业操作，在工业产品总能耗中，干燥能耗从4%（化学工业）、35%（造纸工业）到40% ~70%（木材工业）。发达国家的平均干燥能耗占到12%，我国万元GDP能耗水平是发达国家的3 ~11倍，木材干燥的能耗占制品总能源消耗的40% ~70%。以煤为能源的传统干燥过程中产生的废气中含有大量的烟尘、二氧化碳、二氧化硫和二氧化氮，这些气体是造成大气温室效应、酸雨和臭氧破坏的主要因素。因此干燥作业的节能与环保问题变得越来越重要，干燥科学也受到全社会的关注并得到长足的发展。

1　木材干燥学的定义和研究范围

木材干燥（wood drying）指在热能作用下以蒸发或沸腾方式排除木材水分的处理过程。当空气中的水蒸气分压低于该温度下的饱和蒸汽压的时候，水分发生蒸发，而一般湿空气中的水蒸气均为不饱和蒸汽，所以蒸发在任何温度下均可发生。湿原木或湿锯材中含有大量的水分，这些水分从木材表面向周围空气蒸发，木材随时都在干燥之中。当木材在常压下被加热到100℃以上时，就会产生沸腾汽化现象，木材中的水分通过蒸发或沸腾从木材表面排出。工业化木材干燥主要指按照一定的干燥基准有组织有控制的工艺过程，也包括受气候条件制约的大气干燥。

干燥技术的开发及应用需要具备三方面的知识和技能。首先是了解木材的材性如材种、基本密度、干缩率、含水率及木材尺寸等；其次是传递过程的原理，即传热、传质、流体力学和空气动力学等能量传递的原理；第三是掌握干燥的手段，主要是干燥设备、自动控制等方面的工程设计。木材干燥学的研究对象主要为锯材，研究木材与水分的关系，干燥介质（drying medium），木材的干燥特性（drying properties）及其干燥过程中的热、质转移规律；研究实施木材干燥的设备、工艺及其技术经济指标。因此，木材干燥学是一门木材学、热工学、力学、建筑、自动控制等多学科交叉型的应用学科，是木材科学与技术学科领域的一个重要分支。

2　木材干燥的目的及其对于国民经济的意义

木材干燥的目的，概括起来主要有五个方面。

（1）预防木材腐朽变质和虫害。当木材含水率降低到20%以下，或贮存于水中时，可以避免受到白腐菌、褐腐菌、虫等的侵袭。因为菌、虫的寄生需要合适的温度、湿度，以及不可缺少的水分、空气和营养物质等条件，缺一不可。干燥处理破坏了菌、虫寄生的湿度和水分条件，预防木材发生腐朽、变色和虫害。

(2)防止木材变形和开裂。木材经过干燥处理后内部含水率达到与使用环境相适应的程度，在使用过程中几乎不发生大的变化，就能防止木材发生大的干缩和湿胀，从而防止木材的变形和开裂，保持木材形状的稳定性，使木材经久耐用。我国加入 WTO 后，木材制品在全球范围内销售，而世界各地气候条件相差很大。如干旱地区，木材的平衡含水率为 8% ~10%，木材需相应干燥到 7% ~9% 的终含水率。沿海地区，气候潮湿，木材应干燥到 12% ~13%。东北地区使用及出口到北美洲的木制品，因考虑到室内采暖条件的要求，应干燥到 6% ~8% 的终含水率。因此锯材干燥的最终含水率应考虑到制品用途及使用地的平衡含水率。

(3)提高木材的力学强度，改善木材的物理性能。含水率在纤维饱和点以下时，木材的力学强度随着含水率的降低而增高，反之降低。研究结果表明：在含水率为 8% ~15% 范围内，含水率与木材的静曲强度之间呈线性关系。如山毛榉由含水率 30% 降低到 5%，其静曲强度从 80MPa 增加至 140MPa。另外含水率适度降低，可改善木材的机械加工性能，提高胶合和涂饰质量，充分显现木材的花纹、光泽和绝缘性能等。

(4)改善木材的环境学特性。木材经干燥处理后，其内部的水分含量与周围环境的水分含量相平衡，进一步改善了木材的视觉特性、触觉特性、听觉特性、嗅觉特性和调节特性，使木材与环境更加和谐，与人类更加亲近。

(5)减轻木材的质量。经过干燥的木材，质量可减轻 30% ~50%。如在木材产地就近制材，并将锯材干燥到运输含水率(20%)，然后外运，会减少大量运输吨位，从而降低运费。同时可防止木材运输途中遭到菌、虫危害，保证木材的质量和安全运输。

木材干燥是合理利用木材、节约木材、延长木材使用寿命的重要技术措施，是木材加工生产中的重要工序。木材干燥涉及的行业很多，包括家具、室内装饰、建筑门窗、车辆、造船、纺织、乐器、军工、机械制造、文体用品、玩具等，几乎所有使用木材的部门都要进行干燥。木材干燥对于合理、节约利用我国有限的森林资源，保持生态平衡，对于发展国民经济和现代化建设都具有非常重要的意义。

3 木材干燥的方法

木材干燥的方法很多。按照木材中水分排出的方式分为三种：即热力干燥、机械干燥和化学干燥。热力干燥是通过分子振动以破坏水分子与木材之间的结合力，而使水分子以蒸发或沸腾的方式排出木材的方法；机械干燥是通过离心力或压榨作用排出木材中水分的方法；化学干燥是使用吸水性强的化学品(如氯化钠等)吸取木材中水分的方法。其中，机械干燥和化学干燥由于存在严重缺点，除偶尔用做辅助的干燥方法外，极少采用。实际木材干燥生产过程采用的都是热力干燥。

热力干燥按干燥条件人为控制与否可分为大气干燥(简称气干，也称作天然干燥)和人工干燥两类。大气干燥是利用自然界中空气的热能、湿度和风力对木材进行干燥；

人工干燥是利用专用设备，人为控制干燥过程的方法，其中包括人为提高气流速度的大气干燥法——强制气干。

根据木材加热方式不同，热力干燥又可分为对流干燥、电介质干燥、辐射干燥和接触干燥。对流干燥是以干燥介质流动将热量传给木材的干燥方法。根据干燥介质不同，对流干燥还可分为湿空气干燥、过热蒸汽干燥、炉气干燥、有机溶剂干燥等。其中以湿空气为介质的干燥方法包括大气干燥、常规室干、除湿干燥、太阳能干燥、真空干燥等。电介质干燥包括高频干燥和微波干燥，是将湿木材作为电介质，置于高频或微波电磁场中干燥木材的方法。辐射干燥主要指红外线干燥，木材热能是由加热器辐射传递的。接触干燥是通过被干木材与加热物体表面直接接触传导热量并蒸发水分的方法。

(1)大气干燥(简称气干)。即把木材堆垛在空旷场地上或棚舍内，利用大气作传热传湿介质，利用太阳辐射的热量，排除木材中的水分，达到干燥目的。气干又分为普通气干和强制气干。强制气干时间比普通气干缩短 1/2～2/3，且木材不致霉烂变色，干燥质量较好，但干燥成本约增加 1/3。大气干燥的优点是：简单易行，节约能源，比较经济，可满足气干材的要求。若与室干等其他干燥方法相结合，还可缩短干燥时间，保证干燥质量，降低干燥成本。缺点是受自然条件的限制，干燥时间较长、干燥终含水率偏高，占用场地大，气干期间木材易受菌、虫危害等。目前，单纯的大气干燥使用渐少，但作为一种预干法与其他干燥方法相结合，在我国南方地区还是经济可行的。

(2)室干。指在干燥室内人工控制干燥介质的参数对木材进行干燥的方法。按照干燥介质温度的高低可分为低温室干、常规室干及高温室干。应根据被干木材的树种、厚度、用途等条件，正确选用适当的室干方法。室干的优点是干燥质量好，干燥周期较短，干燥条件可灵活调节，便于实现装卸、搬运机械化，干燥介质参数调节自动化，木材可干燥到任何终含水率。缺点是设备和工艺较气干复杂，投资较大，干燥成本较高。

(3)除湿(热泵)干燥。与室干的区别是将湿热空气部分流过除湿机，先经冷却使部分水蒸气冷凝成水排出，同时回收水蒸气的汽化潜热；经冷凝后湿空气变干，再经加热后流入材堆，干燥木材。除湿干燥的优点是能量消耗显著低于常规室干，特别是在干燥过程的前期；基本没有环境污染，干燥质量较好。缺点是普通干燥湿度较低，干燥周期长；由于采用电能，干燥成本较高；一般无蒸汽发生器，难以进行调湿处理。

(4)真空干燥。即在密闭容器内、在负压条件下对木材进行干燥。按作业方式可分为间歇真空干燥和连续真空干燥两种。间歇真空干燥是按常压加热和负压干燥两个阶段交替进行，用蒸汽或热水加热，也有少数用烟气或电加热。连续真空干燥是加热和真空同时连续进行，用热板(以热水为热媒)、电热毯或高频电介质加热。真空干燥的优点是可以在较低的温度下加快干燥速度，保证干燥质量，特别适合于渗透性较好的硬阔叶树厚板或方材的干燥。缺点是设备较复杂，容量较小，投资较大。

(5)太阳能干燥。太阳能干燥是利用集热器吸收太阳的辐射能加热空气，再通过空气对流传热干燥木材。太阳能干燥室大致可分为温室型和外部集热器型。太阳能干燥室的干燥速度一般比气干快，比室干慢，因气候、树种、集热器的结构和比表面积等而异。太阳能干燥的突出优点是：节约能源，可利用取之不尽的太阳能，没有环境污染；运转费较低；干燥降等比气干少，终含水率比气干低，干燥质量较好。缺点是受气候影响大，高纬度地区冬季干燥效果差；设备投资与室干相仿，但干材产量却比室干少得多。

(6)高频、微波干燥。是将湿木材作为电介质，置于高频或微波电磁场中，在交变电磁场作用下，木材中水分子随电场的变化和不断振动，摩擦生热，干燥木材。微波的频率远高于高频电磁波的频率，对木材的加热干燥的速度也快得多；但对木材的穿透深度不如高频电磁波。高频干燥的应用趋向于联合干燥，如高频－对流联合干燥，高频－真空联合干燥等。高频与微波干燥的优点是木材内外同时均匀加热，干燥速度很快，干燥质量好，可以保持木材的天然色泽等。缺点是使用电能作热源，干燥成本高，设备投资及维修费用较大。

(7)热压(压板)干燥。将木材置于热压平板之间，并施加一定的压力进行接触加热干燥木材。特点是传热及干燥速度快，干燥的木料平整光滑。但难干的硬阔叶木材干燥时易产生开裂、皱缩等缺陷。此法适合于速生人工林木材的干燥，可以有效地防止木材的翘曲，还可增加木材的密度和强度。

4 木材干燥技术进展

人类应用干燥技术的历史源远流长，我们的祖先在6000年前就开始应用干燥技术制作陶瓷和晒盐。许多古老的干燥技术至今还在应用。例如应用太阳能和风能的天然干燥技术仍在粮食、盐业、木材工业等方面普遍应用。可以说，干燥技术从诞生起就一直是人类发展生产、改善生活的重要手段。新中国成立前，我国工业落后，木材干燥行业根本无从谈起。木材干燥主要靠大气干燥、烟熏干燥和烟道干燥。蒸汽加热的自然循环干燥都很少，强制循环室极少。木材干燥作业分散在工匠之中，依附于作坊之内。

新中国成立前夕的1948年，上海日晖港木材供应站从美国引进一间长轴型砖混壳体蒸汽加热木材干燥室。新中国成立后，20世纪50～60年代在前苏联专家的指导下，在东北等地区建设了一批喷气型木材干燥室，在北京、上海和哈尔滨等地建设了一批长轴型干燥室。但这种干燥设备对设计和安装要求较高，电力消耗大，因此，逐渐被淘汰。为克服长轴型干燥室安装、维修不方便的缺点，于20世纪50年代又在上海新建了短轴型干燥室，并在华东地区推广。1964年天津机械木型厂建设了侧向通风型木材干燥室。适宜于中、小型企业使用，在华北和南方有一定程度推广。为解决侧向通风室气流循环不均匀的问题，在学习芬兰经验的基础上，1979年南京等地建设了端风机型干燥室，然后在中小企业普遍推广。新中国成立后的30年间，木材干燥工业与国民经济同步发展。兴建了大量的木材干燥室。东北林业大学的朱政贤教授在20世纪70年代中期对我国重点地区的木材干燥现状进行了调查，调查结果表明：在各类木材干燥室中周期式占98.2%，连续式占1.8%；在周期式干燥室中，强制循环占75%，自然循环占25%。据估计，到1979年干燥室的设计生产已达到锯材年生产量的15%。

改革开放以来，我国木材干燥事业得到了飞速的发展。目前已成为一个完善的行业体系。尤其近几年，随着我国木材用量的逐渐增多，木材干燥市场可谓繁荣昌盛，给我国木材干燥工业的快速发展带来了良好的契机。目前，我国木材干燥工业具有以下特点：

(1)木材加工企业的干燥意识增强。靠简单气干或熏烤干燥木材不能保障木制品的质量，这已经是木材加工企业的共识。企业在干燥设备上的投资力度明显加大。另外干燥已不单纯是木材加工企业服务自身的一个车间工段，而是成为一个相对独立的产业，干燥木材已走向市场。目前我国在绥芬河、满洲里等一些木材集散地建设了近百家木材干燥专营企业，为社会提供干燥好的木材。

(2)干燥方法呈现以常规干燥为主，除湿干燥、太阳能干燥、真空干燥、高频干燥、微波干燥、炉气干燥等其他干燥方法并存的多样化格局。其中，木材干燥专营企业多采用大容量常规干燥，木材加工企业的自用干燥室则由于其所干木材树种、数量、质量要求、地理位置等不同，在干燥方法上各不相同、干燥室容量大小兼有。

(3)集中加工、集中干燥的局面初步形成。随着我国“天然林资源保护工程”的实施和木材用量的逐年增多，进口木材量不断增大。原木外运受运输成本和口岸城市运力的限制，迫使木材加工企业纷纷到口岸城市落户或建立原材料加工基地。这在客观上形成了集中加工、集中干燥的木材城。而这正是国际推崇的经营模式，从这个意义上说，我国木材干燥工业已经走上了良性发展之路。

(4)干燥能力持续增长。以绥芬河市为例，1998 年有干燥室 4 间，总设计装材量为 $300m^3$；2002 年有干燥室 126 间，总设计装材量为 $9925m^3$；到 2004 年，干燥室近 400 间，总设计装材量约 $32\,000m^3$。

(5)干燥设备科技含量不断增加，性能不断提高。新建干燥室多采用全金属壳体，“三防”室内电动机，复合管高效加热器，吊挂式单扇大门，自动和手动双重检测与控制系统，叉车装卸。使干燥室的防腐性、工艺性、保温性、密闭性、可靠性都有明显提高。

(6)木材干燥规范化管理标准基本齐备。近 20 年来，我国先后颁布了《锯材干燥质量》、《锯材窑干工艺规程》、《锯材气干工艺规程》、《木材干燥工程设计规范》、《木材干燥术语》、《锯材干燥设备通用技术条件》、《锯材干燥设备性能检测方法》、《木材干燥室(机)型号编制方法》等标准和规范，使我国木材干燥技术的规范化发展有法可依，并使我国木材干燥设备逐渐走向标准化。

我国木材干燥工业在与国际接轨、高速发展的同时，也还存在一些不容忽视的问题，主要表现在：

(1)木材干燥设备的标准化和规范化还需进一步提高，干燥设备市场管理不够规范。

(2)缺少木材干燥技术管理与操作人员，现有人员文化和技术水平偏低，对干燥过程的控制、质量检验、设备维护、事故处理等方面能力较差。

(3)国家标准和规范的执行力度不够。虽然国家早于 1986 年就颁布了《锯材干燥质量》的国家标准，其他一些与木材干燥有关的标准和规范也陆续颁布和实施，但由于干燥技术人员和客户对该标准理解不透或约定不清，经常出现质量争议，造成不应有的纠纷，这将影响木材干燥工业的健康发展。

(4)节能和环保意识不强。能源消耗是木材干燥的主要成本因素，尤其是超大规模的木材干燥企业，节能增效潜力极为可观，但目前极少有干燥企业在这方面采取措施。

2006 年我国提出建设节约型社会，并有相应的政策措施出台，这为木材干燥工业节能工作提供了良好的发展契机。

据有关资料统计，目前我国干燥材占锯材总量的 30% 左右，而美国西部达 60%。近几年我国木材干燥工业的快速发展虽然使锯材干燥率明显提高，但远没有达到发达国家水平。随着国际能源战略的实施，国内外木材加工工业化程度的不断提高和电子技术、节能技术、材料技术的快速进步，木材干燥技术也向高效和绿色干燥的方向发展。除湿干燥、太阳能干燥等节能型干燥新技术将得到广泛应用，常规干燥设备将在工艺性、保温性、密封性、防腐性进一步增强，干燥成本降低，干燥质量和经济效益大为提高，为木材工业产品质量的提高奠定了基础。

未来木材干燥的发展集中体现在以下几方面：

(1)实施组合、智能型木材干燥，发展资源节约型木材干燥事业。在常规设备的基础上研制和推广创新设备，由单一干燥设备和单一干燥参数的粗放型木材干燥向由多种干燥设备，在不同干燥参数下，多级组合而成的智能型、精准型木材干燥发展。联合干燥技术是今后发展的重点，联合干燥可综合不同干燥方法的优点，取长补短，是木材干燥技术发展的重要方向。根据德国资料介绍，大容量直接室干比气干后再室干每立方米投资费用高 8%，干燥成本高 6%。由此可见气干 - 室干联合干燥的优越性。同样微波/高频 - 真空联合干燥、除湿 - 太阳能联合干燥等都具有良好的节能效果。逐步实施精准型木材干燥技术，木材干燥的精准包括设备、工艺、测试和控制等几个方面。同时逐渐向木材干燥生产的规模化和专业化迈进。

(2)充分利用可再生资源。木材干燥能量消耗约占木制品生产能耗的 40% ~70%。因此降低木材干燥的能源消耗，开发新能源，对节约能源、降低成本具有重要意义。我国可再生的生物质能源十分丰富，木材干燥行业要充分利用木材加工剩余物、农作物秸秆等生物质能源和其他二次能源(如电厂废水、锅炉烟气等)。

(3)全面多层次的节能技术改造也是今后木材干燥事业发展的重点。全面节能包括过程节能、单元设备节能和系统节能。过程节能可通过优化干燥工艺来缩短干燥时间达到节能的目的；单元设备节能包括干燥室主体的密闭性、气流循环均匀性，供热系统设备的精准型控制与维修等；系统节能是指从整个木材加工企业用能系统全局出发，优化系统用能，做到能质匹配，能量梯级利用。

(4)建立与完善木材干燥设备的综合评价与行业标准。建立一个集能效、环境与干燥品质为一体的干燥设备综合评价准则，逐步完善行业标准，加强对木材干燥设备生产企业的监督管理，正确引导木材干燥设备市场。

第 1 章

木材干燥与载热介质

所谓干燥介质，是指在干燥过程中将热量传给木材，同时将木材排出的水气带走的媒介物质。在木材干燥技术中所采用的干燥介质主要有过热水蒸气、湿空气、炉气等。本章是在学习了《热工学》的基础上，对上述干燥介质的性质作必要的阐明和补充。

1.1 水蒸气

水蒸气按其存在状态可分为湿饱和蒸汽、干饱和蒸汽和过热蒸汽。

下面通过一个实验说明这三种水蒸气的存在状态。

设有 1kg 温度未达到沸点的水装在一个带有活塞的汽缸内，活塞上压一重块，这样汽缸中的水就处于一定的压力下，当水被加热时，水(或水蒸气)的状态将不断发生变化，但其压力恒定不变。

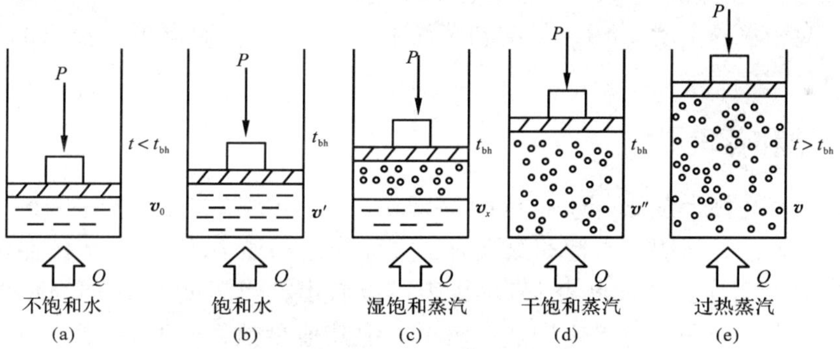

图 1.1 水蒸气定压状态变化示意图

如图 1.1(a)所示，对容器中 1kg 温度为 0℃、压力为 p 的水加热，随着水温不断上升，体积也稍有增加，但因水的膨胀性很小，体积增加极微。此时水几乎不蒸发，称这种水为不饱和水。

如对容器中的水继续加热，当达到某一温度时，水就开始沸腾，如图 1.1(b)所示。这时的水为饱和水，此时的温度为该压力下相应的饱和温度，用符号 t_{bh} 表示。一定的压力对应有相应的饱和温度，通常所说的沸点特指常压下水的饱和温度。

对饱和水继续加热，则水不断汽化，但容器中的饱和水和水蒸气温度并不升高，始终保持开始沸腾的温度 t_{bh}，只是汽缸中的水量逐渐减少，蒸汽逐渐增多，体积明显增大，如图 1.1(c)所示。这种在汽化过程中形成的水、汽两相混合物称为湿饱和蒸汽。

对湿饱和蒸汽继续加热，最后水全部变成了蒸汽，白色雾状气体消失，容器变得透明，但温度没有升高。如图 1.1(d)所示，这时的蒸汽称为干饱和蒸汽。

对干饱和蒸汽再继续加热，不仅比体积增大，温度也升高，由饱和温度 t_{bh} 上升为 t_{gr}，如图 1.1(e)所示，这种状态的蒸汽称作与该压力相应的过热蒸汽。

从上述水蒸气的定压状态变化过程可以看出：湿饱和蒸汽和干饱和蒸汽如果向外界提供热量，将马上凝结成水，也不能吸收外界水蒸气，因此不可能作为干燥介质，只有过热蒸汽才有吸湿能力可以容纳更多的水蒸气分子而不致引起凝结。因此，水蒸气中能直接作为干燥介质的只有过热蒸汽。

过热蒸汽的状态与湿饱和蒸汽和干饱和蒸汽密切相关，因此下面将三者的性质和参数逐一介绍。

1.1.1　湿饱和蒸汽

湿饱和蒸汽简称湿蒸汽(wet saturated steam)，是在汽化过程中形成的汽、水两相混合物，亦即含有悬浮沸腾水滴的蒸汽，呈白色、雾状。湿蒸汽状态的确定，需知道其中汽、水的成分比例，通常用干度表示。干度是指 1kg 湿蒸汽中干蒸汽的相对质量，用符号 x 表示，即

$$x = \frac{W_{bh}}{W_w + W_{bh}} \tag{1.1}$$

式中：W_{bh} 为干饱和蒸汽质量；W_w 为饱和水质量。

显然，饱和水的干度 $x=0$，干饱和蒸汽的干度 $x=1$，而湿饱和蒸汽的干度介于 0 和 1 之间。

1.1.2　干饱和蒸汽

干饱和蒸汽简称干蒸汽(dry saturated steam)，是与沸腾水处于相平衡的蒸汽或无沸腾水的蒸汽，无色、透明。干饱和蒸汽的压力称作饱和压力 P_{bh}，相应的温度称作饱和温度 t_{bh}，二者有对应关系，见表 1.1。由表可以看出，当温度不高时，饱和压力很小，随着温度的升高，饱和压力迅速增加。表 1.1 中其他参数：密度 ρ_{bh} 指单位体积的质量(kg/m^3)；比体积 v_{bh} 指单位质量的体积(m^3/kg)；汽化潜热 r_{bh} 指单位质量饱和水蒸发成等温蒸汽所吸收的热量(kJ/kg)；比焓 I_{bh} 为压力与比体积的乘积加上系统内能(kJ/kg)；比焓与汽化潜热之差($I_{bh}-r_{bh}$)即为等温水所含有的热量。由此可以看出，水汽化所需热量远远大于等温水所含有的热量。

在 90～250℃范围内，还可近似地用下列经验公式表示，即

$$P_{bh} = (t_{bh}/100)^4 \tag{1.2}$$

式中：P_{bh} 为饱和压力(Pa)；t_{bh} 为饱和温度(℃)。

应该指出，蒸汽的饱和温度等于在该压力下水的沸点温度。

表 1.1 干饱和蒸汽参数表

压力 P_{bh}(MPa)	温度 t_{bh}(℃)	密度 P_{bh}(kg/m^3)	比体积 v_{bh}(m^3/kg)	汽化潜热 r_{bh}(kJ/kg)	比焓 I_{bh}(kJ/kg)
0. 001	6. 9	0. 0077	129. 3	2484	2514
0. 002	17. 5	0. 0149	66. 97	2460	2533
0. 005	32. 9	0. 0355	28. 19	2423	2561
0. 01	45. 8	0. 0681	14. 68	2393	2584
0. 02	60. 1	0. 131	7. 65	2358	2609
0. 05	81. 3	0. 309	3. 242	2305	2646
0. 10	99. 6	0. 590	1. 694	2258	2675
0. 12	104. 8	0. 700	1. 429	2244	2684
0. 14	109. 3	0. 809	1. 236	2232	2691
0. 16	113. 3	0. 916	1. 091	2221	2697
0. 18	116. 9	1. 023	0. 977	2211	2702
0. 20	120. 2	1. 129	0. 885	2202	2707
0. 25	127. 4	1. 392	0. 718	2182	2717
0. 30	133. 5	1. 651	0. 606	2164	2725
0. 35	138. 9	1. 908	0. 524	2148	2732
0. 4	143. 6	2. 163	0. 462	2134	2738
0. 45	147. 9	2. 416	0. 414	2121	2744
0. 5	151. 8	2. 669	0. 375	2108	2749
0. 6	158. 8	3. 169	0. 316	2086	2756
0. 7	165. 0	3. 666	0. 273	2066	2763
0. 8	170. 4	4. 161	0. 240	2047	2768
0. 9	175. 3	4. 654	0. 215	2030	2773
1. 0	179. 9	5. 139	0. 1946	2014	2777
1. 2	188. 0	6. 124	0. 1633	1985	2783
1. 5	198. 3	7. 593	0. 1317	1946	2790
2. 0	212. 4	10. 04	0. 0996	1889	2797
2. 5	223. 9	12. 50	0. 0799	1839	2801

1.1.3 过热蒸汽

过热蒸汽(superheated steam)是温度高于相同压力下饱和蒸汽温度的蒸汽，无色、透明。

过热蒸汽的物理性质近似理想气体，其状态参数之间的关系可用理想气体状态方程式来表述。对于 1kg 蒸汽来说，可以写成：

$$P_{sz}v_n = RT \tag{1.3}$$

式中：P_{sz}为蒸汽压力(Pa)；v_n 为蒸汽比体积(m^3/kg)；T 为热力学温度(K)(273 + t)；R 为蒸汽的气体常数，等于 462J/(kg · K)。

由于蒸汽的密度 ρ_n 是比体积 v_n 的倒数，即

$$\rho_n = 1/v_n \tag{1.4}$$

因此，可以得出

$$\rho_{gr} = \frac{P_{gr}}{R_{sz}T} = \frac{P_{gr}}{R_{sz}(273 + t)} \tag{1.5}$$

过热蒸汽的温度与同压力下饱和蒸汽温度的差值 $\Delta t = t_{gr} - t_{bh}$ 称作过热度，它的大小说明蒸汽过热的程度。

过热蒸汽是未饱和蒸汽，能够吸收水蒸气，其饱和度(φ)可以表示为

$$\varphi = \frac{\rho_{gr}}{\rho_{bh}} = \frac{P_{gr}}{P_{bh}} \tag{1.6}$$

式中：ρ_{gr} 和 ρ_{bh} 分别为同一温度下过热蒸汽密度和饱和蒸汽的密度(kg/m³)；P_{gr} 和 P_{bh} 分别为同一温度下过热蒸汽压力和饱和蒸汽的压力(Pa)。显然 $\varphi = 0 \sim 1$。

压力为一个大气压的过热蒸汽称作常压过热蒸汽。用做干燥介质的过热蒸汽一般为常压过热蒸汽。常压过热蒸汽的参数见表 1.2。

表 1.2　常压过热蒸汽参数表($P_{gr} = 0.1$MPa)

过热蒸汽温度 t (℃)	过热度 Δt (℃)	饱和度 φ	密度 ρ_{gr} (kg/m³)	比体积 v_{gr} (m³/kg)	过热蒸汽焓 i (kJ/kg)	蒸汽过热部分焓 i (kJ/kg)
99.6	0	0.000	0.590	1.695	2675	0.0
100	0.4	0.992	0.589	1.697	2676	0.8
102	2.4	0.916	0.586	1.709	2680	5.0
105	5.4	0.814	0.581	1.722	2687	11.3
110	10.4	0.677	0.573	1.746	2697	21.8
115	15.4	0.566	0.565	1.770	2707	31.8
120	20.4	0.477	0.557	1.794	2717	41.9
125	25.4	0.405	0.550	1.818	2727	51.9
130	30.4	0.346	0.543	1.842	2737	62.0
135	35.4	0.298	0.536	1.866	2747	72.0
140	40.4	0.258	0.529	1.890	2757	81.7
145	45.4	0.224	0.522	1.914	2766	91.4
150	50.4	0.196	0.515	1.938	2776	101.0

干燥室内的常压过热蒸汽，于干燥初期先向室内喷入饱和蒸汽，继而吸收被干木材排出的水汽，经反复加热而形成。干燥室内的过热蒸汽因经过排气道与室外大气相通，其压力和大气压力基本相等，故为常压过热蒸汽。常压饱和蒸汽的温度约为 100℃，因此常压过热蒸汽的温度都在 100℃以上。

从木料中蒸发 1kg 水分需要多少过热蒸汽呢?

设蒸发水分前 1kg 常压过热蒸汽($t > 100$℃)的焓为 i_1，则

$$i_1 = i' + r + c_n(t_1 - 100) = 419 + 2257 + 2(t_1 - 100) \quad (\text{kJ/kg}) \tag{1.7}$$

蒸发水分后过热蒸汽的温度由流入材堆时的 t_1 降到流出材堆时的 t_2，其焓 i_2 为

$$i_2 = i' + r + c_n(t_2 - 100) = 419 + 2257 + 2(t_2 - 100) \quad (\text{kJ/kg}) \tag{1.8}$$

式中：i' 为沸腾时液体的焓(kJ/kg)；r 为汽化潜热(由表 1.2 可以查出)(kJ/kg)；c_n 为蒸汽的定压比热容[kJ/(kg · K)]。

蒸发水分后过热蒸汽热含量的减少量 Δi 为

$$\Delta i = i_1 - i_2 = 2(t_1 - t_2) \quad (\text{kJ/kg}) \tag{1.9}$$

因此，从木料中蒸发出1kg的水分所需的过热蒸汽量W_{gr}为：

$$W_{gr} = \frac{i_1 - 419}{\Delta i} = \frac{2676 + 2(t_1 - 100) - 419}{2(t_1 - t_2)} = \frac{1029 + t_1}{t_1 - t_2} \quad (kg/kg) \quad (1.10)$$

由式(1.10)可知，从木料中蒸发1kg水分所需的过热蒸汽量是很大的。如此大量的过热蒸汽如不是由从木料中排出的水分经汽化、过热而形成，则很不经济。

[**例1**] 过热蒸汽流入流出材堆时的温度分别为$t_1 = 115℃$，$t_2 = 110℃$，试计算从材堆中蒸发1kg水分所需要的过热蒸汽的量。

解：由式(1.10)可以求出所需过热蒸汽的量：

$$W_{gr} = \frac{1029 + 115}{115 - 110} kg/kg = 229kg/kg$$

1kg过热蒸汽蒸发的水分量(D)则为W_{gr}的倒数，即

$$D = \frac{1}{W_{gr}} = \frac{1000(t_1 - t_2)}{1029 + 0.001t_1} \quad (g/kg) \quad (1.11)$$

当温度降低1℃(即$t_1 - t_2 = 1$)时，则

$$D = \frac{1000}{1029 + t_1} \quad (g/kg) \quad (1.12)$$

由此可以看出，D值近似等于1，即当每1kg过热蒸汽流过材堆时，其温度每降低1℃，则会从木料中蒸发出1g的水。精确计算时，在100～150℃范围内，D值为0.89～0.85g/kg过热蒸汽。

1.2 湿空气的性质

完全不含水蒸气的空气称作干空气(dry air)，含有水蒸气的空气称作湿空气(humidair)。也就是说，湿空气是干空气和水蒸气的混合物。自然界中的大气、木材干燥室内的空气等都是湿空气。

纯净的干空气主要由N_2(76.8%)和O_2(23.2%)组成，可以视为理想气体。存在于湿空气中的水蒸气，由于其分压力很低，比体积很大，也可以视为理想气体。所以，湿空气可认为同样遵循理想气体的规律，其状态参数之间的关系，可用理想气体状态方程式来描述，即

$$Pv = RT \quad (1.13)$$

式中：P为气体的压力(Pa)；v为气体的比体积(m^3/kg)；T为热力学温度($273 + t$)(K)；t为摄氏温度（℃）；R为气体常数，其大小与气体的性质有关，对于干空气，$R_{gk} = 287J/(kg \cdot K)$；对于水蒸气$R_{sz} = 462J/(kg \cdot K)$。

由于$\rho = 1/v$，干空气的密度ρ_{gk}为

$$\rho_{gk} = \frac{P_{gk}}{R_{gk}T} = \frac{P_{gk}}{287(273 + t)} \quad (1.14)$$

式中：P_{gk}为干空气压力或分压(Pa)。

在木材常规干燥中，用作干燥介质的湿空气虽然温度和湿度与大气不同，但其压力与大气是相同的，因此，以后所研究的湿空气均指常压湿空气。

当大气压力为 0.1MPa，温度为 20℃时，干空气的密度 $\rho_{gk}=1.19kg/m^3$。

根据道尔顿定律，大气的总压力 P 等于干空气分压力 P_{gk} 与水蒸气分压力 P_{sz} 之和，即

$$P = P_{gk} + P_{sz} \tag{1.15}$$

在一定的温度条件下，湿空气中的水蒸气的含量越多，空气就越潮湿，水蒸气的分压也越大。如果湿空气中水蒸气的含量超过某一限度，在湿空气中就有液态水析出。这说明，在一定温度条件下，湿空气中容纳水蒸气的量是有一定限度的，也就是说，湿空气中水蒸气的分压力有一个极限值。达此极限值时，水蒸气处于饱和状态，称这种由干空气和饱和水蒸气混合成的湿空气为饱和空气（注意与饱和蒸汽相区分），相应的水蒸气的分压力称作该温度时的饱和分压力 P_{bh}。一般湿空气中的水蒸气分压力 P_{sz} 都低于相同温度下的饱和分压力 P_{bh}，即湿空气仍具有一定吸收水蒸气的能力，称这种湿空气为未饱和空气。

由以上分析可以看出，在一定温度条件下，湿空气中水蒸气分压的大小，是衡量水蒸气含量，即湿空气干燥与潮湿的基本指标之一。

1.2.1 湿空气的主要参数

湿空气的性质不仅与其组分有关，还取决于它所处的状态。描述湿空气的状态，除 P、v、t 等参数外，还需要有表示湿空气独有特性的状态参数，如绝对湿度、相对湿度、湿含量等。

1.2.1.1 湿度

湿度分绝对湿度和相对湿度两种，二者计算方法不同。

（1）绝对湿度与湿容量。每 $1m^3$ 湿空气中所含水蒸气的质量，称作湿空气的绝对湿度（单位为 g/m^3）。在数值上等于水蒸气在相同分压力和相同温度下密度的 1000 倍，即 $1000\rho_{sz}$。在一定温度下，每 $1m^3$ 湿空气最大限度含有干饱和蒸汽的质量，或者说饱和空气的绝对湿度称作湿容量。湿容量表示湿空气吸收水蒸气的能力，其大小与温度密切相关，温度升高，湿容量明显增大，反之降低。处于高温下的未饱和空气经冷却，就会析出凝结水珠，除湿干燥正是利用这一原理来使湿空气变干的。绝对湿度只能说明湿空气中实际所含水蒸气的多少，而不能用它直接说明干湿程度。因此，还必须引入相对湿度的概念。

（2）相对湿度。湿空气中实际水蒸气的含量与同温度下可能含有的最大水蒸气量之比，即未饱和空气的绝对湿度 $1000\rho_{sz}$ 与同温度下饱和湿空气的绝对湿度 $1000\rho_{bh}$ 之比，用符号 φ 表示：

$$\varphi = \frac{\rho_{sz}}{\rho_{bh}} \times 100\% = \frac{P_{sz}}{P_{bh}} \times 100\% \tag{1.16}$$

显然，相对湿度反映了湿空气中所含水蒸气量接近饱和的程度，故也称作饱和度（注意与过热蒸汽饱和度相区分）。φ 值小，表示湿空气干燥，吸收水分的能力强；φ 值大，表示湿空气潮湿，吸收水分的能力弱。当 φ 为 0 时，则为干空气；φ 为 100% 时，

则为饱和空气（但不能说空气中全部是水蒸气）。所以不论空气中的水蒸气多少，由 φ 值的大小，就可直接看出它的干湿程度。

相对湿度的测定一般使用干湿球温度计，如图 1.2 所示。它由两支温度计组成。其中一支温度计的温包外面包裹着纱布，纱布下端浸入水中，使温包外面的纱布保持湿润状态，这支温度计称作湿球温度计，测得的温度称作湿球温度 t_M；另一支温包不包纱布的温度计称作干球温度计，测得的温度称作干球温度 t（图 1.2）。在不饱和空气中，湿球温度总是低于干球温度，这是由于温度计湿球温包上的水分蒸发散失热量的结果，这种差值称作干湿球温度差 Δt（注意与过热蒸汽过热度相区分）。空气越干，水分蒸发越快，散失热量越多，Δt 越大；反之空气越湿，则 Δt 越小。当空气被水蒸气所饱和时，Δt 为 0，水分停止蒸发。湿度的测定（或干湿球温度差 Δt）在一定程度上受空气流动速度的影响，因此测定湿度首先要确定气流速度。附录 1 分别列出了气流速度为 1.5～2.5m/s 和气流速度小于 0.5m/s 两种情况下的空气相对湿度数值，只要根据干球温度和干湿球温度差即可查得。木材干燥中，强制循环干燥一般可视其气流速度为 1.5～2.5m/s，大气干燥和自然循环干燥可视其气流速度小于 0.5m/s。

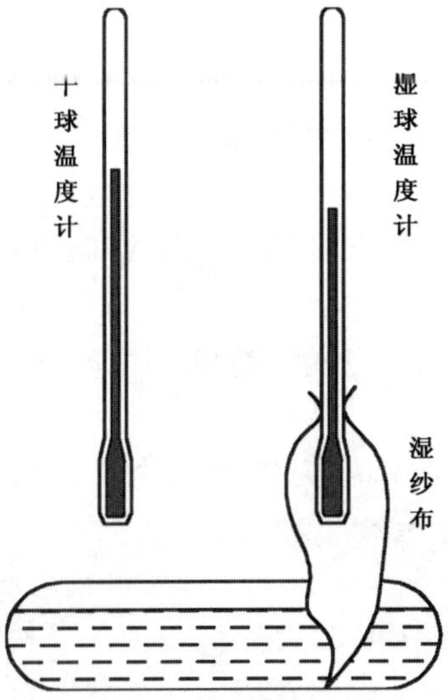

图 1.2 干湿球温度计原理

查附录 1，可以求得相对湿度。

[例 2] 已知干燥室内循环空气的干球温度为 80℃，湿球温度为 72℃，查表求相对湿度。

解：$\Delta t = t - t_M = 80 - 72 = 8$℃，则根据 $t = 80$℃、$\Delta t = 8$℃ 查附录 1 得：$\varphi = 70\%$。

[例 3] 已知某干燥阶段循环空气的干球温度为 56℃，相对湿度为 53%，此时空气湿球温度为多少？

解：根据 $t = 56$℃、$\varphi = 53\%$ 查附录 1 得 $\Delta t = 11$℃，因此湿球温度 $t_M = t - \Delta t = 56 - 11 = 45$℃。

1.2.1.2 湿含量

湿含量 d 指含有 1kg 干空气的湿空气中所含水蒸气的质量（g/kg 干空气）。设有 W_{sz}（kg）水蒸气和 W_{gk}（kg）干空气，则

$$d = \frac{1000W_{sz}}{W_{gk}} = \frac{1000\rho_{sz}}{\rho_{gk}} \tag{1.17}$$

式中：ρ_{sz} 为水蒸气的密度（kg/m^3）；ρ_{gk} 为干空气的密度（kg/m^3）。

根据式（1.5）和式（1.14）得出

$$d = \frac{1000\rho_{sz}}{\rho_{gk}} = 1000\frac{P_{sz}}{R_{sz}\cdot T}\Bigg/\frac{P_{gk}}{R_{gk}\cdot T} = 622\frac{P_{sz}}{P_{gk}} = 622\frac{P_{sz}}{P - P_{sz}} \tag{1.18}$$

将式（1.16）代入式（1.18），得出

$$d = 622\varphi \cdot P_{bh}/(P - \varphi P_{bh}) \quad (1.19)$$

$$\varphi = P \cdot d/(622 + d)P_{bh} \quad (1.20)$$

由式(1.18)得出

$$P_{sz} = P \cdot d/(622 + d) \quad (1.21)$$

有时湿含量以 X(kg/kg 干空气)表示，则

$$X = 0.622P_{sz}/(P - P_{sz}) \quad (1.22)$$

空气的饱和度用 ψ，即

$$\psi = d/d_{bh} \quad (1.23)$$

d_{bh} 为饱和状态下的湿含量，数值上 ψ 比 φ 小，但当温度不高时(50℃以内)，$\psi \approx \varphi$。

1.2.1.3　焓

焓指在以 1kg 干空气为基础的湿空气中，干空气和水蒸气的内能、动能、位能、推动力的总和。换句话说，焓是$(1+0.001d)$kg 湿空气的焓值 I，即

$$I = i_{gk} + 0.001di_{sz} \quad (\text{kJ/kg 干空气}) \quad (1.24)$$

若规定 0℃干空气的焓为 0，则

$$i_{gk} = c_{gk}t = 1.0t \quad (\text{kJ/kg 干空气}) \quad (1.25)$$

$$i_{sz} = r_w + c_{sz}t = 2500 + 1.9t \quad (\text{kJ/kg 干空气}) \quad (1.26)$$

因此有

$$I = 1.0t + 2.5d + 0.0019dt \quad (\text{kJ/kg 干空气}) \quad (1.27)$$

式中：c_{gk}为干空气的定压质量比热容，等于 1kJ/(kg · ℃)；c_{sz}为水蒸气的定压质量比热容，等于 1.9kJ/(kg · ℃)；r_w 为 0℃时水的汽化潜热，等于 2500kJ/kg。

1.2.1.4　密度

湿空气的密度指 1m^3 湿空气中含干空气的质量和水蒸气的质量的总和。即

$$\rho = \rho_{gk} + \rho_{sz} \quad (1.28)$$

式中：ρ 为湿空气的密度(kg/m^3)；ρ_{gk}为干空气的密度(kg/m^3)；ρ_{sz}为水蒸气的密度(kg/m^3)。

根据式(1.14)、式(1.15)、式(1.16)，湿空气的密度又可以写成

$$\rho = \frac{P}{287T} - \left(\frac{1}{287} - \frac{1}{461}\right)\frac{\varphi P_{bh}}{T} = \frac{P}{287T} - 0.001\,315\frac{\varphi P_{bh}}{T} \quad (\text{kg/m}^3) \quad (1.29)$$

从式中可以看出，在大气压力 P 和热力学温度 T 不变时，湿空气的密度将永远小于干空气的密度，即湿空气比干空气轻。而且，湿空气的密度还将随着相对湿度的增大而减小。

1.2.1.5　比体积

根据道尔顿定律，在混合气体内压力为 P_{gk}的 1kg 干空气与压力为 P_{sz}的 $0.001d$ kg 水蒸气混合于同一个体积，因此

$$v_{1+0.001d}=\frac{R_{gk}T}{P_{gk}}=\frac{R_{sz}T}{P_{sz}}\times 0.001d \qquad (\mathrm{m^3/kg}\ 干空气) \tag{1.30}$$

当大气压力为0.1MPa不变时，比体积又可写成

$$v_{1+0.001d}=4.62\times 10^{-6}T(622+d) \qquad (\mathrm{m^3/kg}\ 干空气) \tag{1.31}$$

由式(1.31)可以看出，以1kg干空气为基准的空气的比体积与湿含量及温度均成正比关系。$d=622$较$d=0$时增加1倍，$d=1244$时增加2倍，依次类推。

注意：湿空气的比体积并非普通意义上的比体积，它是以1kg干空气为基准的，即$(1+0.001d)$kg湿空气所占有的体积，而不是1kg湿空气的体积；比体积又称质量体积，旧称比容。

1.2.2 湿空气的 *I*－*d* 图

为了应用方便，湿空气状态参数之间的关系可用线图表示，即湿空气的焓－湿图，或称$I-d$图，如附录2所示。它是以焓I为纵坐标，湿含量d为横坐标来绘制的。为使图面清晰，纵横坐标的交角不取直角，采用斜角坐标，一般取135°，但在实际应用上，湿含量d仍标注水平轴上，因此水平轴只是一个辅助轴。

1.2.2.1 *I*－*d* 图的主要线系构成

(1)等焓线和等湿含量线。等焓线为一组倾斜的直线，等湿含量线为一组垂线。纵轴为$d=0$的等湿含量线。

(2)等温线。等温线是一组直线。但是，直线斜率是随温度t而变化的，因此，温度不同的等温线并不是相互平行的。

(3)等相对湿度线。等相对湿度线是一组曲线，$\varphi=100\%$的等相对湿度线也称临界曲线，代表湿空气饱和状态的相对湿度。这条曲线将$I-d$图分为两部分，上部是未饱和空气，临界曲线上各点是饱和空气，下部表示水蒸气已开始凝结。

(4)等水蒸气压力线。等水蒸气压力线和等湿含量线相互平行，为清晰起见，其值标注在图的最上方。

此外，还有密度和比体积线系等。为使图面清晰，且可以重点显示密度和比体积两个参数，把密度和比体积线系绘在另一张$I-d$图上，如附录3所示。

1.2.2.2 *I*－*d* 图的应用

像其他状态参数坐标图一样，$I-d$图不仅可以表示湿空气的状态，确定状态参数，而且在图上还可以清晰地表示出湿空气的状态变化过程，并可方便地对这些过程进行分析和计算。因此$I-d$图是研究湿空气的一个十分重要的工具。

(1)湿空气状态参数的确定。在$I-d$图上，每一个点都代表湿空气的一个状态，只要知道湿空气的任意两个独立参数，即可在$I-d$图上确定湿空气的状态，找出其余的参数。

例如，已知湿空气的温度$t=61$℃，湿含量$d=89$g/kg干空气，则可在附录2中找出$t=61$℃线和$d=89$ g/kg干空气线的交点，然后由此点沿着等焓线向着图的右下方求出I的值为293 kJ/kg干空气，沿着等相对湿度线(以下简称等φ线)求出的值为60%，

沿着 p 线垂直向上求出 p_{sz} 的值为 12 800 Pa。同理，在附录 3 上可求出相应的密度值 $\rho=0.99\ kg/m^3$，比体积值 $v=1.1\ m^3/kg$ 干空气。

(2)湿空气状态变化过程在 $I-d$ 图上表示。

加热和冷却过程　在单纯的加热过程中，湿空气温度升高，但湿含量不变，因此，加热过程为等湿过程。设湿空气加热前的状态为 A(图 1.3)，当湿空气加热时，则过程将由 A 点沿 d 线上升，如至 B 点，此时湿空气的温度升高，焓增加，虽然湿含量不变，但相对湿度却降低了。因此，加热过程往往也用于干燥空气。

湿空气冷却时，冷却 A 点沿着 d 线下降，如至 H 点。此时湿空气的温度降低，焓减少，湿含量保持不变，但相对湿度却增加了。当过程沿 d 线冷却到和 $\varphi=100\%$ 线相交时(图 1.3 中 P 点)，湿空气达到饱和状态，水蒸气的含量达到最大值，如再进行冷却就会有部分水蒸气凝结出来，这时的温度，称为该湿空气的露点温度。由 $I-d$ 图可以看出，露点温度取决于湿空气的湿含量 d，而与湿空气原有温度无关。

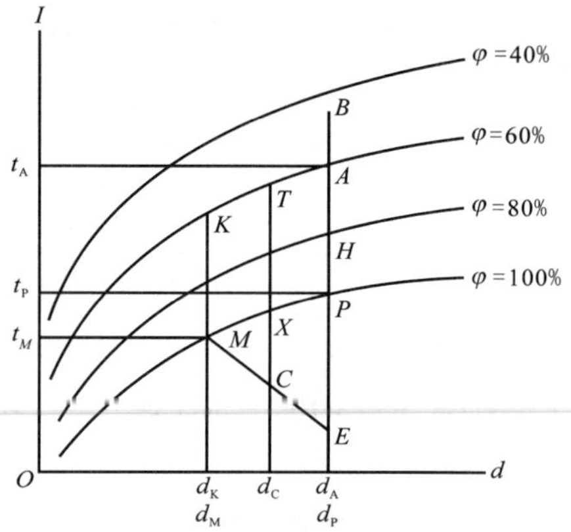

图 1.3　空气加热与冷却过程在 $I-d$ 图上的表示

达到露点温度后，若再继续冷却，将会发生水蒸气凝结，形成细小水滴。可能有三种情况：一是水滴保留在空气中成雾(点 E)；二是水滴由空气中析出，附着在冷壁的表面上，此时湿空气中的水蒸气为干饱和蒸汽,是透明的(点 M)；三是部分成露,部分成雾(点 C)。

如使状态 E 的湿空气加热到与初态相同的状态，则得点 A，此为逆过程。如使状态 M 和 C 的空气加热到与初态相同的相对湿度状态，则得点 K 和 T，此时的 d_K 和 d_C 均小于 d_A。由此可以看出，减少湿空气中水蒸气含量的方法是使空气在冷物体的表面上结露。

水分蒸发过程　当未饱和空气和温度为 t 的水的表面接触时，水分将向空气中蒸发。在此过程中，如与外界无热量交换，则湿空气供给水分蒸发的热量（汽化潜热）又被蒸发出来的水蒸气带回到湿空气中去。

如果水分的温度为 0℃（焓为 0 kJ/kg)，则水分蒸发前后空气的焓不变，因此，0℃水分蒸发过程可视为等焓过程。湿空气的状态变化在 $I-d$ 图上沿等焓线移动。如果水分的温度为 t_M℃（$t_M>0$℃)，则被蒸发的水分本身的焓大于 0 kJ/kg，这部分焓带入湿空气产生一增量 ΔI，即

$$\Delta I = 4.19\frac{t_M d_M}{100} \quad (kJ/kg) \tag{1.32}$$

式中：t_M 为被蒸发水分的温度（℃）；d_M 为被蒸发水分的质量（g）。

实际上 ΔI 并不大，可以忽略不计，因此一般非 0℃水可近似视为 0℃水的蒸发，即湿空气在 $I-d$ 图上沿等焓常数线变化。

湿球温度的形成过程是典型的水分蒸发过程。

假设开始时空气的温度和水温相等，当空气处于饱和状态时，湿纱布上的水分不会蒸发，这时干湿球温度计的读数相等。若空气尚未达到饱和，就有吸收水分的能力，湿纱布上的水分就要蒸发。水分蒸发首先从湿纱布其他部分水的本身吸取所需的汽化潜热，因而导致水温下降，使纱布上的水与周围空气之间形成温差，空气将向纱布上的水传热。当这部分热量不足以补偿水分蒸发的消耗时，水温进一步下降。而空气与水分温差的增大，加速了空气向水分的热量传递。当水温降到某一温度时，空气传给水的热量恰等于水分蒸发所消耗的热量，无须再从水中吸取热量，此时，水温不再下降，这个温度就是反应纱布中水温的湿球温度。空气越干，即湿度越小，湿纱布上的水分蒸发越多，其水温下降也越多，湿球温度越低；反之相对湿度越大，湿球温度越高。当 $\varphi=100\%$ 时，湿球温度等于干球温度。

从湿球温度的形成可知，由于纱布上的水分不断蒸发，使紧贴湿球周围的空气形成一层很薄的饱和空气层，其相对湿度 $\varphi=100\%$。这一层空气的温度很接近水温，也就是说，这层空气的温度近似等于湿球温度。同时，空气传给水的热量，又全部以汽化潜热的形式返回到空气中去，空气的焓值基本不变，所以湿球周围饱和空气层的形成过程，可以近似地认为是等焓过程。根据上面的叙述，可以很方便地在 $I-d$ 图上确定湿球温度。

从已知的空气状态点沿等焓线下行直至与 $\varphi=100\%$ 的线相交，其交点之温度即为湿球温度。反过来，如已知空气的干球温度和湿球温度，也很容易确定空气的状态点和相对湿度。在 $I-d$ 图上找到湿球温度 t_M 的等温线与 $\varphi=100\%$ 的线的交点 a（图 1.4），再由 a 沿等焓线与干球温度 t 的等温线相交于 b 点，则点 b 即为所要确定的湿空气的状态点。通过 b 点的等 φ 线即可确定空气的相对湿度。

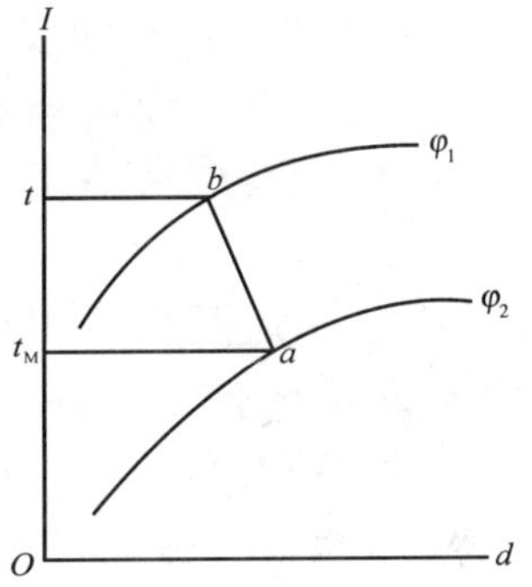

图 1.4 空气相对湿度的确定

空气混合过程

——两种状态空气的混合。设有 W_0kg 状态点为 0，参数为 I_0、d_0 的新鲜空气与 W_2kg 状态点为 2，参数为 I_2、d_2 的循环空气相混合，$W_2/W_0=n$，n 为混合气体的比例系数。并设混合后空气的状态点为 C，参数为 I_C、d_C。

根据混合前后湿含量不变原理 $W_0d_0+W_2d_2=(W_0+W_2)d_C$，即 $W_2(d_2-d_C)=W_0(d_C-d_0)$，故

$$\frac{W_2}{W_0}=n=\frac{d_C-d_0}{d_2-d_C} \tag{1.33}$$

同理，根据焓不变原理 $W_0I_0+W_2I_2=(W_0+W_2)I_C$，得

$$\frac{W_2}{W_0}=n=\frac{I_C-I_0}{I_2-I_C} \tag{1.34}$$

因此有

$$\frac{W_2}{W_0}=n=\frac{d_C-d_0}{d_2-d_C}=\frac{I_C-I_0}{I_2-I_C} \tag{1.35}$$

式（1.35）是连接点 0 和点 2 的直线方程式，且点 C 也必然在此直线上，如图 1.5

所示。并可证明，点 C 把线段 0—2 分为两段，两段的比值等于混合气体的比例常数 n，点 C 靠近质量较大的状态点，如 $n>1$，则靠近点 2 。

根据上述结论，求空气混合的状态时，无需计算，只在 $I-d$ 图上把参与混合的两种空气的状态点连成直线，再根据其质量成反比的关系，分割该直线，就可找到混合后的状态点。

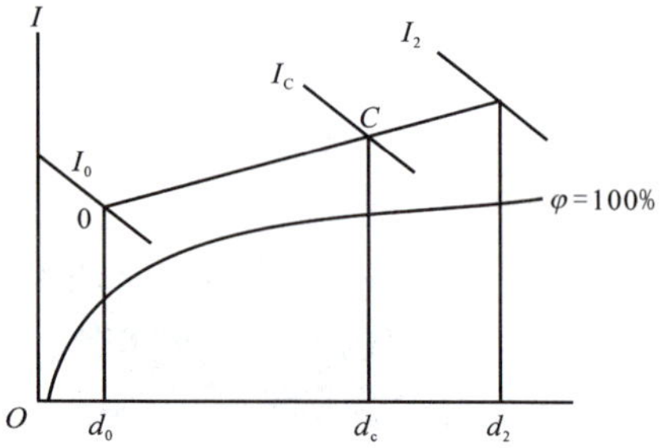

图 1.5　两种状态空气的混合过程

——三种及多种状态空气的混合。按照上述原则，采用两两依次混合的方法，即可求出最终的混合状态点。

如果在 $I-d$ 图上得出的混合气体状态点位于 $\varphi=100\%$ 线的下面，说明此为虚点。可以近似地由此点引出平行于附近的 I 线的直线，向上与 $\varphi=100\%$ 线相交，此交点即为混合空气状态点。

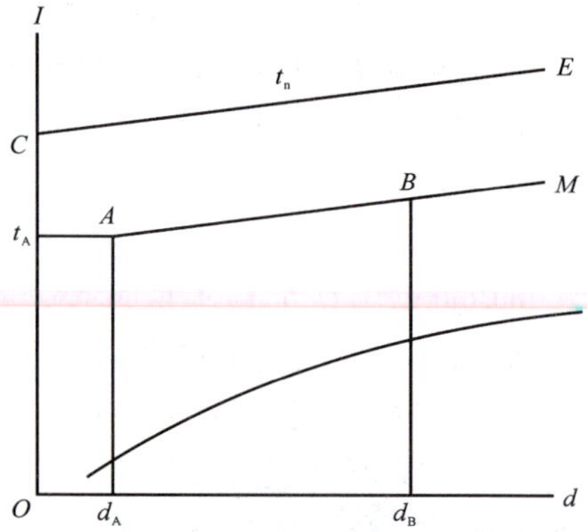

图 1.6　干饱和蒸汽与空气的混合过程

——空气与蒸汽的混合。其一，干饱和蒸汽与空气的混合。设湿空气的状态点为 A（图 1.6）。空气参数为湿含量 d_A、温度 t_A，干饱和蒸汽的温度为 t_{bh}，如喷入蒸汽质量相当于 1000m g/kg 干空气，则混合后气体的湿含量 $d_B=d_A+1000m$ g/kg 干空气。其中，m 为混合气体的比例系数，即 1kg 新鲜空气与 m kg 蒸汽相混合。由 A 点作与 t_{bh} 相平行的直线 AM 与等湿含量线 d_B 交于 B 点，则点 B 即为所求的混合气体状态点。其二，湿饱和蒸汽与空气的混合。设湿饱和蒸汽的干度为 x（$x=0.9$），混合的湿饱和蒸汽量相当于 1000 m g/kg 干空气，则其中干饱和蒸汽量为 1000 m x g/kg 干空气，水滴含量为 1000 m（$1-x$）g/kg 干空气 。如图 1.7 所示，此时的混合过程可看作两步进行：第一步为干饱和蒸汽和空气相混合，按前述方法得混合状态点 C，第二步为水滴向空气中蒸发，蒸发后，空气的湿含量由 d_C 增大到 d_B。因水滴温度较高，本身焓值不应忽略，则蒸发后空气的焓值增量 ΔI 为

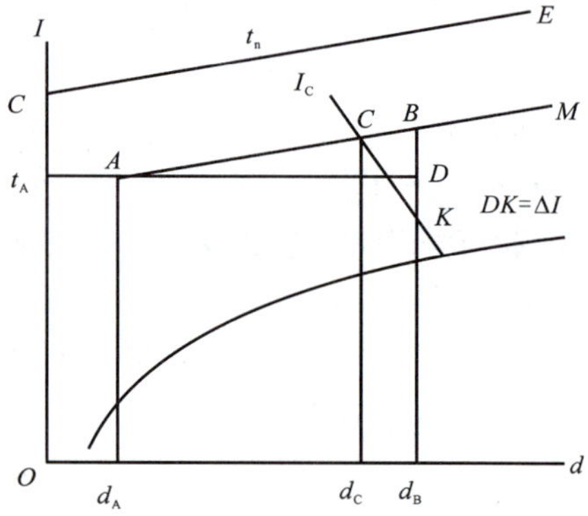

图 1.7　湿饱和蒸汽与空气的混合

$$\Delta I=4.19\frac{t_{bh}(d_B-d_C)}{1000}\quad(\text{kJ/ kg 干空气})\tag{1.36}$$

从过 C 点的等焓线与湿含量线 d_B 的交点 K 沿线 d_B 向上截取 KD 段，使 KD 的长度等于 ΔI，则 D 点即为所求的最终的混合气体状态点，其过程线为 AD。

木材干燥过程　不考虑热量损失的干燥过程称作理论干燥过程。在干燥室内，被加

热的空气只通过材堆一次即排出室外，称作一次循环。被加热的空气在室内作往复循环，通过材堆多次，称作多次循环。

多次循环理论干燥过程在 $I-d$ 图上的绘制，如图 1.8 所示，流入干燥室的新鲜空气 0 与从材堆流出的废气 2 混合成循环空气 3，经加热器加热成热空气 1，然后流过材堆，蒸发木材的水分，变成废气 2，其中一小部分排出室外，大部分废气再与新鲜空气相混合，如此反复。在 $I-d$ 图上，线段 0—2 为混合过程，线段 3—1 为加热过程，线段 1—2 为木材水分蒸发过程。三角形 1—2—3 称作干燥三角形。

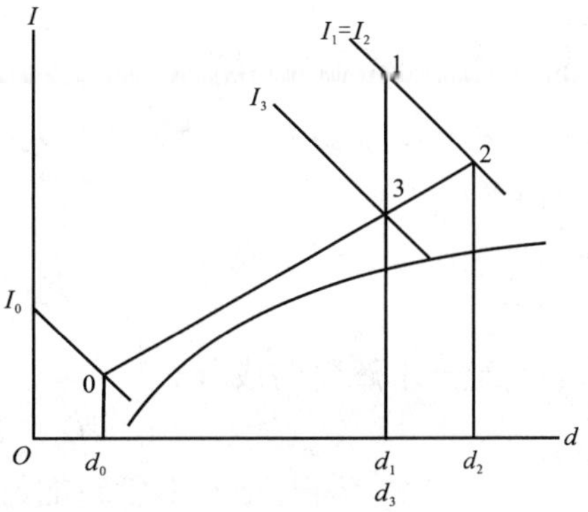

图 1.8 多次循环理论干燥过程

蒸发 1kg 水分所需新鲜空气量 w_0 为

$$w_0 = \frac{1000}{d_2 - d_0} \quad (\text{kg/kg}) \tag{1.37}$$

蒸发 1kg 水分所需循环空气量 w 为

$$w = \frac{1000}{d_2 - d_1} \quad (\text{kg/kg}) \tag{1.38}$$

蒸发 1kg 水分所需热量 q_0 为

$$q_0 = (I_2 - I_0)g_0 = \frac{1000(I_2 - I_0)}{d_2 - d_0} \quad (\text{kJ/kg}) \tag{1.39}$$

$I-d$ 图在设计理论计算上具有重要意义，但在生产实践中一般少用，木材干燥过程中加入新鲜空气或喷入水多少一般通过实测介质的温度和湿度来确定。

1.3 炉 气

燃料燃烧产生的炽热气体称为炉气。炉气可以由固体燃料（如煤和木材废料）、液体燃料（如石油）或气体燃料（如天然气和焦炉煤气）燃烧产生。炉气也是一种混合气体，其组分较空气更为复杂，主要由氮、氧、二氧化碳、二氧化硫、水蒸气、一氧化碳及灰分等成分组成。

炉气既可用做干燥介质，又可用做载热体。用做干燥介质的炉气有如下要求：①少烟或无烟；②无火花和灰尘；③温度适宜稳定；④炉气的气流量连续稳定。

木材干燥常用的炉气主要是木材废料燃烧产生的。木燃料主要由碳、氢、氧、氮和钙等元素组成，其特点是含硫极微，灰分量少（1% ~2%），挥发物质多，含水率变化范围大。

炉气具有与湿空气类似的性质，因此关于炉气的状态方程、主要参数与湿空气基本相同。在实际生产中，炉气干燥的测控方式与湿空气干燥也基本相同，因此本节仅就木材燃烧及炉气有关主要参数的计算作简要介绍。

1.3.1　木燃料的成分

木燃料无硫（S），灰分量少（1% ~2%），挥发物质多（85%），含水率变化范围大。

工作木燃料的成分

$$C_p + H_p + O_p + N_p + A_p + M_0 = 100\%$$

绝干木燃料的成分

$$C_c + H_c + O_c + N_c + A_c = 100\%$$

工作木燃料与绝干木燃料的成分之比

$$C_p = C_c \frac{100 - M_0}{100};\quad H_p = H_c \frac{100 - M_0}{100};\ \cdots$$

式中：C、H、O、N、A 分别表示为碳、氢、氧、氮、灰分；p 及 c 为工作木燃料及绝干木燃料的注脚标号；M_0 为木材相对含水率。

绝干木材化学成分平均质量百分率为：$C_c = 49.2$；$H_c = 6.1$；$O_c = 42$；$N_c = 0.7$；$A_c = 2$；$M_0 = 0$。由于 C_c、H_c 等均为已知，即可求得 C_p、H_p 等。

1.3.2　木燃料的发热量

在实验室中测得的包括烟气中水蒸气汽化潜热在内的发热量称为高位发热量，扣除水蒸气汽化潜热后的发热量称作低位发热量。

木燃料的理论高位发热量 Q_B 可根据燃料的元素成分用门捷列夫经验公式计算（因计算复杂略），实际计算可用下式近似求得

$$Q_B = 198(100 - M_0) = \frac{1\,980\,000}{100 + M}\quad (\text{kJ/kg}) \tag{1.40}$$

若水的汽化潜热按 600 ×4.18 =2510 kJ/kg，则低位发热量 Q_H 为

$$Q_H = Q_B - 25.1(9m_H + M_0)\quad (\text{kJ/kg}) \tag{1.41}$$

式中：M_0 为木材相对含水率（其计算见式 2.2）（%）；M 为木材绝对含水率（其计算见式 2.1）（%）；m_H 为木燃料中氢的质量分数（%）。绝干木材为 6.1%。相对含水率为 M_0 的木燃料氢的质量分数按 $m_H = 6.1\ (1 - M_0/100)$ 计算。

显然，当含水率 $M_0 = 0$ 时，木材发热量为 18 422 kJ/kg。

1.3.3　燃料燃烧生成的干炉气量

燃料燃烧生成的干炉气量（W_c）与燃料质量、所用空气量、产生灰分量及水蒸气量有关。若用 W_α 表示木燃料燃烧实际所用空气量，W_0 表示理论空气量，则 W_α/W_0 叫过剩空气系数，用 s 表示，即

$$s = W_\alpha / W_0$$

燃料燃烧所需氧气少部分为燃料本身含有的氧，大部分需要从空气中吸取。空气中氧的含量为 23.2%，根据燃料中可燃元素碳和氢的百分比及碳氢的氧化反应方程式，可以计算出 1kg 相对含水率为 M_0 的木燃料完全燃烧，理论所需空气量 W_0（kg/kg）为

$$W_0 = 0.0596(100 - M_0) \tag{1.42}$$

1kg 燃料燃烧产生的水蒸气 W_{sz} 应包括燃料中氢 H 和氧 O 反应形成的水和燃料所含的水，其计算式为

$$W_{sz} = \frac{9m_H + M_0}{100} = 0.549 + 0.0045M_0 \quad (\text{kg/kg}) \tag{1.43}$$

燃料燃烧产生的灰分质量分数 m_a 在绝干条件下为2%，当相对含水率为 M_0 时按式（1.44）计算

$$m_a = 2\frac{1 - M_0}{100} \quad (\%) \tag{1.44}$$

由此，燃料燃烧后生成的干炉气量为

$$W_c = 1 + \alpha W_0 - \frac{m_a}{100} - W_{sz} = (0.0596s + 0.0043)(100 - M_0) \quad (\text{kg/kg}) \tag{1.45}$$

1.3.4 炉气含有的水蒸气量

炉气含有的水蒸气量，包括 1kg 木燃料燃烧生成的水蒸气和由空气带来的水蒸气两部分。

1kg 木燃料燃烧生成的水蒸气量 W'_n 只由它的含水率来确定，由于 $H_p = 6.1 \times \frac{100 - M_0}{100}$，所以：

$$W'_n = \frac{9H_p + M_0}{100} = \frac{9 \times 6.1 \times \frac{100 - M_0}{100} + M_0}{100} = 0.549 + 0.0045M_0 \quad (\text{kg/kg}) \tag{1.46}$$

空气（湿含量为 d_0）带来的水蒸气量 W''_n 为

$$W''_n = \frac{\alpha W_0 d_0}{1000} = 0.000\,059\,6sd_0(100 - M_0) \quad (\text{kg/kg}) \tag{1.47}$$

因此，炉气含有的水蒸气量 W_n 为

$$W_n = W'_n + W''_n = 0.549 + 0.0045M_0 + 0.000\,059\,6\,sd_0(100 - M_0) \quad (\text{kg/kg}) \tag{1.48}$$

1.3.5 炉气的湿含量

炉气中的水蒸气除了燃料燃烧所产生的水蒸气外，还有空气带入的水蒸气。空气带入的水蒸气不仅与其湿含量 d_0 有关，而且还与过剩空气系数 α 有关，因此炉气的湿含量为

$$d = 1000\frac{W_{sz} + \frac{sW_0d_0}{1000}}{W_C} = \left[\frac{9210 + 75.7M_0}{s(100 - M_0)} + d_0\right] \Big/ \left(1 + \frac{0.072}{s}\right) \quad (\text{g/ kg 干空气}) \tag{1.49}$$

在生产应用上可简化为

$$d = \frac{9210 + 75.7M_0}{s(100 - M_0)} \quad (\text{g/ kg 干空气}) \tag{1.50}$$

1.3.6　炉气的焓

炉气的焓 I_k 应为

$$I_k = \frac{Q_B + sW_0I_0}{W_C} = \frac{3323 + sI_a}{0.072 + s} \quad (\text{kJ/ kg 干空气}) \tag{1.51}$$

式中：I_a 为空气的焓（kJ/kg 干空气）。

可以看出，木燃料完全燃烧生成的炉气的焓 I 与 M_0 无关，而由过剩空气系数 α 及流入炉灶的空气的焓 I_0 来确定。当 $s = 1$ 并取 $I_0 = 0$ 时的最大焓为 $I_{max} = 3100$ kJ/ kg。

参考文献

1. 朱政贤. 1992. 木材干燥. 2 版. 北京：中国林业出版社.
2. 张璧光. 2005. 实用木材干燥技术. 北京：化学工业出版社.
3. 顾炼百. 2003. 木材加工工艺学. 北京：中国林业出版社.
4. 梁世镇，等. 1998. 木材工业实用大全：木材干燥卷. 北京：中国林业出版社.
5. 申宗圻. 1990. 木材学. 北京：中国林业出版社.
6. 科尔曼 F F P. 1991. 木材学与木材工艺原理. 北京：中国林业出版社.
7. 沈隽. 2005. 木材加工技术. 北京：化学工业出版社.
8. 李坚. 1991. 木材科学新篇. 哈尔滨：东北林业大学出版社.

第 2 章

木材与水分的关系及其性质

要了解木材怎样由湿变干，首先需了解木材本身的性质以及空气(或其他气体介质)的状态对木材和所含水分的影响。

木材的种类很多，其基本性质有共同特征，又各有不同特点。在干燥过程中需要具体情况区别对待，才能使木材干燥质量达到要求。

2.1 木材中的水分

任何一种木材性质的改变在很大程度上取决于木材中水分含量及在木材内的分布情况的变化。因此，为了探讨木材性质的改变，需从木材中的水分谈起。

2.1.1 木材中水分的由来

活树的树根(主根和须根)的活细胞不断地从土壤中吸取水分，送到树干，经过木质部中的管胞或导管输送到树枝和树叶。树叶内的水分一部分向大气中蒸发，另一部分在叶绿素中参与光合作用。因此，树干里含有大量的水分。活树被伐倒并锯解成各种规格的锯材后，水分的一部分或大部分仍保留在木材内部，这就是木材水分的由来。

用新采伐的树木制成的板材和方材称作生材。表 2.1 是我国东北林区五种主要树木的生材含水量，由此可了解一般树种的生材含水量。

表 2.1　生材的水分含量

树　种	水　分　含　量(%)		
	心 材	边 材	平 均
红　松	70	200	135
臭冷杉	130	200	165
春　榆	125	100	113
色　木	90	90	90
紫　椴	130	130	130

2.1.2 水分含量的计算和测定

木材中水分的含量称作含水率或含水量(moisture content)，用水分的重量对木材重量之比的百分率(%)表示。

含水率可用绝干木材的重量作为计算基础，算出的数值称作绝对含水率(absolute moisture content)或简称含水率，用字母 $M(\%)$ 表示。计算公式是

$$M = \frac{W_1 - W_0}{W_0} \times 100\% \tag{2.1}$$

式中：W_1 为湿材重量(g)；W_0 为绝干材重量(g)。

含水率也可用湿材重量为计算基础，算出的数值称作相对含水率(relative moisture content)$M_0(\%)$，计算公式是

$$M_0 = \frac{W_1 - W_0}{W_1} \times 100\% \tag{2.2}$$

木材干燥生产和科研中一般采用绝对含水率。对于木燃料则多用相对含水率。

木材含水率的测定通常采用以下几种方法。称重法和电测法见第 6 章 6.2 节。

2.1.3　木材干湿程度的分级

木材可按干湿程度分为六级。

湿材：长期置于水内，含水率大于生材的木材。

生材：和新采伐的木材含水率基本上一致的木材。

半干材：含水率小于生材的木材。

气干材：长期在大气中干燥，基本上停止蒸发水分的木材。因各地气候干湿不同，含水率变化范围在 8% ~18% 。

室干材：经过干燥室等人工干燥处理，含水率约为 7% ~15% 的木材。

全干材：含水率为 0 的木材。

2.2　木材与水分的关系

2.2.1　湿物体的分类

一切能够容纳水分的物体，从它们与水分之间的相互作用来看，可分为三类：第一类是毛细管多孔体，如焦炭、砖等。这些材料在所含的水分增加或减少时，均不改变其尺寸。第二类是胶体，如面团、黏土等。这类材料在吸水时，能无限膨胀，直至丧失其几何形状为止。第三类是毛细管多孔胶体，如木材等。能吸收一定量的水分，在吸水和失水时，不丧失其几何形状，但当含水率小于一定值后其尺寸发生有限变化，即吸水时尺寸增大，失水时尺寸缩小。

2.2.2　木材中的各级毛细管系统及其对水分的束缚作用

木材由多种细胞组成，细胞又有细胞壁和细胞腔。细胞腔的半径平均为 1×10^{-3} ~ 2×10^{-3}cm，最小的细胞半径也大于 0.25×10^{-3}cm。细胞壁由微纤丝构成，微纤丝又由基本纤丝构成。微纤丝与微纤丝之间，及基本纤丝与基本纤丝之间，皆有空隙，其半径一般不超过 0.25×10^{-5}cm。木材的细胞腔、细胞间隙及细胞壁中的空隙组成错综复杂

的毛细管系统。木材中的水分即包含在这些毛细管系统之内。

毛细管对水分的束缚力与其半径大小有关。若毛细管半径在 10^{-3}cm 以上，管内水表面上的水蒸气分压接近于自由水表面上的水蒸气分压，即此种毛细管对水分的束缚力很小甚至无束缚力。毛细管半径越小，水分在管内的表面张力越大，毛细管对水分的束缚力越大。

因此，木材中的毛细管可分为两大类。一类由相互连通的细胞腔及细胞间隙构成，对水分的束缚力很小甚至无束缚力，称作大毛细管系统；另一类由相互连通的细胞壁内的微毛细管构成，对水分有较大的束缚力，称作微毛细管系统。半径在 0.25×10^{-5} ~ 0.25×10^{-3}cm 之间的毛细管在木材内基本上不存在。因此大、小两类毛细管系统是截然不同的。

大毛细管系统内的水分称作自由水。自由水与木材呈物理机械的结合，结合并不紧密，因而这部分水容易由木材中逸出，而且大毛细管系统只能向空气中蒸发水分，不能从空气中吸收水分。微毛细管系统中的水分称作吸着水。吸着水与木材既呈物理化学的结合又呈物理机械的结合，因此微毛细管系统既能向空气中蒸发水分，也能从空气中吸收水分。

2.2.3　纤维饱和点及木材的吸湿性

潮湿木材置于干燥的环境中，由于木材内水蒸气压力高于大气中的水蒸气压力，水分会由木材向大气蒸发。在大气条件下，当细胞腔内液态的自由水已蒸发干净，而细胞壁内的结合水仍处于饱和状态时，这时木材的含水率状态称作纤维饱和点或吸湿极限。纤维饱和点随树种和温度而异。就多种木材来讲，在空气温度为20℃与空气湿度为100%时，纤维饱和点含水率平均值为30%，变异范围为23%～33%。

纤维饱和点随着温度升高而降低。例如：在温度为20℃的饱和湿空气中，纤维饱和点含水率为30%；60℃时，降到26%；120℃时，降到18%。这说明温度越高，木材从饱和空气中吸湿的能力越低。

当较干的木材存放在潮湿的空气中，木材微毛细管内的水蒸气分压小于周围空气的水蒸气分压，则微毛细管能从周围空气中吸收水分，水蒸气在微毛细管内凝结成凝结水。这种细胞壁内的微毛细管系统能从湿空气中吸收水分的现象称作吸湿。吸湿过程初始时，进行得很强烈，即木材的吸着水含水率增加得很快；随着时间的延续，吸湿过程逐渐缓慢，最后达到动态平衡或稳定，此时木材的含水率称作吸湿稳定含水率(adsorption stabilizing moisture content)，用 M_a 表示，如图2.1所示。

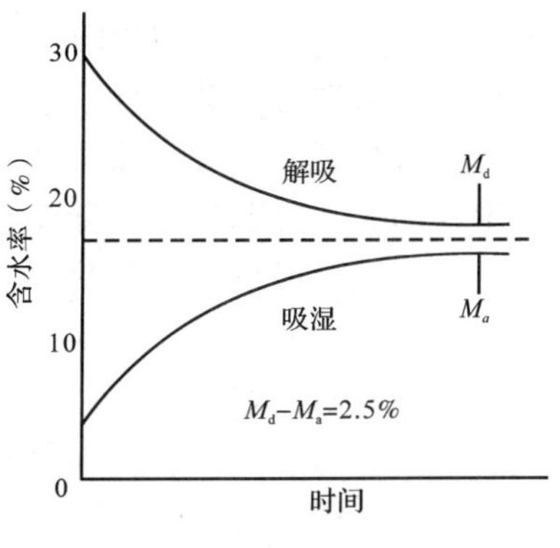

图2.1　木材的吸湿与解吸

若木材含水率较高，存放在较干燥的空气中，木材细胞壁微毛细管中的水蒸气分压大于周围空气中的水蒸气分压，则微毛细管系统能向周围空气中蒸发水分，这种现象称作解吸。解吸过程初始时，木材向周围空气的水分蒸发很强烈，即木材的吸着水下降很快；

随着时间的延续，解吸过程逐渐缓慢，最后达到动态平衡或稳定，此时木材的含水率称作解吸稳定含水率(dseorption stabilizing moisture content)，用 M_d 表示。注意，解吸与干燥是两个不同的概念：解吸仅指细胞壁中吸着水的排除，而干燥则指自由水和吸着水两者的排除。

木材吸湿性的原因：①组成木材的细胞壁物质——纤维素和半纤维素等化学成分中有许多自由羟基(—OH)，它们在一定温度和湿度条件下具有很强的吸湿能力。基本纤丝表面借助分子间力和氢键力将空气中水蒸气分子吸引于其上，生成多分子层，从而形成一层吸附水。水层的厚度随空气相对湿度的变化而变化，当水层厚度小于它相应的厚度时，则由空气中吸附水蒸气分子，增加水层厚度。②木材是微毛细管多孔体，木材内存在超物理学的大毛细管系统和微毛细管系统，它具有很高的空隙率和巨大的内表面，胞壁微毛细管内水表面上的饱和蒸汽分压小于周围空气中的水蒸气分压，所以木材具有强烈的吸附性和毛细管凝结现象。干的木材在基本纤丝表面吸附水蒸气时，先在最细小的微毛细管中形成凹形弯月面，产生毛细管的凝结现象而形成毛细管凝结水。发生水蒸气凝结现象的微毛细管半径与空气中的一定的相对湿度相适应。空气湿度越低，发生水蒸气凝结的毛细管半径也就越小。

干木材吸湿的过程中，吸湿稳定含水率或多或少地低于在同样空气状态下的解吸稳定含水率。这种现象称作吸湿滞后，用 ΔM 表示。产生吸湿滞后的原因是：①吸湿的木材一定是经过干燥的，在干燥过程中，木材的微毛细管系统内的空隙已部分地被渗透进来的空气所占据，这就妨碍了木材对水分的吸收。②木材在先前的干燥过程中，用以吸收水分的羟基彼此直接相连形成氢键，减小了以后对水分的吸着性。吸湿滞后的数值与树种无关，但随木材尺寸的增大而加大。细碎或薄木料(如刨花、单板、薄木等)吸湿滞后很小，平均仅约为 0.2%，可忽略不计。但锯材(板、方材)吸湿滞后较大，且随先前干燥温度的升高而加大，其变异范围为 1% ~5%，平均值为 2.5%。

2.2.4 平衡含水率及其应用

木材的吸湿和解吸过程是可逆的，在进行过程中，既存在水蒸气分子碰撞木材界面而被吸收——吸湿，同时也有一部分被吸收的水蒸气分子脱离木材向空气中蒸发——解吸。此相反过程同时进行的速度一般是不等的，若木材是较干的，存放在潮湿的空气中，在过程开始时，单位时间内木材自空气中吸着水蒸气分子的数目远大于由木材表面向空气中蒸发的水蒸气分子数目。如木材较湿，情况就会相反，即木材从空气中吸着的水分子数少于向空气中蒸发的水分子数。随着过程的继续进行，木材的吸湿速度与解吸速度将趋于相等而达到平衡状态，即吸湿平衡。

木材吸湿或解吸过程达到与周围空气相平衡时的木材含水率称作平衡含水率(equilibrium moisture content)，用 M_e 表示。即薄小木料在一定空气状态下最后达到的吸湿稳定含水率或解吸稳定含水率，称作平衡含水率。气干材及薄小木料的吸湿滞后数值不大，生产上可忽略。因此对气干材可粗略认为

$$M_d = M_a = M_e$$

室干材的吸湿滞后数值较大，且干燥介质温度越高，则干锯材的吸湿滞后越大。平

均为2.5%。因此，对于室干材，可以认为

$$M_e = M_d = M_a + 2.5\% \tag{2.3}$$

或

$$M_a = M_e - 2.5\% \tag{2.4}$$

木材平衡含水率随树种的差异很小，生产上并不考虑。平衡含水率主要随周围空气的温度和湿度的变化而变化，当温度一定时，木材的平衡含水率随着空气湿度升高而增大；当相对湿度一定时，木材的平衡含水率随着温度的升高而减小。所以说，木材平衡含水率是空气温度和湿度的函数，根据木材平衡含水率与空气温度和湿度的关系，可绘制出平衡含水率图表，知道了介质(空气)的干球温度和湿球温度(或相对湿度)，可查曲线图(图2.2)求出木材的平衡含水率。也可根据表2.2由介质的干球温度和干、湿球温度之差查出木材的平衡含水率。平衡含水率可用实际测定方法来确定。

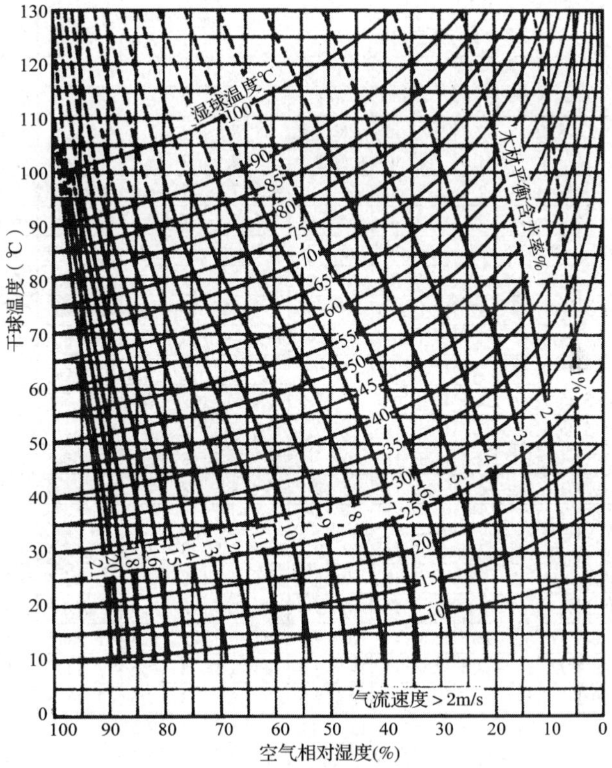

图 2.2　木材平衡含水率图

(自 U. S. A Forest Prod. Lab.)

木材平衡含水率在木材加工利用上很有实用意义。木材在制成木制品之前，必须干燥到一定的终含水率 M_2，且此终了含水率必须与木制品使用地点的平衡含水率相适应。即符合下式：

$$M_e - 2.5\% < M_2 < M_e$$

如使用地点的平衡含水率为15%，且室内无采暖则干燥的终含水率以13%较为适宜。在这样的含水率条件下，木制品的含水率能基本保持稳定，从而其尺寸和形状也基本保持稳定。按气候资料查定的木材平衡含水率可作为确定干燥锯材最终含水率的依据。附录4列出了我国160个主要城市木材平衡含水率的气象值，可供参考应用。根据我国各地城镇的气象资料，并按照干燥锯材最终含水率比使用环境下木材平衡含水率低2%～3%的要求，在我国地图上绘出各地区木材的平衡含水率和干燥锯材终含水率变化规律，见附录5，供木制品生产时参考。从附录5可见，我国各地区木材平衡含水率从西北向东南逐渐增高，变化规律明显，并可划分为9%、11%、13%、15%几个带状区。干燥锯材最终含水率也随之作7%、9%、11%和13%的相应分布。但我国北方广大地区，全年有相当长的采暖期，这时室内空气相当干燥，因此，室内用木制品的含水率需与室内小气候相适应，考虑到全年平均情况，在北方室内使用的木制品需干燥到约8%～9%的含水率。

表 2.2　木材平衡含水率表

例：
干球温度 = 82℃
湿度计差 = 11℃
平衡含水率 = 8%

干球温度(℃) \ 湿度计差(℃)	0	1	2	3	4	5	6	7	8	9	10	11	12	13	14	15	16	17	18	19	20	21	22	23	24	25	28
120																					4.5	4	4	4	3.5	3.5	3
118																			4.5	4.5	4.5	4	4	4	4	3.5	3.1
116																	5	5	5	4.5	4.5	4	4	4	4	3.5	3.1
114															5.5	5.5	5.5	5	5	4.5	4.5	4	4	4	4	3.5	3.2
112													6.5	6.5	6	5.5	5.5	5	5	4.5	4.5	4.5	4.5	4	4	3.5	3.2
110											7.5	7	6.5	6.5	6	5.5	5.5	5	5	5	4.5	4.5	4.5	4	4	4	3.3
108									8.5	8	7.5	7	6.5	6.5	6	5.5	5.5	5	5	5	4.5	4.5	4.5	4	4	4	3.3
106							10	9.5	8.5	8	7.5	7	6.5	6.5	6	5.5	5.5	5	5	5	4.5	4.5	4.5	4	4	4	3.3
104					11.5	11	10	9.5	8.5	8	7.5	7	6.5	6.5	6	5.5	5.5	5.5	5	5	4.5	4.5	4.5	4	4	4	3.4
102			14.5	13	11.5	11	10	9.5	9	8.5	7.5	7	6.5	6.5	6	6	5.5	5.5	5	5	4.5	4.5	4.5	4	4	4	3.4
100	22	16.5	15	13	12	11	10	9.5	9	8.5	7.5	7	6.5	6.5	6	6	5.5	5.5	5	5	4.5	4.5	4.5	4	4	4	3.4
98	22.5	17	15	13.5	12	11	10	9.5	9	8.5	8	7.5	7	6.5	6	6	5.5	5.5	5	5	4.5	4.5	4.5	4	4	4	3.3
96	23	17	15	13.5	12	11.5	10	10	9	8.5	8	7.5	7	6.5	6	6	5.5	5.5	5	5	4.5	4.5	4.5	4	4	4	3.3
94	23	17.5	15.5	14	12	11.5	10.5	10	9	8.5	8	7.5	7	6.5	6.5	6	5.5	5.5	5	5	4.5	4.5	4.5	4	4	4	3.3
92	23.5	18	15.5	14	12	11.5	10.5	10	9	8.5	8	7.5	7	6.5	6.5	6	5.5	5.5	5	5	4.5	4.5	4.5	4	4	3.5	3.3
90	24	18	15.5	14	12.5	11.5	10.5	10	9.5	8.5	8	7.5	7.5	6.5	6.5	6	6	5.5	5.5	5	4.5	4.5	4.5	4	4	3.5	3.3
88	24	18.5	15.5	14	12.5	11.5	10.5	10	9.5	8.5	8	7.5	7.5	6.5	6.5	6	6	5.5	5.5	5	4.5	4.5	4.5	4	4	3.5	3.3
86	24.5	18.5	15.5	14.5	12.5	11.5	11	10	9.5	8.5	8	8	7.5	6.5	6.5	6	6	5.5	5.5	5	4.5	4.5	4.5	4	4	3.5	3.3
84	24.5	19	16	14.5	12.5	11.5	11	10	9.5	9	8.5	8	7.5	7	6.5	6	6	5.5	5.5	5	4.5	4.5	4.5	4	4	3.5	3.3
82	24.5	19	16	14.5	13	12	11	10	9.5	9	8.5	8	7.5	7	6.5	6	6	5.5	5.5	5	4.5	4.5	4.5	4	4	3.5	3.3
80	25	19	16	14.5	13	12	11	10	9.5	9	8.5	8	7.5	7	6.5	6.5	6	5.5	5.5	5	5	4.5	4.5	4	4	3.5	3.3
78	25	19	16	15	13	12	11	10	9.5	9	8.5	8	7.5	7	6.5	6.5	6	5.5	5.5	5	5	4.5	4	4	4	3.5	3.2
76	25	19.5	16.5	15	13	12	11	10	9.5	9	8.5	8	7.5	7	6.5	6.5	6	5.5	5.5	5	5	4.5	4	4	4	3.5	3.2
74	25.5	19.5	16.5	15	13	12	11	10	9.5	9	8.5	8	7.5	7	6.5	6.5	6	5.5	5.5	5	5	4.5	4	4	4	3.5	3.2
72	25.5	20	17	15	13.5	12.5	11	10	9.5	9	8.5	8	7.5	7	6.5	6.5	6	5.5	5.5	5	5	4.5	4	4	4	3.5	3.2
70	26	20	17	15.5	13.5	12.5	11	10.5	9.5	9	8.5	8	7.5	7	6.5	6.5	6	5.5	5.5	5	5	4.5	4	4	4	3.5	3.2
68	26	20	17.5	15.5	13.5	12.5	11.5	10.5	9.5	9	8.5	8	7.5	7	6.5	6.5	6	5.5	5.5	5	5	4.5	4	4	4	3.5	3.1
66	26.5	20.5	17.5	15.5	13.5	12.5	11.5	10.5	10	9	8.5	8	7.5	7	6.5	6.5	6	5.5	5.5	5	5	4.5	4	4	4	3.5	2.9
64	26.5	20.5	17.5	15.5	13.5	12.5	11.5	10.5	10	9	8.5	8	7.5	7	6.5	6.5	6	5.5	5.5	5	5	4.5	4	4	4	3.5	2.8
62	27	21	17.5	15.5	13.5	12.5	11.5	10.5	10	9	8.5	8	7.5	7	6.5	6.5	6	5.5	5.5	5	5	4.5	4	4	4	3.5	2.7
60	27	21	18	15.5	14	12.5	11.5	10.5	10	9.5	8.5	8	7.5	7	6.5	6.5	6	5.5	5	5	4.5	4.5	4	4	3.5	3.5	2.6
58	27	21	18	15.5	14	12.5	11.5	10.5	10	9.5	8.5	8	7.5	7	6.5	6.5	6	5.5	5	5	4.5	4.5	4	3.5	3.5	3.5	2.4
56	27.5	21	18	15.5	14	13	11.5	10.5	10	9.5	8.5	8	7.5	7	6.5	6.5	6	5.5	5	5	4.5	4	4	3.5	3.5	3	2.2
54	27.5	21.5	18	16	14	13	11.5	10.5	10	9.5	8.5	8	7.5	7	6.5	6.5	6	5.5	5	4.5	4.5	4	3.5	3.5	3	3	2
52	28	21.5	18	16	14	12.5	11.5	10.5	10	9	8.5	8	7.5	7	6.5	6	5.5	5.5	5	4.5	4.5	4	3.5	3.5	3	2.5	1.6
50	28	21.5	18.5	16	14	12.5	11.5	10.5	10	9	8.5	8	7.5	7	6.5	6	5.5	5.5	5	4.5	4	4	3.5	3	3	2.5	1.3
48	28	21.5	18.5	16	14	12.5	11.5	10.5	10	9	8.5	8	7.5	7	6.5	6	5.5	5	4.5	4.5	4	3.5	3.5	3	2.5	2	0.9
46	28.5	21.5	18.5	16	14	12.5	11.5	10.5	9.5	9	8.5	8	7.5	7	6.5	6	5.5	5	4.5	4	4	3.5	3	2.5	2.5	2	0.4
44	28.5	22	18.5	16	14	12.5	11.5	10.5	9.5	9	8.5	7.5	7	6.5	6	5.5	5.5	4.5	4.5	4	3.5	3	2.5	2.5	2		
42	28.5	22	18.5	16	14	12.5	11.5	10.5	9.5	9	8	7.5	7	6.5	6	5.5	5	4.5	4	4	3.5	3	2.5	2			
40	29	22	18.5	16	14	12.5	11.5	10.5	9.5	9	8	7.5	7	6.5	6	5.5	4.5	4.5	4	3.5	3	2.5	2				
38		21.5	18	15.6	13.8	12.4	11	10.3	9.4	8.8	8	7.4	6.9	6.3	5.7	5.2	4.5	4	3.5	3.1	2.4	1.6	0.7				
35		21.5	18	15.6	13.8	12.2	10.9	10.2	9.3	8.6	7.9	7.1	6.6	5.9	5.3	4.8	4	3.4	2.9	2.2	1.5						
32		21.5	17.8	15.4	13.5	12	10.8	10	9.1	8.3	7.6	6.8	6.3	5.5	4.9	4.2	3.4	2.6	2	1.2	0.4						
29		21.4	17.6	15.2	13.3	11.8	10.6	9.7	8.8	8	7.2	6.4	5.8	5	4.3	3.4	2.5	1.5	0.8								
27		21.2	17.4	15	13.1	11.5	10.2	9.3	8.4	7.6	6.8	5.9	5.1	4.3	3.4	2.4	1.2	0.3									
24		21.1	17.2	14.7	12.7	11.2	9.9	8.9	8	7.1	6.2	5.2	4.3	3.3	2.2	0.9											
21		20.8	16.9	14.4	12.3	10.9	9.5	8.5	7.5	6.5	5.5	4.4	3.2	2	0.6												

（自顾炼百《木材加工工艺学》,2003）

2.3 木材的干缩和湿胀

2.3.1 木材的干缩和湿胀

木材干燥时，首先排除细胞腔内的自由水，这时木材的尺寸不变。当细胞壁内的吸着水从木材中排出时，木材的尺寸随着减小，这是由于细胞壁内的微纤维之间和基本纤丝之间的空隙因吸着水的排出而缩减，使得细胞壁变薄，引起木材的干缩。在纤维饱和点以下，随着吸着水含水率的降低，木材干缩量随之增大，直至木材含水率为零时，其干缩量达最大值。

在木材由绝干状态逐渐湿润到纤维饱和点的过程中，可以观察到木材的膨胀现象。此现象称作木材的湿胀。

干缩和湿胀是木材的一种固有的不良特性。这种性质使木制品的尺寸不稳定，给加工和使用带来不利的影响。例如南京的木材加工厂为北京和海口各制造一批家具，若木材干燥不当，这批家具在北京使用时会发生开裂；在海口使用时，柜门和抽斗会不易开闭。因此，木材干燥时要按木制品使用地点的气候条件，干燥到相应的终含水率，以最大程度地减小木材的干缩或湿胀。

木材沿纵向的干缩极小，生产上在配料时不考虑顺纹理方向的干缩余量。

木材沿着年轮方向的干缩称作弦向干缩；沿着树干半径方向或木射线方向的干缩称作径向干缩；整块木材由湿材状态到绝干状态时体积的干缩称作体积干缩。

木材的干缩率与木材的吸着水含水率有关。纤维饱和点以下，吸着水含水率每减小1%，引起的木材干缩率的数值称作干缩系数(coefficient of shrinkage)K(%)。

体积干缩系数用K_v(%)表示；弦向干缩系数用K_e(%)表示；径向干缩系数用K_r(%)表示。

我国主要木材的密度、干缩系数和干燥特性见附录5。

利用干缩系数，可以算出纤维饱和点以下，任何含水率M时，木材干缩率y_M的数值都为

$$y_M = K(30 - M)\% \tag{2.5}$$

木材从纤维饱和点至绝干的绝干缩率用y表示：

$$y = K \times 30\% \tag{2.6}$$

也可以通过计算木材绝干缩前后尺寸的方法求得

$$y = \frac{L_1 - L_0}{L_1} \times 100\% \tag{2.7}$$

式中：L_1为湿材尺寸(mm)；L_0为绝干材尺寸(mm)。

木材由纤维饱和点干燥到某一点含水率的干缩率y_M，可用式(2.8)计算

$$y_M = \frac{L_1 - L_M}{L_1} \times 100\% \tag{2.8}$$

式中：L_M为木材干燥到某个含水率时的尺寸(mm)。

知道了干缩系数和终含水率，可算出木材加工中应留的木材干缩余量。

［**例 1**］　水曲柳抽屉面板的成品厚度为 20mm，成品含水率为 10%，求湿材下锯时，板材厚度应为多少？

解： 水曲柳的径向干缩系数 0.184%，弦向 0.338%（由附录 5 查出）。为保证尺寸，用弦向干缩系数计算。由湿材到 10% 的干缩率 $y_M = K(30 - M) = 0.338\% \times (30 - 10) = 6.76\%$。

设板材的刨削余量为 3mm，则刨削前干板的厚度为 20mm + 3mm = 23mm。

则湿板厚度　$L_1 = \frac{L_M}{1 - y_M} = \left(\frac{23}{1 - 0.0676}\right)\text{mm} = 24.7\text{mm}$。

2.3.2　木材干缩的各向异性

木材干缩和湿胀在不同方向上的差异，称作木材干缩和湿胀的各向异性。木材在不同方向上的干缩为：纵向最小，绝干缩率为 0.1% ~0.3%；径向居中，约 4.5% ~8%；弦向最大，约 8% ~12%。

这种各向异性，主要由于木材构造特点造成。由于木材细胞壁中次生壁的中层（S_2 层）厚度最大，又 S_2 层的微纤丝方向与木材纵向几乎平行，当木材微纤丝在失水相互靠拢时，木材长度方向收缩很小，横纹方向收缩很大。

径弦向干缩的差异，主要是由以下原因造成的。

（1）木射线对径向收缩的抑制。因木射线是沿径向排列的细胞，木射线的纵向（即树干的径向）收缩小于其横向（即树干的弦向）收缩。

（2）晚材收缩量大，增加了弦向干缩。木材的干缩量与其细胞壁物质含量有关，晚材密度大于早材，其细胞壁物质含量大于早材，因此晚材的干缩大于早材。又在弦向，早晚材是并联的，晚材的较大的干缩迫使早材与其一起干缩。

树种不同，干缩的差异也很大。通常阔叶树材的干缩大于针叶树材。密度高的木材干缩大于密度低的木材。但也有例外，例如椴木密度较小，但干缩不小。又抽提物含量高的树种，如桃花心木，其干缩较小。由于木材径弦向干缩的差异，引起原木横断面上不同位置的锯材在干燥后的变形，如图 2.3 所示。

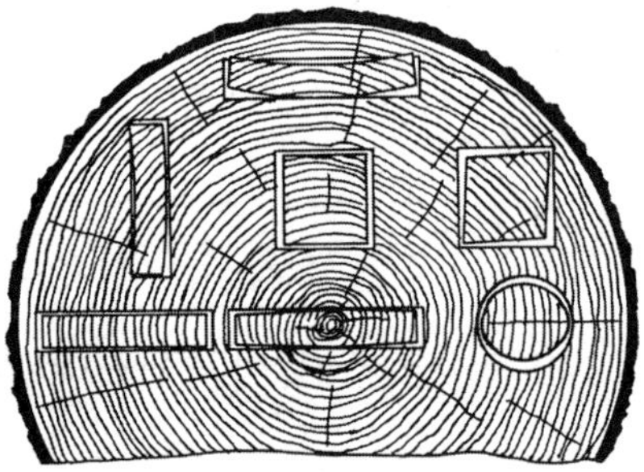

图 2.3　原木横断面上的锯材由于干缩不均匀引起的变形

尽管正常木材纵向干缩很小，但应力木和幼龄材的纵向干缩相当大，可达 1% ~1.5%。当前，人工林木材越来越广泛地应用，幼龄材的应用也越来越多，其较大的纵向干缩及其对翘曲的影响已成较严重的问题。

理论上讲，木材的干缩只有含水率降到纤维饱和点以下才发生。但实际生产上发现，当锯材含水率远高于纤维饱和点时，干缩就已发生。这主要由于锯材干燥时，厚度方向上有较大的含水率梯度，当锯材平均含水率远高于纤维饱和点时，其表层含水率早已降到纤维饱和点以下，发生了干缩。从而使整块锯材产生少量的干缩。另外，干缩系数实际上也不是常数，当含水率较高时，干缩系数较小；含水率较低时，干缩系数一般较大。径弦向干缩率及干缩系数的差异也会影响到木材的开裂。径弦向干缩系数差异大，且干缩系数绝对值也大的木材容易开裂。

2.4 木材的弹性、塑性和流变学特性

2.4.1 木材的弹性

木材在外力的作用下发生变形，倘若木材的组织没有受损伤，在除去外力后木材就恢复其原来的形状。这种性能称作木材的弹性。

木材弹性的大小可以用静曲弹性模量来衡量。不同树种的木材具有不同的弹性模量。弹性模量主要与密度有关。可以认为密度大的木材的弹性较好，密度小的木材的弹性较差。由表 2.3 可知一般情况。

表 2.3 木材静曲弹性模量(含水率等于 15%)

树 种	气干密度 (g/cm^3)	基本密度 (g/cm^3)	静曲弹性模量(×100MPa)	
			径 向	弦 向
红 松	0.44	—	99	97
樟子松	0.46	0.35	90	89
落叶松	0.70	0.52	134	138
鱼鳞松	0.45	—	105	104
水曲柳	0.69	—	—	141
春 榆	0.59	0.48	—	96
柞 木	0.77	—	—	148
黄波罗	0.45	—	—	89

弹性模量随木材的干燥程度而变化。在纤维饱和点以下，木材越干，弹性模量越大。纤维饱和点以上弹性模量不变。即干木材的弹性比湿木材的好。

弹性好的木材宜于制造车船、地板、体育运动器材、农具、工具柄等。水曲柳、柞木是弹性好的木材。

2.4.2 木材的塑性

木材还有一种和弹性相反的性质。即，在外力的作用除去以后，木材多少保持着改变后的形状，而不能完全恢复原形，或甚至完全不能恢复原形。这种性质称作木材的塑性或可塑性。

由于木材既有弹性又有塑性，在恒定的外力下，木材变形随时间而增加。当木材受力时便产生相应的弹性变形，在此力作用下，随时间的推移而产生蠕变。当解除力时，便立即产生弹性恢复。随后的一段时间里逐渐有部分的蠕变恢复，但不能完全恢复，不能恢复的蠕变即为残留的永久变形。这便是木材的塑性变形。

木材属高分子结构材料，它受外力作用时有 3 种变形：瞬时弹性变形、黏弹变形及塑性变形。木材承载时，产生与加荷速度相适应的变形称为瞬时弹性变形，它服从于胡克定律。加荷过程终止，木材立即产生随时间递减的黏弹性变形。这种变形是可逆的，与弹性相比它有时间滞后。而卸载后木材所造成的不可恢复的变形称塑性变形，该变形不可逆转。

为了了解木材的弹性和塑性，以及它们的互相转化，需再参阅有关细胞壁的叙述。

细胞壁的构造大致上形同于钢筋混凝土的结构：微纤维束起着钢筋的作用，分布在基本纤丝之间的木素和半纤维素起着混凝土的作用。果胶质起硬化剂的作用。

干木材中基本纤丝周围的吸着水较少，基本纤丝和基本纤丝互相吸引。此时木材弹性比塑性显著。

当木材处在高湿度空气中时，细胞壁内的微毛细管系统从空气中吸收水分。吸着水逐步增多，在微胶粒周围形成的水分层逐步增厚。水分使基本纤丝互相分离，引起木材的湿胀。这样就降低了木材的弹性，提高了木材的塑性。

倘若在高湿的作用下，再加上高温的作用，细胞壁中的纤维素、半纤维素、木素和果胶质受热湿作用之后，逐步软化。结果是弹性更小，塑性较充分地表现出来。倘若木材外部变软的部分在以后的干燥过程中干到纤维饱和点以下，此部分应当发生干缩，但由于内部湿木材的牵制而不能充分干缩，此部分木材就处于被伸张状态。伸张时间较长之后，细胞壁的各种组分在热的作用下由软变硬，此部分木材就在受伸张状态下固定下来，和它应当缩小的尺寸相比，构成了相对的塑化变形。

对于已塑化变形的木材，还可以用湿热空气进行处理，使固定的部分再度软化。

对于木材在干燥过程中应力和变形的发生、发展和转化，将在第 3 章讲解。

2.4.3 木材的流变特性

任何材料在外力的作用下将产生应力和应变。当给予一定的应变时，其应力随时间而减小，这种现象称作应力松弛。当给予的应力保持一定时，其应变随时间而增加，这种现象称为蠕变。完全弹性材料不会产生松弛和蠕变。但如果不是完全弹性体材料，在给予一定的应变后，开始像弹性体那样产生应力，内部处于紧张状态，但紧张状态随时间而松弛，趋于一种自由的内部状态。另外，当给予这种材料一定的应力时，则像黏性流体那样应变随时间而继续下去。这种兼具有弹性体和黏性流体两种性质的力学性质称为黏弹性，具有黏弹性体的物质称为黏弹性体。因此，黏弹性体受到应力后产生的应变是由弹性应变和黏性应变两部分合成的。

木材在施加荷载后产生瞬间变形，在长期荷载下的变形将逐渐增加。若荷载很小，经过一段时间后，变形就不再增加；当荷载超过某极限值时，变形不但随时间而增加，甚至使木材破坏。所以木材在承受荷载时具有弹性和黏性，这就是木材的黏弹性或流变性质。

2.5　木材的电学、声学和热学特性

2.5.1　木材的电学性质

绝干木材是良好的绝缘体。湿木材近于导电体。了解木材的电学性质对木材干燥作业中的含水率测量、高频或微波加热具有实用价值。

2.5.1.1　木材的直流电性质

木材的电传导用电阻率或电导率来表示。电阻率等于单位长度、单位截面积的均匀木材的电阻值，单位为 Ω · m。电阻率的倒数称为电导率，用 G 表示，单位为 S/m。

木材导电中起重要作用的是离子的移动。木材内有吸附在结晶区表面的结合离子，还有处于游离状态，在外电场作用下可产生电荷移动的自由离子。电导率与自由离子的数目成正比。木材和纤维素的电导率，在低含水率情况下，自由离子数目起主要作用；在高含水率情况下，离子迁移率起主要作用。

木材的直流电导率不仅受木材构造、含水率、密度、温度和纤维方向等的影响，而且受电压和通电时间等电场条件的影响。

（1）含水率。如图 2.4 所示含水率与直流电导率之间有极其密切的关系，从绝干状态到纤维饱和点，木材电导率随含水率增加而急剧上升，可增大几百万倍；从纤维饱和点至最大含水率，电导率的上升较缓慢，仅增大几十倍。

木材的电导率的对数与纤维饱和点以下的含水率之间，呈线性关系。

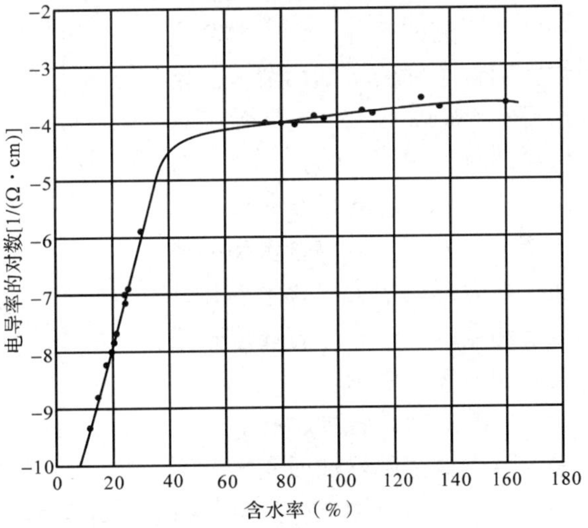

图 2.4　电导率与含水率之间的关系

（自 Серговский，1958）

（2）温度。木材电阻率随温度升高而变小。因木材属离子导电，在一定含水率范围内（$M<10\%$）的温度效应也可说明木材导电是借助于离子的活化过程。在 0℃ 以上，温度对绝干材影响最为显著；从全干材至纤维饱和点，随含水率的增加，温度影响变小。

（3）木材纹理。木材横纹理的电阻率较顺纹理大，针叶树材为 2.3 ~ 4.5 倍；阔叶树材为 2.5 ~ 8.0 倍，阔叶树材的差异一般大于针叶树材。而弦向电阻率大于径向，中等密度针叶树材弦向电阻率比径向大 10% ~ 12%。高密度树种的这种差异减小。

（4）密度。密度的影响与含水率的影响相比小得多。通常密度大者，电阻率小，电导率高。原因是密度大，木材实质多，空隙小，而木材细胞壁实质的电阻率远比空气小。

（5）水溶性电解质含量。木材的电导率还受存在于木材中水溶性电解质含量的影响。心材水溶性电解质含量高，因此心材比边材的电导率高。

2.5.1.2　射频下木材的介电性质

射频是频率很高的电磁波，又称高频。在木材工业中用于高频电加热的频率通常在 1～40MHz 的范围；用于微波干燥的频率为 915MHz 或 2.45GHz。

木材的介电常数是在交变电场中，以木材为电介质所得电容量与在相同条件下以真空为介质所得电容量之比值，用 ε 表示。介电常数是表明木材在交变电场下介质极化和储存电能能力的一个量。由于以空气为介质和以真空为介质两者相差甚微，为了简化起见，常以空气的电容或电量代替真空电容或电量。

介电常数按下式计算

$$\varepsilon = \frac{36\pi \times d \times c \times 10^{10}}{A} \tag{2.9}$$

式中：A 为极板的面积（mm^2）；d 为两块极板间的距离（mm）；c 为电容（F）。

绝干材的介电常数约为 2，水的介电常数为 81。介电常数值越小，电绝缘性越好。木材的介电常数随树种、含水率、电场频率及电场对木材的纤维方向而异。

（1）含水率。含水率对介电常数的影响十分明显。在温度和频率不变的条件下，木材介电常数随含水率的增加而增大。含水率在 5% 以下，介电常数随含水率增加较小，仅为 2～3。含水率在 5% 以上至纤维饱和点的范围内，介电常数随含水率的增加呈指数形式增大。含水率在纤维饱和点以上时，呈直线形式增大，如图 2.5 所示。

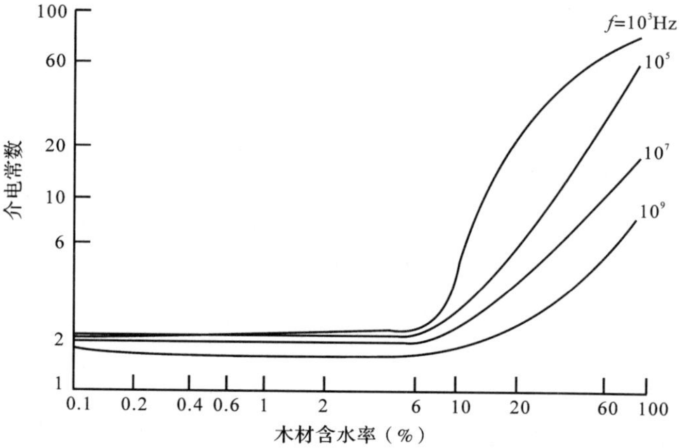

图 2.5　含水率与频率、介电常数的关系

（2）密度。各种木材的介电常数随木材密度增加而变大。同一密度的不同树种木材介电常数几乎没有差别，但因密度不同而有所不同。在一定频率下，介电常数受含水率和密度的共同影响。如频率 $f = 2$MHz，$\rho_0 = 0.3$，$M = 17.5\%$ 时 $\varepsilon = 3$；当 $\rho_0 = 0.4$，$M = 12.5\%$ 时，$\varepsilon = 3$。

（3）纹理方向。在温度、频率、密度和含水率相同时，电场方向为顺纹时其介电常数比横纹大 30%～60%。

（4）频率。一般来说，介电常数随频率的增加而减小。在射频范围内，木材含水率愈低，介电常数受频率的影响愈小。只有在很大的频率差异时，才显示出较明显的差别。若含水率较高，尤其是含水率在 20% 以上时，频率对介电常数的影响才变得很明显，如图 2.5 所示。

2.5.1.3 木材的介质损耗

反映木材能量损失的介电损耗率在数值上等于介电常数与介质损耗角正切的乘积。所以射频下木材的介质损耗通常以损耗角正切 $\tan\delta$ 来表示，其基本定义为：介质在交流电场中每周期内热消耗的能量与充放电所用能量之比，在数值上等于热耗电流与充放电电流之比。

在相同的频率下，木材的损耗角正切 $\tan\delta$ 在纤维饱和点以下是随含水率的增加明显增大，而在纤维饱和点以上这种变化很小。此外损耗角正切 $\tan\delta$ 是随电场频率、密度和木材纹理方向的变化而变化。我国主要树种木材的介电性见表 2.4 所示。

表 2.4 我国主要树种木材的介电性 *

树　种	含水率（%）	全干密度（kg/m^3）	电阻率（$\Omega\cdot m$）	介电常数	损耗角正切
红　松	12.1	420	0.154	2.80	0.045
杉　木	12.0	400	0.138	2.67	0.049
马尾松	12.6	530	0.096	3.77	0.050
泡　桐	11.4	260	0.136	1.95	0.066
糠　椴	14.8	380	0.220	3.28	0.220
小叶杨	15.5	450	0.051	3.64	0.111
白　桦	16.9	590	0.060	5.11	0.059
槭　木	16.5	600	0.029	5.22	0.125
水曲柳	18.5	650	0.009	6.41	0.312
柞　木	18.1	680	0.009	7.51	0.269

* 径向，频率 $f=1$MHz

2.5.2 木材的声学性质

木材的声传播特性、声共振特性与木材的力学性质有着内在的联系，因此，可利用木材的振动或机械波传递的测量，对其质量或强度进行无损检测。

当一定强度的周期机械力或声波作用于木材时，木材会被激励而受迫振动，其振幅的大小取决于作用力的大小和振动频率。木材受到瞬间的冲击（如敲击）之后，也会按照其固有频率发生振动，并能够维持一定时间的振动。由于内部摩擦的能量衰减作用，这种振动的振幅不断地减小，直至振动能量全部衰减消失为止。

2.5.2.1 木材中的声波性质

声速与介质的弹性模量平方根成正比，而与其密度的平方根成反比。对于长的板材来说，沿试样长度方向的纵波，木材中声波传递的速度为

$$v_s = \sqrt{\frac{E}{\rho}} \tag{2.10}$$

式中：v_s 为纵波传递速度（m/s）；E_v 为木材的纵向弹性模量（N/mm^2）；ρ 为木材密度（g/mm^3）。

木材试样的纵向自振频率 f_v（Hz），随木材的传声速度和沿运动方向的木材尺寸而

变，即

$$f_v = \frac{v_s}{2L} \tag{2.11}$$

式中：L 为试样长度（m）。

受外部冲击力或周期力作用的木材，当外力停止后，木材的振动处于阻尼振动状态，也就是振动的振幅随时间的延续而按指数规律衰减。木材振动自然衰减的阻尼系数 α 用下式计算：

$$\alpha = \frac{1}{n}\ln\left(\frac{A_1}{A_2}\right) \tag{2.12}$$

式中：A_1 和 A_2 为两连续振动周期的振幅（m）；n 为自由振动的周期。

木材是具有弹性的固体材料。声波在木材中的传播及使木材产生的振动，都与木材的弹性模量有关。通过测量木材的弹性模量、声波振幅的变化量来判别木材的变形和内部缺陷。

2.5.2.2　声发射及其在木材干燥中的应用

物体在发生开裂或破坏之前，其内部首先产生肉眼不可见的微小变形或裂缝，随后变形或裂缝逐渐成长、扩大，最后达到肉眼可见的宏观变化。物体在宏观变化之前，由于内部的变形能被释放出来，一般会产生微弱的声波（弹性波）。在一定的外界条件下，物体状态发生改变而以弹性波的形式释放出来的能量，称作声发射。例如木材受拉或受压时，内部缺损或裂纹扩展而发出声波，木材干燥时由于内外干燥速度的差异而产生的残余应力，这种应力又导致木材内部弹性或塑性状态变化，而形成声发射。物体的声发射的波形可分为连续型和突发型两种，如图 2.6 所示。木材干燥或受外力裂纹扩展的声发射属于突发型；而充压容器泄漏，材料屈服过程的声发射信号是连续的。

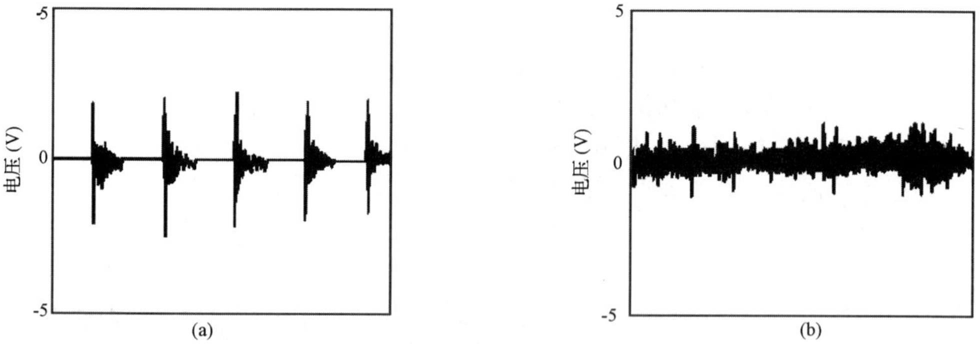

图 2.6　声发射信号

（a）突发型声波　（b）连续型声波

声发射装置原理如图 2.7 是采用压电式的传感器，滤波器除去噪声、选取一定的频率窗口，记录装置可以存储示波器，数据采集仪，也可以通过 A/D 转换直接输给计算机，获得的时域声发射信号可以通过软件进行数据处理。

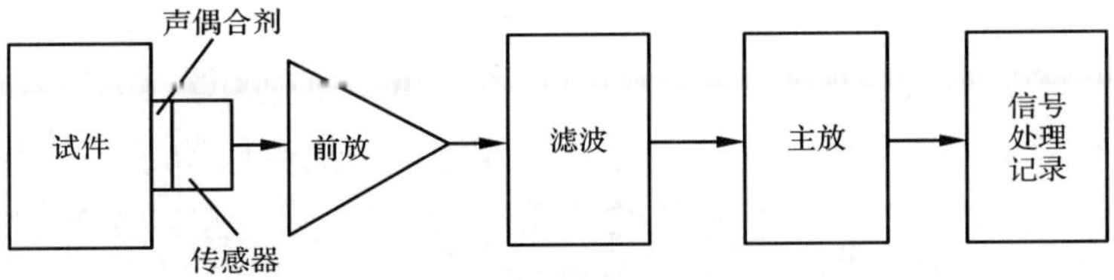

图 2.7 声发射装置原理

声发射检测可以用于防止在木材干燥过程的开裂。木材在干燥过程中会产生干燥应力，且在不同的干燥阶段和不同的干燥速度下有不同的干燥应力，干燥应力不同，声发射的发射频率及发生总数就不同。因此，通过声发射信息分析，可以及时了解并控制干燥过程。

2.5.3 木材的热学性质

进行木材干燥时，须了解热从空气或其他介质传递到木材内部的速度，了解温度在木材内部扩散的速度等有关问题，从而确定处理木材的条件。首先需要了解在一定条件下木材热学性质的一些参数，如木材的比热容、导热系数、导温系数等。

2.5.3.1 木材的比热容 c_P

木材的比热容(俗称比热)相当于把 1kg 的木材温度升高 1℃所需要的热量。木材是有机多孔性材料，其比热容远比金属材料大。木材的比热容取决于温度和含水率，而与树种、密度及树干部位无关。

湿材可以看成是由木材和水分所组成的，湿材的比热容就等于水的比热容与绝干材的比热容之和。湿材的比热容 c_p[kJ/(kg·℃)]可以用式(2.13)近似计算：

$$c_p = \frac{4.18M + 100c_0}{M + 100} \quad [\text{kJ/(kg·℃)}] \tag{2.13}$$

式中：M 为木材的含水率(%)；c_0 为绝干材的比热容，在 0~106℃范围内，绝干材比热容的经验方程。

$$c_0 = 1.112 + 0.00485t \quad [\text{kJ/(kg·℃)}] \tag{2.14}$$

式中：t 为温度(℃)，其适用范围是 0~100℃。

计算湿材比热容的另一种经验公式：

$$c_p = 1.17\left[M\left(1 + \frac{t}{100}\right)\right]^{0.2} \quad [\text{kJ/(kg·℃)}] \tag{2.15}$$

式中：t 为温度(℃)，其适用范围是 20~100℃；M 为木材含水率，适用范围是 10%~15%。

2.5.3.2 导热系数 λ

导热系数 λ 表示木材传递热量的能力，指在木材单位长度(包括纵横向)上的温度变化 1℃时，单位时间内通过单位面积上的热量。

由于木材中仅有极少的易于传递能量的自由电子，而且又是多孔性物质。故其导热系数极小。

木材的导热系数与木材密度、纹理方向、含水率、温度有关。

木材的密度越小，空隙率越大，则导热系数越小，绝热性越好。含水率越高，导热系数越大。木材沿顺纹方向的导热系数约为横纹方向的 2 ~4 倍。木材的横纹导热系数 λ_a 按式(2.17)和式(2.18)计算：

$$M > 40\% \quad \lambda_a = (0.217 + 0.004M)\rho_0 + 0.0238V \tag{2.16}$$

$$M < 40\% \quad \lambda_a = (0.217 + 0.0055M)\rho_0 + 0.0238V \tag{2.17}$$

式中：ρ_0 为全干材密度(g/cm^3)；V 为木材的空隙率。

导热系数随温度的升高而增大。在 -50 ~100℃范围内经验公式为：

$$\lambda_2 = \lambda_1\left[1 - (1.1 - 0.98\rho_0)\frac{t_1 - t_2}{100}\right] \tag{2.18}$$

式中：λ_1、λ_2 分别为 t_1℃、t_2℃时的导热系数。

2.5.3.3　导温系数 *a*

导温系数(又称热扩散率)表示木材使其内部各点的温度趋于一致的能力。导温系数越大，在同样外部加热或冷却的条件下，木材内部温度差异就越小，温度变化速度越快。它与木材的导热系数 λ、比热容 c 及密度 ρ 之间有如下关系：

$$a = \frac{\lambda}{c\rho} \quad (m^2/s) \tag{2.19}$$

式中：a 为导温系数(m^2/s)；λ 为导热系数 [W/(m · K)]；c 为比热容 [kJ/(kg · K)]；ρ 为密度(kg/m^3)。

木材的导温系数可以计算求出，也可用试验直接测定。

影响木材热扩散的因素有木材密度、含水率、温度和热流方向。

(1)木材密度的影响。木材的导温系数通常随密度的增加而略有减小。因为木材系多孔性材料，密度小者则空隙率大，孔隙中充满空气，而静态的空气导温系数非常大，比木材大两个数量级，所以密度低的木材，其导温系数也就相应高一些。

(2)含水率的影响。水的导温系数比空气的导温系数小两个数量级，含水率的增加使得木材中部分空气被水所代替，则导致木材的导温系数降低。木材中的水分在纤维饱和点以上和以下有着不同的存在形式，因而在不同的含水率变化范围，导温系数的降低程度也不同(图 2.8)。

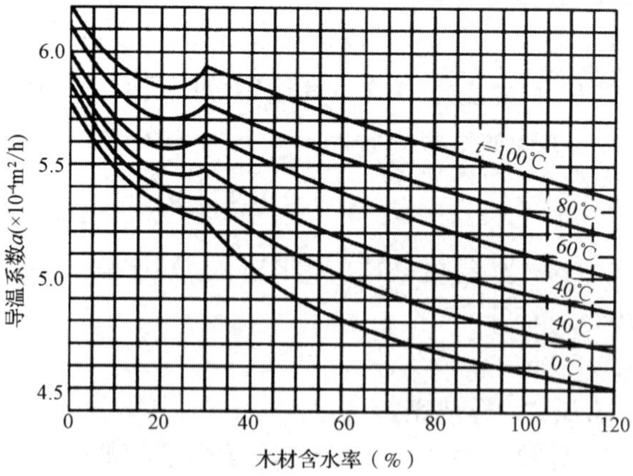

图 2.8　基本密度 515kg/m³ 的木材横纹导温系数与含水率的关系

(3)温度的影响。导温系数与温度的关系，可看成是温度与导热系数、比热容及密度三者关系的综合。由于温度变化对密度的影响甚微；而导热系数和比热容均随温度上升而增大，温度对导热系数的影响又大于对比热容的影响，导温系数随温度升高而增加。

(4)纹理方向的影响。热流方向对导温系数的影响与对导热系数的影响相同。顺纹的导温系数最大，其次是径向和弦向。在木材干燥过程中，木材的长度远大于宽度和厚度，热流传导的主方向为横向，因此通常仅测定木材的横向导温系数和导热系数。

参考文献

1. 朱政贤. 1992. 木材干燥. 2 版. 北京：中国林业出版社.
2. 申宗圻. 1990. 木材学. 北京：中国林业出版社.
3. 梁世镇，等. 1998. 木材工业实用大全：木材干燥卷. 北京：中国林业出版社.
4. 顾炼百. 2003. 木材加工工艺学. 北京：中国林业出版社.

第 3 章

木材加热与干燥的物理基础

3.1 传热基本公式

木材内部及木材与周围介质(气态或液态)的传热和传质对木材干燥有重要影响。

传热现象是一种复杂的过程，通常把传热现象看作是导热、热对流和热辐射三种基本方式在具体场合下的不同组合。

在木材干燥过程中，传热的主要形式为导热和热对流。

3.1.1 导热(热传导)

物体内部各部分之间或物体之间相互接触，由于温度差的存在而发生的能量传递现象称为导热或热传导。

导热的基本定律(傅立叶定律)是：单位时间内在物体两等温面间传导的热流量 Q (W)，与垂直热流方向的面积 F 和温度差 Δt 成正比，与等温面间的距离 δ 成反比。

$$Q = F\lambda \frac{\Delta t}{\delta} \tag{3.1}$$

式中：λ 为导热系数，表征材料导热能力的物理量，单位为 W/(m · K)。

单位时间内通过单位面积的热流量，称为热流通量 q(W/m^2)，热流通量可表示为

$$q = \frac{Q}{F} = \lambda \frac{\Delta t}{\delta} \tag{3.2}$$

写成微分形式：

$$q = -\lambda \frac{\partial t}{\partial n} \tag{3.3}$$

式中：$\frac{\partial t}{\partial n}$ 为空间某点的温度梯度，即沿等温面法线方向温度变化率(K/m)；n 为通过空间某点的等温线上的法向单位矢量，指温度升高的方向。式中的负号，表示温度梯度的方向(温度升高方向)与热流方向(温度降低方向)相反。

按照温度场是否随时间变化，导热分为稳态导热和非稳态导热。

按照温度场和空间坐标的关系，可分为一维、二维和三维导热。

非稳态导热(物体内温度随时间和空间坐标的变化关系)可以用以下直角坐标系导热微分方程描述：

$$\frac{\partial t}{\partial \tau} = a\left(\frac{\partial^2 t}{\partial x^2} + \frac{\partial^2 t}{\partial y^2} + \frac{\partial^2 t}{\partial z^2}\right) \tag{3.4}$$

式中：$\frac{\partial t}{\partial \tau}$ 为温度随时间的变化率；τ 为时间(s)；x，y，z 为物体内给定点的坐标；a 为导温系数(或称热扩散率)(m^2/s)。

$$a = \lambda / c\rho \tag{3.5}$$

式中：c 为物体的比热容[kJ/(kg · K)]；ρ 为物体的密度(kg/m^3)。

导温系数是非稳态导热过程的一个重要物理量，导温系数越大表示物体内部温度均匀一致的能力越大，也就是物体内部温度变化的速度越快。

对于沿 x 方向的一维非稳态导热：

$$\frac{\partial t}{\partial \tau} = a\left(\frac{\partial^2 t}{\partial x^2}\right) \tag{3.6}$$

对于沿 x 方向的一维稳态导热：

$$\frac{d^2 t}{dx^2} = 0 \tag{3.7}$$

3.1.2 热对流

热对流是指流体受热或冷却时其内部各部分之间发生相对位移而引起热量传递的现象。

在工程上大部分遇到的是流体流过固体壁面时所发生的热量交换过程，这种热量交换过程通常称为对流换热，它是一个流体的热对流和导热两种方式共同作用的过程。工程上主要研究对流换热的换热量。对流换热是一种复杂的物理现象，影响因素很多，主要有流体的流动状态、流速、流体的物理性质(导热、比热容、密度等)、固体的性质、表面形状和尺寸等。

对流换热量 Q(W)通常用牛顿冷却公式来确定：

$$Q = \alpha F(t_f - t_s) \tag{3.8}$$

式中：F 为与流体接触的固体表面积(m^2)；t_s 为固体表面温度(℃)；t_f 为流体温度(℃)；α 为对流换热系数[W/(m^2 · K)]。

对流换热系数 α 是表征对流换热强度的量。在数值上，等于流体和固体壁面之间温度差为1℃时，单位时间单位壁面的对流换热量。

3.1.3 传热过程

工程上经常遇到热流体通过固体壁面将热量传给冷流体的换热现象，通常将其称为传热过程。传热过程既包括物体内部的导热，也包括流体与固体壁面之间的对流换热过程。例如：流体与固体壁面之间的对流换热量 q(W/M^2)为

$$q = k(t_{f1} - t_{f2}) \tag{3.9}$$

式中：k 为传热系数[W/(m^2 · K)]；t_{f1}、t_{f2}分别为热流体

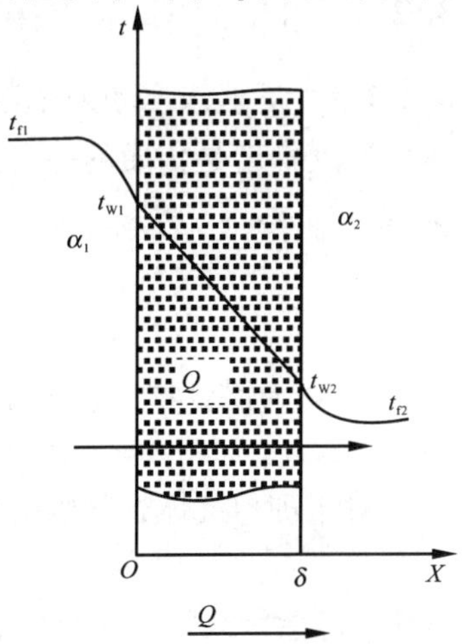

图 3.1 通过平壁的一维传热过程

和冷流体的温度(℃)。

图3.1所示为平壁的一维传热过程。

图中：α_1、α_2 分别表示热流体和冷流体的对流换热系数[W/(m^2·K)]；t_{w1} 和 t_{w2} 分别表示壁面两侧温度(℃)，$t_{w1} > t_{w2}$；平壁面积为 F(m^2)、壁厚为 δ(m)、导热系数为 λ。

热流体通过对流换热将热量传给壁面1，通过导热将热量从壁面1传到壁面2，热量再通过对流方式由壁面2传给冷流体。在稳态传热情况下，热流量用式(3.10)确定：

$$q = \frac{t_{f1} - t_{f2}}{\dfrac{1}{\alpha_1} + \dfrac{\delta}{\lambda} + \dfrac{1}{\alpha_2}} = k(t_{f1} - t_{f2}) \tag{3.10}$$

其中：

$$k = \frac{1}{\dfrac{1}{\alpha_1} + \dfrac{\delta}{\lambda} + \dfrac{1}{\alpha_2}} \tag{3.11}$$

3.2 传质基本公式

在多孔介质中流体由高浓度向低浓度方向的转移过程称为质量传递，简称传质。正如温度差的存在是热量传递的推动力那样，浓度差的存在是质量传递的推动力。由分子运动而引起的质量传递过程称为质扩散(或分子扩散)。分子扩散传质类似于热量传递中的导热现象，从本质上说，它们都是依靠物体中微观粒子的随机运动而引起的转移行为，不同的是前者为质量转移，后者为能量转移。由分子扩散和质量对流而引起的质量传递称为质对流(或对流扩散)。当流体作紊流或层流流动时，质交换不仅依靠分子扩散，而且依靠流体各部分间的宏观相对位移(质对流运动)。由于物质的浓度可以用多种形式表示，因而传质过程中推动力的表达形式也有很多种。

3.2.1 扩散的基本定律

3.2.1.1 质量浓度和摩尔浓度

浓度梯度是传质的一种推动力。组分的浓度通常用质量浓度 ρ_i(kg/m^3)和物质的量浓度 c_i(mol/m^3)表示，定义式为

$$\rho_i = m_i/V \tag{3.12}$$

$$c_i = n_i/V \tag{3.13}$$

式中：m_i 为混合物体积 V 中某组分的质量(kg)；n_i 为混合物体积 V 中某组分的摩尔数(mol)。

对于理想气体，某组分的质量浓度与分压力(p_i)及温度有以下关系：

$$\rho_i = p_i/R_iT \tag{3.14}$$

式中：p_i 为混合物中某组分的分压力(Pa)；R_i 为混合物中某组分的气体常数[kJ/(mol·K)]。

3.2.1.2 扩散通量

扩散进行的快慢用扩散通量来衡量，定义为：单位时间内通过垂直于扩散方向的单位截面积扩散的物质量，称为扩散通量。

3.2.1.3 菲克(Fick)定律

1855年法国生理学家菲克(Fick，1829～1901)提出了描述扩散规律的基本公式——菲克定律。由两组分A和B组成的混合物，在温度、总压恒定的条件下，若组分A只沿z方向扩散，浓度梯度为$\frac{d\rho_A}{dz}$，则任一点处组分A的扩散通量与该处A的浓度梯度成正比，此定律称为菲克定律，数学表达式为

$$J_A = -D_{AB}\frac{d\rho_A}{dz} \tag{3.15}$$

式中：D_{AB}为比例系数，称为扩散系数(m^2/h)。

式中负号表示扩散沿着组分A浓度降低的方向进行，与浓度梯度方向相反。

菲克分子扩散定律是在食盐溶解实验中发现的经验定律，只适用于双组分混合物。该定律在形式上与牛顿黏性定律、傅里叶热传导定律类似。

气体的扩散系数与其物理性质以及混合气体的温度和压力有关。例如水蒸气，当它在大气压力P_a的空气内扩散时

$$D_{AB} = D_0\left(\frac{T}{273}\right)^2\left(\frac{760}{P}\right) \tag{3.16}$$

式中：D_0为在0℃及0.101 33MPa压力下的扩散系数，近似等于$0.08m^2/h$。

3.2.2 等温过程的水分转移

在热交换过程中，温度梯度是热量传递的驱动力。与之类比，在传质过程中，浓度梯度是质量传递的驱动力。由此可写出等温过程中水分转移的基本规律方程式为

$$J = -D_w\rho_0\frac{\partial w}{\partial z} \tag{3.17}$$

式中：D_w为水分扩散系数(m^2/h)；ρ_0为物质的绝干密度(g/m^3)；w为物体的含水率，为物体内含有的水量对干物质的质量之比($w = W/100$)。

这个规律表明：温度不变时水流量与材料的含水率梯度及水分扩散系数成正比。

木材中的水分，按其与木材结合的状态分为结合水(包括吸附水和微毛细管水)及自由水(或大毛细管水)。吸附水牢固地与基本纤丝的内表相结合，主要呈蒸汽状态的移动。微毛细管水与大毛细管水的移动，既呈蒸汽状态，又呈液体状态(毛细管压力作用下)。因此在木材内可以同时看到两种性质不同的转移现象：沿着充满空气的自由通连空间的蒸汽转移和沿着复杂的毛细管系统的液体转移。

水蒸气分压差是蒸汽的转移势，水蒸气的扩散通量按照式(3.15)计算。

木材内液体的转移势是毛细管压力梯度，因此液体的流量按式(3.18)计算：

$$J = -k\frac{\partial P_a}{\partial z} \tag{3.18}$$

式中：k 为比例系数。

当木材含水率低于纤维饱和点时，可以证明上述水分转移的基本规律式(3.17)是正确的。但是当含水率高于纤维饱和点时，半径近似相等的细胞腔内填充了水分，木材内的蒸汽分压等于饱和压力，而毛细管压力是不变的，与含水率无关。因此水流量与含水率梯度无关，式(3.17)失去了物理意义。在这种情况下，木材内水分如果不借助外力或不直接接触其他材料时，是不能移动的。

3.2.3　材料表面与周围介质的湿交换

3.2.3.1　湿扩散通量

湿交换的最普通情况是在空气中的自由水面的水分蒸发。与水分表面直接接触的空气层通常为水汽饱和，此空气层的水蒸气分压大于周围空气的水蒸气分压，结果产生蒸汽扩散。自由水面的水分蒸发速度[kg/(m^2·h)]，通常用所谓道尔顿公式来计算：

$$J = B(p - p_v) \tag{3.19}$$

式中：p 和 p_v 为材料表面和远离表面空气内的水蒸气分压；B 为蒸发系数。

在向空气中蒸发水分的吸湿性材料的表面上，相对湿度可以小于 1，但总是大于周围空气的相对湿度。材料表面的水蒸气分压与材料表面的含水率有关，因此吸湿物体表面的湿交换的速度，可以用式(3.20)计算：

$$J = D_w'\rho_0(w_0 - w_p) \tag{3.20}$$

式中：w_0 为材料表面含水率(%)；w_p 为材料表面与周围介质相适应的平衡含水率(%)；D_w'为换水系数(m/h)。

3.2.3.2　稳定湿交换和非稳定湿交换

与热交换过程一样，湿交换过程也分为稳定湿交换和不稳定湿交换。稳定湿交换是物体的含水率场不随时间而改变，例如当温度不变时由一种状态的气体介质通过吸湿材料的间壁向另一种状态的介质的水分转移过程。

稳定湿交换的水流量，按式(3.21)计算：

$$J = \frac{1}{\dfrac{1}{D'_{w1}} + \dfrac{1}{D'_w} + \dfrac{1}{D'_{w2}}}\rho_0(w_{P1} + w_{P2}) \tag{3.21}$$

式中：w_{p1}、w_{p2}分别为与间壁两边介质状态相适应的平衡含水率。

不稳定湿交换表示物体的含水率场随着时间和空间而变化，例如吸湿材料在空气中的干燥过程。不稳定湿交换时物体任意一点的含水率的变化，用下列微分式(3.22)表示：

$$\frac{\partial w}{\partial \tau} = D_w\left(\frac{\partial^2 w}{\partial x^2} + \frac{\partial^2 w}{\partial y^2} + \frac{\partial^2 w}{\partial z^2}\right) \tag{3.22}$$

只在一个方向上(如 x 轴)有水分移动时：

$$\frac{\partial w}{\partial \tau} = D_w\left(\frac{\partial^2 w}{\partial x^2}\right) \tag{3.23}$$

式中：w 为含水率；τ 为时间；D_w 为水分扩散系数；x，y，z 分别为空间坐标。

3.2.3.3 不等温水分转移

不等温水分转移过程中，在某些情况下，材料内水分的移动是在含水率梯度(水分向含水率降低方向移动)和温度梯度(水分向温度降低方向移动)的共同作用下进行的。后者为传热对湿传导的作用。在这种情况下，水分转移势既与材料的含水率有关，也与材料的温度有关。

不等温的水分转移规律可用式(3.24)表明：

$$J = -D_w\rho\left(\frac{\partial w}{\partial x} + \delta\frac{\partial t}{\partial x}\right) \tag{3.24}$$

式中：δ 为热湿传导系数，或热梯度系数。

对于杆状吸湿物体与周围介质不发生湿交换的情况，在物体内部造成某种程度的温度梯度，水分则向着温度低的一边移动。结果低温部分的含水率升高，而高温部分的含水率降低，在杆状物体内形成含水率梯度。在含水率梯度的作用下，水分将与最先移动的方向作相反的移动。当温度梯度与含水率梯度达到一定比例关系时，热湿传导的效应完全为水分传导的效应所抵偿，同时在杆状物体内形成稳定的温度场和含水率场。此时，热梯度系数 φ 可按式(3.25)确定：

$$\varphi = -\frac{\Delta w}{\Delta t} \tag{3.25}$$

因此热梯度系数在数值上与在物体内造成1℃温度差的含水率差相等，单位为1/℃或%/℃。它的数值关系与材料的物理性质、材料的温度及含水率有关，可查图3.2确定。

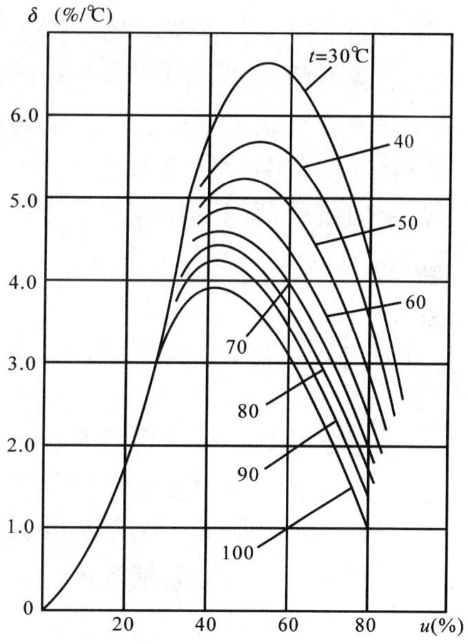

图3.2 热梯度系数图
(自 Щубии，1983)

近年来，关于结合水扩散(移动)的驱动力问题，有些研究者对传统观念提出了异议，形成了不同的学派和观点。他们认为木材内水分的转移驱动力除含水率梯度外，还有蒸汽压力梯度和化学势梯度等，比较有代表性的有以下几位学者。

Bramhall 认为，结合水的分子在木材中处于吸附状态，相互间位置固定，具有振动能量，即液体水分子具有随机的能量分布，水分子由于振动经常得到或失去能量。结合水的扩散(移动)是处于吸附位置的水分子获得了超过束缚能的能量，而使它由原来的位置移动到另一个新的位置，并释放出多余的能量，为另一个分子所获得，如此过程不断重复。换句话说，结合水的扩散就是这种移位分子的不规则运动。在任何时候，具有超能量的分子数与给定含水率和温度下的蒸汽压力成正比。扩散速度与移动分子的浓度梯度成正比，就是与蒸汽压力梯度成正比。结合水的扩散与菲克扩散的基本区别，在于前者只是在任意瞬间内与温度有关的极少部分分子的移动，而后者则是所有分子始终不断的移动。因此菲克定律仅适用于理想气体混合物或溶液的等温扩散。只有在等温条件下，在吸湿曲线的下半段，才可近似地用于结合水的扩散。

Babbitt 认为上述设想在直觉上是对的，但还没有得到严格的证明。浓度没有势能的性质，不是一个真正的力。尽管表面压力与蒸汽压力有关，但二者在热力上不是等值的。因为吸附分子虽能在表面上的吸附位置之间移动，但不具有足够的能量进行汽化。由于吸附等温线的热动力概念还不很精确，含水率从低到高增加时水分子束缚到纤维素的机理有变化；木材中的水分以各种状态(气态、液态或吸附)存在，其扩散机理又不同，且各种状态的分子还会不断地转换等；如果不给系统设定一个结构模型，就不可能列出一个方程式来说明水分移动的情况。

Kowai 等认为 Bramhall 的论述是以个别气体分子在开放空间的运动理论为基础。将这种理论用到如细胞壁物质非定形区的纤维素链一样小的空间的分子扩散，是值得怀疑的。例如水蒸气分子的平均自由程在 10 ~ 60℃ 的温度范围内约为 0.1μm，这大约与针叶树材纹孔膜上微孔的大小相同，但比细胞壁物质中的通过孔隙却大得多。细胞壁物质中水分的移动是一种激活过程，在激活过程中，吸附位置上的水分子要具有足够的能量才能解脱出来移到另外的位置。如此可以设想，木材中水分的移动与水分子具有的能量有密切关系。因此，驱动力可以作为一种数量，即木材中水分子的总能量。在温度和压力不变的情况下，系统中的任一变化会由吉布斯(Gibbs)自由能较高的状态产生吉布斯自由能较低的状态。因此，吉布斯自由能通常被看做是热力势，系统的任一变化被认为是从一种高势状态到低势状态的转移。

在吸湿范围内结合水的扩散（移动），是木材干燥的重要理论问题，国外研究较多。上面仅就不同于菲克定律的主要论点做一简要叙述，以便有所了解，有待深入探索。

3.3　木材对流加热与冷却

木材加热是干燥过程的开始，而木材冷却是干燥过程的结束。因此，必须清楚在木料横断面上，板材厚度温度场的分布规律，以及用计算方法来确定被干木材的加热时间和干燥后的冷却时间。为了简化起见，可作如下假设与限定：①除预先规定热流方向为径向或弦向外，沿木板横断面的热传导可视木材为各向同性体；②木材整个体积的最初温度认为相同；③介质温度在整个木料表面及在时间上恒定不变；④对于无限大平板形状（长度和宽度远远大于其厚度）的木料只考虑厚度方向的热量传导，亦即不考虑侧边和端面对于木料加热的影响。

在干燥室围壁的内表面上凝结水分，属于稳定热交换现象。原因是围壁保温不良，或是正常使用下的热状态被破坏。实践表明，这种水分的凝结对干燥生产是不利的。

根据平壁传热公式，以及图 3.1，可以写出

$$t_1 - t_3 = \frac{k(t_1 - t_2)}{\alpha_1} \tag{3.26}$$

式中：t_1，t_2 为干燥室壁两面的温度（℃）；t_3 为干燥室内气体温度；k 为传热系数 [W/（m^2 · K)]；α_1 为换热系数 [W/（m^2 · K)]。

为了预防水分凝结，必须使干燥介质的露点温度 t_p 低于围壁内表的温度（图 3.1 左边）。图 3.3 为由式（3.26）得出的计算图，通常干燥室围壁内表的换热系数 $\alpha = 12$。计算图清楚地表明上述三个变化参数（$t_1 - t_3$，k，及 $t_1 - t_2$）之间的数量关系。例如，当围壁两边的介质温度差 $t_1 - t_2 = 100$℃ 和 $k = 0.6$ 时，求得介质与围壁内表的温度差为 5℃（图 3.3 上虚线所示）。此时为了防止在围壁上凝结水分，数值 $t_1 - t_p$（或近似地为干燥介质的干湿球温度差 $t_1 - t_M$）应该大于 5℃。

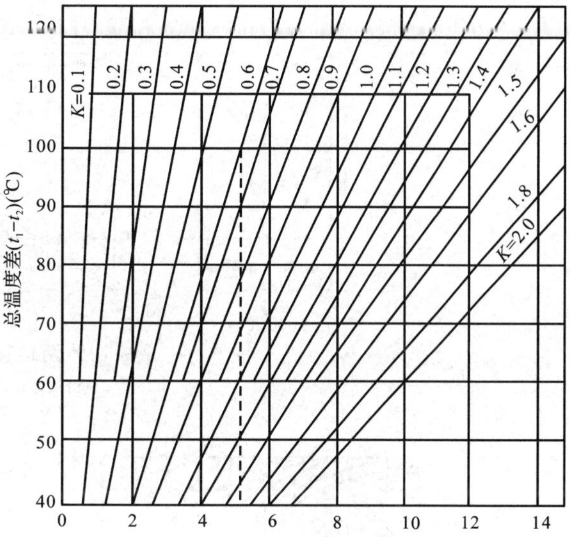

温度差（$t_1 - t_3$）（℃）

［干、湿球温度差（$t_1 - t_M$）（℃）］

图 3.3　围壁内表凝结水分计算图

（自 Креqетов，1972）

对于不稳定状态，在前述假设与限定条件下，式（3.6）的求解可以得出下列函数：

$$\theta\left(\frac{x}{R}, F_0, B_i\right)$$

式中：R 为物体厚度的一半，或是半径；F_0 为傅里叶准数；B_i 为毕渥准数；θ 为无因次温度。

数值 θ 由 0 到 1，具体数值为

物体加热时：

$$\theta = \frac{t_c - t}{t_c - t_0} \tag{3.27}$$

物体冷却时：

$$\theta = \frac{t - t_c}{t_0 - t_c} \tag{3.28}$$

式中：t_c 为介质温度；t_0 为物体最初温度；t 为物体给定点的当时温度。

式（3.27）及式（3.28）中的分母为过程开始时的最大温度差；物体加热时等于 $t_c - t_0$，冷却时等于 $t_0 - t_c$。分子为过程期间的物体温度和介质温度；加热时 $t_c > t$，冷却时 $t > t_c$。

图 3.4 表示在物体厚度 $2R$ 上按定时次序的一系列温度分布曲线 1、2、3、4。图 3.4(a)及图 3.4(b)表明加热，图 3.4(c)表明冷却。

厚度大的木料，在嫌水性液体（煤焦油，石蜡油等）和饱和蒸汽中，以及与热金属表面接触时换热系数 $\alpha \to \infty$，$B_i = \alpha R / \lambda \to \infty$。

在此过程中，被加热物体的表面温度接近于介质温度，曲线 1、2、3、4 在物体表面趋近 t_c 线上的 B 点［图 3.4(a)］。

锯材加热时间的计算，必须求出 $x/R = 0$ 时的中心温度。此时要给出介质与木料的

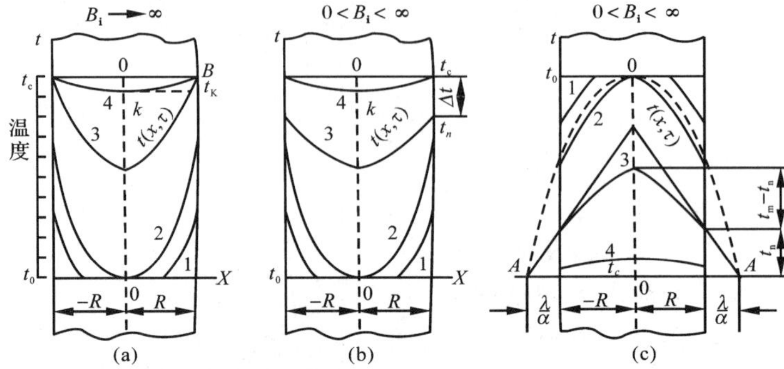

图 3.4　平板物体两边热交换时的温度分布曲线

（自 Kreqetов，1972）

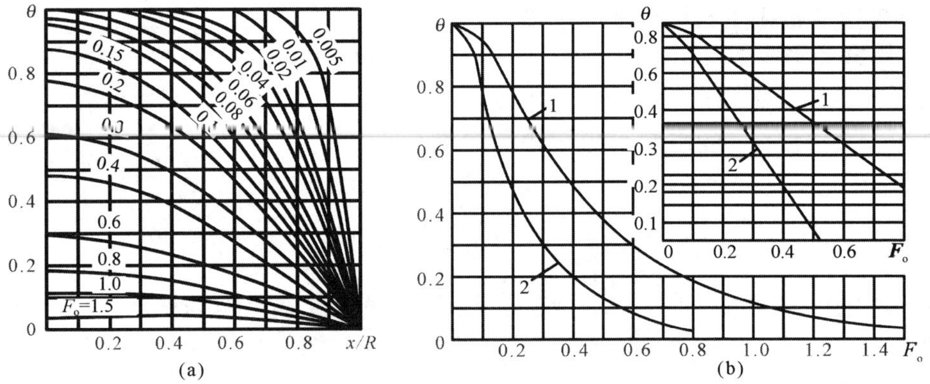

图 3.5　加热时傅里叶准数与无因次温度关系图

(a) 不同 x/R 值时　(b) 平板中心面或圆柱体轴心

1. 平板　2. 圆柱体

（自 Kreqetов，1980）

最终温度差 Δt，亦即给出 $\Delta t = t_c - t_k$[图 3.4(a)]。加热终了时的数值 θ_k 就考虑了这种条件。例如，当 $t_c = 80$℃，$t_k = 74$℃ 及 $t_0 = 20$℃ 时，求得 $\theta_k = (80-74)/(80-20) = 0.1$。欲使温度达到均衡，$t_k = t_c$，加热时间则需无限长。

图 3.5 表明 $\theta(F_0, x/R)$ 的关系，当 $x=0$ 时，可简化为 $\theta(F_0)$ 的关系[图 3.5(b)]，右边为半对数形）。

当 R 及导热系数 a 为已知时，锯材加热时间的计算方法如下：给定介质温度 t_c 和板材中心面的温度 t，然后按式(3.29)确定无因次温度，并按图 3.5 中 6 求出傅里叶准数 F_0，再对准数求解 τ，即可求得未知数木料加热时间。

$$\tau = \frac{F_0 R^2}{a} \tag{3.29}$$

[例 1]　板材厚 80mm($R = 0.04$m)，介质温度 80℃，导温系数 $a = 0.0005\text{m}^2/\text{h}$，木材最初温度 10℃，求中心面加热到 76℃ 的时间。

解：根据式(3.27)求出无因次温度：

$$\theta = \frac{t_c - t}{t_c - t_0} = \frac{80 - 76}{80 - 10} = 0.057$$

按图 3.5(b)求出 $F_0 = 1.15$。

板材的加热时间为

$$\tau = \frac{F_0 R^2}{a} = \left(\frac{1.15 \times 0.04^2}{0.0005}\right) = 3.7\text{h}$$

板材厚度间各点加热时间的计算，应用图 3.5(a)。圆柱形木材轴心的加热，在相同 R 下比板材中心面快一倍。

另外，有时需要按给定的加热时间 τ 来求平板中心面的温度 t_0。

[例 2] $R = 0.04\text{m}$，$a = 0.0005\text{m}^2/\text{h}$，$\tau = 3.7\text{h}$，$t_0 = 10℃$；求平板中心面的温度 t_0。

解：按给定条件求得傅里叶准数为

$$F_0 = \frac{a\tau}{R^2} = \frac{0.0005 \times 3.7}{0.04^2} = 1.15$$

按图 3.5(b)求得无因次温度为 0.057，再根据式(3.29)求解：

$$0.057 = \frac{80 - t}{80 - 10} \quad 或 \quad t = 76℃$$

以上讨论了无限大平板情况。对于窄板或方材，求其中心温度时，采取厚度的无因次温度与宽度的无因次温度的乘积作为其无因次温度。图 3.6 为计算不同宽(b)厚(T)比例的矩形断面木材加热时间的计算图。

图中的上边曲线属一面加热的无限大平板，当 $b/T > 3$ 时，边面对于加热时间的影响可以忽略不计。

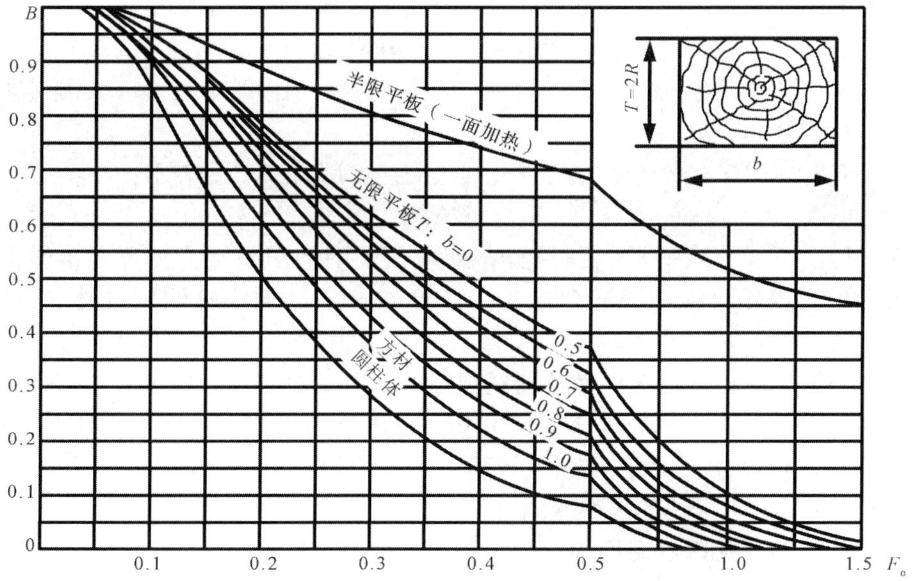

图 3.6 板、方材及圆柱体中心加热计算图

(自 Креqетов，1980)

在不饱和空气($\varphi<1$)中加热木材时，$\alpha<\infty$。此时在边界层由于部分热阻而产生明显的温度差 Δt[图 3.4(b)]，因此数值 $B_i<\infty$。这种加热过程的计算，比 $\alpha\to\infty$ 时复杂。

数值与被加热表面的性状和流动介质的流体动力学有关。确定换热系数 α 的计算公式如下：

空气在垂直壁面作自然对流时，对于木材，换热系数 α 可取为($\Delta t<10$℃时)：

$$\alpha = 3.5 + 0.093\Delta t[\mathrm{W/(m^2 \cdot K)}] = 3.0 + 0.08\Delta t[\mathrm{kcal/(m^2 \cdot h \cdot ℃)}] \tag{3.30}$$

在平行壁面时：

$$\alpha = 3.3\sqrt[4]{\Delta t}[\mathrm{W/(m^2 \cdot K)}] = 2.8\sqrt[4]{\Delta t}[\mathrm{kcal/(m^2 \cdot h \cdot ℃)}] \tag{3.31}$$

式中：Δt 为介质与物体间的平均温度差。

强制对流时，可用下列公式：

当 $\omega<5\mathrm{m/s}$ 时，$\alpha=6.2+4.2\omega[\mathrm{W/(m^2 \cdot K)}]=5.3+3.6\omega[\mathrm{kcal/(m^2 \cdot h \cdot ℃)}]$ (3.32)

当 $\omega>5\mathrm{m/s}$ 时，$\alpha=7.1\omega^{0.78}[\mathrm{W/(m^2 \cdot K)}]=6.5\omega^{0.78}[\mathrm{kcal/(m^2 \cdot h \cdot ℃)}]$ (3.33)

式中：ω 为壁面的空气速度(m/s)。

换热系数 α(没有湿交换)一般用努谢尔特准数方程式来确定：

$$N_u = A\,Re^n \tag{3.34}$$

式中：A、n 分别关系到材料的种类和 Re 数值的系数：

当 $Re=200\sim25\ 000$ 时，$A=0.385$ 及 $n=0.57$；

当 $Re=25\ 000\sim70\ 000$ 时，$A=0.102$ 及 $n=0.73$；

当 $Re=70\ 000\sim315\ 000$ 时，$A=0.025$ 及 $n=0.90$。

在对数坐标图上，这个方程为一直线。因此对它取对数，得

$$\lg N_u = \lg A + n\lg Re \tag{3.35}$$

常数 $A=N_u/Re^n$。能够满足直线上的任何点。然后从比例式 $N_u=\alpha l/\lambda$ 确定数值 α，l 为空气沿着木料的流程(m)。

近似计算时，同样方式的锯材与空气的热交换可用式(3.36)表示：

$$N_u = 0.6\,Re^{0.5} \tag{3.36}$$

图 3.7 可以用来计算平板(板材)的加热时间。图的横坐标为傅里叶准数的标度，纵坐标为无因次温度，图面为毕渥准数。当 $B_i=\infty$ 时，虚线表明圆柱体，点线表明球体。

举例说明图的用法。设木板加热前的温度为 10℃，加热后为 70℃，气体介质的温度为 80℃，木板厚度 $T=60\mathrm{mm}$，或 $R=0.03\mathrm{m}$，木材的导热系数 $\lambda=0.21\mathrm{W/(m \cdot ℃)}$ [$0.18\mathrm{kcal/(m \cdot h \cdot ℃)}$]，换热系数 $\alpha=7\mathrm{W/(m^2 \cdot ℃)}$[$6\mathrm{kcal/(m^2 \cdot h \cdot ℃)}$]，导温系数 $a=0.0005\mathrm{m^2/h}$；求板材的加热时间。

根据式(3.29)，无因次温度为

$$\theta = \frac{t_c - t}{t_c - t_0} = \frac{80-70}{80-10} = 0.14 \tag{3.37}$$

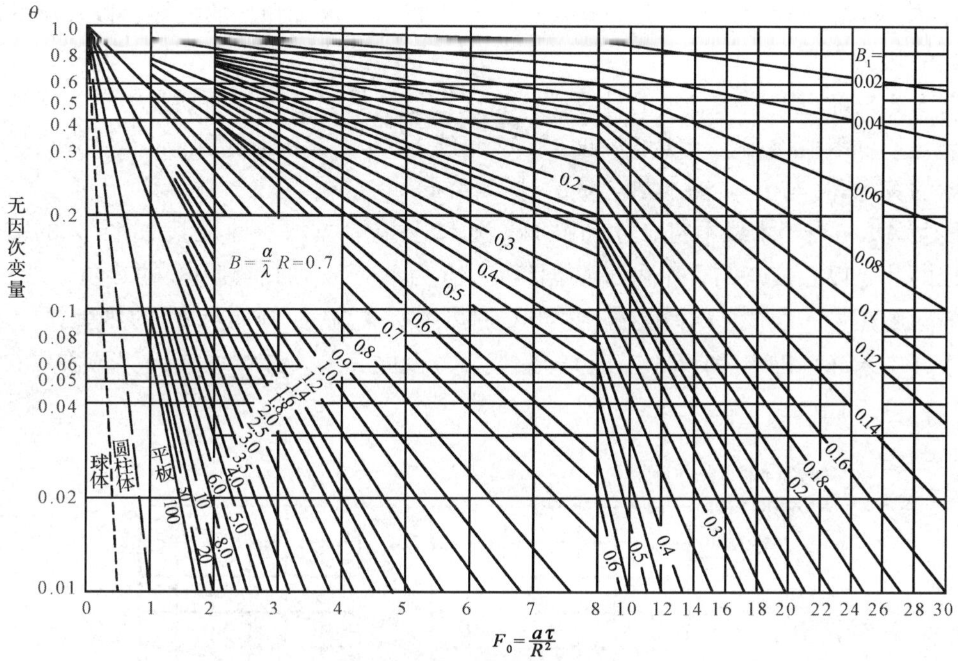

图 3.7 无限大平板中心在气体介质中加热或冷却时 $F_0(\theta, B_i)$ 关系图

（自 Креqетов，1972）

毕渥准数为

$$B_i = \frac{\alpha R}{\lambda} = \frac{7 \times 0.03}{0.21} = 1 \tag{3.38}$$

在图的纵轴上找出 $\theta = 0.14$，水平地与斜线 $B_i = 1.0$ 相交，再垂直向下读出$F_0 = 2.8$。

因此木板的加热时间为

$$\tau = \frac{F_0 R^2}{a} = \frac{2.8 \times 0.03^2}{0.0005} = 5 \text{ h} \tag{3.39}$$

现对此例作一对比与分析。当材料在嫌水液体或饱和蒸汽中加热时，则 $a = \infty$，因而 $B_i = \infty$。此时按图 3.5(b)查得 $F_0 = 0.86$，求得 $\tau = 1.5\text{h}$，即减少到1/3.3，这是由于外部换热条件对于加热时间的影响所致。

板材冷却时，可以同样利用此图来计算(图 3.7)。例：板材在介质温度 $t_c = 13$℃下由最初温度 80℃冷却到 $t = 20$℃，求得无因次温度 $\theta = (20 - 13)/(80 - 13) = 0.09$，根据 $\theta = 0.09$ 及 $B_i = 1.0$ 在图上找出 $F_0 = 3.4$，从而求出板材的冷却时间为

$$\tau = \frac{F_0 R^2}{a} = \frac{3.4 \times 0.03^2}{0.0005} = 6.1 \text{ h} \tag{3.40}$$

木料加热时空气的蒸汽饱和度 φ 通常比冷却时高。因为木料冷却时空气为木材所加热，所以 φ 值减小；反之材料加热时空气变冷，φ 值增大。所以当材料加热时，换热系数比冷却时大，过程比冷却时短(不考虑传热冷却与蒸发冷却)。

加热 1kg 湿木材的耗热量及热量平衡，是木材质、水分和冰的加热，以及冰的融解所消耗的热量。

图 3.8 是确定上述耗热量的计算图，查找迅速，足够精确。横轴为木材含水率，纵轴为热含量，零值焓相当于零度温度(℃)(直线 *OHT*)，零度温度以下，焓为负值，是正值焓的算术和(与 $I-d$ 图上热含量的计算相同)。

线段 *AB* 相当于木材本身、冰和由 1kg 湿木材(包括木材、冰及其他)含有的结合水所形成的冰，以及液态结合水由最初温度(*A* 点为 -40℃)加热到 0℃的热量。线段 *BC* 为冰的融解热量，线段 *CE* 为湿木材由 0℃加热到所需温度(例如点 *E*)的热量。

木材中未冻结的水(线 *HK* 左边)的数量与其温度有关，并可用式(3.42)确定：

$$\Delta_{\omega} = 12 + 18e^{0.057(t+2)} \quad (\%) \tag{3.41}$$

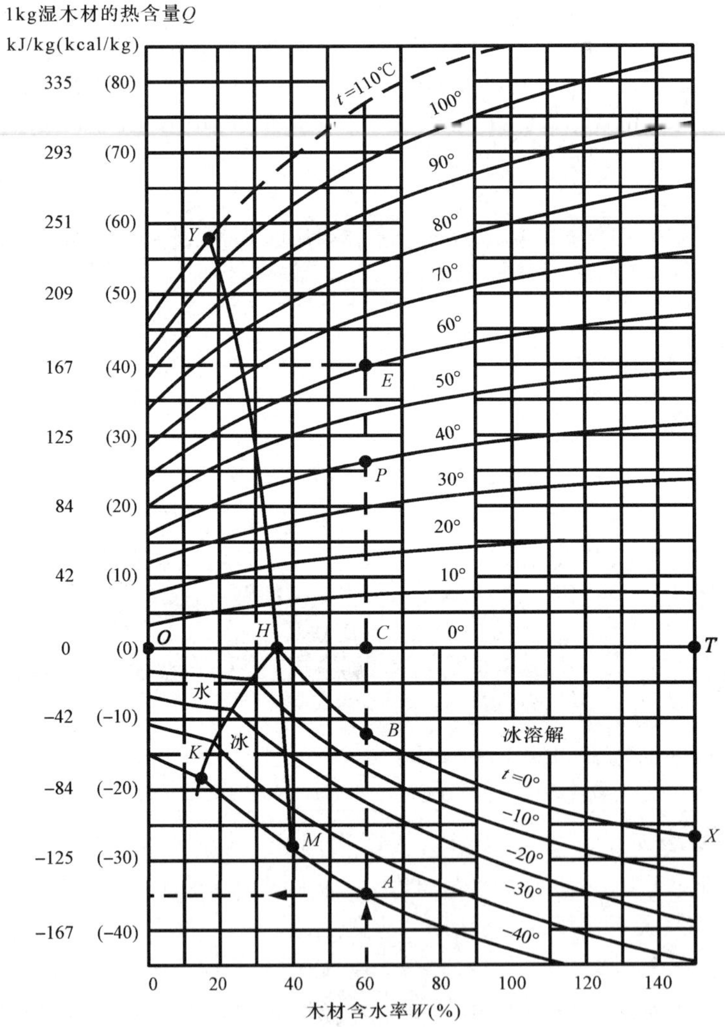

图 3.8 木材加热时耗热量确定图

(自 Крещетов，1980)

由于吸湿极限的数值随着温度的降低而增加，因而吸湿极限线 *YHM* 与垂直线有偏离。

线 *KHT* 以上，木材中的全部水分都是液体，而线 *KHX* 以下则是冰。木材在点 *A* 状态，含有 $W_A—W_K$ 的冰和 W_K 的液体；而在点 *B*，则 $W_B—W_H$ 是冰，W_H 是液体。

在线 *YHK* 的左边区域，液体水为结合水，而在 *YHT* 区域则为自由水(同时有结合水)。举例说明图的使用。设有马尾松 1m³，含水率为 60%，由 -40℃加热到 60℃，确定耗热量。按图 3.8 求得加热 1kg 湿木材的耗热量为线段总和 $AC + CE = 146 + 167 = 313$kJ/kg = 75kcal/kg。查木材密度图得出马尾松在 60% 含水率时的密度等于 680kg/m³，由此求得耗热量为 $313 \times 680 = 213$MJ/m³(51 000kcal/m³)。

冻结木材的加热，研究较多，问题的复杂性是在水分相态变化条件下，查明随时间变化的温度场有困难。研究的主要目的，在于确定计算方法和过程的时间。

计算图(图 3.8)既便于分析加热木材在不同数值 t_0、t、W 下的热量平衡，也适用于水分冻结木材的加热计算。分析一下计算图，可以得出下述结论：

(1)当含水率在 20% 以下时，木材中实际上是无冰的，不需进行冰的融解的计算。

(2)湿木材的通常含水率在 60% ~80% 时，由平均温度 -20℃加热到 75℃，当整个耗热量为 335kJ(80kcal)时，1kg 湿木材的融冰耗热量约为 67kJ(16kcal)，即约为木材加热总耗热量的 20%。

(3)湿木材的通常含水率在 60% 以下时，加热冻结木材的耗热量(例如线段 *AB*)约等于木材由 0℃加热到正值的相同温度(例如加热到 40℃，线段 *PC*)所消耗的热量。

较为精确的计算是冻结木材(冰未融解)的加热，在密度和温度差相同时，耗热量略少于无冰木材的加热。因此计算图下部的等温线的间距，比上部的窄，原因之一是冰的比热容仅为水的一半。

用空气加热冻结的无限大平板时，厚度上的温度曲线如图 3.9 所示。在融冰期间，温度曲线 1、2 具有曲折。平板表层的加热，可以看做是具有内部负热源的过程。此时厚度上融化层的扩大过程类似稳定过程。向内传导热量的平板表面的温度梯度，在开始

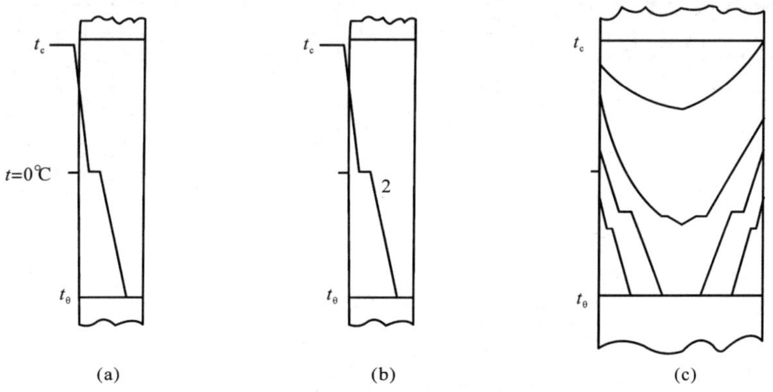

图 3.9 解冻板材厚度上的温度曲线

(自 Кречетов，1972)

加热和整个过程期间[图 3. 9(c)的 4 条曲线]，与加热无冰融解的平板的温度梯度相接近。因此根据式(3. 42)及图 3. 1，热流量也近似相同。

$$Q = -\lambda \frac{t_1 - t_2}{x_1 - x_2} = \lambda \frac{t_1 - t_2}{x_2 - x_1} = \frac{\lambda}{\delta}\Delta t \tag{3.42}$$

式中：$t_1 - t_2 = \Delta t$ 为热流线路 $x_1 - x_2$ 上的温度差；δ 为热流距离(如板厚)。

人工干燥前冻结木材加热时间的确定和未冻结木材的加热相同[式(3. 31)]。传导融冰热量 q 的补充时间，可以根据过程的热平衡，按照热量 q_n 的比例要求来采用。

木材融冰和加热的计算时间，结合计算图(图 3. 8)可用图解分析法来确定：

$$\tau_1 = \frac{F_0R^2}{a} \times \frac{AE}{AE - CB} = \frac{F_0R^2Q_{ic}}{a(q - q_n)} \tag{3.43}$$

式中：Q_{ic}为木材融冰和加热的总耗热量。

例：板厚 60mm，含水率 60%，在 65℃的介质温度下由温度 −40℃融解和加热到 60℃，数值 $\theta = \frac{65-60}{65+40} = 0.048$。此时 $B_i = 1.0$，傅里叶准数等于 $F_0 = 4.2$(图 3. 7)，如此板材全部融解和加热的时间为

$$\tau_1 = \frac{F_0R^2Q_{ic}}{a(Q_{ic} - q_n)} = \left[\frac{4.2 \times 0.03^2 \times 75}{0.0005(75 - 11)}\right]h = 8.9h \tag{3.44}$$

在相同起始与边界条件下(a 值为全过程的近似平均值)，此种板材的加热时间为

$$\tau = \frac{F_0R^2}{a} = \left(\frac{4.2 \times 0.03^2 \times 0.03^2}{0.0005}\right)h = 7.6h \tag{3.45}$$

即 $\tau = 0.85\tau_1$。由此可见，融冰过程增加的时间不长。

木材在快速空气循环干燥室内干燥之前的概略加热时间，可用图 3. 10 来确定。

图的纵轴绘有加热 1kg 湿木材的耗热量，并可按计算图 3. 8 预先求得。图内绘有松木厚度(T)线，对于其他树种，可以进行修正(木材密度比例为 $\rho/400$)。

例：松木厚 50mm，由 0℃加热到 70℃，当含水率为 76%时[按图 3. 8 查得 $Q = 209$kJ/kg(50kcal/kg)]，根据图 3. 10，加热时间 $\tau = 5$h，可以达到室内要求的介质温度。

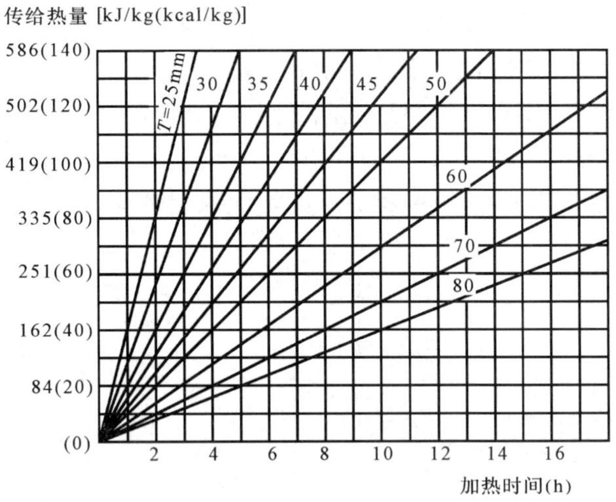

图 3. 10　干燥前木材加热时间 τ 的确定图

(自 Креqетов，1972)

3.4 木材非对流加热

3.4.1 电介质加热

3.4.1.1 高频加热

将木材放在高频振荡回路电容器内，由于介质损耗而强烈地变热。以木材作电介质的电容器，可以看做是电容 C 与有效电阻 r 的并联(图 3.11)。

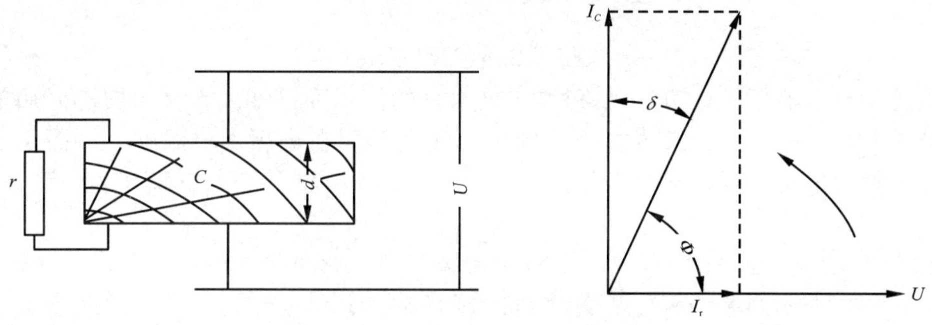

图 3.11 电介质加热原理图及向量图

(自 Ceproeckha，1958)

木材电介质加热消耗的功率 $P(\mathrm{W/cm^3})$ 为

$$P = \dot{U} \times \dot{I}_r \tag{3.46}$$

式中：U 为电压；I_r 为电流有功分量强度。

从向量图得知

$$\dot{I}_r = \dot{I}_C \times \tan\delta \tag{3.47}$$

式中：δ 为损耗角。

电流无功分量强度用式(3.48)表示。

$$\dot{I}_C = \dot{U} \times \omega \times C \tag{3.48}$$

因而式(3.46)可以写成

$$P = \dot{U}^2 \times \tan\delta \times 2\pi f \times C \tag{3.49}$$

式中：ω 为角频率(2π s 内振荡的次数)；f 为电流的频率(Hz)；C 为电容。

电容 C 用式(3.50)表示。

$$C = \frac{F \times \varepsilon}{d} \tag{3.50}$$

式中：F 为电容的面积；d 为两极板之间的距离；ε 为介电常数。

式(3.46)经换算后得

$$P = \left(\frac{\dot{U}}{d}\right)^2 \tan\delta \times 2\pi f\varepsilon \times F \times d \tag{3.51}$$

加热单位体积的木材所需的单位功率，由式(3.51)可以确定：

$$P_y = \frac{P}{Fd} = \left(\frac{\dot{U}}{d}\right)^2 \tan\delta \times 2\pi f\varepsilon \tag{3.52}$$

由此可知，木材在高频振荡回路电容器内的加热强度，和电场强度的平方及振荡频率成正比，并随材料的介电性质而异。

根据单位电消耗量方程式可以写出单位热消耗量 g_B[kJ/(cm^3·s)]方程式：

$$g_B = 1 \times P_y \tag{3.53}$$

或

$$g_B = 3.617P_y \times 10^{-6} \tag{3.54}$$

设高频发生器所需总功率 P_y 和被加热木材的体积为已知，木材向周围介质的热量损失忽略不计，并且认为被木材吸收的全部能量都用在提高木材温度上，而无水分蒸发；则木材由最初温度 t_0 升到最终温度 t_k 的加热时间 τ(h)可用式(3.55)确定：

$$\tau = \frac{v\rho c(t_k - t_0)}{864P_y\eta_y\eta_k} \quad (\mathrm{h}) \tag{3.55}$$

式中：ρ 为木材密度(kg/m^3)；c 为木材的比热容[kJ/(kg·℃)]；η_y 为高频发生器的效率；η_k 为振荡回路的效率。

高频发生器的效率一般不大，在0.55~0.60之间。

回路的效率表示没有散失到周围空间而被木材吸收的能量部分的多少。当发生器调谐恰当时，η_k 为0.90~0.95。

3.4.1.2　微波加热

微波通常是指频率在300MHz~300GHz的电磁波。电磁波的频率 f 与波长 λ 和光在真空中的速度 v 之间的关系为 $v = f \times \lambda = 3 \times 10^8$m/s。因此微波的波长范围是从1mm~1m，由于微波的波长与通常的无线电波相比更为微小，所以称作微波。微波加热规定了若干专用频率，对于木材，目前国内外主要采用915MHz和2450MHz两个频率，波长分别为0.328m和0.122m。

微波加热的机理，是微波引起分子振动，导致摩擦生热。原因是分子的偶极性，分子由正、负离子组成，就水分子来说，每个分子是由两个带正电荷的氢离子和一个两价的带负电荷的氧离子结合而成。当电场作用于水分子时，该分子旋转并力图按电场方向排列；当电场反向时，分子倒转180°。以便按电场方向重新排列。这样迅速改变电场方向，分子也就迅速摆动，由于相邻分子间的相互作用，产生了类似摩擦的效应，结果产生了热。根据能量守恒与转换定律，被介质吸收的微波能量将全部转换为热能。

在单位时间内加热物体所需的热量 Q 可用式(3.56)计算：

$$Q = Wc(t - t_0) \tag{3.56}$$

式中：Q 为被加热材料所需的热量(kJ)；W 为被加热材料的质量(kg)；c 为被加热物体的绝干比热容[kJ/(kg·℃)]；t_0，t 为被加热物体的最初温度和最终温度(℃)。

木料干燥时有效的微波功率主要消耗在加热湿木料和蒸发水分两方面。

每小时从木料中蒸发水分的数量 M_h(kg/h)为

$$M_h = V_h \cdot 1000 \cdot \rho_b \cdot (M_2 - M_1) \tag{3.57}$$

式中：V_h 为每小时干燥湿木料的容积(m^3/h)；ρ_b 为木料的基本密度(g/cm^3)(或 t/m^3)；M_2 和 M_1 为木料的初含水率和终含水率(%)。

湿木料加热所消耗的热量 Q_1 为

$$Q_1 = 1000 \cdot V_h \cdot \rho_i \cdot (1.26 + M_2) \cdot (t - t_0) \quad (\mathrm{kJ/h}) \tag{3.58}$$

式中：1.26 为绝干木材的比热容[kJ/(kg · ℃)]；t 为木料被加热的温度，以 100℃ 计算；t_0 为木料的最初温度，以车间内的温度计算。

蒸发水分消耗的热量 Q_2 为

$$Q_2 = 2257 \cdot M_h \quad (\mathrm{kJ/h}) \tag{3.59}$$

式中：2257 为水在 100℃ 时的汽化潜热(kJ/kg)；

木料干燥所耗用的微波功率 P 为

$$P = \frac{Q_1 + Q_2}{3600} \quad (\mathrm{kW}) \tag{3.60}$$

式中：3600 为功和热的换算系数，1kW = 3600kJ/h。

根据式(3.52)，单位体积内电介质吸收的微波功率 P_y 为

$$P_y = 2\pi\varepsilon_0\varepsilon'\tan\delta E^2 f \tag{3.61}$$

式中：ε_0 为真空介电常数；ε' 为介质介电常数，表示介质极化程度的参量；$\tan\delta$ 为介质的损耗正切，表示介质损耗的参量。

由式(3.61)可以看出，微波加热要比高频加热优越。因为要想提高单位体积的吸收功率，一是增大电场强度，一是提高频率。但增大电场强度受到高频击穿的限制，这就限制了高频加热所能输入的最大功率密度，因此在一定的击穿场强限制下，采用提高频率来提高功率较为有利。例如，以高频介质加热的常用频率 40.68MHz 与常用的微波加热频率 915MHz 相比，在同样的场强下，单位体积内吸收的微波功率要比高频功率提高 20 倍以上。这就是采用微波加热比高频加热较为有利的重要原因之一。

单位时间内热量与功率之间有如下关系：

$$P(\mathrm{kW}) = 1Q(\mathrm{kJ/s}) = Q/3600 \quad (\mathrm{kJ/h}) \tag{3.62}$$

在工程计算上如果考虑加热效率 η_h 和由工业用电变换成微波功率的效率 η_m，则式(3.62)可写成

$$P = \frac{Q}{\eta_h \eta_m \cdot 3600} \tag{3.63}$$

3.4.2 辐射加热

物体是由带电粒子所组成，当带电粒子振动或激动时都能辐射出电磁波向空间传播。红外线的波长介于可见光和微波之间，为 0.72 ~ 1000μm 的电磁波。一般把 5.6 ~ 1000μm 区域的红外线称为远红外线，而把 5.6μm 以下的称为近红外线。红外线照射在物体上能产生热效应。通常把波长在 0.4 ~ 40μm 范围的电磁波(包括可见光和红外线的

短波部分)称为热射线，因为它的热效应特别显著。

由热的物体向空间辐射的全部能量[kJ/(m^2 · h)]，同它的热力学温度的四次方成正比，这就是著名的斯蒂芬 - 波尔茨曼定律，这个定律可写成式(3.64)：

$$q = 4.1868\varepsilon c_0 \left(\frac{T}{100}\right)^4 \tag{3.64}$$

式中：ε 为物体的黑度；c_0 为黑体的辐射系数，等于 5.77kJ/(m^2 · K^4)。

两物体间辐射热交换的强度 Q(kJ/h) 用式(3.65)确定：

$$Q = \varepsilon_n c_0 F_p \varphi \left[\left(\frac{T_1}{100}\right)^4 - \left(\frac{T_2}{100}\right)^4\right] \tag{3.65}$$

式中：T_1 及 T_2 为物体与另一物体的热力学温度；ε_n 为相当辐射系数；F_p 为计算用的热交换表面；φ 为角系数，依辐射表面和吸收表面的相互位置而定。

在两平行面之间的热交换，$\varphi = 1$，而 $F_p = F$，F 为实际表面积。

辐射加热时，材料表面吸收热能，一方面从材料表面向内部传导热量，同时向周围介质对流换热，有关物体的温度场和加热时间的计算比较复杂，实际上应用式(3.56)来确定。式中的系数根据直接试验求得。

3.5 干燥过程中木材水分的蒸发与移动

在对流干燥过程中，木材水分的排出主要取决于木材表面的水分蒸发及木材内部的水分移动(传导)。

3.5.1 木材表面的水分蒸发

当水面或湿物体表面上的空气没有达到水蒸气饱和的时候(即 $\varphi < 100\%$)，才能发生水分从自由水面或从湿物体的表面蒸发。φ 越小，表明空气中的水蒸气分压越小，水分从自由水面或从湿物体的表面蒸发速度就越快。自由水面的蒸发强度与在水分蒸发温度下的饱和蒸汽压力 p_H 和周围空气内的水蒸气分压 p_n 二者之差($p_H - p_n$)成正比。另外自由水面的蒸发强度又与水面上的空气流动速度 ω 有着密切的关系，因为水面上常具有一层薄薄的被蒸汽所饱和的空气，水面上的气流速度越大，薄层的厚度就越小，蒸发就越快。

在大气压力下水面的蒸发量 i[kg/(m^2 · h)]可近似用道尔顿公式计算，即按式(3.18)可以写出

$$i = B(p_H - p_n) \tag{3.66}$$

水蒸气压力差($p_H - p_n$)为蒸发势，它的确定比较困难，不如用干燥势即干、湿球温度差 $\Delta t = t - t_M$ 方便。根据公式 $p_H - p_n = \Delta t(65 - 0.0006p_n)$(Pa)，代入式(3.66)得

$$i = B\Delta t(65 - 0.0006p_n) \tag{3.67}$$

在式(3.67)中，决定水分蒸发强度的主要参数是 Δt。式中的蒸发系数 B，当气流方向平行被蒸发的水面和温度在 60 ~ 250℃ 范围时近似等于：

$$B = 0.0017 + 0.0013\omega \tag{3.68}$$

当气流方向垂直水面时，蒸发强度加大1倍。

［例3］ 空气的温度为84℃，干湿球温度差 $\Delta t = 18$℃，平行水面的气流速度 $\omega = 2$m/s，确定被加热到66℃的水分绝热蒸发速度。

解：按照，$I-d$ 图求得水蒸气分压 $p_n = 25\ 500$Pa（2600mmH_2O），蒸发系数 $B = 0.0017 + 0.0013 \times 2 = 0.0043$，据此求出水分蒸发强度为

$$i = 0.000\ 43 \times 18(65 - 0.0006 \times 25\ 500) = 0.0774(6.5 - 0.0006 \times 2600)$$
$$= 0.385\text{kg}/(\text{m}^2 \cdot \text{h})$$

湿木材表面的水分蒸发，当其表层含水率没有降低到纤维饱和点以下时，与自由水面的水分蒸发情况相同，可以应用式(3.57)确定水分蒸发量。但是从木材表层含水率降低到纤维饱和点的瞬间开始，情况就发生了变化，此时木材表面上的水蒸气压力 p_ω，将低于同温度下水面上的水蒸气分压 p_n，因此蒸发强度降低。

干燥过程主要阶段(表层含水率低于纤维饱和点时)内的水分蒸发量，是由木材内部水分向表面的移动速度来决定。

木材属于吸湿材料，它在不同温度、湿度与含水率的情况下和周围的气体介质进行湿交换。如使木材既不变干又不变湿，必须使木材表面的水蒸气压力和周围介质中的水蒸气分压相一致，即 $p_\omega = p_n$。如果 $p_\omega > p_n$，则水分由木材向外蒸发，反之如果 $p_\omega < p_n$，木材表面将从周围介质中吸收水汽。

根据前述，湿木材表面的水分蒸发强度当其表面上的空气相对湿度小于1而大于周围空气的相对湿度时，可用式(3.19)计算。式中含水率以 w 代替 u($w = 100u$)，可以写出

$$J = D_w'\rho_0(w_n - w_p) \tag{3.69}$$

换水系数 D_w' 表明水蒸气分子逸过木材表面上的边界层扩散到周围空气中去的能力，它与空气的温度、湿度、气流速度和木材密度有关，可用图3.12确定。

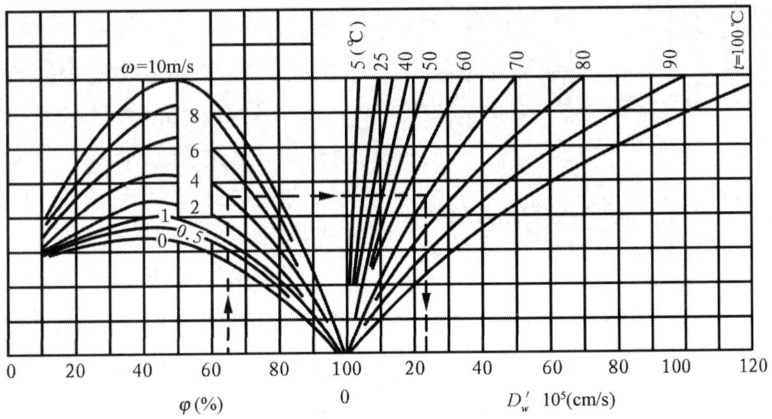

图3.12 换水系数图

（自 Шубин，1983）

3.5.2　木材内部的水分移动(传导)

3.5.2.1　木材内水分传导的路径

在木材内，既有沿着纤维方向的水分移动，又有垂直于纤维方向的水分移动。对于工业用材的干燥和湿润过程，几乎由垂直于纤维方向的水分移动来决定。因此，下面仅就横纹方向的水分移动进行讨论。

在含水率低于纤维饱和点的条件下，木材内的水分同时以蒸汽状态及液体状态沿着下列三种水分传导路径向表面移动(图 3.13)。图中 a 为微毛细管系统，b 为大毛细管系统。

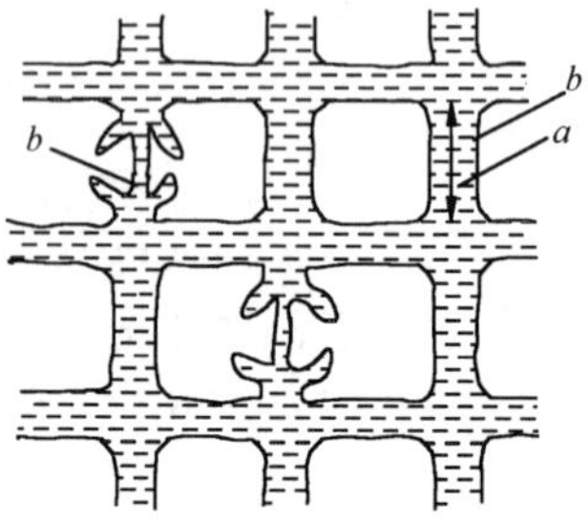

图 3.13　表示在木材横断面上水分传导的示意图

(自 Серговский，1952)

(1)微毛细管径路。在毛细管张力作用下水分呈液体状态沿着连续不断的基本纤丝间微毛细管移动。由于毛细管张力随着毛细管直径的缩小而增大，此时木材表层的含水率比内层低，表层基本纤丝间的水层比内层薄，因而表层的毛细管张力比内层大。在这种张力差的作用下，促使结合水从含水率高的部位向含水率低的部位移动。

(2)大毛细管径路。在水蒸气分压差的作用下，水分呈蒸汽状态沿着由相邻的细胞腔、纹孔腔及纹孔膜上的微孔所组成的大毛细管道向木材表面扩散。水蒸气分压是由于木材表面蒸发水分使木材内部形成含水率梯度而产生的。当水蒸气通过一个个细胞腔时，必须不断地克服细胞腔、纹孔腔及纹孔膜上微孔的阻力。由于微孔的断面积比纹孔腔或细胞腔小好多倍，因而木材内水蒸气扩散的总阻力则决定于纹孔膜上微孔的数目和大小。在纹孔膜上的微孔很小或是纹孔被堵塞的木材内，蒸汽状态的水分移动就很缓慢。

(3)混合路径。水分交替地既呈液体状态又呈蒸汽状态，不断沿着彼此相邻的基本纤丝间毛细管和细胞腔的移动或扩散。

上述三种水分传导路径所造成的总的数量效应，可用导水系数来衡量。木材导水系数 a' 的数值如图 3.14 所示。

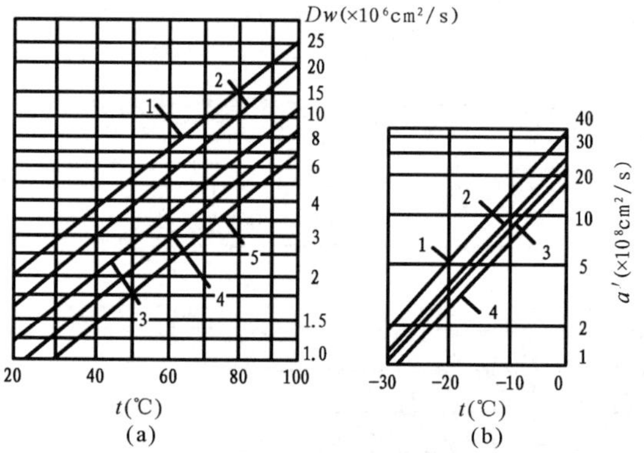

图 3.14　木材横纹导水系数平均数值图

(a) $t>0$℃　1. 松木　2. 桦木　3. 水青冈　4. 落叶松　5. 柞木

(b) $t<0$℃　1. 云杉　2. 松木　3. 桦木　4. 山杨

(自 Шубин，1983)

3.5.2.2　影响木材水分传导的因子

可以认为，上述木材水分传导的情况对于所有树种都是适用的。但是各种水分传导路径的相对效率随着树种、密度、构造特征、含水率及温度而变化，下面简要叙述这些因子的影响情况。

(1)树种。不同树种的木材具有不同的构造，它的纹孔的大小与数量，以及纹孔膜上微孔的大小都有很大差异，因此沿着上述三种路径所移动的水分的数量也有很大变化。环孔阔叶树材(例如栎木)，由于敞开的纹孔少和纹孔膜上微孔的直径小，因而它的水分传导就显著地小于散孔阔叶树材和针叶树材。这说明在环孔材中第二种路径的水分传导效率非常低。在同一树种中，木材的构造特征对于水分传导也有显著影响。细胞壁厚度的相对增大(与细胞腔尺寸相比)，会减低第二种水分传导路径的效率，但对第一种路径却没有影响。由此可以推断：散孔阔叶树材和针叶树材的水分传导随着密度的增加而减小；环孔材由于第二种水分传导路径的效率极小，密度对水分传导不会有重大影响。

(2)木材的部位。心材的水分传导总是比边材小，原因是心材中的纹孔多是闭塞的，第二种水分传导路径的效率小。

(3)水分移动方向。顺纤维方向的水分传导比横纤维的大 10~20 倍，除干燥铅笔杆和鞋楦头之类的短料外，实际意义不大。又横纤维方向上的径向水分传导比弦向水分传导大 15%~20%，这是由于木射线的影响。

(4)木材含水率。木材含水率的增加(到纤维饱和点为止)或降低，会使基本纤丝间的水层加厚或减小。在干缩与湿胀过程中，细胞腔的内径几乎保持不变，只是细胞壁的厚度有变化，但干缩会引起纹孔膜上微孔的扩大。因此，当含水率降低时，第一种水分传导路径的效率减低，而第二种路径的效率反而增高，说明含水率的变化对各种路径的效率有着不同的影响。根据实验及理论分析的结果，木材含水率从 5% 变化到纤维饱和点时，木材的水分传导没有明显的变化。

(5)温度。在木材中，沿着各种水分传导路径的水分移动均随着温度的升高而急剧地增大。这是由于升高温度可以提高水蒸气的扩散强度和降低液态水分的黏度的缘故。因此可以推断：与环孔阔叶树材的水分传导相比较，针叶树材与散孔阔叶树材的水分传导会随着温度的升高而增大得更剧烈。

3.6 木材在气体介质中的对流干燥过程

木材在气体介质中的对流干燥过程的机理在含水率低于和高于纤维饱和点时有所不同，因此将分别讨论。

3.6.1 含水率低于纤维饱和点时干燥过程的机理

当含水率低于纤维饱和点时，木材内不含有自由水，细胞腔内充满着空气。设将厚度为 S、初含水率为 M_1(均匀地分布在木料断面上)的木板放在一定状态的空气中进行干燥。由于向空气中蒸发水分，木板表层的含水率在过程开始之后立即降低，结果在木板断面上产生了含水率梯度。在含水率梯度的作用下，水分开始由内部向表面移动，木板整个断面上的含水率也随之降低。在 1、2、3 等瞬间，木板厚度上的含水率分布曲线，如图 3.15(a)所示。木板横断面上的任何一点在相应瞬间的水流量，可以按照这些曲线来确定，它和含水率梯度成比例。

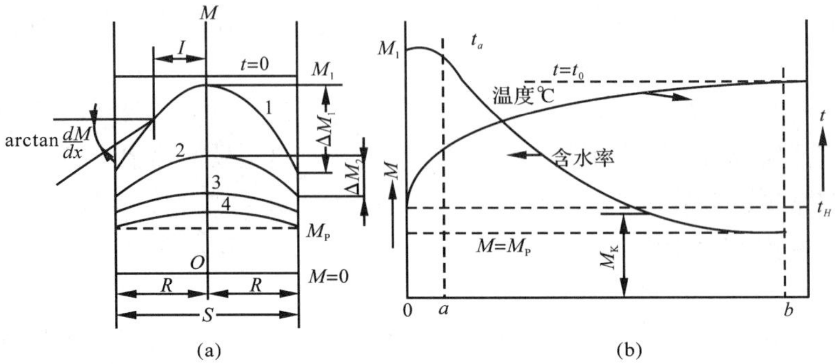

图 3.15　木材含水率低于纤维饱和点时木料厚度上含水率的分布和干燥曲线与温度曲线的性状

（自 Сергoвcкий，1958）

在干燥技术上，通常是用干燥曲线即单位时间内木料平均含水率的变化曲线和温度曲线即单位时间内木料温度的变化曲线来分析干燥过程。干燥曲线和温度曲线如图 3.15(b)所示。图中 0a 段代表木板的预热时期，在这一时期内，木板表面几乎不蒸发水分，含水率变化不大，干燥速度等于零。

ab 段代表干燥时期，在这一时期内，开始时干燥速度很快，而后逐渐降低，当木料的含水率接近平衡含水率时，干燥速度趋近于零。

木材的温度在预热时期内达到 t_a，在干燥时期内继续慢慢升高，最后趋向于介质温度。

实际上，干燥过程不能进行到木料的含水率达到平衡含水率的时候，而只能进行到规定含水率 M_K 的时候，因为这样需要的时间太长。

3.6.2　含水率高于纤维饱和点时干燥过程的机理

当含水率高于纤维饱和点时，细胞腔内含有液态水分。此时，由于木料整个断面上的水层厚度都相等，不会形成毛细管张力差，所以没有沿着微毛细管的液态水分的移动。又由于细胞腔内含有液态水分，木料整个厚度上的水蒸气分压都是饱和蒸汽压，所以也没有沿着大毛细管的蒸汽状态的水分移动。在这种情况下，只能发生在毛细管压力差的作用下液态的自由水沿着细胞腔与纹孔的移动。

设将厚度为 S、初含水率为 M_1 的木板放在一定状态的空气中进行干燥。水分蒸发过程一开始，表层的含水率即降低，当表层的含水率没有达到纤维饱和点的时候，木材内部的水分不能移动。但从表层的自由水完全被排去的瞬间开始，木板内层(大毛细管内填充有水分)和表层(大毛细管是空的，只是细胞壁的微毛细管内有水分)之间产生了毛细管压力差；在毛细管压力差的作用下，促使自由水按照水分蒸发的强度向表面移动[图 3.16(a)中曲线 1]。最初，木板外层向内吸取自由水，此时表层的含水率保持在接近纤维饱和点的固定水平。在这个时期内，过程的干燥速度固定不变，并由木板表面的水分蒸发强度来决定。它与相同条件下的自由水面的蒸发强度相等。

随着自由水移动路径的加长，水分移向表面的速度逐渐减小，从移动速度小于蒸发

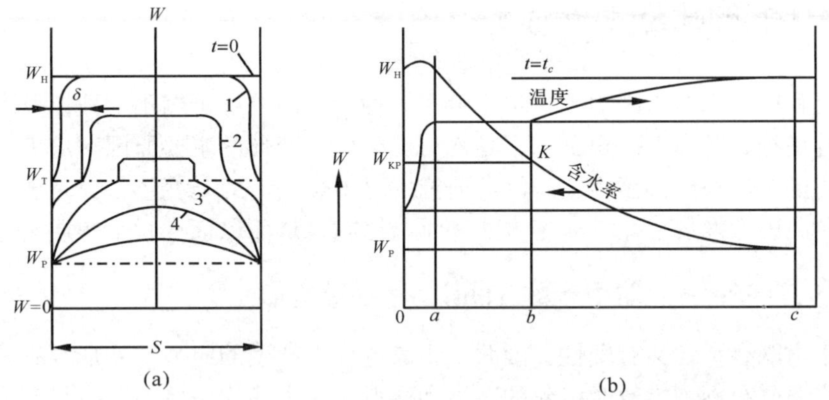

图 3.16 木材含水率高于纤维饱和点时木料厚度上含水率的分布和干燥曲线与温度曲线的性状

（自 Серговский，1958）

速度的瞬间开始，表层的含水率即降低到纤维饱和点以下。从这一瞬间以后，木板的厚度上就形成了两个区域：含水率低于纤维饱和点的外区和含水率高于纤维饱和点的内区。外区水分的移动完全受含水率梯度的作用，内区则受毛细管压力的作用。内区在毛细管压力作用下使自由水移到上述两个区域的交界处，一部分变为蒸汽，另一部分仍在液体状态下继续沿着外区的微毛细管移动。在过程的这一时期内，木板厚度上含水率的分布如图 3.16(a)的曲线 2，3 所示。

含水率高于纤维饱和点时干燥过程的干燥曲线，在干燥时期内又分为等速干燥期（*ab* 段）和减速干燥期（*bc* 段）[图 3.16(b)]。在等速干燥期内，由木材表面蒸发自由水，表层的含水率保持在接近于纤维饱和点的水平，此时有足够数量的自由水供应表面蒸发，干燥速度固定不变。在减速干燥期内，表层含水率低于纤维饱和点，由内层向表面移动的水分的数量，小于表面的蒸发强度，干燥速度逐渐缓慢，到干燥终了时等于零，达到平衡含水率。

等速干燥期结束、减速干燥期开始这一瞬间的含水率，称作临界含水率 M_{KP}。由于木料厚度上含水率的分布不均匀，临界含水率常常大于纤维饱和点。含水率越不均匀，M_{KP}值就越大。干燥速度、被干木料的厚度和密度的加大，都会引起含水率在干燥过程中沿着木料厚度的不均匀性的加大而加大了 M_{KP}的数值。干燥速度越大，被干木料越厚越密实，临界含水率就越向最初含水率 M_1 靠近，等速干燥期就越短。在干燥室内，干燥常用一定尺寸的锯材（厚度在 25mm 以上），等速干燥期实际上几乎是不存在的。

木料的温度在预热时期内很快地达到冷却极限温度（t_M），在等速干燥期内保持不变，在减速干燥期内逐渐升高，当木料的含水率接近平衡含水率 M_e 时趋向介质温度即干球温度。

3.7 木材干燥时的应力与变形

干燥过程中，木材横断面上含水率分布不均匀，内外层干缩不一致以及木材构造上的各向异性使径、弦向干缩也不同，是木材产生应力变形的主要原因。应力变形严重时会产生木材的干燥缺陷甚至报废，因此研究木材干燥的应力与变形，就是要研究应力与变形产生的原因、发展规律、测定方法和预防措施，从而保证木材干燥质量。

3.7.1 木材内外层干缩不一致引起的应力与变形

由于木材既有弹性又有塑性，因此，干燥过程中产生的应力与变形也有两种。一种是由于含水率分布不均匀暂时引起的应力和变形，含水率均匀后，应力与变形也随着消失。此种应力与变形称作含水率应力与变形，或弹性应力与变形。另外，由于木材具有塑性，在含水率应力与变形持续期间，在热湿作用下，木材的外层或内层产生塑化变形，使得木材中的含水率分布均匀后，塑化变形部分不能恢复原来的尺寸，也不能达到应当干缩的尺寸，并保持着一部分应力。这种应力与变形称作残余应力与变形（图 3.17）。

含水率应力与残余应力的代数和称为全应力。在干燥过程中影响木材质量的是全应力；干燥过程结束后继续影响木材和木制品质量的是残余应力。

木材干燥过程中的应力变化可分为四个阶段：

（1）干燥刚开始，还未产生应力的阶段（图 3.17 中阶段Ⅰ）。此阶段中木材内外层的含水率都在纤维饱和点以上，不发生干缩。若从木料中截取试片，并把试片锯成梳齿形，每条齿的高度都和未锯剖的湿材相同。若把试片剖成两片，每片将保持平直。这些现象表明，此时木材内既无含水率应力，也无残余应力。

（2）干燥初期，应力外拉内压阶段（图 3.17 中阶段Ⅱ）。此阶段表层含水率先降到纤维饱和点以下而发生收缩，但内层含水率尚在纤维饱和点以上未发生收缩。此时若在木料中截取试片，并剖成梳齿形，可见表面几层齿由于干缩而减小了尺寸，内部几层齿仍保持干燥开始前的尺寸。但在整块木料中，木材内外各部分是一整体，表面各层的干缩受到内部的牵制而产生拉应力；内部各层的干缩受到表层

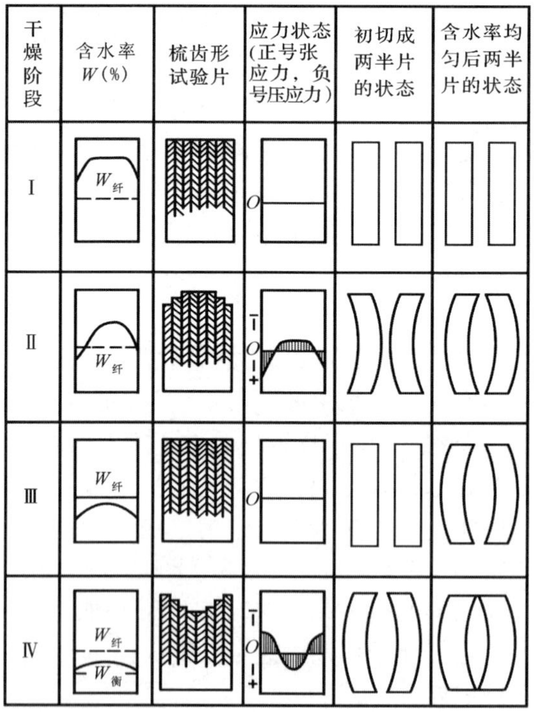

图 3.17 干燥过程中各阶段的含水率、应力与变形

的压缩而产生压应力。随着干燥过程的继续，木材内外层含水率梯度逐渐加大，应力也会逐渐增大，直至应力达到一个最大值后，随着干燥过程的继续，木材内层也开始收缩，应力开始下降。干燥初期木材横断面上，含水率降到纤维饱和点以下的区域较薄，相应受拉应力的区域较小，而受压应力的区域较大，总的拉力和压力相平衡，所以表层单位面积上的拉应力相当大，而且发展很快，当达到或大于木材的横纹抗拉强度时易产生表裂，而内部单位面积上的压应力较小。实验证明，对于材质较软、厚度不大的木材，这种表面张力最大也不会超过其横纹抗拉强度，因此不会产生表裂；但对于材质较硬、厚度较大的木材，当平均含水率降到 1/3 ~ 1/2 时，木材表面张力就已接近其横纹抗拉强度，很可能产生表裂。

这一阶段若从木料中截取试片并剖成两片，刚剖开时它们各自向外弯曲。由于木材的塑性，表层在长时间处于伸张状态下会产生不同程度的蠕变，并于变干后固定下来，即所谓发生"塑性固定"而形成"表面硬化"，从而停止干缩。而内层木材在含水率降低后还可自由收缩，因此，待含水率分布均匀后，两半片的形状与刚剖开时相反，反而向内弯曲。

(3) 干燥中期，应力暂时平衡阶段(图 3.17 中阶段Ⅲ)。干燥到这一时期，木材内部的含水率也降低到纤维饱和点。由于木材是弹塑性体，表层在长时间处于伸张状态下，会发生所谓的"塑性变定"而形成"表面硬化"。这种硬化在一定程度上使表层的干缩不完全，即没有达到其应有的收缩程度。尽管内部木材的含水率还高于表层的，但内部木材的收缩程度已逐渐赶上了表层，这时木材中内外层的应力暂时平衡。此时把试片锯成梳齿形，各齿的长度暂时相同且平直。但含水率均匀以后，内部的几个齿将因进一步干缩而变短，使得应力试片的齿形向内弯曲。

(4) 干燥末期，应力外压内拉阶段(图 3.17 中阶段Ⅳ)。在此阶段，木材横断面上的含水率梯度已减弱。表层由于塑化固定早已停止了干缩，内层随着吸着水的排除进一步干缩，内层受到表层的牵制而不能完全干缩，产生拉应力；表层受内层干缩趋势的压缩而产生压应力。内应力的情况与干燥初期相反。如果内层张应力达到或超过木材的横纹抗拉强度时，就会发生内裂(蜂窝裂)。这一阶段若把试片锯成梳齿形，中间几齿脱离了表层的束缚得到了自由干缩，它们的尺寸比表层短些。若把试片剖成两片，刚剖开时，两半片向内弯曲；当其含水率分布均匀后，由于内层吸着水的进一步排除，因而内层尺寸进一步缩短，两片向内弯曲更厉害。

以后木材的应力与应变保持近似相同的类型直至干燥结束。

以 50mm × 175mm 的红栎为例，若干燥温度前期 43℃，中期 49℃，后期 55℃，平衡含水率从干燥初期的 18%，逐渐减小到后期的 2%，在这样的干燥条件下，应变随干燥时间的连续变化曲线，如图 3.18 所示。

干燥开始后，表层(1 层，10 层)受拉伸应变，而且发展很快，很快达到最大值，内部各层都受压缩应变。然后表层拉伸应变减小，而内层压缩应变增加。中心层(5 层，6 层)在 18 天后达到最大压缩应变，且保持此最大值直至外层从拉伸应变转为压缩应变时。表层转为压缩应变后不久，中心层转为拉伸应变。应变转换不久，外层达到最大压缩应变，几乎同时，中心层达到最大拉伸应变，但明显小于表层在干燥初期达到的最大

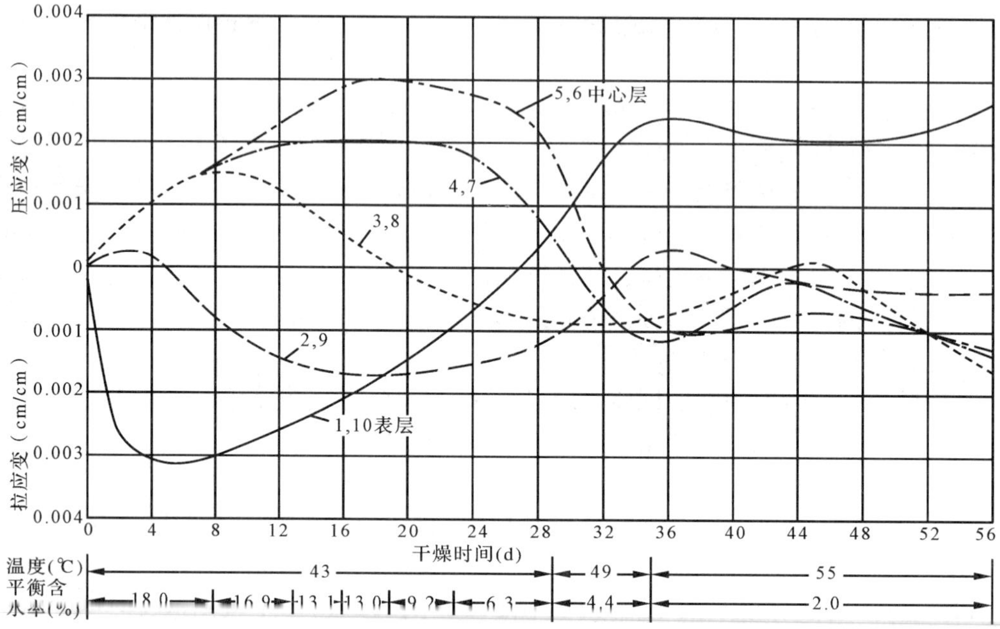

图 3.18 红栎干燥时应变随干燥时间变化曲线(自顾炼百，2003)

拉伸应变。以后各层应变的大小虽稍有变化，但应变的类型在转换后都保持不变，直至干燥结束。

以上干燥过程中，对木材应力与变形发展变化的分析，是没有进行中间调湿处理的情况。实际木材干燥过程中，特别是硬阔叶树材的干燥，应不失时机地进行中间调湿处理，即向干燥室内喷射低压饱和蒸汽或雾化水，使已塑化固定的表层吸湿、软化重新成为可塑，从而得到补充干缩，以防止干燥初期的表裂及后期的内裂。中间处理一般在应力转向且暂时平衡的中期进行。但干燥硬阔叶树材厚板时，木料中的含水率梯度较大，表面硬化生成得早且较严重，所以需要提早进行中间处理，且不止一次地处理。

3.7.2 木材构造的各向异性引起的应力与变形

上面讨论的关于木材内应力的发生与发展情况，并没有考虑木材构造上的各向异性。对于生产上用的木料来说，除了因含水率梯度所引起的应力外，还会发生因弦向干缩与径向干缩的不同而引起的附加应力。这种应力变形与木材横断面上年轮分布有关。通常径切板几乎不产生附加应力，虽然这种板材的径向干缩和弦向干缩也有不同，但由于上下两半是对称的，木料厚度的不同层次上干缩较均匀，因而不会引起不均匀的变形。但弦切板的外板面(靠近树皮的面)接近于弦向，它的干缩大于接近径向的内板面(距树皮较远的面)，结果板材向外板面翘曲[图 3.19 (a)]。但实际干燥作业中，板材都堆积成材

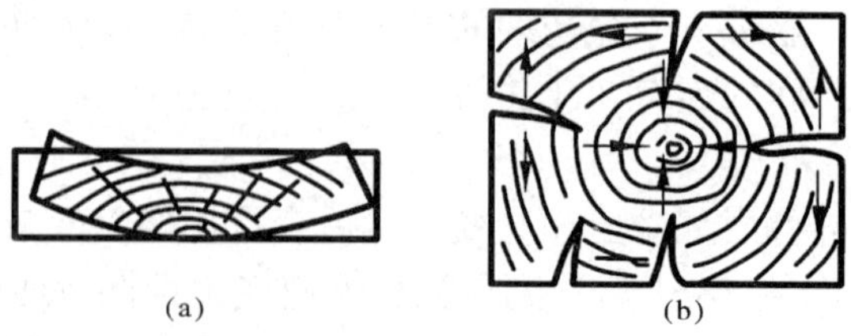

图 3.19 木材各向异性引起的变形

堆，由于材堆自身质量及顶部压力，板材产生附加的应力以抑制其翘曲。这样板材的外板面就产生附加的拉应力，而内板面产生附加的压应力。这种附加的应力与含水率梯度无关。但板材外板面的这种拉应力与木材中含水率不均匀引起的拉应力相叠加，很容易超过木材的横纹抗拉强度，引起外板面开裂。

径级大的原木或有髓心的方材干燥时，圆周方向(接近弦向)的干缩大于半径方向的干缩，结果在表层区域产生附加的拉应力，中心区域产生附加的压应力(这种应力与含水率分布无关)。在干燥初期，表层的这种附加拉应力与含水率不均匀引起的拉应力相叠加，使得表层的拉应力很大，若超过木材的横纹抗拉强度，就会引起径裂[图3.19(b)]。

3.7.3 木材干燥应力与变形的测试方法

木材干燥应力是产生木材干燥缺陷的主要因素，由此也成为研究和制定木材干燥工艺基准的主要参数和依据。但是，由于木材本身的多变性和复杂性给木材干燥应力的测试带来了许多困难。长期以来，人们在对各种木材干燥应力进行大量研究的同时，也对木材干燥应力的测试方法开展了较为深入的探索，提出和建立了多种可行的测试手段和方法，如实测法、切片法、叉齿法、瓦弯法、电测法、声发射法及计算法等。尽管这些方法还都不十分完美，但在研究木材干燥应力、制定干燥工艺基准过程中都发挥了一定的作用。详细了解这些方法，可以参考第6章6.3节或相关文献。

目前利用含水率监控木材干燥过程的方法实质是利用含水率推测干燥应力，属于间接测量。人们试图直接利用应力控制干燥过程。因此，预计在今后较长时期内，在线连续测试干燥应力技术将成为木材干燥领域的研究热点。木材干燥应力测试技术的发展将受到以下几方面的影响和促进：

(1)木材基础科学研究。木材干燥应力的产生和发展受到多种因素的影响，除了温度、含水率和铺装方式的影响外，还与木材的内部结构有关。因此，从理论上进一步弄清和测定与木材干燥应力有关的物性参数，确定它们之间的相互作用关系，深入探索木材脱水时细胞腔尺寸的变化以及水分迁移通道的变化对干燥应力的作用，是木材干燥应力测试技术获得突破性发展的基础。干燥应力测试技术的发展在一定程度上取决于木材基础科学研究的深度和广度。

(2)测量科学的发展。一方面，随着接触和非接触式传感器技术、电子技术及光学测量技术的发展，为建立和开发新的干燥应力测试技术创造了一定的条件。这些新技术的最大特点就是可以充分实现在线自动连续采集数据，为数据的自动处理和显示，跟踪分析和判断应力变化情况提供了先决条件。另一方面，由于木材干燥的特殊性，目前的传感器技术和光学测量技术用于在线测试木材干燥应力还受到一定限制。其价格、耐温、耐腐蚀性等指标还难以满足要求。如果在这方面有较大突破，将为木材干燥测试技术带来新的飞跃。

(3)计算机和数值方法的发展。随着计算机的普及及数值计算方法的进步，利用木材干燥应力模型来计算和推测干燥应力将会得到进一步发展。这种方法的优点是投入少，通用性强，易于实现数据的自动分析、处理和逻辑判断。目前看，建立能够较为准确地描述木材干燥应力变化的机理模型完全可以做到，利用计算机求解数值模型再也不是很复杂的问题，除了基础材性研究能提供准确可靠的物性参数外，关键是采用何种数值方法求解机理模型，建立数值模型。在这方面一些学者正在进行较有成效的探索，随着数值计算方法的完善及材性研究的深入，利用模型计算推测干燥应力的方法也将得到进一步发展。

(4)木材干燥研究和生产的需求。随着森林资源的减少和木材价格的提高，减小干燥缺陷、提高木材干燥质量、降低干燥能耗显得日益重要。由于木材干燥应力在研究木材干燥机理、制定干燥工艺基准、木材干燥生产上的关键作用，因而对在线连续自动测试木材干燥应力方法的需求会越加迫切。同时，先进的木材干燥应力测试方法也将会大大促进和提高木材干燥技术的发展。

3.7.4 应变理论的新发展

以上关于应力的分析，是美国 J. M. Mcmillen 和前苏联学者 Уголев。传统的应力观点，在国内外被广泛引用。但近年来，国际上引入流变学理论来分析干燥应变。认为传统的应变观点不太全面，没有考虑木材干燥过程中的黏弹性蠕变应变及干缩应变。新的应变理论认为，木材干燥时的总应变由干缩应变、弹性应变、黏弹性蠕变应变和机械吸附蠕变应变组成。

干缩应变是与木材含水率有关的木材固有特性。弹性应变是仅在干燥过程中产生的瞬时应变，也与木材当时的含水率有关。黏弹性蠕变应变与干燥时间有关，随时间的延续而增加，它是可恢复的而不是永久的应变。机械吸附应变是永久的残余应变。它随木材含水率及温度而变化，且在干燥过程中及干燥结束后，均会产生。

新的应变理论也采用切片法来测定木材干燥时的应变：

(1)先测定刨光的湿材应力检验板宽度，即试条初始长度 L_0；

(2)干燥过程中定时取出应力检验板，截应力试片，画分层线，测定锯开前各层长度 L_1；

(3)沿线将各层锯开，测定锯开后各层长度 L_2；

(4)将锯开的试条用聚乙烯薄膜包紧 2～3 层，以防水分蒸发，放在室内气干 2～3h，至尺寸稳定即延迟恢复后，测长度 L_3，同时测定基终含水率；

(5)试条基本(自由)干缩长度 L_4，是干燥前在同一块样板上截取薄试片，缓慢气干后，再缓慢烘至终含水率时的长度。是无约束的干缩，也是最大干缩。试条的长度变化如图 3.20 所示。

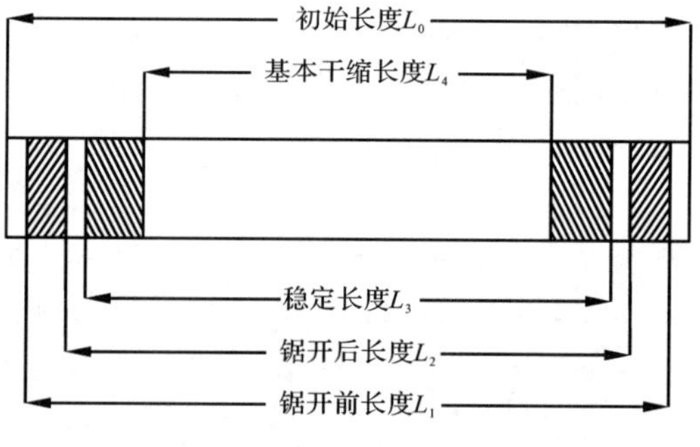

图 3.20 应变试条在干燥前后的长度变化

总应变为

$$\varepsilon_T = \varepsilon_S + \varepsilon_E + \varepsilon_C + \varepsilon_M \tag{3.70}$$

式中：ε_S为干缩应变，$\varepsilon_S = (L_0 - L_4)/L_0$；$\varepsilon_E$为弹性应变，$\varepsilon_E = (L_1 - L_2)/L_0$；$\varepsilon_C$为黏弹性

蠕变应变，$\varepsilon_C=(L_2-L_3)/L_0$；$\varepsilon_M$为机械吸附蠕变应变，$\varepsilon_M=(L_3-L_4)/L_0$。

上述公式中分母都为切片的初始长度 L_0，有待商榷。

若不考虑木材固有的干缩应变 ε_S，则木材干燥过程中的净应变：

$$\varepsilon_{net}=\varepsilon_T-\varepsilon_S=\varepsilon_E+\varepsilon_C+\varepsilon_M \tag{3.71}$$

参考文献

1. 顾炼百. 2003. 木材加工工艺学. 北京：中国林业出版社.
2. 梁世镇，等. 1998. 木材工业实用大全：木材干燥卷. 北京：中国林业出版社.
3. 朱政贤. 1992. 木材干燥. 2 版. 北京：中国林业出版社.

第4章 木材干燥室

主要通过人工调节介质参数、控制干燥工艺过程来实现木材干燥目的的建筑物和金属容器称为木材干燥室(窑)。目前木材干燥室以湿空气为主要干燥介质、蒸汽为主要热源、对流换热为主要热交换方式。

4.1 木材干燥室的分类

木材干燥室一般按照下列主要特征来分类。

(1)按照干燥方式。分为周期式干燥室和连续式干燥室。周期式干燥室是将干燥室同时装好木料后开始干燥，达到工艺要求后干燥停止，卸出木料，重新装入一批新木料后再开始干燥，如此循环，其干燥作业是周期式的。连续式干燥室如隧道形状，部分达到工艺要求的木料由室的一端(干端)卸出，同时由室的另一端(湿端)装入部分湿木料，装卸料时干燥过程不停止，如此干燥作业是连续的。

(2)按照干燥介质。分为空气干燥室、过热蒸汽干燥室、炉气干燥室等。在空气干燥室内，用加热器加热干燥介质，即湿空气。加热器的载热物体(热源)主要是蒸汽，因此空气干燥室一般也称为蒸汽干燥室。过热蒸汽干燥室的干燥介质是过热蒸汽，但通常情况下，并非将过热蒸汽直接通到干燥室内，而是用湿空气加热木材，使其内部水分蒸发，然后将蒸发出来的水蒸气加热到过热状态，再送回干燥室继续干燥木材。炉气干燥室不用加热器，载热物体为炽热的炉气，与空气混合直接通入室内，同时起着干燥介质的作用。

(3)按照介质循环特性。分为自然循环干燥室和强制循环干燥室。自然循环干燥室是利用热气轻而上升、冷气重而下降的原理实现干燥介质的循环，达到干燥目的。所以在自然循环干燥室内，气体的流动方向大体是垂直的。气体流过材堆的循环速度一般为0.2~0.3m/s。强制循环干燥室是利用通风机，使气体在干燥室内流动，流过材堆的介质循环速度一般为1m/s以上。为了干燥均匀，强制循环最好可逆，也就是定期改变气体流过材堆的方向。

(4)按加热方式或能源种类。可分为蒸汽加热干燥室、炉气加热干燥室、电加热干燥室、太阳能干燥室、导热油加热干燥室、热水加热干燥室等。

蒸汽加热干燥室　采用低压饱和水蒸气(压力为0.4~0.6MPa)作为载热体，通过蒸汽加热器加热室内的干燥介质来干燥木材。这种干燥室的干燥介质可以是湿空气，也可以是常压过热蒸汽。后者则称为过热蒸汽干燥室。

炉气加热干燥室　以燃烧废木料、燃气或油而产生的炽热气体为加热介质。根据其具体加热方式的不同，可分为炉气干燥室、炉气间接加热干燥室和热风干燥室三种类型。炉气干燥室以炉气作干燥介质(国内曾称炉气直接加热干燥室)；炉气间接加热干燥室是用炉气作载热体，通过炉气散热器加热室内干燥介质——湿空气；热风干燥室是将干燥介质经热风炉直接加热，然后再干燥木材。

太阳能加热干燥室　一般以太阳能为主要能源来加热湿空气进而干燥木材。在特殊时间或太阳能不足的季节辅以电加热或木质废料加热。

导热油加热干燥室　用导热油代替饱和水蒸气作载热体，干燥室其他设施与蒸汽加热干燥室相同。

热水加热干燥室　是以热水为载热体，其他也与蒸汽干燥室相同。

4.2 周期式强制循环干燥室

周期式与连续式比较，机动灵活性大，适应性广，温度和湿度容易调节，可进行调湿处理，而强制循环又比自然循环干燥均匀，且装载量大，干燥时间短，干燥效率高。因此，生产上多采用周期式强制循环干燥室。这类干燥室结构形式较多，其性能特点也不尽相同。

周期式强制循环干燥室根据风机在干燥室内布置的不同又分为四类：室内顶风机型、室内侧风机型、室内端风机型和喷气型。

4.2.1 顶风机型空气干燥室

这种干燥室的主要特征是：室内空间用“假天棚”分成上部和下部两部分。上部为风机间，用以安装风机、加热器、喷蒸管和进、排气装置等。下部为干燥间，主要摆放材堆，一般只布置温湿度计和含水率检测装置。这种干燥室容量可大可小，一般为50～200m^3，气流速度分布较均匀，干燥质量好，一直是强制循环木材干燥中最常用的结构形式。

根据风机的布置形式，室内顶风机型空气干燥室又分成三种，纵轴型、横轴型和直联型。

4.2.1.1 纵轴型

纵轴型是室内顶风纵轴型干燥室的简称。在该类干燥室中，4～6 台风机安装在一根轴上并沿着干燥室的长度方向布置，故又称长轴型(图4.1)。

纵轴型干燥室的结构因安装设备及功能的不同可分成三部分：在干燥室的上部为分机间，下部为干燥间，后部为操作间。分机间与干燥间用一假天棚隔开，风机沿干燥室的长度方向均匀布置在假天棚上，由一根轴串联，轴头伸至操作间，经皮带与一台电机相连。同时加热器布置在风机前后两侧。假天棚端部与干燥间前后端墙紧密相连，而两侧与干燥间的侧墙留有空隙，供介质循环流动。被干燥的木料按一定体积堆积在干燥间。干燥间和分机间与操作间用隔墙隔开，所有控制系统及电机布置在操作间。在分机间与干燥室顶的衔接处设有三角气道，气道顶部开有排气孔，与室顶设有的排气道相通。在气道的斜面开有进气孔，与分机间相通。在气道与操作间相连的端墙上开有进气

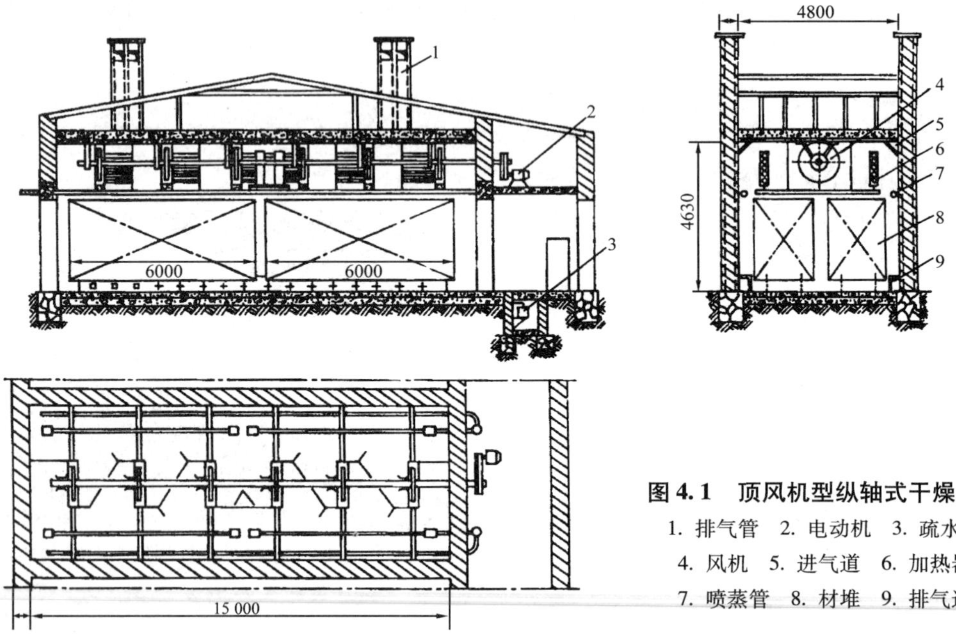

图 4.1　顶风机型纵轴式干燥室

1. 排气管　2. 电动机　3. 疏水器
4. 风机　5. 进气道　6. 加热器
7. 喷蒸管　8. 材堆　9. 排气道

孔。喷蒸管设在分机间与干燥间连通处。具体的结构如图 4-1 所示。

纵轴型干燥室的优点是：①技术性能比较稳定，室内空气循环比较均匀，干燥质量较高，能够满足高质量的干燥要求；②动力消耗较少，每室只用一台电动机，而且功率较小。缺点是：①纵轴安装不易平衡，轴承易坏，易发生故障；②设备多集中于室的上部，安装与维修困难，室顶温度高，降温慢，操作条件差，影响工人的身体健康；③投资较高，钢材构件较多，腐蚀严重，维修量较大。

4.2.1.2　横轴型

横轴型是室内顶风机横轴型干燥室的简称，其结构特征是用几根短轴代替一根长轴，轴流通风机横向地(与室长方向垂直)分别安装在每根短轴上，各用或两台风机共用一台电动机来传动。进、排气道一般都是合一的，位于室顶，并随着风机旋转方向的不同而作进气或排气的变换。与长轴型相比，风机的传动轴较短，因此也称短轴型干燥室。根据风机位置和电动机传动方式的不同，也有所区别。

图 4.2 为我国具有代表性的一种横轴型干燥室，风机位于室顶中部，每台风机配用一台电动机。挡风板在风机之间成六角形，以加强气流循环。加热器配置在风机间，位于风机两侧。近来也有将加热器移至室的下部两侧的，这样便于安装和修理。

横轴型干燥室的空气循环也是“垂直—横向”，但曲折转弯比长轴型要少。

横轴型干燥室的优点是：①室内空气循环比较均匀，干燥质量较高，能够满足高质量的干燥要求；②短轴容易安装和维修。缺点是：①每两间干燥室需要配置一夹间，生产面积的利用不经济，热量损失较大；②每台风机要配用一台电动机，动力消耗较大；③投资较高。

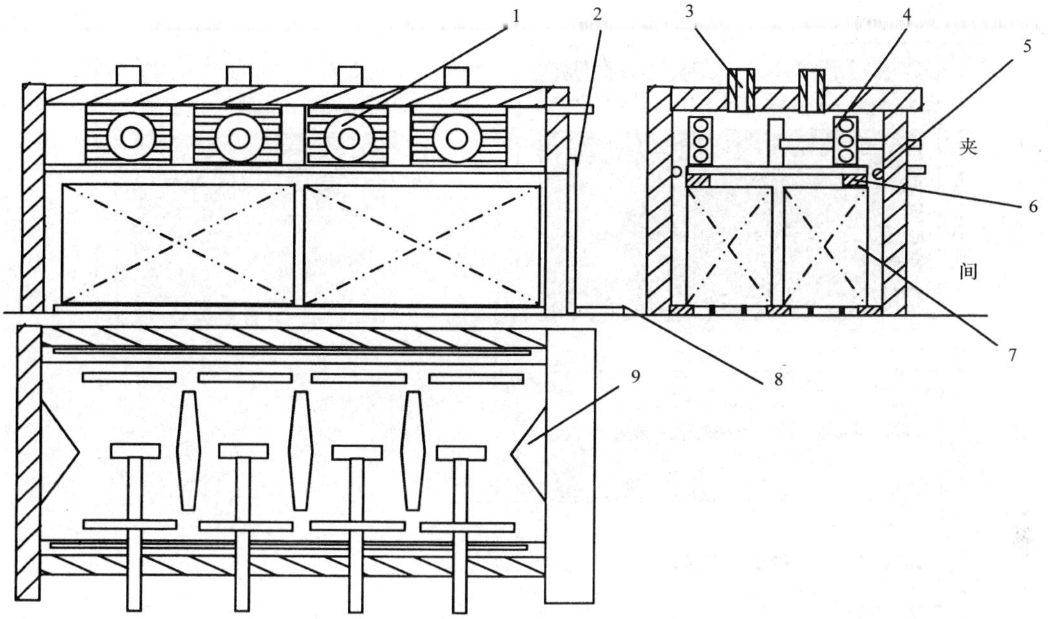

图 4.2 短轴型干燥室结构示意图

1. 分机 2. 大门 3. 进(排)气道 4. 加热器 5. 喷蒸管 6. 挡块 7. 材堆 8. 导轨 9. 挡风板

4.2.1.3 直联型干燥室

直联型是风机和电动机不通过传动轴而直接连在一起，并布置在干燥室顶部的风机间，风机间与下部的干燥间用隔板隔开，隔板与干燥室的侧墙之间留有空隙，作为介质流动通道(图 4.3)。

顶风机直联型干燥室是近 20 年来随着“三防”(防高温、防潮、防腐)电动机的问世而出现的一种新型结构，也是目前应用最多、最典型的顶风机干燥室结构。如图 4.3、图 4.5 所示，具有“三防”功能的电动机在室内与循环风机直接相连，与传统纵轴型、横轴型顶风机结构相比，省去了电动机与风机之间的传动轴及其辅助装置，结构大大简化。这种“三防”室内电动机一般采用铝合金外壳，体积小，重量轻，耐腐蚀，轴承采用全封闭，终身润滑，无须检修和加油，电动机允许干燥介质温度达到 110℃(一般不超过 110℃，以便延长电动机使用寿命)。所用风机为 6#或 8#轴流风机，并以高强度合金铝精密制造，耐腐蚀，动平衡性能好，效率高，可正反转。风机转速通常为 1400r/min 或采用双速(1400r/min 和 960r/min)甚至多速。数台风机在风机间并列安装，可沿干燥室纵向或横向排列，风机前后通过挡风板隔离，并将风机间分成正压和负压两部分。加热器一般垂直安装在风机前后(图 4.5、图 4.6)或水平安装在风机间与干燥间的气道中(图 4.3)。进排气管通常设在风机前后顶棚上(图 4.3、图 4.4、图 4.5)，并采用铝合金制造，也有设在风机前后的墙壁上。增湿设备有喷蒸管和喷水管。当风机运转时，产生的气流经加热器加热后垂直向下水平穿过材堆，并在风机的吸引下从另一侧竖直气道向上进入风机间，形成“垂直—横向”循环。当风机逆转时，气流反向循环。通

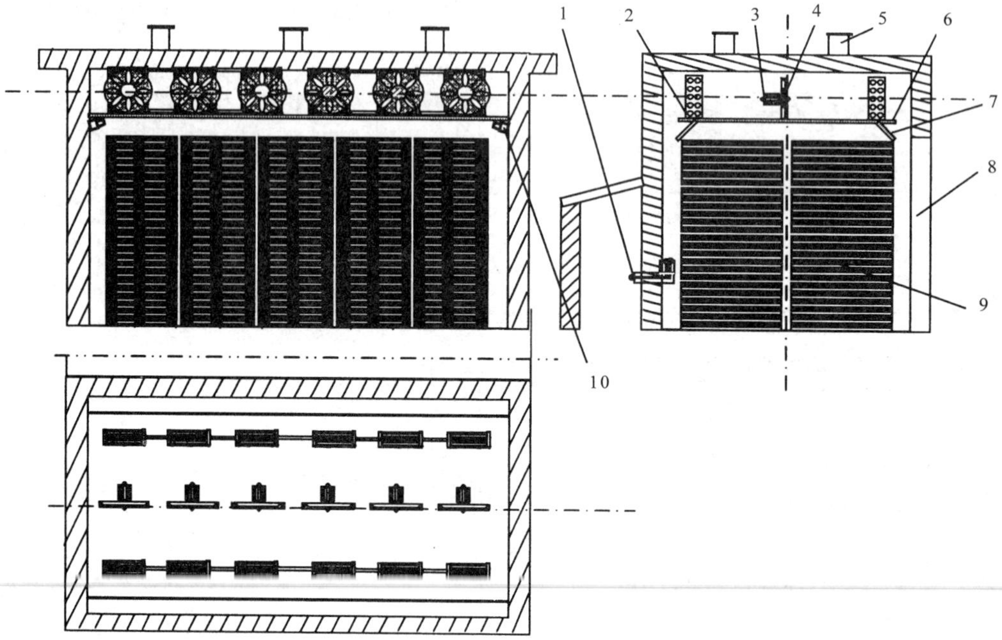

图 4.3　室内顶风直联机型干燥室结构示意图

1. 温度、湿度显示装置　2. 加热器　3. 电机　4. 风机　5. 进、排气道
6. 天棚　7. 挡板　8. 大门　9. 材堆　10. 喷蒸装置

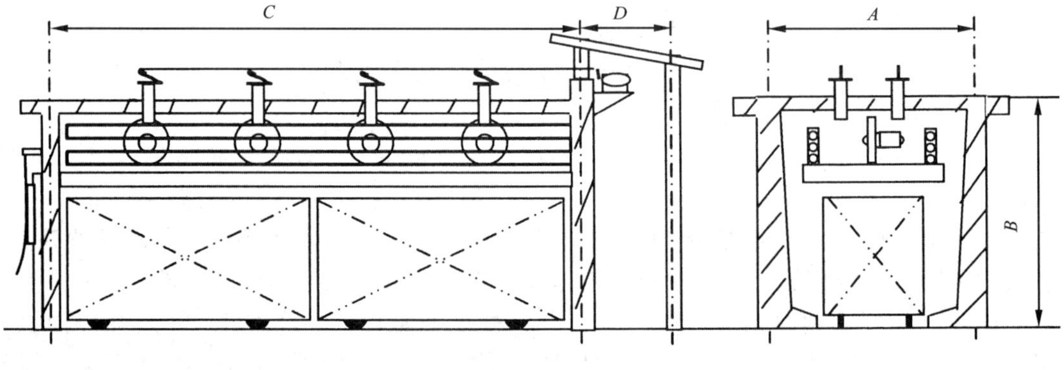

图 4.4　有轨材车装卸干燥室

过材堆的气体流速为 1 ~ 3m/s。

风机间结构的简化和重量的大幅减轻给干燥室壳体的建造也带来了方便，直联型干燥室除采用传统砖混结构土建壳体外，多数采用铝合金装配式壳体（图 4.3、图 4.5）。干燥室大门多为大型铝合金吊挂门。木料装卸有叉车装卸和有轨材车装卸两种方式。叉车装卸干燥室大门在材堆侧向，大门宽度略大于材堆长度总和；有轨材车装卸干燥室一般材堆为 1 ~ 2 列，材堆宽度为 1.5 ~ 2.6m，大门在材堆长度方向一端，大门宽度略大

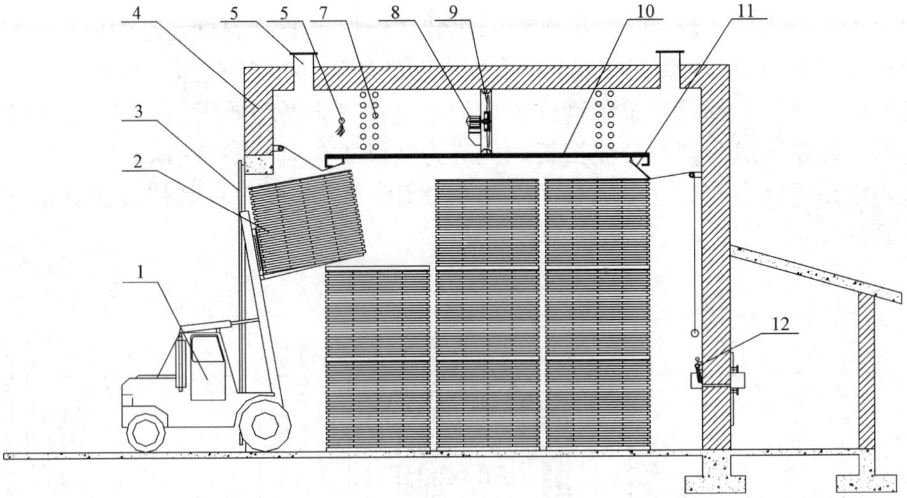

图 4.5 叉车装卸干燥室

1. 叉车 2. 材堆 3. 干燥室大门 4. 室体 5. 进排气道 6. 喷蒸管 7. 加热器
8. "三防"电动机 9. 风机 10. 天棚 11. 挡风板 12. 干湿球温度计

于材堆宽度总和。

图 4.4 是直联式有轨材车装卸干燥室结构示意图，图 4.5 是直联式叉车装卸干燥室结构示意图。

顶风机直联型干燥室结构简单，风机效率高，气流阻力小，风速分布均匀；避免使用黑色金属材料，耐腐蚀，使用可靠；无电动机间，结构紧凑，占地面积小，有利于干燥室的密闭和保温，便于使用组合式全金属壳体和多室联体建造；但室内电动机造价偏高，另外不能用于高温干燥。直联型顶风机结构适合大容量常规干燥室。

4.2.2 侧风机型强制循环空气干燥室

侧风机型干燥室是将轴流通风机安装在干燥室的侧墙上，即风机、加热器、喷蒸管及进、排气道等设备都装在干燥室内的侧边，每台(或两台)风机配用一台电动机。由于风机都靠干燥室一侧，因此采用室内外电动机驱动均可。但室内电动机结构更为简单，干燥室气密性更好。目前新建侧风型干燥室以室内电动机居多。

侧风型干燥室的气流循环特点是：风机从材堆的局部吸风后，立即 180°转弯再进入材堆的其他部位。气流每通过风机一次，可通过材堆两次，这样可减少风机的风量，增大干燥效率。但由于风向急转弯，动力损失很大，需要更大的风压，与其他室型相比，单位材积的装机功率不但不能减少，还要略有增加。由于风机靠近材堆，只能采用吸风式单向气流循环，无法实现可逆循环，干燥不均匀。因此，材堆宽度不宜太宽，最好不采用多列材堆，否则干燥效果较差，这样干燥室的容量受到限制。

侧风型根据风机的布置位置有几种不同的结构形式。

4.2.2.1　侧中风机型干燥室

如图 4.6 所示，几台 $12^{\#} \sim 16^{\#}$轴流风机装在干燥室的一侧材堆高的中部，室两侧布置有加热器和喷蒸管(均垂直布置)，风机背后的侧墙中有排气道，风机对面的侧墙中有进气道；两侧墙上都设有温湿度计窗。为了改善气流循环效果，干燥室的两侧内壁做成波折形，并在风机两侧设分流挡板。气流为吸风式单向“水平—横向”循环。

这种小型干燥室在 20 世纪 60 ~ 70 年代多用，80 年代曾将其修改设计成了金属装配式干燥室。

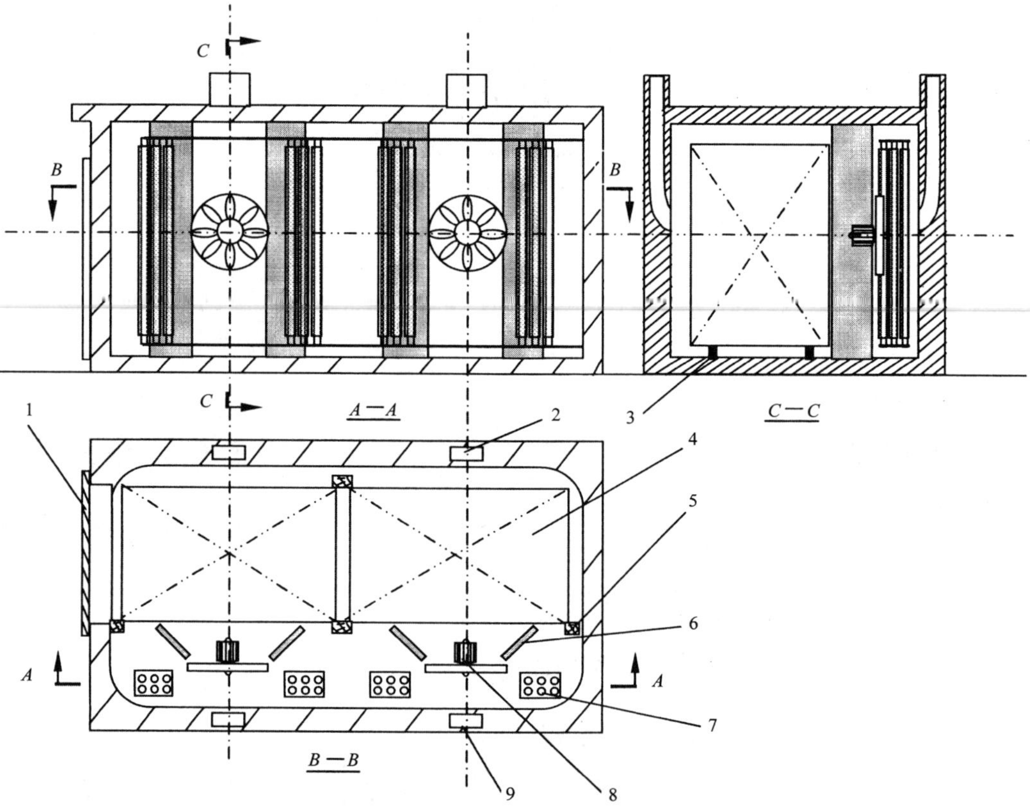

图 4.6　侧中风机型干燥室结构示意图

1. 大门　2. 进气道　3. 轨道　4. 材堆　5. 挡板　6. 挡风板　7. 加热器　8. 风机　9. 排气道

4.2.2.2　侧下风机型干燥室

如图 4.7 所示，风机布置在干燥室一侧材堆高的中下部，耐高温电动机在室内直接驱动轴流风机。进气道设在风机下部侧壁上，开口在风机前边负压区。排气道位于风机上部侧墙上，开口在风机后正压区。加热器布置在排气口上方材堆高度的中部侧墙上。喷蒸管位于风机前上侧的空间，喷嘴指向风机叶片，需要喷蒸处理时，蒸汽从喷蒸管上喷嘴喷出，由风机吸入后和气流一起循环。在干燥过程中，风机由材堆下半部吸取空气，由侧气道向上流经加热器，由材堆上半部流过，再向下流过材堆下半部，进入风机，如此作单向“垂直—横向”循环。

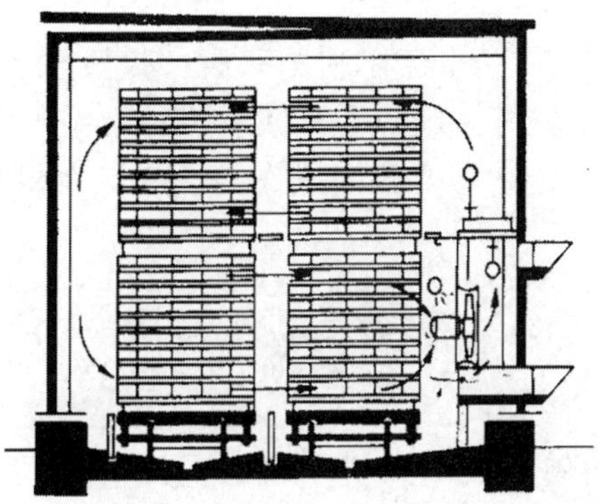

图 4.7 双轨侧下风机型干燥室

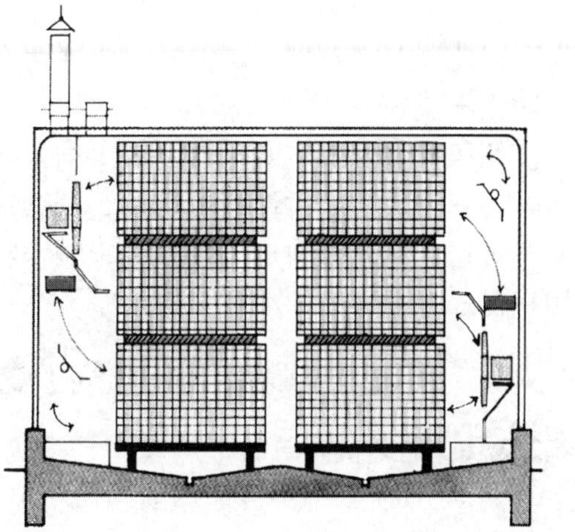

图 4.8 侧风机型上下串联式干燥室

该结构是随着耐高温电动机的出现，在老式侧下风结构基础上改造而来的，其结构简单，技术性能稳定，便于采用铝合金装配式壳体，是目前侧风机型干燥室中较合理的一种，因此目前相对应用较多。这种结构也可采用砖混壳体。

4.2.2.3 侧风机型上下串联式

如图 4.8 所示，在干燥室的一侧下部和另一侧的上部都装有风机，并可正反转，形成风机串联的气流“垂直—横向”可逆循环。两侧都有加热器水平安装。进、排气道在左上方风机挡板的两边。喷蒸管分别设在右侧风机的上部和左侧风机的下部。这种干燥室的气流循环效果比侧下风机型有很大改善。但容积利用率低，风机多，结构更复杂，投资成本高，因此少用。

4.2.2.4 侧风机前后串联式

如图 4.9 所示，这种干燥室实际上是两间干燥室并联，风机和加热器设在两室的间墙位置，风机可以是两台 12# ~16#的大型风机，也可用四台或八台 6# ~8#的中、小型风机，风机在干燥室的前半部和后半部反方向安装，并采用耐高温电动机室内直接驱动。进、排气道设在室顶风机前后，也可设在侧墙上，加热器在风机前方。气流为前后串联式“水平—横向”循环，可为单向循环，也可为可逆循环。若采用可逆循环，风机与材堆之间距离不应靠得太近。该室的气流循环效果和节能效果较好，能量利用率较高，设备安装维修也方便，但容积利用率低。

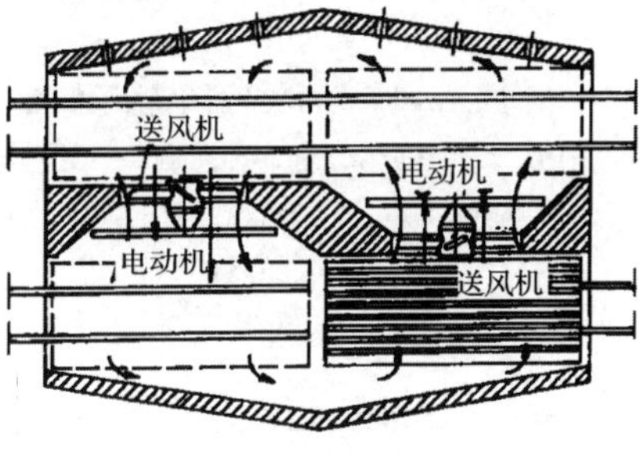

图 4.9 侧风机前后串联式干燥室

侧风机型干燥室可以一端开门采用叉车装卸，或用有轨材车装卸。也可以采用两端开门。图 4.9 所示为两端开门的干燥室。其优点是可在两端装卸材堆，缺点是保温、气密性差。由于侧风机型干燥室的空气循环特征，材堆不同部位的气流方向可能截然相反，因此，双列材堆干燥室一定要注意在两列材堆中间空当气流交界处用挡风板隔开，以防止气流短路。

侧风机型干燥室的优点是：①结构比较简单，干燥室的容积利用率高，投资较少；②容易获得较大的材堆循环风速，干燥速度快，质量较好。缺点是：①材堆循环空气方向不可逆，风速分布均匀性差，影响木料的均匀干燥；②需要侧向操作间，建筑面积利用率低。一般用于中小容量干燥室。

4.2.3 端风机型强制循环空气干燥室

4.2.3.1 端风机型单轨干燥室

图 4.10 所示是一种典型的端风机型干燥室，为斜壁式单风机单轨，室外电动机通过皮带驱动轴流风机，风机一般选用 14# ~ 16#，转速 600 ~ 800r/min。电动机反转即可实现气流逆向循环。加热器安装在风机间内，进排气道设在风机前后室顶，装载量为 $10 \sim 15m^3$。

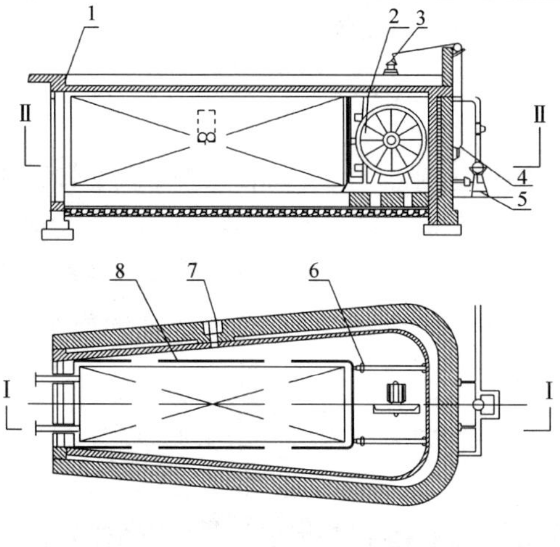

图 4.10　端风机型单轨干燥室

1. 室门　2. 风机　3. 进、排气道　4. 进排气操纵杆　5. 疏水器　6. 加热器　7. 温湿度计　8. 喷蒸管

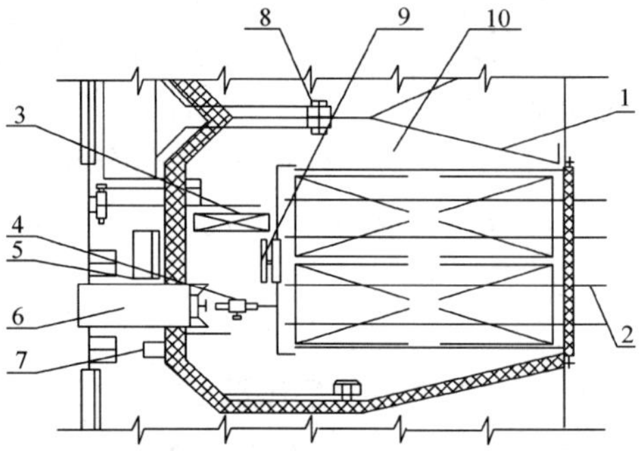

图 4.11　端风机型双轨干燥室

1. 室体　2. 室门　3. 加热与喷蒸装置　4. 通风装置　5. 控制柜　6. 进、排气换热器　7. 电脑测温记录仪　8. 温湿度传感器　9. 小门　10. 材堆

4.2.3.2 端风机型双轨干燥室

图 4.11 所示为具有排气热回收装置的端风机双轨干燥室的平面图。该室有外部电动机型和内部电动机型两种。前者采用两台 12#轴流风机，由普通电动机在室外间接传动，可用于高温干燥。后者采用两台 9#轴流风机，用室内电动机直接驱动，转速 $n = 1400r/min$，适于 100℃以下的常规干燥。双轨材堆，实装材积 $30m^3$。该型为折壁形结构，空气循环速度分布更趋均匀。在后端墙上安装了回收废气余热的进、排气换热装置，从操作间进气，排气通向室外，不但可以回收部分热量，还有利于室内温湿度的稳

定和分布均匀。

端风机型干燥室的优点是：空气动力学特性好，能形成“水平—横向—可逆”的气流循环，若斜壁设计合理，气流循环较均匀，干燥质量较好；设备安装与维修方便，容积利用率高；投资较少。缺点是：干燥室不宜过长，装载量小；若斜壁设计不当，会使材堆断面上气流循环不均匀，降低干燥质量。

4.2.4 喷气型干燥室

前述各种类型的强制循环干燥室都将轴流风机置于室内，所有循环空气都经过风机驱动。喷气型干燥室的风机置于室外，自室内吸取1/5～1/3循环空气，经风机增压后，再使这部分循环空气以40～50m/s的速度经特制的喷嘴喷到室内，形成自由射流带动其余循环空气循环。两套方向相反的喷气装置交替工作，便可实现可逆循环。

这种干燥室容积利用系数较高，但性能不稳定，气道及喷嘴结构复杂，安装维修困难，循环效果很差。现在已淘汰不再使用，故不详述。

4.2.5 过热蒸汽干燥室

过热蒸汽干燥室原则上可以采用常规(湿空气)干燥室的各种室型，但由于干燥介质为过热蒸汽，温度较高，对干燥室的保温、气密和耐腐蚀性能要求较高，因此一般选用室外电动机驱动的小容量金属壳体干燥室。例如，装载量10～30m^3的单轨侧风机型、端风机型或顶风机型干燥室。另外，过热蒸汽干燥室的加热器散热面积和喷蒸管的喷孔数量比常规干燥室增大1倍以上，以保证过热蒸汽的形成。

过热蒸汽干燥室的优点是：材堆内气流循环较均匀，干燥质量较好，干燥速度快，干燥周期短，热量和电力消耗少。缺点是：保温、密封和防腐性要求高，金属材料用量大，一次性投资及维修费用高，装载量相对较少。

4.2.6 炉气干燥室

炉气干燥室是以炉气为热源的各种干燥室的统称。根据其加热方式不同又可分为炉气干燥室、炉气间接加热干燥室和热风干燥室三种。

所谓的炉气确切说应该是燃烧气，国外所用的燃料有燃油、天然气、废木料等，国内多以废木料为燃料。在此主要介绍以废木料为燃料的供热系统。

比较完善的炉气干燥系统的炉气发生装置与干燥室主体是分开的。好的炉气发生器燃料燃烧较完全，并配有炉气除灰和调温装置，操作方便，安全可靠。如旋风燃烧炉，汽化二次燃烧炉等。而干燥室主体可采用任何一种性能较好的常规干燥室室型，如端风机型、上风机型或侧风机型等。

炉气干燥室(曾叫炉气直接加热干燥室)国外称为直燃式干燥室，无须加热器，只要将经过除灰(以燃油和天然气为燃料时不必)和调温、调湿的炉气送入干燥室作为干燥介质即可。这种方法干燥室内设备结构简单，投资少，热效率高，干燥成本低，但干燥过程调控不便，木料表面有一定污染，过去仅限于一些小企业使用。随着汽化燃烧等新技术的发展，生产清洁无污染炉气技术日渐成熟，另外，通过增加喷水装置从根本上解决了介质调湿的困难。目前炉气干燥室应用的困难在于燃烧产生烟尘的环保问题。

炉气间接加热干燥室是以炉气为热载体，湿空气为干燥介质的干燥室。炉气的散热可以配专用加热器，也可以利用干燥室地面或墙壁烟道。经除尘后的炽热炉气在进入专用加热器或地面、墙壁烟道以后，对室内空气加热，然后由室外的引风机抽出，经烟囱排入大气。干燥室的其他设备及结构与蒸汽加热干燥室基本相同。

热风干燥室主体可用任一室型，室内也不用加热器，只把热风炉生成的热风(空气)送入干燥室内与循环空气混合即可。热风一般是循环加热，即由室内引出一部分循环空气，送到热风炉加热后再送回干燥室内。这种干燥室的设计要注意热风能在室内均匀分配。这种干燥方式虽然省去了室内的散热设备，但热风炉结构较复杂，与炉气加热干燥相比，热效率较低，因此不适合大容量干燥室。

4.2.7 预干室

对于难干的硬阔叶材，因容易产生干燥缺陷，通常要缓慢干燥，干燥时间较长。为了确保干燥质量，降低干燥成本，在木材高含水率阶段，可采取大容量低温预干的方法，将木材含水率降到 20% 左右，再转入常规干燥室干燥，这种大容量低温干燥室即所谓预干室。这种联合干燥方法在欧美许多国家应用颇为广泛，尤其适用于产量较高的企业。

比较简易的预干室，实际上就像是一个封闭仓库，其横剖面如图 4.12 所示。中间是叉车通道，两侧各有 4 列材堆，在 4 列材堆的中间是垂直气道，气道上方是一排轴流通风机，加热器在预干室的两侧边垂直布置，屋顶的中央是排气道，材堆纵向堆放，风机产生的气流呈垂直—横向循环，如图中箭头所示。循环速度可达 2.5 ~ 3.5m/s，部分空气由排气道排出。

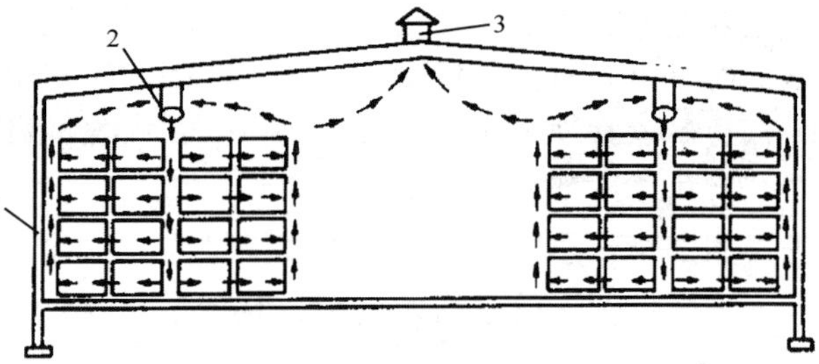

图 4.12 蒸汽加热预干室

这种预干室容量较大，可容纳几百乃至上千立方米木材。预干室壳体一般用预制板或金属板构成。采用蒸汽热源，室内温度为 40℃ 左右。不设调湿装置，可通过控制风机的运转和排气道的闸门来调节室内的相对湿度。操作时应注意：对于生材或易开裂的木材，当室内相对湿度过低($\varphi<50\%$)，以及木材表面比较干燥时，应关闭风机和排气道。对于较厚的木材(大于 50mm)，甚至可以完全不用风机。不同树种、不同规格的木材可在同一预干室内干燥，但应挂牌记明树种、入室日期及初含水率，并用含水率检验板检测含水率的变化。

预干室的优点是：①对保温和密封性要求不很高，因此结构简单，投资少，既是预干室又可当作木料库；②与强制气干相比，干燥介质不受气候影响，稳定可控，干燥速度快，质量好，不会受虫、菌侵害而使木材降等；③工艺操作简单，不需热湿处理，风机间歇运转，运行费用少，干燥成本低。缺点是：①需有足够的木材储存量；②低温干燥，时间长，资金周转慢；③对易干材或寒冷地区效果不太明显。

4.3 周期式自然循环干燥室

周期式自然循环干燥室是一种传统的干燥室，在国内外大型企业中新建的很少。然而，由于其设备简单，投资少，在中小型企业干燥一些质量要求不高的木材时，还有一定的实用价值，尤其在电力资源不足的地区还不得不采用这种方法。

4.3.1 自然循环蒸汽干燥室

图4.13是周期式自然循环蒸汽干燥室的横剖面图。其加热器通常装在材堆下方，进气道位于加热器之下。由进气道进入的新空气与室内循环空气一起经加热器加热后，因密度减小而上升进入材堆。热气流在穿过材堆时把热量传给木材，同时吸收木材中蒸发出来的水分，使热气流温度下降，密度增大，并从材堆两外侧下降流向加热器。其中，一小部分进入排气道排出室外，剩余大部分与新鲜空气混合再经加热器加热上升，从而形成垂直—横向的自然对流循环。如果设计合理，循环气流速度可达0.1～0.3m/s。室顶材堆侧边还设有挡风板，防止气流从室顶的通道短路；材堆中应有均匀、整齐的垂直气道。自然循环干燥室虽然可节省通风设备及其动力消耗，干燥质量也较好，但由于干燥周期长，热能消耗大；另外材堆容积充实系数小(因需留垂直气道)，干燥效率低，所需干燥室数量多。因此，建议生产上尽量采用强制循环。

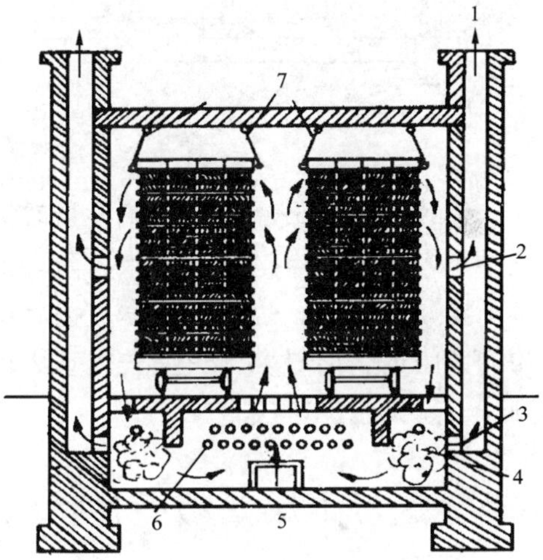

图4.13 周期式自然循环干燥室

1. 排气道 2、3. 排气口 3. 增湿器 5. 进气道 6. 加热器 7. 挡风板

(自P. 若利，1985)

4.4 连续式干燥室

图4.14是典型的连续式干燥室，为上风机强制循环。室内上部为风机间，布置有三台用耐高温电动机直接传动的轴流风机及加热器、进排气装置等。下部为干燥间，可装入多个材堆。材堆纵向装入，由运输机定时定向带动材堆前移，右端(湿端)装入湿材堆，左端卸出材堆。该室不设喷蒸装置，也不按干燥阶段调节温度和湿度。各干燥阶段的温度、湿度变化完全靠区段位置自然调节。即干端温度最高，湿度最低。气流穿过材堆后将热量传给木材，并吸收木材所蒸发出来的水分，使其逐渐降温增湿，在湿端温度最低，湿度最高。干燥工艺主要采用时间基准，即通过控制材堆每前移一个材车位置所需时间，使干出的材堆正好达到要求的终含水率。

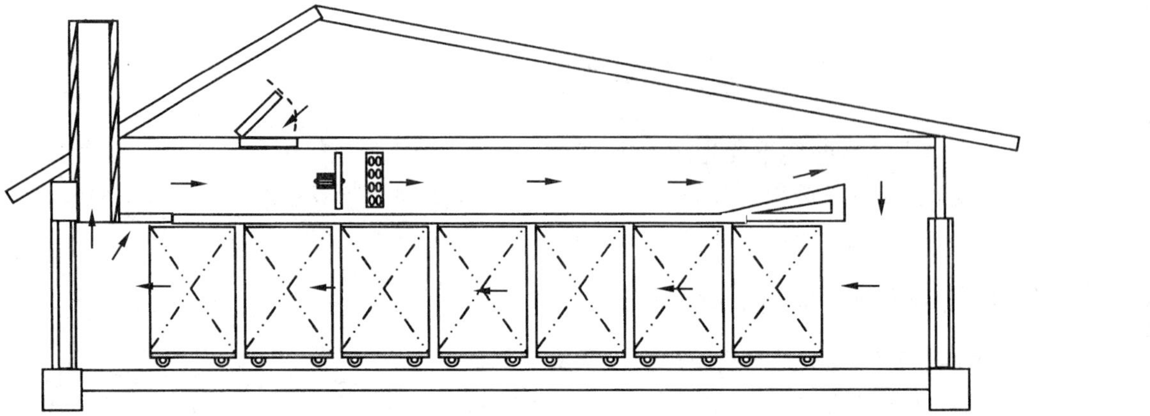

图 4. 14　连续式干燥室结构及工作原理示意图

连续式木材干燥室适用于批量较大，且树种与规格比较单一的针叶树材薄板干燥。这种干燥室的缺点是不同含水率阶段的材堆都处在同一干燥室内，难以按含水率阶段调节干燥介质状态；也不能根据应力状况进行调湿处理；另外，在干燥过程中要定时开两端的大门进、出材堆，热损失大。因此这种干燥室除铅笔厂等少数特殊行业外，一般木制品、家具企业应用很少。

4.5　木材干燥室的壳体结构及建筑

木材干燥室中气体介质的温湿度变化范围很大，一般工作温度为 -30 ~ 100℃，高温干燥和过热蒸汽干燥高达 120℃，相对湿度最高为 100%。另外干燥介质还含有木材中蒸发出来的甲酸、乙酸和单宁等酸性物质，并以一定的气流速度不断在室内循环。因此，干燥室的壳体应具有较好的保温性、密封性、耐腐蚀性和抗老化性。

壳体保温的原则是确保在高温高湿的工艺条件下，室内表面不结露。因为结露意味着冷凝水所释放的凝结热已大部分通过壳体传出室外，既造成热量损失，增加干燥成本，又使室内温度难以升高；若室顶结露，冷凝水滴落在材堆上，不但影响木材干燥，还造成水迹乃至影响材质。良好的壳体气密性应能防止水蒸气和腐蚀性气体的渗透。

木材干燥室的壳体主要有三种结构形式，即金属结构壳体、砖混结构壳体和衬铝壁砖混结构壳体。金属结构壳体可先在工厂加工预制构件，现场组装，施工期短，但需要消耗大量的铝合金材，价格昂贵。砖混结构就是砖和混凝土的混合结构，是一种传统干燥室壳体结构，它造价低，施工容易。衬铝壁的砖混结构壳体要求铝内壁全封闭，施工麻烦。我国现阶段新建干燥室以金属壳体居多，其次是砖混结构，衬铝壁的砖混结构壳体采用很少。

4.5.1　金属结构壳体

现代金属壳体木材干燥室，几乎都用铝合金材料制成，其外观漂亮，可露天建造各种大型干燥室。

金属壳体的通常做法是，先用混凝土做成船形基础及地面，然后在基础上安装用铝合金型材预制的框架，再安装壁板及设备。目前国内壁板的制作方法有两种。一种是用耐高温聚氨酯泡沫塑料按标准规格预制壁板。内壁为平铝板，外壁为瓦楞铝板或彩塑钢板，中间为耐高温聚氨酯泡沫塑料，两侧有镶嵌槽。安装时只需用锯将长度适当裁剪即可，壁板或顶板用铝合金横梁或压条以螺钉连接将其夹在框架上。预制壁板还可直接用于组装大门，如图 4.18 所示。另一种做法是现场直接填装组合，所用内外壁板材料与预制壁板基本相同，先将内壁板装在框架上，然后装岩棉板保温层，最后装瓦楞面板。内壁板不能用抽心铆钉连接，也应用铝合金横梁或压条以螺钉将其夹在框架上，以减少铆钉孔。壁板安装后，壳体内表面所有接缝都用耐高温硅橡胶涂封，这种胶在 -50 ~ 150℃内具有较好的弹性、抗老化性和黏合强度。两种壁板制作方法中，预制壁板安装方便，有利于壳体密封，保温效果好，但造价高。该方法最早源于国外，进口干燥室壳体多为此结构。现场填装结构实际是国内企业为降低壳体成本采取的一种改革措施，但施工较复杂，工期长。如果内壁能整体焊缝，则密封效果将更理想。

金属壳体所有构件及连接件都采用铝合金或不锈钢。因此，耐腐蚀性能好，使用寿命长，但价格较贵。适合大容量、多室连体使用，大规模生产可左、右、后三面连体建造。

4.5.2 砖混结构壳体

砖混结构是传统的木材干燥室壳体，其造价低，容易建造。但是砖混结构壳体的使用存在一些问题，如防腐性差、壳体开裂等。尤其是壳体开裂，不仅使干燥室热损失增大，气密性下降，壳体因腐蚀性气体的侵入而加速破坏，而且严重影响干燥室的正常使用。因此，在壳体的设计和施工中必须加以预防。

砖混结构壳体各部分具体设计和施工要求如下：

(1)基础。木材干燥室是跨度不大的单层建筑，但工艺要求壳体不能开裂，因此，基础必须有良好的稳定性，不允许发生不均匀沉降。通常采用刚性条形毛石基础，并在离室内地面 5cm 以下处做一道钢筋混凝土圈梁，在找平的圈梁上放一层铝板或两层油毛毡作为隔断层和防潮层，然后再往上砌筑墙体。基础埋置深度，南方可为 0.8 ~ 1.2m，北方可为 1.6 ~ 2.0m。基础深埋可增加地基承载能力，加强基础稳定性，但造价也随之增加，且施工麻烦。因此，在满足设计要求的情况下，应尽量将基础浅埋，但埋深不能少于 0.5m，防止地基受大气影响或可能有小动物穴居而受破坏。具体确定主要考虑地质条件和冻土层深度两方面因素。基础应尽可能埋置在老土上，如果地基表面虚土层较厚(例如大于 2m)，应考虑用块石垫层等人工处理方法，以加固弱土地基，将荷载传到下层好土上。为了消除地基土不均匀冻结和融化引起基础不均匀沉降，基础埋置应至少低于冻结线以下 10cm。

(2)墙体。为加强整体牢固性，大、中型干燥室最好采用框架式结构，即壳体的四角用钢筋混凝土柱与基础圈梁、楼层圈梁、门框及室顶圈梁连成一体。对多间连体干燥室，应每 2 ~ 4 间为一单元，在单元之间的隔墙中间留 20mm 伸缩缝，自基础到屋面全部断开。墙面缝嵌沥青麻丝后表面正常处理，屋面缝按分仓缝处理。

墙体最好采用内外墙夹保温层结构，即内外层墙均为一砖厚(240mm)，中间夹100mm 厚保温层。保温层填充膨胀珍珠岩或蛭石。墙体用 75#以上机制红砖、50#水泥砂浆砌筑。在圈梁下端的外墙中应在适当位置预埋钢管或塑料管，作为保温层的透气孔。也可采用 620 mm 厚实心墙，但注意用空心砖砌筑的墙体容易开裂，因此要慎用。另外，中间夹空气保温层结构的保温效果也不甚明显，因为大面积空气保温层的空气可以形成对流传热；更不能用木屑等有机物质作保温材料。墙体砌筑过程中要及时做好预留预埋，砖缝要填满填实。

连体干燥室的间墙可用一砖半厚(370mm)。

壳体内墙也可采用钢筋混凝土结构，即先做钢筋混凝土内壳，包括内墙(150mm 厚)、门框和棚顶板，一次性浇灌，做成一整体，不留施工缝，然后再砌外墙，并填充保温层。此法可有效提高壳体的耐腐蚀性，但施工困难，造价较高，故使用较少。

(3)室顶。室顶(又称天棚)宜采用现浇钢筋混凝土板，不能用预制的空心楼板。现浇板上为保温、防水屋面。具体可参考以下做法(自下而上)：100mm 厚 200#现浇钢筋混凝土板，冷底子油一遍，150 ~ 200mm 厚膨胀珍珠岩保温层找泛水坡，PVC 卷材一层，20mm 厚 1∶3 水泥砂浆找平，50mm 厚 200#细石钢筋混凝土，二布三油(或二毡三油)水泥浆护面。

二布三油是屋面防水的一种新做法。它采用的是中碱 120D 型玻璃纤维布和 JG－2 冷胶料，不仅造价低，而且使用寿命长。冷胶料分 A 液和 B 液，施工时现场配制：基层第一道和贴玻璃纤维布时，A 液和 B 液的比例为 0.5∶1，涂面层的比例为 1∶1。

现浇顶板做在圈梁上，在侧墙和后墙的找平圈梁上应垫一层 PVC 卷材或油毛毡，使顶板简支在圈梁上。

保温层必须用干燥的松散或板状的无机保温材料，常用膨胀珍珠岩，但不能用潮湿的水泥膨胀珍珠岩。保温层还应考虑底边能排水，上方可透气，但又不漏入雨水，施工时压实。

(4)地面。干燥室内地面的做法如图 4.15 所示，一般分四层：基层素土夯实；300mm 厚炉渣保温层；100mm 厚碎石垫层(或石灰、碎石、炉渣三合土垫层)；120mm 厚 150#素混凝土面层随捣随光。

如铺设轨道，轨道通常埋在混凝土中，轨面标高与地面相同，并直接在混凝土地面中做出与轨道内侧成 45°角的坡面轨槽，这样，一定程度上可防止室内空气对钢轨的腐蚀。常用钢轨为 11 ~ 18kg/m 轻轨，轨枕可用 5#槽钢，轨枕间距 1 ~ 1.4m。

如果干燥室采用喷水调湿，应在喷水管的下方做一排水坑，地面向着排水方向做 1% ~ 2% 的散水坡。排水沟的一端埋一钢管通向室外，在室外钢管的末端做一闸门。一般情况下室内无须排水，可把闸门关闭，防止冷空气进入室内。对于可能有较多积水的干燥室，也可在室内地面上做 1 ~ 2 个如图 4.16 所示的排水坑。这种排水坑在积水多时能自动溢出，水少时也可防止冷空气进入室内。

(5)壳体内表面的防腐处理。砖混结构壳体内表面处理通常分两层。第一层为防水砂浆抹面，内墙可用 1∶2 水泥砂浆加 1% ~ 1.5% 的防水剂制成防水砂浆抹面 20mm 厚。防水剂的种类较多，但应选择耐温达 120℃ 的。常用无水纯净的三氧化铁。注意不能掺

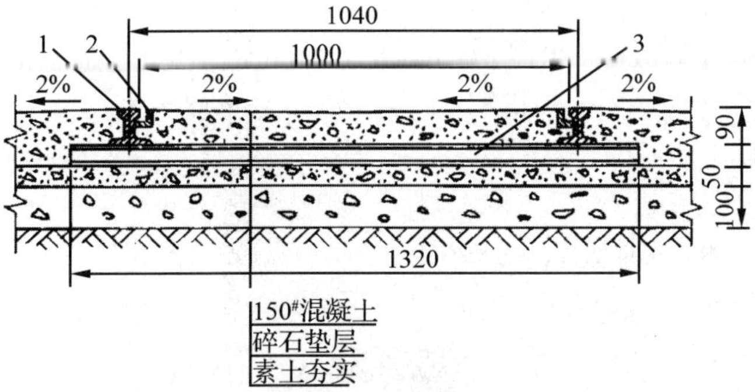

图 4.15 室内地面结构示意图

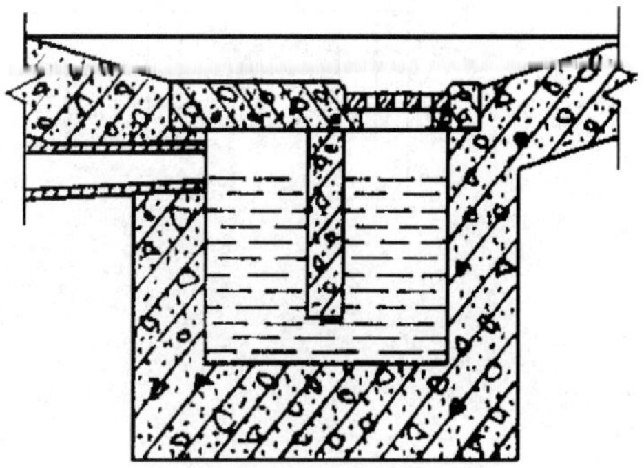

图 4.16 室内排水坑

入石灰等。钢筋混凝土顶板用防水砂浆抹面如有困难，可在浇灌混凝土时直接加入防水剂，做成防水钢筋混凝土板，但钢筋保护层不得小于30mm。拆模后还应用建筑胶拌水泥浆补平气孔。第二层涂刷防腐涂料。干燥室用防腐涂料要求耐高温、抗老化性能好、附着力强而且涂刷方便。目前防水防腐涂料的新产品很多，如乳化石棉沥青、JG 型冷胶料、建筑胶油等，其中以 JG－2 冷胶料较适合。这种胶料施工时要求基层干燥、平整，不得有杂物和灰尘或出现松软、蜂窝、剥落等。不宜在雨天、雾天、大风和负温条件下施工。这种胶料既可用于涂刷壳体内表面，也可用做屋面防水层。

除了 JG－2 冷胶料外，也可用高温沥青或锅炉漆涂刷二道。

4.5.3 衬铝壁砖混结构壳体

衬铝壁砖混结构壳体综合了砖混结构造价低，金属结构气密和防腐性能好两者的优点，取长补短，是我国在木材干燥室壳体建设方面的一种尝试。其做法是，先在基础圈梁上安装型钢框架，然后用 1.2mm 或 1.5mm 厚铝板现场焊接成全封闭的内壳，并与框架连接。内壁与框架的连接通常在内壁板后面焊些“翅片”，通过翅片与框架铆接。以避免内壁板直接铆接产生铆钉孔，破坏其完整性。内壁做完后再用砖砌外墙壳体，并填充膨胀珍珠岩或石棉板保温材料。该结构务必保证内层铝板达到全封闭，不留任何孔隙，否则蒸汽渗入将使钢骨架迅速腐蚀。这种结构铝内壁施工难度较大，对焊接技术要求高，因此只适用于中、小型干燥室。该做法于 20 世纪 80 年代兴起，90 年代多用，近年来随着金属壳体技术的完善和成本的下降很少采用。

4.5.4 门

干燥室的门主要用于木料的装卸。门越大，装卸越方便。同时门也是干燥室保温和气密的薄弱部位，门过大，不易密封。因此，在不影响装卸的前提下，门应尽可能缩小。

现代干燥室多采用叉车装卸，门的尺寸较大。门洞高度为 3～5m，宽度为 2～14m。这就要求干燥室门不仅要有较好的保温性和气密性，还应能耐腐蚀、开启和关闭灵活、安全可靠。

干燥室门常见的有单扇或双扇铰链门和单扇吊挂门，如图 4.17 所示。

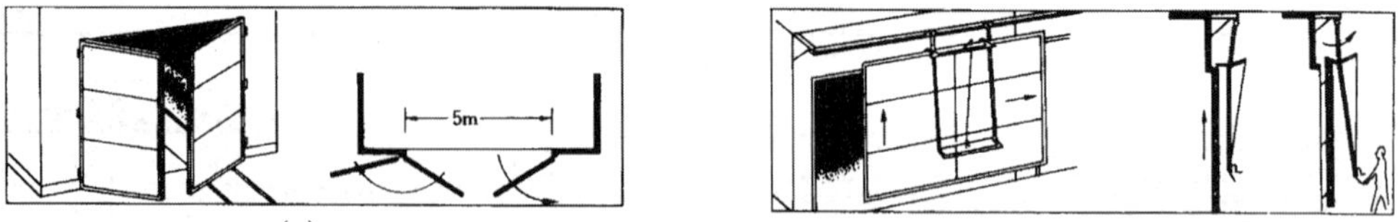

(a)　(b)

图 4.17　常见干燥室大门结构形式

(a)铰链门　(b)吊挂门

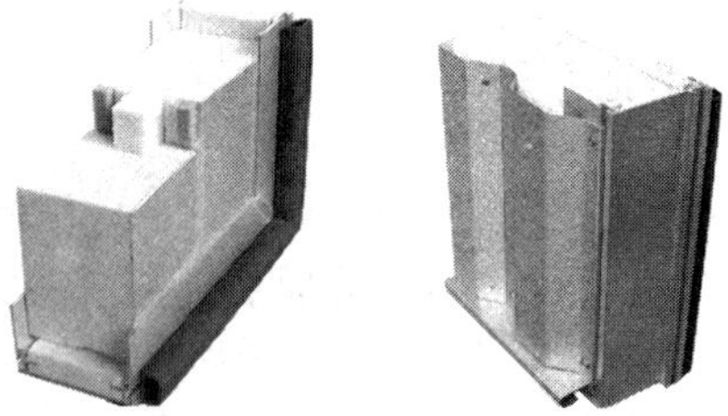

图 4.18　用预制壁板组装人门结构示意图

图 4.19　吊挂门自动压紧装置机构图

门扇多用铝合金材料制成，框架为特制的铝合金型材，内外面板均为铝合金板，保温材料用超细玻璃棉或离心玻璃棉板，保温层厚度一般为 120mm。也可用耐高温聚氨酯泡沫塑料预制壁板直接组装，如图 4.18 所示。大门内层的拼缝处用硅橡胶涂封，门扇内表面四周嵌槽中镶嵌密封圈。密封圈通常用氯丁橡胶特制的“Ω”形空心垫圈，对砖混结构干燥室，应在混凝土门框上嵌装合金角铝做门框。

铰链门适用于门洞宽度不超过 4m 的单间干燥室。因铰链门的门扇受力矩的作用容易变形，单扇门的宽度一般不超过 2m，超过 2m 宽的门洞，可采用对开双扇门，或在门洞中间增设一门柱，采用两扇对开的单扇门。单扇门用螺旋压紧器压紧，可确保门的气密性能。而双扇门在中缝处不便密封，门的气密性不易保证。

多扇折叠门和多扇吊拉门用于门洞较宽的单间干燥室，由于其气密效果较差，开关操作也不方便。只适用于对气密性要求不高的除湿干燥室或预干室。

吊挂门适用于两间以上并列的干燥室，门扇的两侧及上端都有“挂耳”，门框相应位置装有向内倾斜的滑道，门扇在重力的作用下紧压门框，如图 4.19 所示。这种结构使门扇受力均匀，不易变形，气密效果较好。门扇由一个可在轨道上横向移动的专用开门器(架)操纵其开启或关闭。开门器(架)的操作机构有杠杆式、机械传动式(利用蜗轮蜗杆原理)、液压传动式(利用液压千斤顶原理)和葫芦吊车式等多种类型，一般都是手动操作。除杠杆式需机械锁定外，其余几种都具有自锁功能，操作轻巧方便，安全可靠。吊挂门是现代干燥室应用最多的一种。

升降门适用于门洞较大的单间干燥室。用带自锁的机械传动(电控)将大型门扇抬起或放下。当门扇放下时，导轨槽使门扇靠自重自动压紧门框，确保门的密闭性。

4.5.5　干燥室内设备的防腐蚀措施

干燥室壳体的耐腐蚀如前所述。室内设备的防腐蚀，首先应在用材上尽量选用耐腐蚀材料，如铝、铜、不锈钢和铸铁等。高品质的干燥室几乎不用黑色金属构件和设备。但我国现阶段使用的部分早期建造的木材干燥室仍有黑色金属材料。因此，室内设备的防腐蚀仍然是一个不容忽视的问题。

对于钢铁件的防腐蚀，通常用以下办法处理。

(1)表面涂漆法：这是最常用、最简单易行的办法。处理得好，可获得良好的效果。

对于表面已有铁锈的钢件，可采用 H06—17 或 H06—18 环氧缩醛除锈底漆(西安、天津、杭州等地油漆厂生产)除锈。对于锈厚在 25 ~ 150μm 之间，尤其是 70μm 左右，用此法除锈效果极佳。其费用与人工除锈差不多，但可减轻劳动强度并保证质量。

这种除锈底漆分为两组，甲组为转化液，乙组为成膜液。使用时按转化液与成膜液质量比为 7∶3 调匀，即可直接在带锈钢铁表面涂刷。施工时环境温度最好为 18 ±5℃，湿度不宜太高，否则会影响附着力和使用效果。还应注意此漆只能涂一遍，不能重刷两遍。漆膜干燥时间需 24h。

环氧缩醛底漆只起除锈作用，还须再涂刷底漆和面漆。底漆采用 F53—31 红丹酚醛防锈漆或 Y53—31 红丹油性防锈漆，这两种面漆的防锈性和涂刷性好，附着力强，能防水隔潮。红丹酚醛防锈漆干燥快，漆膜硬；红丹油性防锈漆干燥慢，漆膜软。面漆可采用 F82—31 黑酚醛锅炉漆或 F83—31 黑酚醛烟囱漆。这两种漆的附着力和耐候性能好，耐热温度可达 400℃，防锈效果较好。施工时，在钢铁表面彻底除锈的基础上，涂刷底漆和面漆各两遍。

生产上也有采用铝粉漆或聚氨甲基酸酯漆等作为面漆的。但实践表明，其防锈效果不如烟囱漆好。

(2)表面喷铝法。此法是用一支特制的喷枪，一方面向喷枪内送进铝丝，一方面送进乙炔氧和压缩空气，铝丝在乙炔氧焰下被熔化，在压缩空气作用下，通过喷嘴将熔化的铝液喷在金属表面上，形成厚度 0.3 ~ 1mm 的铝膜，用以保护铁件不受腐蚀。喷铝防腐效果的好坏，主要与铝膜的结合强度有关，受除锈是否干净、铝丝质量以及喷涂时的风压、喷距、角度、预热等因素的影响。其缺点是喷铝设备及操纵技术比较复杂，成本较高，对已用干燥室内构件更无法作业，因此生产已不用。

4.6 木材干燥室的技术经济分析与选用

目前干燥室的种类很多，怎样评价一种干燥室的好坏，进而正确选用适当的干燥室，这正是本节要讨论的内容。

4.6.1 标准木料

干燥室的技术经济指标需要以一定的被干木料为前提。为了便于不同干燥室性能的分析比较，提出了标准木料的概念。所谓标准木料，是指厚 40mm、宽 150 mm、长度大于 1m，按二级干燥质量从最初含水率 60% 干燥到最终含水率 12% 的松木整边板材。

对以其他规格或树种为被干木料所测得的有关参数，可以将其换算成标准木料，具体换算方法见有关标准。

4. 6. 2　干燥室的技术经济分析

有关木材干燥室技术经济性能的评定项目及检测方法，国家标准 GB/T17661—1999《锯材干燥设备性能检测方法》都做了具体的规定，现就干燥室的工艺性、使用性、经济性和节能性介绍部分主要性能参数。

4. 6. 2. 1　工艺性

(1)加热能力。关系到干燥室的单位容积加热面积、加热器的热效率、热载体及壳体保温性等。检测项目有介质升温速度、介质最高温度等。在正常运行条件下，升温范围应能达到 100 ~ 120℃；

(2)调湿能力。关系到干燥室的保温性、气密性、增湿与排湿能力等。检测项目保温性、气密性。正常调湿范围应不小于 30% ~ 98%；

(3)风速及其分布。关系到干燥室的风机大小、数量、性能、分布、挡风板的设置及木料的堆积。检测项目有材堆平均循环风速、材堆风速分布等。一般以标准木料为准，要求材堆出风侧水平气道的平均风速不应小于 1 ± 0. 2m/s(其中 0. 2 为均方差)；

(4)室内温度均匀度。关系到木料的堆积、材堆的码放、加热器的分布及材堆的风速等。检测项目有：介质温度分布、介质温差、材堆进出口温差等。要求室内最大温差应小于 6 ~ 8℃，材堆进出风侧的平均温度差小于 4 ~ 6℃；

(5)干燥时间。以标准木料从含水率 60% 干燥到 12%，干燥质量达到国家标准二级为准，从干燥过程开始到干燥过程结束(不包括冷却时间)，干燥时间不大于 94h。(其他任意锯材的标准干燥时间按 GB/T 17661—1999《锯材干燥设备性能检测方法》计算)。

4. 6. 2. 2　使用性

干燥室的使用性包括使用的可靠性、方便性、耐久性和安全性几方面。即设备材料和质量好，耐腐蚀性强，使用寿命长，性能稳定可靠，运行故障少，维护保养方便。干燥过程调控容易，操作方便，劳动强度低，干燥质量有保证，无火灾和其他严重干燥事故的危险性。

4. 6. 2. 3　经济性

经济性主要指干燥 $1m^3$ 标准木料干燥成本。用于技术经济分析的干燥成本是指与设备有关的直接费用，包括设备折旧、保养维修、能源消耗、劳动工资和木材降等，但不包括因地区和单位而异的管理费和税费等。

设备折旧费是干燥 $1m^3$ 木材平均所需的设备投资费用，它与设备的有效使用年限有关。设备的有效使用年限要根据其材料、质量、耐久性等估算。对于常规、除湿、太阳能干燥室及其设备：砖砌混凝土壳体为 15 ~ 20 年，外钢板内铝板或内外彩色钢板金属壳体、真空干燥设备为 8 ~ 10 年，内外铝板或不锈钢板金属壳体、砖砌外壳内衬铝板为 10 ~ 15 年。

保养维修费是干燥 $1m^3$ 木材平均所需的维修费用，按设备总投资的比率计，常规蒸汽干燥设备为 1% ~2%；除湿干燥设备取 3% ~4%；真空干燥设备取 2% ~3%。

能源消耗是以标准木料按二级干燥质量标准从初含水率 60% 干燥到 12%（非标准木料可进行换算），每 $1m^3$ 木材所用的电能和热能费用。

如用于经济核算，经济成本还应计入管理费、各种税费、土地使用费以及投资与流动资金利息等各项费用。

4.6.2.4 节能性

干燥室的节能性实际在经济性中已经体现，但由于不同地区的电能和燃料价格不尽相同，用经济性直接衡量其节能性是不准确的。一般节能性可从单位材积的实际耗能来评价。

实际耗能是以标准木料从初含水率 60% 干燥到 12%，干燥质量达到国家标准二级的条件下（非标准木料可进行换算），每 $1m^3$ 木材的总标准煤耗。包括电能和热能两方面。也可以用每蒸发 1kg 水分所消耗的电能、热能及标准煤耗表示。比较好的干燥室，每干燥 $1m^3$ 标准木材的综合能耗（电能和热能的总和）折算成标准煤耗应不大于 $50kg/m^3$，每蒸发 1kg 水分的综合能耗应不大于 0.28kg/kg（1kg 标准煤可生产 7.8kg 蒸汽，或 2.3kW · h 电，而蒸汽的可用热量为 2134kJ/kg，电的有效发热值为 3600kJ/(kW · h)。

4.6.3 干燥室的选用

干燥室的好坏可以用技术经济性能来衡量。但技术经济性能不是选择干燥室的唯一依据。不同类型的干燥室有不同的适用性，必须根据企业的规模、能源条件、被干燥木料的特点及质量要求等来确定。

4.6.3.1 干燥方法选用

(1)蒸汽加热干燥。该方法有以下优点：①温、湿度容易调节和控制，并可调湿处理，干燥质量有保证；②工艺成熟，操作方便，可实施自动化或半自动化操作，便于集中和统一管理；③设备性能较好，使用寿命长；④干燥室的容量较大，节能效果较好，干燥成本适中或偏低；⑤可以用煤，也可用废木料作燃料。缺点是需要蒸汽锅炉。因此，蒸汽加热干燥是国内外大中型企业应用最普遍的木材干燥方法。产量较大及有现成蒸汽供应的企业，适合采用蒸汽干燥；对干燥质量要求较高，每月干燥量不少于 $300m^3$ 锯材的中小型企业，一般也应考虑蒸汽干燥。

过热蒸汽干燥应慎用。只有当干燥针叶树材薄板,并对干燥质量要求不高时,才可采用。

蒸汽加热干燥室对锅炉供汽能力的要求，可根据干燥室的设计容量和干燥室间数综合考虑，一般平均每 $1m^3$ 木材容量需配备 10kg/h 锅炉蒸发量的供汽能力。供汽压力不小于 0.4MPa。

(2)炉气加热木材干燥。该方法的主要优点是不用锅炉，并以工厂的加工剩余物——木废料为燃料，干燥成本低。缺点是干燥介质的温度和湿度状态不易调节和控制，对操作技术和责任心要求较高，劳动强度相对较大。这类设备的可靠性与设计合理与否关系极大。设计不合理的“土室”，干燥不均匀，时间长，质量无保证，还很容易发生火灾。

炉气加热干燥适用于没有蒸汽供应、干燥量不大、有大量的木废料作燃料的中小型企业。

(3)除湿干燥法。关于除湿干燥详见第 9 章，其优点是可回收湿空气冷凝所释放的汽化潜热，即该方法几乎没有或只有少量的废气热损失，且工艺简单，操作容易，干燥安全，一般不会造成木材损伤。缺点是干燥温度低(低温除湿可到 50℃，中温除湿可到 60℃，某些高温除湿干燥的室温甚至达到 80℃)，干燥时间长，对于厚板或难干材，很不容易干透；并因主要采用电能，干燥成本偏高。

除湿干燥适用于产量较低的小型企业，或因所处环境不便建锅炉或炉气燃烧炉，或电能供应充足、电价较便宜的地方。

(4)其他干燥法。如太阳能干燥和微波干燥、高频干燥等(详见第 11 章、第 12 章)，这些方法只适合某些干燥量不大、质量要求高的特殊场合或行业。

4.6.3.2 干燥室类型的选用

连续式和自然循环干燥室由于其自身的缺点和局限性，一般不用。最常用的是周期式强制循环干燥室。

目前较好的周期式强制循环干燥室是采用耐高温电动机直联风机和轧片式双金属翅片管加热器，壳体及室内设备防腐性能好(基本不采用黑色金属)，干燥过程能自动控制的干燥室。这类干燥室由专业制造厂生产，产品质量有保证，有条件应当首选。就室型而言，大型干燥室应选用上风机型，若被干木料为 2m 或 3m 长的整边板，厂内有叉车，用叉车装卸式；若木料较长，或长度不统一，则用轨车装卸式。中小型干燥室以端风机型、风机上下串联式或前后串联式侧风机型及侧下风机型较好。而侧面风机型只适合容量较小的单轨干燥室 。如果干燥批量较大的硬阔叶材，最好采用联合干燥，即建一座大型预干室和若干间上风机型轨车装卸式干燥室。先预干到含水率 20% 左右，然后再在常规室干燥。

4.6.3.3 干燥室规格的选用

为了避免循环气流流失影响干燥效果，干燥室的材堆必须按装载量装满，不留空当。另外，工艺要求同一室被干木料的树种、厚度相同，初含水率基本一致。因此，必须根据木料的树种与规格(厚度)的复杂程度及周转量的大小来选择干燥室的大小。总的来说，干燥室的容量大，能量利用率高一些，单位产量的设备投资、干燥成本等也相对少一些。但大型干燥室的机动灵活性差。若树种、规格和初含水率较杂，相近木料批量小，可能造成停工待料或不满载运行，不但造成更大的浪费，而且对干燥质量也会有不良影响。

选择干燥室大小时，还应了解气流穿过材堆的尺寸，应不超过 5m，以免影响干燥均匀性。现在有些干燥设备制造商为了降低干燥室的造价，用低比价吸引用户，片面追求大容量，使气流通过材堆的尺寸长达 7 ~9m，造成干燥不均匀和干燥时间长，这是不可取的。

参考文献

1. 朱政贤. 1992. 木材干燥. 2 版，北京：中国林业出版社.
2. 张璧光. 2005. 实用木材干燥技术. 北京：化学工业出版社.
3. Waterson. 1997. Australian Timber Seasoning Manual.
4. 若利. 1985. 木材干燥——理论、实践和经济. 北京：中国林业出版社.
5. 张爱莲. 2002. 对木材干燥窑壳体结构设计的探讨. 林业机械与木工设备，30(4)：19 - 20.
6. 梁世镇，等. 1998. 木材工业实用大全：木材干燥卷. 北京：中国林业出版社.
7. 林伟奇，等. 1997. 顶风机型与端风机型干燥特性的分析. 林产工业，(2).

第5章

木材干燥设备

干燥室的主要设备，包括供热设备、调湿设备、通风设备、木材运载与装卸设备及检视设备和仪表等。

5.1 供热与调湿设备

供热设备中以蒸汽供热设备为主。各种类型干燥室的蒸汽供热设备主要有加热器、疏水器、蒸汽管路及供热锅炉等。

5.1.1 蒸汽加热器(散热器)

木材干燥室内的加热器是加热室内的空气、提高室内温度、使空气成为具有足够热量的干燥介质的换热设备，或是使室内水蒸气过热，形成常压过热蒸汽，作为干燥介质来干燥木材的换热设备。

对加热器的要求是能够均匀地放出足够的热量；有最大的传热系数及较大的传热面积；能灵活可靠地调节所放出热量的大小；耐腐蚀、结构紧凑，使用金属材料少，造价低；当温度大幅度地变化时，加热器的结合处不松脱等。

加热器的散热面积可按下式计算：

$$A_e = \frac{Q_N \cdot C}{\lambda_h \cdot (t_1 - t_2)} \tag{5.1}$$

式中：A_e 为加热器表面积(m^2)；Q_N 为干燥室需要的放热量（kJ/h)；t_1 为加热器管道内蒸汽的平均温度(℃)；t_2 为干燥介质的平均温度(℃)；C 为后备系数，取为1.1～1.3；λ_h 为加热器的传热系数[W/(m^2 · K)]。λ_h 值和许多因素有关，如管内蒸汽的温度、加热器的几何形状和结构、加热与系统管路的连接方式、室内干燥介质的温度及流动情况、加热器的安装位置等。

5.1.1.1 木材干燥室的加热器类型

干燥室内通常采用的加热器有：铸铁肋形管加热器、平滑管加热器、螺旋片式加热器及轧片式加热器。

(1)铸铁肋形管加热器。铸铁肋形管加热器有圆翼管(圆形肋片)和方翼管(方形肋片)两种。它的优点是坚固、耐腐蚀；散热面积大，与平滑管相比，当管径和长度相同时，放热面积比平滑管大6～7倍，总放热量大3倍。缺点是管子重量较大、耗用金属多、易积灰；另外，受管子长度的限制需分段连接，致使法兰盘接头增多，安装和维修不便，如连接不好，易漏汽漏水，目前较少用在木材干燥中。

(2)平滑管加热器。平滑管加热器构造简单，接合可靠，制造与检修方便，承受压力较大、传热系数较高，不易积灰。缺点是散热面积小，容易生锈，使用寿命短。目前较少用在木材干燥中。

(3) 螺旋片式加热器。螺旋片式加热器一般是由顺介质流向的二至三排螺旋片管组成。在无缝钢管外绕钢带(或铜带)成螺旋片状，并经镀锌(或锡)，使管和片连接成一体，即成为螺旋片管。再由螺旋片管组装成整台的加热器。这类散热器在我国各地暖风机厂已有定型产品。按使用的金属材料分，有钢管绕钢翅片然后镀锌的 SRZ 型；钢管绕铝翅片的 SRL 型；钢管绕镶铝翅片的 SXL 型及钢管绕铜翅片然后镀锡的 S 型、B 型和 U 型等。

(4)轧片式加热器。轧片式加热器是利用轧制式散热管制成的(图 5.1)，金属散热管表面经过粗轧、精轧多道工序，轧出翅片，可获得优良的传热性能，是一种理想的散热器。通常有单金属轧制翅片管散热器和双金属复合翅片管散热器两种类型(图 5.2、图 5.3)。整体轧制翅片光滑无毛刺，无皱折，易于清洗，在烘干加热及其他热交换场合不易结尘、结垢。该散热器具有结合紧密，热阻小，传热性能好、强度高、流动损失小、防腐蚀性能强，在长期冷热工况下不易变形及工作寿命长等特点。

单金属翅片管，它是由一根铝管或铜管轧制而成，不存在接触热阻的问题，大大提高了翅片管的换热性能。常见的单金属翅片管有铝翅片管和铜翅片管两种。双金属翅片

图 5.1 由轧片式散热管组装的散热器(星楠干燥有限公司)

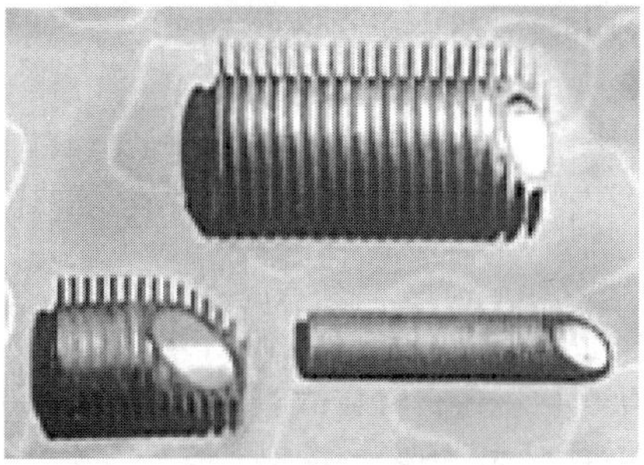

图 5.2 单金属(天津暖风机厂)

图 5.3 双金属(天津暖风机厂)

管由两种不同材料的金属管复合轧制而成。它的基管种类有：铜、铜合金、不锈钢、碳钢等；翅片材料为纯铝；将铝管套在基管上，然后在表层的铝管上轧制出翅片。双金属轧片管的主要技术特性见表 5. 1。

表 5. 1　双金属轧片管的主要技术特性

序　号	衬管外径（mm）	翅片片距（mm）	翅片外径（mm）	翅片根径（mm）	翅片片厚（mm）	单位长度换热面积（m^2/m）	最高工作温度（℃）
1	16	5. 1	34	17. 2	0. 64	0. 332	250
2	16	3. 2	34	17. 2	0. 33	0. 506	250
3	16	2. 3	34	17. 2	0. 31	0. 676	250
4	16	1. 8	34	17. 2	0. 31	0. 844	250
5	19	2. 8	44	20. 4	0. 38	0. 926	250
6	19	2. 3	44	20. 4	0. 43	1. 125	250
7	22	2. 3	44	23. 5	0. 43	0. 855	250
8	22	2. 8	44	23. 5	0. 38	1. 015	250
9	25	5. 1	50	26. 4	0. 56	0. 625	250
10	25	2. 8	50	26. 4	0. 43	1. 112	250
11	25	2. 3	50	26. 4	0. 38	1. 341	250
12	25	2. 5	57	26. 4	0. 41	1. 648	250
13	25	2. 3	57	26. 4	0. 38	1. 791	250

（上海江湾化工机械厂）

5. 1. 1. 2　木材干燥室中加热器的配备与安装

5. 1. 1. 1 中介绍的四种加热器采用较多的是螺旋翅片加热器和轧片式加热器。加热器的散热面积可按式(5. 1)计算，或参考生产实践统计数值。

周期式各类型干燥室在常温干燥时所配置的加热面积(m^2 加热面/m^3 木材)，根据生产实践统计如下：

选用光滑管或绕片式(即螺旋翅片散热器)或轧片式时，一般每立方米实际材积需要 2 ~ 5m^2 散热面积；选用串片式散热器需要 3 ~ 6m^2；选用铸铁散热器时，一般需要 3 ~ 6m^2；采用高温干燥时，散热器的面积要加一倍。

过热蒸汽干燥室：每装载 1m^3 木材，应配置 10 ~ 14m^2 的加热面积（铸铁圆翼管）。对于软木面板，由于单位时间内蒸发出来的水分很多，散热面积可取较大的数值；对于较厚的硬板材，可取较小的数值。

干燥所需的热量随木材的树种和规格、室型与结构、地区气候、木材的初含水率和终含水率等因素而变化。一般蒸发 1kg 水分约需 2 ~ 3kg 的蒸汽量；强制循环干燥室蒸发 1kg 水分需 3768 ~ 5024 kJ(900 ~ 1200kcal)热量，见表 5. 2 及表 5. 3。

表 5.2 蒸发木材中水分所需的热量

树 种	栎 木(厚 100mm)		云 杉(厚 17.25mm)	
含水率	65% ~18%		50% ~10%	
季节	冬	夏	冬	夏
热量消耗	4962kJ/kg	3815kJ/kg	4568kJ/kg	3655kJ/kg
用于蒸发水分(%)	53	69	58	71
热损失(%)	25	19	11	8
加热空气(%)	8	6	10	8
其他(%)	14	16	29	13

(自何定华，1987)

表 5.3 木材室干基本能耗

能耗项目	比热耗(kJ/kg)					
	红 松				水曲柳	
	年平均	%	冬季	%	年平均	%
木材及残留水分加热	239	5.1	289	5.3	209	4.0
蒸发水分加热	264	5.7	565	10.5	222	4.2
水分蒸发	2320	49.8	2320	42.9	2345	44.6
新鲜空气加热	272	5.8	335	6.2	389	7/4
壳体热损失	846	18.4	1084	20.1	1030	19.6
终了处理喷蒸热耗	285	6.1	322	6.0	590	11.2
其他	423	9.1	490	9.0	477	9.0
合计	4650	100	5405	100	5262	100
每立方米木材能耗(kJ)	1 173 242		13 621 050		1 989 341	
每立方米木材需要的蒸汽(kg)	549.5		637.9		931.7	

注：表列数值以北京一台纵轴干燥室干燥厚 5cm 红松和水曲柳齐边板材为例，基本密度分别取为 $360kg/m^3$ 和 $540kg/m^3$，初含水率 80%，终含水率 10%，干燥周期 168h 和 360h，各项能耗的预测值。(自何定华，1987)

干燥室中若安装热量回收装置，则热量可节省 12% ~30%。不同类型干燥室中热消耗量的数值，见表 5.4。

表 5.4 不同类型干燥室在干燥松木时蒸发 1kg 水分所需的热消耗 kJ/kg

夏 季				冬 季			
周期式干燥室(常温)	连续式干燥室		高温干燥室	周期式干燥室(常温)	连续式干燥室		高温干燥室
	无热回收	有热回收			无热回收	有热回收	
3868	3375	2973	2604	6351	4999	4007	3458

(自何定华，1987)

安装加热器时，要求沿干燥室的长度方向散热均匀。从干燥室大门端进汽较好，以减小在室的长度方向上的温度差；加热器布置时应力求循环阻力最小，这样散热效果好，同时要安放在便于维修的位置；加热器在加热与冷却时，长度应能自由伸缩，因此各种热媒的加热器在安装时均不可与支架成刚性连接，以便于热胀冷缩；大型干燥室加热器宜分组安装，以便于调节室内的温度，每组的蒸汽供应管路及凝结水排除管路都需要安装单独的阀门。每组的管数及排数不宜太多，要组装。沿室长方向上两组排管端头之间的距离应在 300mm 以上，加热器高度上距离为 200mm，宽度中轴距离为 100mm，以便于安装及维修。

以蒸汽为热介质的加热管应从蒸汽主管的上边连接，不应从下边连接，否则蒸汽主管内的积水将会流入加热器管道，在蒸汽流动方向上应具有不小于 0.5% 的坡度，以利于排除凝结水。凝结管必须安装在最低位置，但在地面以上较好，如果安装在地沟内，则检修不方便；而以热水或热油为热介质的加热管应以加热器下方接口为热介质的入口端，上方接口为热介质的出口端，按热介质流动方向上扬 0.5% ~1% 的坡度，并在加热器超过散热片以上的适当位置加放气阀。

肋形管的法兰连接处，由于冷热变化经常伸缩，致使法兰盘之间的石棉垫失去弹性而离缝，造成漏汽漏水，需要及时修理和更换。对于平滑管，室内尽量少用法兰，多用焊接，减少漏汽。

管道通过墙壁的孔眼，必须在砌墙时预先留好，待管道安装好后，将孔眼严密堵塞。堵塞物料可用蛭石粉拌水泥，以 3∶1 配比为宜，以便修理时拆除；或将铸铁管预埋在墙里，两端用法兰盘连接，不易漏汽，拆修方便。室外管道安装完后，用石棉等保温材料包扎厚 25mm 以上，防止冻裂。

5.1.2　疏水器

又叫疏水阀(trap)，其作用是排水阻汽，即排除散热器及蒸汽管道中的凝结水，同时阻止蒸汽的漏失，从而提高加热设备的传热效率，节省蒸汽消耗。

疏水器的类型较多，木材干燥中常用的有热动力式和静水力式两类。

5.1.2.1　热动力式疏水器

热动力式疏水器是一种体积小、排水量大的自动阀门。它能阻止蒸汽管道中的干热蒸汽通过，又能及时排除管道中的凝结水，并有防止水击现象产生及凝结水对管道的腐蚀作用。其型式有热动力式(S19H—16)、偏心热动力式等。现以 S19H—16 热动力式疏水器为例，说明如下：

S 代表疏水器；1 代表内螺纹式；9 代表热动力式；H 代表密封件材料；16 代表能承受约压力。它适用于蒸汽压力不大于 1570kPa（16kgf/cm^2），温度不大于 200℃ 的蒸汽管路及蒸汽设备上。安装位置在室内或室外皆可，不受气候限制。其结构如图 5.4 所示，工作原理如图 5.5 所示。

当进口压力升高时，通过进水孔 1 使阀片 2 抬起，凝结水经过环形槽 3 从出水孔 4 排出，随后由于蒸汽通过阀片与阀盖 5 间的缝隙进入阀片上部的控制室 6，控制室的气

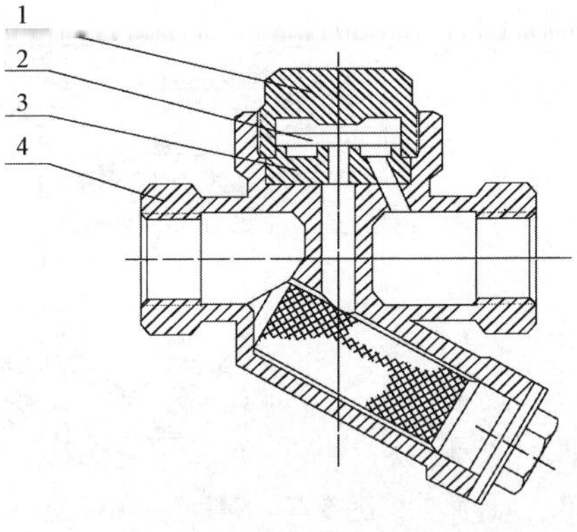

图 5.4 热动力式疏水器结构图

1. 阀盖 2. 阀片 3. 阀座 4. 阀体

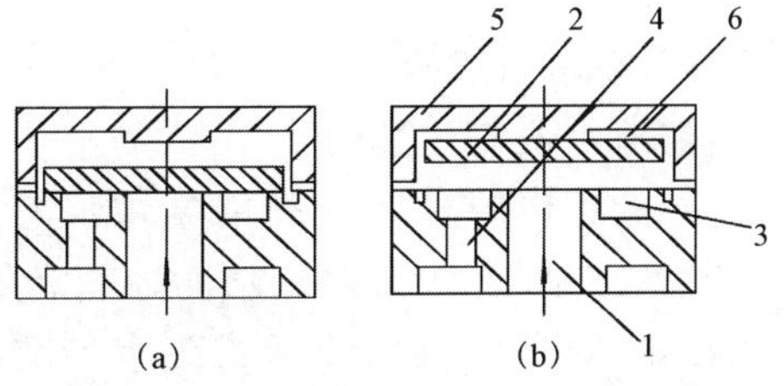

图 5.5 热动力式疏水器工作原理图

(a)关闭状态 (b)开放状态

1. 进水孔 2. 阀片 3. 环形槽

4. 出水孔 5. 阀盖 6. 控制室

压因而升高，使阀片上部所受的压力大于进水孔压力，于是阀片下降关闭进水孔，阻止了蒸汽向外漏逸；随后由于疏水器向外散热，控制室内的气压，因蒸汽冷凝而下降，进口压力则相应的升高，阀片又被抬起，凝结水又从疏水器排出。

此种疏水器的性能曲线，如图 5.6 所示。

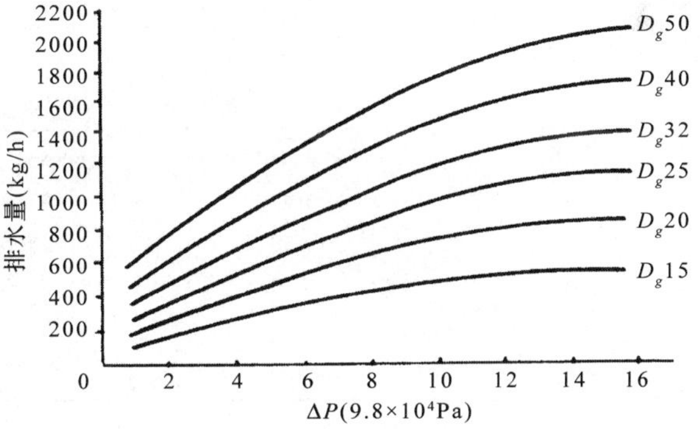

图 5.6 S19H—16 热动力式疏水器的性能曲线

(《采暖通风设计手册》1979)

此种疏水器的选用主要根据疏水器的进出口的压力差 $\Delta P=(P_1-P_2)$ 和最大排水量而定。

疏水器的进口压力 P_1 采用比蒸汽压力小 1/10 ~ 1/20 的数值。

疏水器的出口压力 P_2 采用如下数值，如从疏水器出来的凝结水直接排入大气，则 $P_2=0$；如果排入回水系统，则 $P_2=0.03\sim0.06$MPa。

疏水器的最大排水量(kg/h)：蒸汽设备开始使用时，管道中积存有大量的凝结水和冷空气，如按出水常量选用，则管道中积存的凝结水和冷空气不能在短时间内排出，因此按凝结水常量加大 2 ~ 3 倍选用。

[例 1] 已知干燥室加热器的平均蒸汽消耗量为 200kg/h，进入干燥室的蒸汽压力为 0.32MPa，凝结水自由地倾泻入水箱，试选疏水器型号。

解：已知蒸汽压力为 0.32MPa

疏水器进口压力 $P_1=0.95\times3.2\approx0.3$MPa

压力差 $\Delta P=(P_1-P_2)=0.3-0=0.3$MPa

疏水器最大排水量 $=200\times2=400$kg/h

根据已知的压力差 0.3MPa 及最大排水量 400kg/h，查图 5.6 可知，应选用公称直

径 D_g25 的 S19H—16 热动力式疏水器。

5.1.2.2　静水力式疏水器

这类疏水器有自由浮球式、倒吊桶式、钟形浮子式等。它们的工作原理都是利用凝结水液位的变化而引起浮子(球状或桶状)的升降，从而控制启闭件工作。

S41H—16C 型自由浮球式疏水器的结构如图 5.7 所示，其在不同压力差下的最大连续排水量见表 5.5。这种疏水器适用于工作压力不大于 1570kPa、工作温度不大于 350℃的蒸汽供热设备及蒸汽管路上，它结构简单，灵敏度高，能连续排水，漏汽量小但抗水击能力差。

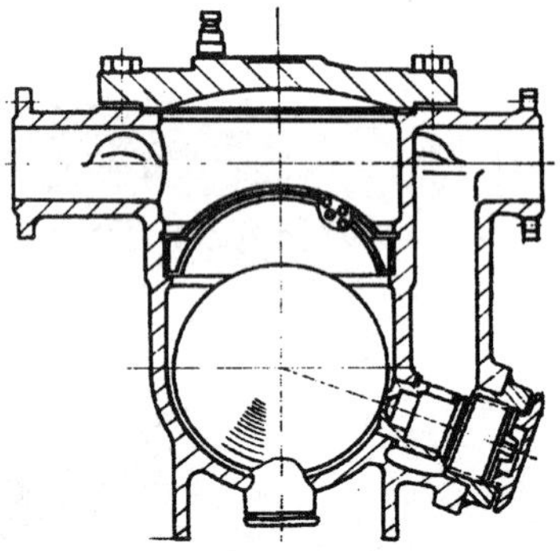

图 5.7　S41H－16C 型自由浮球式疏水器的结构图

表 5.5　S41H—16C 型自由浮球式疏水器不同压差的最大连续排水量

最高工作压力差(kPa)	最大排水量(kg/h)			
	B	D	F	G
	15、20、25	25、40、50	50、80	80、100
150	1110	5640	19 500	27 600
250	1000	5350	18 000	25 100
400	950	4700	17 000	22 700
640	810	3590	14 300	18 200
1000	660	3190	11 870	16 600
1600	550	2740	9180	12 900

注：B、D、F、G 为球体的类型。

5.1.2.3　疏水器的安装

疏水器安装得正确与否，对其性能效用的发挥有极大的关系。疏水器应装在室外低于凝结水排出点的地方，使凝结水能及时排出。装置地位要宽敞，以便检修。热动力式疏水器的安装不受方向限制，只要使凝结水容易排出即可。

为使疏水器在检修期间不停止加热器的工作，须在疏水器的管路上装设旁通管(图 5.8)。旁通管须装在疏水器的上面或在同一平面内，不可装在疏水器的下面。

正常使用时应打开疏水器管道上的 1、3 号阀门，关闭 4 号阀门。

注意检查疏水器是否失灵，方法是关闭 4 号阀门，打开 1、3 号阀门。如果只有凝结水排出，疏水器是正常的。如果凝结水和水蒸气同时排出，说明疏水器失灵。此时必须关闭 1、3 号阀门，打开 4 号阀门，使凝结水从旁通管流出，将疏水器卸下修理。

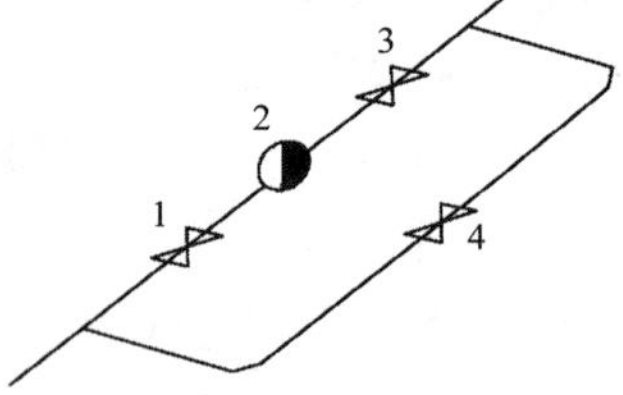

图 5.8　装有旁通管的疏水器管路

1、3、4. 阀门　2. 疏水器

定期检查疏水器的严密性，定期清洗滤网和壳体内的污物，在冬季要做好防冻工作，如静水力式疏水器在不用时应将内部存水放尽，以免冻裂。

5.1.3 锅炉供热系统

我国的木材干燥事业经过几十年的发展，出现了许多新的干燥方法，这些方法在某些场合都有其实用性，然而常规干燥还是目前的主要干燥方法。常规干燥的供热主要是靠锅炉供热的，木材干燥生产上采用的锅炉有蒸汽锅炉、热油锅炉、热水锅炉等。选择蒸汽锅炉时，可根据干燥室每小时的最大蒸汽消耗量和蒸汽压力两个参数，然后查阅锅炉产品样本(或目录)进行选择。

[**例 2**] 某厂有蒸汽加热干燥室三座，每座窑预热期间平均蒸汽消耗量为 310kg/h，干燥期间平均蒸汽消耗量为 100kg/h。试选择蒸汽锅炉。

解：(1)确定锅炉的蒸发量。考虑到蒸汽消耗的不均匀性，每座窑预热期间最大蒸汽消耗量：$310 \times 1.25 = 387.5$kg/h；

干燥期间最大蒸汽消耗量：$100 \times 1.25 = 125$kg/h；

需要的总的蒸汽消耗量(假设一座窑在预热另外两座在干燥)：$387.5 + (1.25 \times 2) = 637.5$kg/h。

设蒸汽管道损失的蒸汽量为 5%，则需要的锅炉蒸发量为：$637.5 \times 1.05 = 670$kg/h。

(2)蒸汽压力。干燥室需要的蒸汽压力通常为 4 ~5 个表压力。

根据以上蒸发量和蒸汽压力的数值选择 KZG1—8 卧式快装水火管混合式锅炉，该锅炉蒸发量 1 t/h(10^3kg/h)，蒸汽压力 8 个表压力，可以满足本例中的干燥需要的热量。

由于木材干燥多数情况下是木材加工企业生产中的一个工序，企业在加工木制品的同时会产生很多的木废料，因此还可以利用这些木废料作为燃料燃烧供应干燥室所需的热量。南京林业大学结合木材加工企业的特点，研制开发了以木废料为能源的工业热水炉供热系统(图 5.9 和图 5.10)，供热给木材干燥、车间采暖、烤漆等，该系统具有节能 、温度稳定、用途广泛、安全可靠、节约投资、节煤、节水运行费用低、热效率高、环保性能好等特点。

图 5.9 木废料热水炉外形
(星楠干燥有限公司)

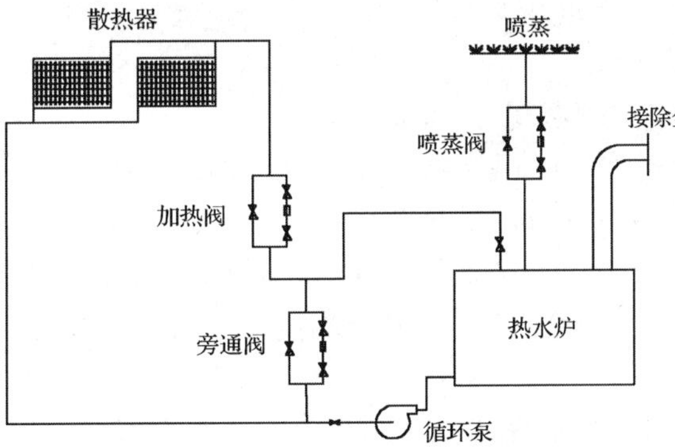

图 5.10 木废料热水炉供热系统

图5.11 热水炉供热的木材干燥室
（星楠干燥公司）

热水加热的干燥室(图5.11)，结构及组成与蒸汽干燥室相同。但为了保证供热，匹配的散热器散热面积要比蒸汽加热散热器增加近50%，另外，进、出水管也比蒸汽管粗，表5.6为热水炉的种类和型号，用户可根据热功率进行选用。窑内增湿的措施：当纯热水炉供热时，靠喷射雾化热水增湿；当汽水炉供热时，可向窑内喷射微压水蒸气。

工业热水炉供热时，由于热水炉的热功率大，热水管较粗，热水循环泵流量大，加上窑内散热器的散热面积较大，能保证木材加热和干燥所需的热量。因此，可以采用常规蒸汽干燥的干燥基准对木材进行干燥，同时可以适时地对木材进行预热、中间及终了调湿处理，既保证了干燥质量又不致拉长干燥周期。而国内一般的热水干燥，由于热水炉的热功率小，热水循环泵也太小，窑内散热面积不足，以致干燥周期拉得很长，这是一般热水干燥的"通病"。

表5.6 热水炉种类、型号

高温热水炉	微压汽水炉	可供干燥材积(m^3)	热功率($\times 10^4$kJ/h)
CDZG0.70—106/70—M_1	DZG0.70—115/75—M_2	60～120	251
CDZG1.05—106/70—M_1	DZG1.05—115/75—M_2	120～200	376
CDZG1.40—106/70—M_1	DZG1.40—115/75—M_2	200～250	502
CDZG2.10—106/70—M_1	DZG2.10—115/75—M_2	250～380	752
CDZG2.45—106/70—M	DZG2.10—115/75—M_2	380～500	1003

5.1.4 调湿设备

干燥室内的调湿设备有喷蒸管与喷水管。主要用以喷射蒸汽或冷(热)水，是提高室内介质湿度所必需的设备。

5.1.4.1 喷蒸管

喷蒸管(steam spray pipe)是一端或两端封闭的钢管，管径一般为32～50mm，管上钻有直径3～5mm的喷孔，孔间距离为200～300mm，用以喷射蒸汽，提高干燥室内介质的湿度。安装喷蒸管时注意不要把蒸汽直接喷射到木材上，以免使木材产生污斑或开裂，同时要保证喷射出来的蒸汽在室的长度方向上均匀。

5.1.4.2 喷水管

喷水管是用以喷射冷水或热水，以提高室内介质的湿度。多为普通钢管，管径为34mm，管上钻有直径为14mm的小孔，孔的间距为20mm。在小孔上安装有喷头的支座，装配时将喷头拧在孔眼的支座上。喷头的材料为硬聚氯乙烯或不锈钢。喷头的喷嘴对准室内风机的中心(即风机叶片的凹面)。当通风机旋转时，即将喷嘴喷出的水分沿叶轮的周边向离心方向甩出，在空间呈现雾状，图5.12是东北林业大学设计的一种喷头，在实际应用中也常采用农用喷头来产生雾化效果(图5.13)。

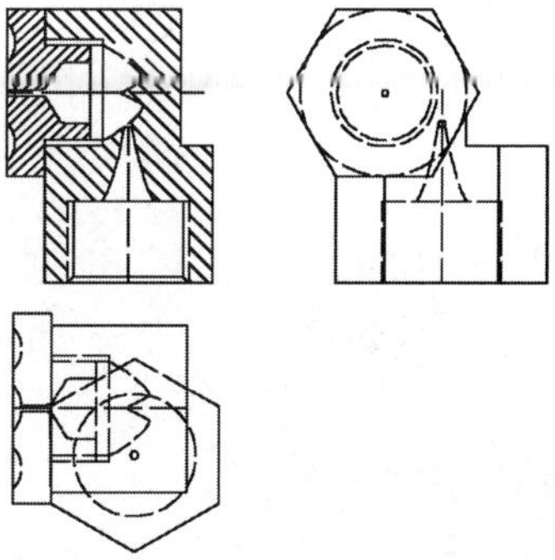

图5.12 喷水喷头组装图
(自东北林业大学，1985)

厚度大的阔叶树板材一般要求低温干燥，宜用喷水管调湿，既可很快提高温度，还可节省蒸汽能源。或在干燥过程中需要进行热湿处理，如用喷蒸管提高介质的湿度，相应的温度也会上升，并常高于干燥基准规定的温度，此时即使关闭加热器，温度一时也难以降下来，

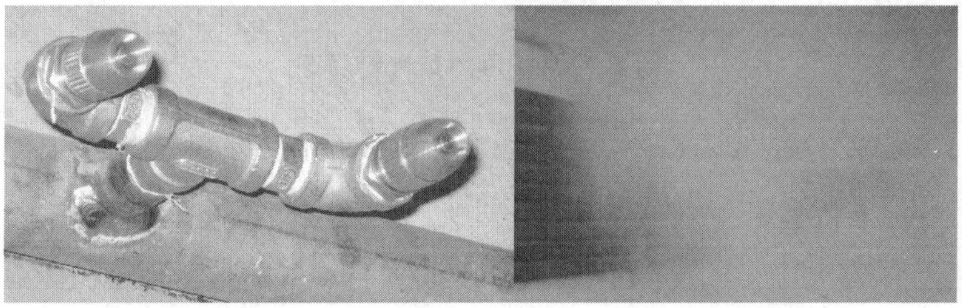

图5.13 干燥室中安装的农用喷头(左)及其雾化效果(右)

因此，采用喷水管进行调湿也是可以的。国外一些国家如丹麦已将纯水液压技术中的最新研究成果即高压(不低于10MPa)细水雾化技术应用于木材干燥系统，与普通低压雾化喷水管相比，快70倍左右(在相同温度下)，而雾滴直径则是低压雾化的1/7左右，因此其增湿效果好，同时可降低水的消耗。

5.1.5 蒸汽管路

常规木材干燥室使用的蒸汽压力为0.3～0.5MPa，过热蒸汽干燥室为0.5～0.7MPa。若蒸汽锅炉压力过高时，需在蒸汽主管上装减压阀，减压阀前后要装压力表。蒸汽主管上应安装蒸汽流量计，以便核算蒸汽消耗量。

每座干燥室或相邻两座室应设一个分汽缸，以便给各组散热器及喷蒸管均匀配汽。分汽缸下面应装有疏水器，以排除蒸汽主管中的凝结水。

管道沿蒸汽及冷凝水流动方向上需带0.2%～0.3%的坡度，以便凝结水的排除。

蒸汽管道的安装可参考图5.14。

5.2 气流循环设备

5.2.1 通风机概述

在干燥室内，通风机促使气流强制循环，以加速室内的热交换和木材表面的水分

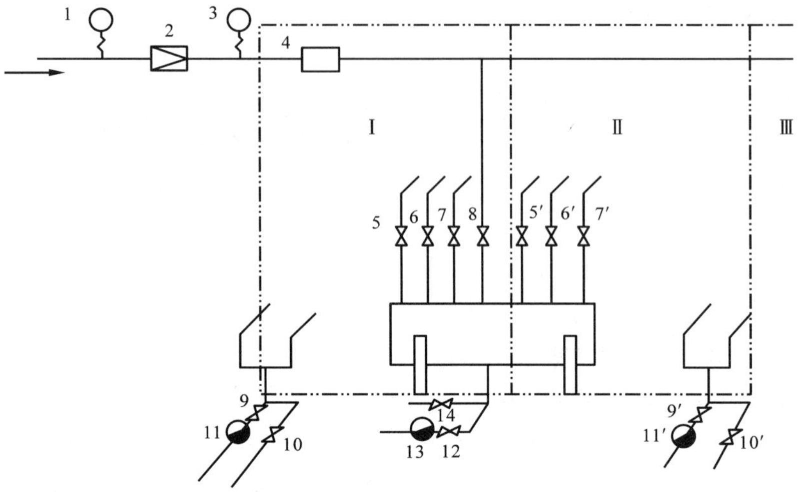

图 5.14 干燥室蒸汽管道图

1、3. 压力表 2. 减压阀(若压力不高，可省略) 4. 蒸汽流量计 5、6 和 5′、6′. 散热器的供汽阀门 7、7′. 喷蒸管供汽阀门 8. 蒸汽主管阀门 9、9′、12. 疏水器前的阀门 11、11′、13. 疏水器 10、10′、14. 旁通管阀门

蒸发。

通风机按其作用原理与形状分为离心式通风机与轴流式通风机；按其风压不同分为低压(风压不大于1 kPa)、中压(风压为1～3kPa)和高压(风压为3kPa以上)三种。木材干燥室一般多采用低压和中压通风机。

通风机的性能以气体的流量 Q(m^3/h)和风压 H(Pa)、主轴转数 n(r/min)、轴功率 N(kW)及效率 η 等参数表示。尺寸大小不同而几何构造相似的一系列通风机可以归纳为一类。每一类通风机的风量 Q、风压 H、转数 n、轴功率 N 之间存在着一定的相互关系，见表5.7。

表 5.7 风机性能参数的关系

按介质体积质量 γ 换算	按转速 n 的换算	按叶轮直径 D 换算	按 γ、n、D 换算
$Q_2 = Q_1$	$Q_2 = Q_1 \frac{n_2}{n_1}$	$Q_2 = Q_1 \left(\frac{D_2}{D_1}\right)^3$	$Q_2 = Q_1 \frac{n_2}{n_1}\left(\frac{D_2}{D_1}\right)^3$
$H_2 = H_1 \frac{r_2}{r_1}$	$H_2 = H_1 \left(\frac{n_2}{n_1}\right)^2$	$H_2 = H_1 \left(\frac{D_2}{D_1}\right)^2$	$H_2 = H_1 \frac{r_2}{r_1}\left(\frac{n_2}{n_1}\right)^2\left(\frac{D_2}{D_1}\right)^2$
$N_2 = N_1 \frac{r_2}{r_1}$	$N_2 = N_1 \left(\frac{n_2}{n_1}\right)^3$	$N_2 = N_1 \left(\frac{D_2}{D_1}\right)^5$	$N_2 = N_1 \frac{r_2}{r_1}\left(\frac{n_2}{n_1}\right)^3\left(\frac{D_2}{D_1}\right)^5$
$\eta_2 = \eta_1$	$\eta_2 = \eta_1$	$\eta_2 = \eta_1$	$\eta_2 = \eta_1$

注：①注脚符号“1”表示已知的性能及其参数关系，注脚“2”表示所求的性能及关系参数。②风机性能一般均指在标准状态下的风机性能，标准状态系指大气压力 $P = 7.6$kPa，大气温度 $t = 20$℃，相对湿度 $\varphi = 50\%$ 时的空气状态。标准状态下的空气体积质量 $\gamma = 1.2$kg/m^3。

［**例 3**］ 某型号的风机，叶轮直径 $D_1 = 800\text{mm}$，转数 $n_1 = 600\text{r/min}$，流量 $Q_1 = 8000\text{m}^3/\text{h}$，风压 $H_1 = 120\text{Pa}$，轴功率 $N_1 = 1\text{kW}$，若将叶轮直径放大到 $D_2 = 1600$，转数放慢为 $n_2 = 300\text{r/min}$，求流量、风压及轴功率有何变化？

解： 本例中空气的状态没有改变，故 $\gamma_1 = \gamma_2$，

因为 $Q_2 = Q_1 \dfrac{n_2}{n_1}\left(\dfrac{D_2}{D_1}\right)^3$

改变后的流量 $Q_2 = 8000 \times \left(\dfrac{1600}{800}\right)^3 \times \dfrac{300}{600} = 32\ 000\text{m}^3/\text{h}$

又因为 $H_2 = H_1 \dfrac{r_2}{r_1}\left(\dfrac{n_2}{n_1}\right)^2 \left(\dfrac{D_2}{D_1}\right)^2$

改变后的风压 $H_2 = 120 \times \left(\dfrac{300}{600}\right)^2 \times \left(\dfrac{1600}{800}\right)^2 = 120\text{Pa}$

又因为 $N_2 = N_1 \dfrac{r_2}{r_1}\left(\dfrac{n_2}{n_1}\right)^3 \left(\dfrac{D_2}{D_1}\right)^5$

改变后的功率 $N_2 = 1 \times \left(\dfrac{300}{600}\right)^3 \times \left(\dfrac{1600}{800}\right)^5 = 4\text{kW}$

该例说明，若相似风机的叶轮直径增加到 2 倍，同时把主轴转数减小一半，则风量可增大到 4 倍，风压不变，功率消耗也增大到 4 倍。因此，当干燥室内气流阻力不大时，可用加大风机叶轮直径并适当降低主轴转数的方法（即大风机低转数）来提高风量，从而提高流过材堆的气流速度。

5.2.1.1 轴流风机

轴流风机是以回转面成斜角的叶片转动所产生的压力使气体流动，气体的流动方向和机轴平行，其叶轮由数个叶片组成。轴流风机的类型很多，其主要区别在于叶片的形状和数量。通常使用的有 Y 系列轴流风机和 B 系列轴流风机等。风机叶片数目为 6～12 片，叶片安装角一般为 20°～30°（Y 系列），或 30°～50°（B 系列）。Y 系列轴流风机可用于长轴型、短轴型或侧向通风机干燥室；B 系列轴流风机由于所产生的风压比较大（大于 1kPa），一般可用于喷气型干燥室。与离心风机相比，轴流风机具有送风量大风压小的特点。

木材干燥室所采用的轴流风机可分为可逆转和不可逆转两类。可逆转通风机的叶片横断面的形状是对称的，或者叶片形状不对称而相邻叶片在安装时倒 180°。可逆转通风机无论正转或逆转都产生基本相同的风量和风压（图 5.15）。不可逆转通风机叶片横断面是不对称的，它的效率比可逆转通风机的效率高。

木材干燥用的轴流风机不同于普通轴流风机，它要求能够频繁地进行正反向旋转工作，有一致的正转、反转性能，以满足强制循环干燥室中木材干燥的工艺要求。1988 年东北林业大学和黑龙江省林业设计研究院对我国木材干燥行业所采用的典型的干燥风机进行实际测试，测试结果表明木材干燥风机所采用的对称型、三角平板型和正反向相间安装的机翼型叶轮风机的风机效率均明显偏低，最高仅达 41%，而且叶轮笨重，流

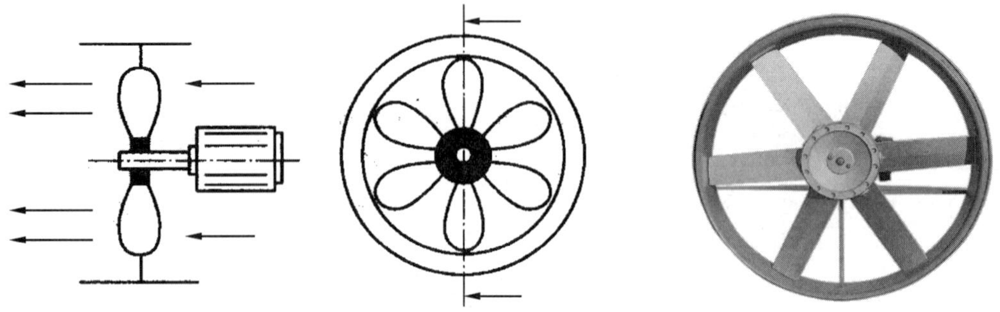

(a) (b)

图 5.15 叶片对称的可逆转通风机

(a) 原理图 (b)实物图

量系数偏小，是耗能耗材的非节能产品。针对木材干燥行业使用风机的现状，李景银等(1996)将一种适用于正反双向通风的新翼型用于木材干燥可逆轴流风机，并应用最优控制理论合理地组织空间气流，设计了新型木材干燥可逆轴流风机。试验表明，该新型风机可直接正反转，其正反向旋转时空气的流量、压力、效率基本相同，具有结构简单、调节方便、叶轮轻巧、安装维护方便、造价较低、效率高等优点。它较老式风机的综合性能指标有大幅度提高，完全能满足现在木材干燥行业对风机的性能要求，是一种新型的节能、降耗、性能优良的木材干燥轴流风机。

图 5.16 耐高温、高湿电机

(沈阳新华电机厂)

现代的木材干燥室要求带动风机的电动机与风机直接联结，这样不仅可以提高风机效率，降低电耗，还可有效避免通过皮带传动间接连接带来的干燥室开孔过多而造成的不利干燥室密封的问题。国内的多个厂家已开发出能耐高温、高湿、风机可与电动机采用直连结构的木材干燥专用轴流风机(图 5.15)，型号有三种，分别为 No.8、No.6、No.4，配套的直连电动机(图 5.16)功率分别是 2.2kW、1.1kW 和 0.55kW，叶片和框架分别选用铝合金和不锈钢制作，经实际生产运用能满足木材干燥的使用要求。整机具有效率高、重量轻、结构紧凑、安装方便等特点，其配用电动机绝缘等级为 H 级，防护等级为 IP55。

5.2.1.2 离心式通风机

离心式通风机如图 5.17 所示，由叶轮与蜗壳等部分组成。当叶轮离心式风机工作时，叶轮在蜗壳形机壳内高速旋转，迫使叶轮中叶片之间的空气跟着旋转，因而产生了离心力，使充满在叶片之间的空气在离心力的作用下沿着叶片之间的流道被甩向叶轮的外线，使空气受到压缩，这是一个将原动机的机械功传递给叶轮内的空气，使空气的压力增大的过程。这些高速流动的空气，在经过断面逐渐扩大的蜗壳形机壳时，速度逐渐降低，因此，流动的空气中有一部分动压转化为静压，最后以一定的压力(全压)由机壳的排出口压出。与此同时，叶轮的中心部分由于空气变得稀薄而形成了负压区，由于入口呈负压，使外界的空气在大气压力的作用下立即补入，再经过叶轮中心而去填补叶片流道内被排出的空气。于是，由于叶轮不断地旋转，空气就不断地被吸入和压出，从而形成连续的空气输送。

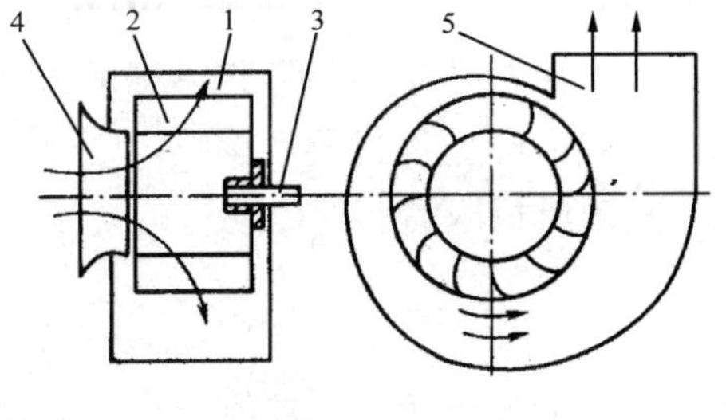

图 5.17 离心式通风机原理图

1. 蜗壳 2. 叶轮 3. 机轴
4. 吸气口 5. 排气口

离心通风机在木材干燥生产上主要用于喷气型干燥室，一般安装在室外的管理间或操作室内。此外，国外的某些干燥室中，把离心式风机的叶轮(不带蜗壳)置于材堆顶部，以驱动窑内气流循环，如德国希尔德兰德(Hildebrand)公司生产的 HD78 型窑。

在木材干燥室的设计过程中，风机的选择及风量和风压的确定是一个非常重要的问题。通常情况下，干燥室内的干燥介质，在风机的带动下通过加热器并穿过材堆时，其风压的下降是很大的。因此，为干燥室配备风机时，必须认真选择。有时，干燥室并不理想，但风机选得好，可显著改善木材的干燥效果。一般轴流风机的送风量较大，风压较小；离心式风机则相反，风压较大，而送风量较小。

根据风机的风量和风压等参数，可绘制出反映风机性能的曲线即风机的性能参数曲线。从曲线图即可查出以下数据：①在一定风速条件下的风机总风压，它取决于风量，还可能与静压力及动压力有关；②不同风量所需的输入功率；③风机效率。在通风机的具体选型时，首先要对干燥室进行准确的动力计算，根据干燥室内气流的循环方式及流经材堆的风速，确定出风机所需的流量，根据风速及干燥室内设备选型及布置的情况，计算出气流经过加热器、材堆等处的沿程阻力和局部阻力，进而确定出风机所需的风压。之后，参考生产厂家提供的产品说明书及风机的性能参数曲线，最终选定风机。

在干燥室内的小气候条件是相当恶劣的。一方面，温、湿度都很高；另一方面，木材还会放出若干腐蚀性酸性挥发物，所以，用于制作风机的材料必须是耐腐蚀的。特别要注意的是，如风机的驱动电动机和周围空气接触，则更要防止锈蚀。在生产中，应经常保持通风机的清洁，对通风机、电动机和传动装置要经常检查、润滑，发现电动机过热或通风机发生异常声响时，应该迅速停电，进行检修。

5.2.2 风机的传动和安装

风机产生的风量 Q 和风压 H 取决于风机的类型结构和叶轮的圆周速度。叶轮的圆周速度又取决于其直径和转数。

风机每秒钟的风量 q_f，计算如下：

$$q_f = v_e \cdot F_e \qquad (m^3/s) \tag{5.2}$$

式中：F_e 为风机出口的横截面积(m^2)；v_e 为风机出口处的气流速度(m/s)。

风机所需的理论功率 W_f，按下式计算：

$$W_f = \frac{q_f \cdot H}{102\eta_f} = \frac{Q \cdot H}{3600 \times 102\eta_f} \quad (kW) \tag{5.3}$$

式中：q_f 和 Q 分别为风机每秒钟的流量（m^3/s）和每小时的流量（m^3/h）；H 为风机的全风压（Pa）；η_f 为风机的效率。

驱动风机所需要的电动机的功率 W_d 为：

$$W_d = \frac{W_f \cdot K}{\eta_c} \quad (kW)$$

式中：η_c 为传动效率，其值如下：风机叶轮直接安装在电动机轴上，$\eta_c = 1$；用联轴器与电动机连接，$\eta_c = 0.95$；用三角胶带传动，$\eta_c = 0.9$；用平皮带传动，$\eta_c = 0.85$。K 为起动时的功率后备系数，按表5.8选取。

表5.8 启动时的功率后备系数

电动机功率（kW）	功率后备系数 K	
	轴流风机	离心风机
≤0.5	1.20	1.50
0.51～1.0	1.15	1.30
1.01～2.0	1.10	1.20
2.01～5.0	1.05	1.15
>5.0	1.05	1.10

若安装电动机的管理廊的温度高于35℃时，按上式算出的电动机功率 N 的数值，还应乘以如下系数：温度 $t = 36 \sim 40$℃时，乘以1.1；$t = 41 \sim 45$℃时，乘以1.2；$t = 46 \sim 50$℃时，乘以1.25。

有条件的干燥室，建议采用双速电动机。木材干燥第一阶段（含水率由初含水率到20%），风机用高转数，使窑内保持较高的气流速度，促使木材表面水分的最大蒸发；而在干燥第二阶段（含水率由20%到终含水率），采用较低的转数，这样可节省约30%的电能。

在过热蒸汽干燥室内安装风机时，应使风机的叶轮装在窑内（指轴流风机），而风机的两只轴承应尽可能地装在窑外，以便于轴承的润滑、修理和更换。

轴流风机转动时，会产生一定的轴向推力，同时风机轴难免有微量的径向跳动（靠近风机一端），因此，可以自动调心；而另一端的轴承采用双列圆锥滚子轴承，可以承受双向的轴向推力。风机过墙处，要有气密装置，以达到气密目的。

国内外越来越多的工厂把轴流风机直接安装在耐热防潮电动机上，电动机装在干燥室内，使风机的传动结构大为简化，且效率高，但对电动机的耐热和防潮性能要求较高。此类电动机国内已专业化生产（图5.17）。

5.2.3 木材干燥室内通风机的节电方法

木材干燥是木制品生产过程中能耗较高的工艺环节，其能耗约占木制品生产总能耗的40%～70%。在常规干燥中，木材干燥的能耗结构中包括蒸汽消耗和运行期间的电耗两部分，而电耗中除了干燥工作期间的照明、控制线路系统的用电外，大部分就是风机运转产生的电耗，因此，有关专家学者通过研究提出在整个木材干燥过程中，可针对不同的干燥阶段或含水率阶段，实施不同的风速，从而在保障快速干燥木材的同时又可以降低风机的电耗。在高含水率阶段(木材平均含水率≥30%)，通风机采用高转速，使室内保持较高的介质循环速度，促使木材表面的大量水分快速蒸发；而在低含水率阶段(木材平均含水率<30%)，由于从木材中蒸发出来的水分明显减少，这时可采用较低的风机转速，进而达到节电的目的。

目前，我国木材干燥室使用的风机电动机都是异步电动机，电动机转速是按最大风量要求设计的，一般选转速为1400r/min，每台电动机功率在2.2kW或3kW左右。虽然每间干燥室使用的电动机数量不等，但一般有几台电动机同时运行。以木材干燥周期15天为例，多台电动机连续长时间的运转，其耗电量是很大的。因此，风机电动机节电具有十分显著的经济效益。姜艳华(2000)等对木材干燥室内通风机的节电方法进行了系统研究，提出了通过采用变频装置调整电源的频率来改变电动机的转速，以达到低含水率阶段低气流速度的要求，也可以采用双速或三速电动机来改变电动机转速。

木材干燥工艺理论研究和实践证明，在木材干燥的后期大约占整个干燥周期的1/2时间，如能降低窑内风速，即降低风机电动机转速，既可以降低风机能耗，又对木材干燥质量有益。所以，在不影响木材干燥总体要求的前提下，风机转速降得越低，节电效果越显著。

依据风机特性可知，负载转矩与转速的平方成正比；轴功率与转速的立方成正比(表5.10)，设电动机转速为 n 时，输入功率为 N，下调时至 n'，输入功率降至 N'，则 $N_2 = N_1\left(\frac{n_2}{n_1}\right)^3$。若风速减少20%，实际转速为原来的80%，则 $(0.8)^3\times100\%\approx51\%$，即风机可节电达50%。若实际转速为50%，则 $(0.5)^3\times100\%\approx13\%$，风机可节电87%。

5.3 木材的运输

木材运输是木材干燥生产中消耗劳动力最多的工序，亟待机械化作业。

木材干燥生产中，木料的运送和材堆的进出干燥室，一般是通过铁路线作业。木料事先在载料车上堆好，然后由转运车沿轨道转运，推入干燥室。

5.3.1.1 轨道

木材运输作业所用轨道与铁道轨道类似，但轨距宽度无统一标准，视材堆尺寸而定。

周期式干燥室内铺设铁轨时应保持水平，以利载料车进出。连续式干燥室内则需把铁路线沿材堆运行方向作为0.005°~0.1°的倾斜度，使载料车易于移动。为保证载料车顺利运行，铁路线的宽度应该一致，应该常用轨距规进行检查。转运车铁轨的轨面应与干燥室铁轨的轨面在同一水平面上，以免发生材堆歪斜和材堆碰撞门档或导向板等事故。

5.3.1.2 载料车

指直接承载材堆的小车，有时又称材车。载料车是与木材一起进出干燥室的，该形式有固定式和组合式；也可以是过渡型的，即由载料车沿轨道将材堆送入干燥室后，材堆留在窑内，材车退出，待干燥结束时，载料车仍由轨道进入干燥室将材堆拉出，运送到指定地点后与材堆分离。

固定式载料车是指根据干燥室的大小和相应木料长度所设计的有固定尺寸的材车。优点是使用方便，不需临时组合。缺点是无法根据材长调整自身尺寸，且多为一室一车，当室的大小不同时，材车无互换性。另外，因其是和各个干燥室相配套的，故无统一标准可循，必须自行设计。尽管如此，由于使用方便，且我国中小规模的木材加工企业很多，窑的深度和宽度较为单一，因而此型载料车的使用仍很普遍。

组合式载料车是指用单线车经由横梁组合而成的材车。优点是可根据窑的大小，木料长度等临时进行组合，缺点是需现场组合，使用不便。

用于组合成载料的单线车是一种放在单根轨道上的双轮小车，有标准长度的(1.8m)和较短的(1.4m)两种。其构造和组合的情况，如图5.18所示。

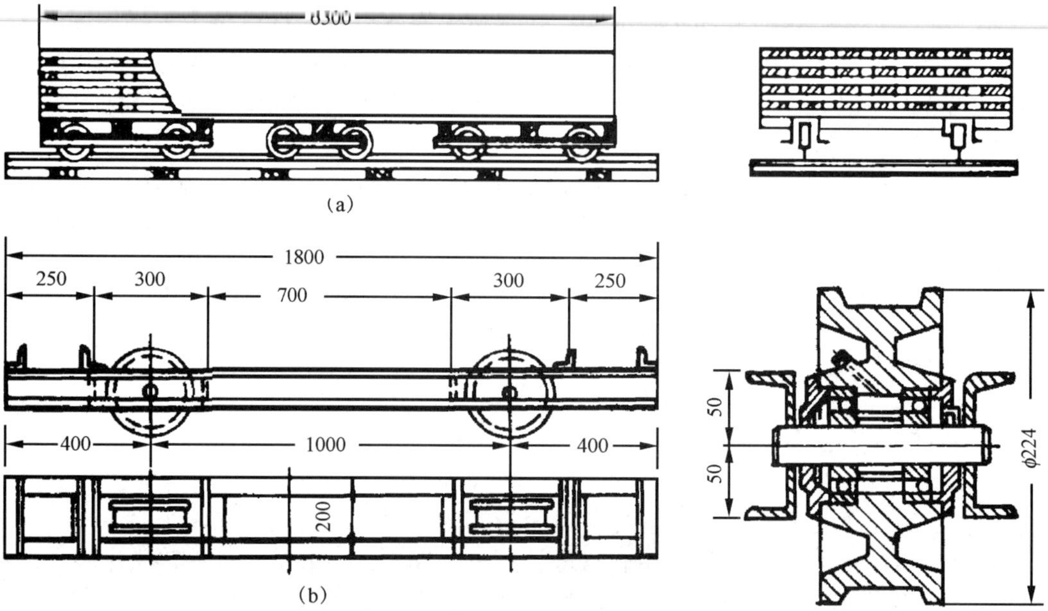

图5.18 木材干燥用单线车

(a)材堆在单线车上的堆置 (b)单线车的结构

单线车的框架由槽钢做成。车轮由铸铁或铸钢做成，有一个或两个轮缘，安装在有轴承或轴瓦的轴上，成对的单线车可用横梁连接成载料车。横梁剖面为140mm×160mm，长度等于材堆宽度，6m长的材堆可用三对单线车(两长一短)堆放。单线车的高度(由轨头到材堆底部的距离)一般不超过260mm，以充分利用干燥室的容积。堆底横梁上平面应保持水平，以免材堆倾斜。

过渡型载料车由子母车组成，该系统由液压系统、升降装置、行走装置和电气控制系统组成。使用过渡型载料车必须在干燥室和材堆准备场地铺设有可以让子母车通行的铁轨和堆放材堆的水泥墩座，铁轨在水泥墩座的中间，水泥墩座沿铁轨两旁布置，待干燥的木材预先按规定尺寸整齐地堆积并放在水泥墩座上。启动行走按钮，载料车沿铁轨至材堆底部并停稳，此时，启动升降装置中的上升按钮，使子车上升并抬起材堆，使子车在抬起状态下行走至干燥室内部确定位置停下，再启动下降按钮，使子车下降，材堆平稳地下降搁置到干燥室内的水泥墩座上。子车继续下降至与母车完全结合的位置，材堆与子车彻底分离，再启动行走按钮，使子母车空车退出干燥室，以同样方式继续运送下一个材堆。

5.3.1.3 叉车

近几年来，叉车工业发展迅速。叉车优点很多，如操作方便，作业灵活，占用空间小，不需铁路线，不受场地和距离限制等；且种类、规格多样，可根据需要任意选用，因此，在木料运输中，转运车已逐渐被叉车所取代。在大型干燥室内，材堆的进出干燥室亦可直接使用叉车，从而又可将载料车省去。

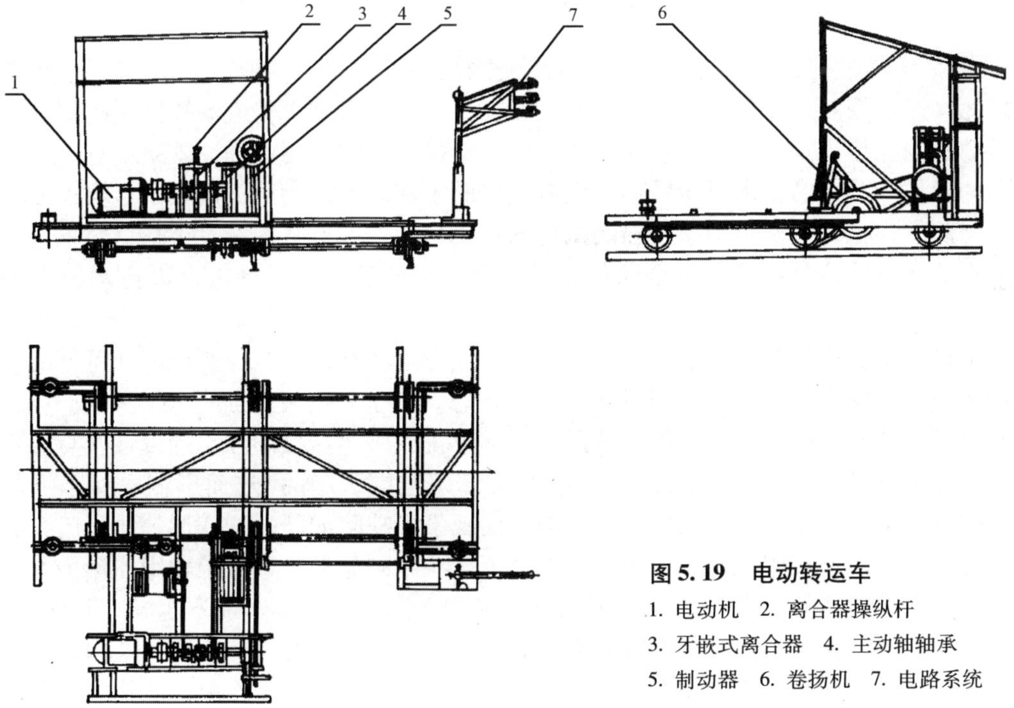

图 5.19 电动转运车

1. 电动机 2. 离合器操纵杆
3. 牙嵌式离合器 4. 主动轴轴承
5. 制动器 6. 卷扬机 7. 电路系统

叉车又称叉式装卸机(图 5.20)，它以货叉作为主要的取物装置，依靠液压起升机构实现物品的托取和升降，由轮胎式运行机构实现物品的水平运输。叉车除使用货叉外，还可装换成各种类型的取物装置，因此，它可以装卸搬运各种不同形状和尺寸的成件物品，包括装载、卸载、堆积、拆垛和水平运输等多项作业。

叉车的类型，按结构形式可分为正面叉车、侧面叉车和其他特种型式的叉车。正面叉车的特点是货叉朝向叉车运行的前方，货叉从叉车的前方横向装卸货物；按动力形式可分为电瓶叉车、内燃叉车和人力叉车。其中内燃叉车的动力可分为汽油机和柴油机两种。一般说来，载重量小的叉车多用蓄电池或汽油机作动力，载重量大的叉车则多采用柴油机作动力。

图5.20 正面叉车

叉车的载重量为0.1～40t，国内常用的叉车的载重量为0.5～5t，物品起升高度2～4m。木材工业中目前应用的主要是正面叉车和侧面叉车，动力装置有蓄电池、汽油机和柴油机。

说明叉车性能的主要技术参数有：额定载重量、最大起升高度、载荷中心距、门架倾角、行驶速度、最小转弯半径及外形尺寸等。

可以预见，在未来的木料运输设备中，叉车将起着越来越重要的作用。

5.4 木材干燥过程的控制

5.4.1 木材干燥过程控制概述

木材干燥过程的控制是干燥工序非常重要的一个部分，直接关系到木材干燥质量的好坏，好的控制是操作人员与控制设备的有机结合，否则再先进的控制系统没有操作人员的正确操作也是没有实际效果的。因此，干燥过程的控制前提，就是要有经过良好培训的操作人员，对于木材干燥的知识有较好的了解。我国木材干燥业，目前还没有持证上岗制度，在一些发达国家是强制执行的，干燥操作人员必须经过考核，对木材干燥的原理、设备及控制系统有较全面的认识，拿到资格证书才准许上岗进行木材干燥的操作。

木材干燥控制是按木材当时所处含水率、应力等状态，通过控制温度和湿度的执行机构，来控制干燥室中湿空气的温度、湿度状态，如加热时开起加热电磁阀或电动阀，喷蒸时开起喷蒸电磁阀或电动阀，减湿时开起进排气阀等。控制方案的设计会直接影响实际木材干燥过程中执行的基准软硬度（温度偏差范围引起的）进而影响木材干燥的质量和成本。第一，对木材干燥质量的影响，出现干燥缺陷如开裂、变形等质量问题；第二，对木材干燥过程所耗能量的影响，木材干燥在木制品加工过程中耗用能量最大，占木制品生产总能耗的40%～70%，因此直接影响木制品的成本，成本越高，利润越小，甚至会失去与其他同类产品的竞争能力；第三，在干燥过程中对常用配件如加热阀门、喷蒸阀门、进排气阀等的动作次数影响木材干燥成本，配件的动作频繁会缩短零部件的寿命，间接提高产品的成本。

木材干燥过程的控制较其他研究方面相比较晚，常被想当然地认为较简单，觉得控制过程无非是温度和湿度的控制。这主要是缺乏干燥控制系统对发挥木材干燥设备最高效能，提高对产品质量的重要作用的认识；此外，在线测量技术还不十分完善，如测量木材含水率及木材干燥过程中的应力变化等，其结果还不十分令人满意；再者就是对木材干燥过程的复杂性认识不够，木材干燥尤其是常规蒸汽干燥是典型的多变量大惯性、高度非线性系统，用经典控制理论很难有效地处理这类问题。但近20年来由于计算机技术和现代控制理论和实践的进展，使这类问题得到了一些解决，随着传感技术及控制理念的不断发展，相信木材干燥控制会有更好的发展。

5.4.2 木材干燥控制的目的

干燥系统的控制，基本要求是保持干燥过程与所选干燥基准参数的一致性，提高干燥设备的生产效率，保证干燥质量，降低干燥能耗。

(1)保证木材干燥的质量。木材干燥质量的主要指标是使含水率达到要求，并在允许的误差范围内，而且木材干燥后不能有明显的干燥缺陷，如开裂、变形等，有时对木材干燥后的外观和色泽也有要求，如要求不能变色等。木材干燥控制的目的就是在各种干扰条件下，保持干燥后含水率的均匀性，且木材质量无明显降等现象的发生，最大程度地减小企业因干燥而引起的经济损失。

(2)将干燥过程尽量调节到优化基准状态，即在保持干燥质量的前提下，使干燥设备效率高、能耗低，木材降等损失最小等。

(3)节省人力，使人为因素失误的可能性降到最低，同时降低人工成本。

(4)提高干燥设备运转的安全性，减少发生火灾、干燥降等及严重机械故障等的发生。

为达到以上目的，首先是要求控制人员对木材干燥常识有较好的理解和掌握，其次是在设备上实现控制各参数的手段，包括木材干燥过程中的含水率的测量，温度、湿度的测量与校准，干燥室内风向及气流的控制，给予及时有效的操作。设备故障应及时维修。

5.4.3 木材干燥控制系统的要求

木材干燥控制系统的要求是最大限度地满足控制目的，应该有如下特性。

(1)准确性。对于控制系统的最基本要求就是木材干燥后的含水率必须符合国家标准或用户的要求，这首先取决于干燥设备的选型是否符合木材干燥的要求及木材干燥工艺的正确性，但控制系统的准确性也是满足干燥要求的必要条件。

(2)稳定性。在控制过程中不允许出现超出误差范围的波动，如木材干燥到某阶段时干燥基准所要求的温度和湿度，波动太大会严重影响木材的干燥质量。

(3)反应速度所表示的是要用较短的时间，使干燥过程中的参数，尽快恢复到干燥基准所设定的状态，从而减小由于温度或湿度的波动而引起的对木材干燥质量的负面影响。

(4)可靠性。主要是指木材干燥设备在长时间运转过程中，不能有大的性能衰退或部件故障，也不允许控制系统误差过大或失效等，如木材干燥过程中木材含水率的测量，尤其是干燥的中后期，如果测量误差过大，会使木材干燥缺陷增多，造成能源及木材的浪费。

5.4.4 干燥过程中的参数及主要影响因素

在木材干燥过程中最主要是使干燥设备中的参数与干燥基准尽可能地接近。而木材干燥基准中最主要的参数是木材含水率、空气的温度和湿度。空气通过材堆的流动速度也是影响木材干燥质量的主要参数之一，干燥室内的加热面积配比是影响加热速度的主要参数。但在干燥设备安装完毕之时(安装有变频电动机的设备除外)，空气的流动速度就已经确定了，加热器的配比也不会再变，在加热过程中只受供热蒸汽的压力及与外界交换空气(外界空气的温度与换气时进风温度和干燥室的散热损失有关；外界空气的湿度直接影响干燥速率和作为加热介质的热空气携带水分的能力)的影响，目前的控制技术还没有细化到这种程度，因此在干燥过程中主要是监测木材含水率、干燥室中湿空气的温度和湿度。

木材干燥控制系统的控制目标，即干燥木材的含水率、干燥室中的温度和湿度，这三个只是表面的控制参数。实际上还要从干燥质量的总体出发，按照特定的基准控制木材的外观、干燥应力、含水率均匀性及减少干燥缺陷等。

木材干燥的控制，就是以人工或自动的方式调节可操作元器件及设备部件，从而补偿各种干扰因素对干燥过程的影响，使各变量在人们期望的范围内，尽可能接近于所制定的木材干燥基准参数值，从而保证木材干燥质量最大限度地接近期望值。

影响湿空气温度、湿度稳定性的因素有以下方面。

(1)影响干燥过程中湿空气温度控制稳定性的因素。通过控制加热器内的蒸汽来控制湿空气的温度，温度控制稳定性主要取决于木材干燥室所配置的加热器面积与被干燥木材的体积是否相匹配。如果加热器面积配比过小，则湿空气温度达到设定温度需要很长时间，造成温度的下偏差大；面积配比过大，会造成加热的滞后效应加大，即阀门关闭后，加热器内仍充满了刚刚从锅炉中过来的大量的蒸汽，它还会释放出热量，使湿空气温度超过设定值很多，造成温度的上偏差大，从而导致湿空气温度波动性大。其次是控温仪表的控制方式所造成的影响，温度控制过程一般为温度低于当时的设定温度下限值时，开启加热阀门，直到达到或高于温度控制设定上限时加热阀门关闭，这种影响同样会造成加热的滞后效应，使湿空气的温度控制稳定性较差。

(2)影响干燥过程中湿空气湿度控制稳定性的因素。通过控制进排气阀和喷蒸阀门的启闭控制湿空气的湿度，在干燥室的气密性良好的情况下湿度控制的稳定性主要取决于控制方式，在正常干燥阶段，当干燥室内湿空气的湿度高于设定值时，开启进排气阀，当湿度降到符合干燥要求时关闭进排气阀；在进行木材喷蒸处理阶段，当干燥室内湿度小于设定值下限时，打开喷蒸阀门，湿度达到要求时关闭喷蒸阀门。

5.4.5 控制系统的类型与构成

控制系统其实是监测与控制的总称，没有设备实时运行参数的监测也就不可能有良好的控制。木材干燥系统依设备的监测与控制方式可分为三类，即手动控制系统、半自动控制系统及全自动控制系统。几种类型的控制系统对于操作人员的要求及劳动强度要求差别较大。目前在发达国家一般都采用全自动控制，这主要是因为国外劳动力的费用较高，再者全自动控制可减轻工人的劳动强度，提高干燥质量，操作人员人为影响因素较小；我国2000年以来新建的大型干燥设备中全自动控制系统较多，而中小型企业设备中一般采用半自动控制系统，有少数小型企业的设备还在使用手动控制系统。

5.4.5.1 手动控制

手动控制是最基本的控制方式，也是半自动控制和全自动控制系统的基础，因此可以从木材干燥的手动控制步骤来了解自动控制的过程。

其主要操作过程是：①依所干燥木材的种类及厚度，参考国家林业行业标准《锯材窑干工艺规程》或依工厂经验制定干燥基准；②含水率检验板选取及含水率的测量；③按要求码垛及将含水率检验板放置于代表性的位置；④干燥过程控制，木材实际含水率的变化数值需要通过对检验板的称重并依初含水率计算或直接用电阻式含水率仪测量得到。湿空气温度是通过观察干球温度计的数值调节加热器的截止阀来实现；空气湿度控制根据被干木材是处于热湿处理阶段还是处于干燥阶段这两种情况分别进行控制，通过观察湿球温度计的数值对喷蒸截止阀或进排气阀进行操作。处于热湿处理阶段时调节喷蒸的截止阀控制湿度；处于干燥阶段时调节进排气阀的开度控制湿度。干燥室内气流换向由人工间隔一定时间控制电动机按钮来完成。

手动控制比较简单，设备成本低，但要求操作者有较熟练的木材干燥知识与经验。在我国的木材干燥设备中，尤其在小型企业中还有部分应用，随着监控仪表的涌现及成本的不断降低，手动控制也正在逐渐被半自动及全自动控制系统所取代。但由于控制直观和可靠性强，几乎所有的半自动及全自动控制系统都将其作为一个备份，即一旦半自动或全自动控制系统失灵或有特殊情况发生，就要用手动来完成；在安装、调试过程中也用来检验半自动或全自动控制系统的正确性。但是手动控制使操作人员劳动负荷较大。人类体力和脑力都有一定的生理极限，工人在操作过程中注意力稍不集中，就会使控制的参数偏离理想的木材干燥基准，从而给木材干燥带来较大的损失。因而，木材加工企业中木材干燥大多采用半自动控制或全自动控制。

5.4.5.2 半自动控制

半自动控制是目前国内中小企业中应用最多的控制方式，是反馈控制的最基本形式，也是全自动控制的基础。

从手动过程可知，控制过程可归结为测量被控制量，与给定值作比较求出偏差，根据偏差调节控制量以消除偏差三个步骤，这种通过检测偏差，并利用偏差去纠正偏差的控制系统称为反馈控制系统。反馈就是指被控制量通过测量装置将信号返回控制量输入端，使之与控制量进行比较，结果就是偏差，控制系统再根据偏差的大小和方向进行调节，以使偏差减小，从而使被控制量与设定值一致，图 5.21 为干燥过程参数反馈控制流程图。在木材干燥的半自动控制系统中，主要通过控制干燥室内的干球温度和湿球温度来达到与选定木材干燥基准相一致的目的。

如果将手动控制中操作人员的功能用一个自动化装置来对比，温度测量装置类似于人的眼睛，控制装置类似于人的大脑，执行机构类似于人的手，从而构成了一个采用反馈原理的自动控制系统。

半自动控制与手动控制除温度和湿度的控制外，其他方面都是相同的。如温度、干湿球温度依选好的木材干燥基准设定，按木材含水率(由称重法或电测法获得)所处阶段设定好对应的干球、湿球温度，在某一特定干燥阶段内实行的基本上是自动控制，只

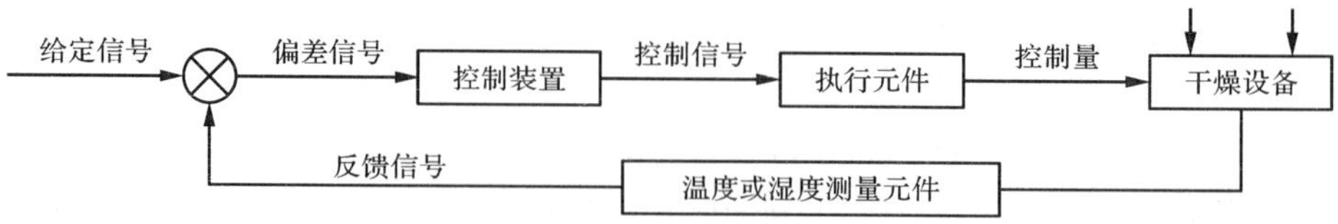

图 5.21 干燥过程参数(温度、湿度等)**反馈控制**(加热、喷蒸、进排气)**流程图**

在改变含水率阶段需要重新设定温度、湿度时才由操作人员进行操作。风机的正反转操作由操作人员按一定的时间间隔进行操作，以保证材堆宽度方向上含水率的一致性。

这种控制方式大大减轻了操作人员的劳动强度，使操作人员有精力去关注木材干燥质量等更重要的因素，而不只单单注意干燥室的运行稳定性，从而提高了木材干燥质量。半自动控制系统运行比手动控制稳定了许多，且仪器成本也比自动控制少很多，比较适合于一般干燥设备台数不多的中小型企业应用。半自动控制只是控制空气的温度，湿度以达到干燥工艺的要求，具体的干燥工艺参数还需有经验的技工来设定，因此操作人员的经验对干燥控制过程各阶段的设定起到了重要的作用。

目前应用较多的是采用智能仪表型的半自动控制系统。由于大多为大公司批量产品，仪表质量稳定，价格不太高且性能好，因而每个仪表均可进行温度设定和实际值的显示，还有位式动作灵敏度设定，上限、下限报警以及 PID 调节等功能，且仪表进行温度校准为数字式，对于线路及其他影响因素可进行及时快速的校正。

此外，利用单片机进行半自动控制木材干燥的技术发展得也较快。单片机成本较低，编程也不复杂，配上合适的工艺电路及输入/输出设备，就可直接对木材干燥过程中的温度、湿度进行自动控制，且比仪表型有较大的优势，是专门设计用于木材干燥控制的。此外,单片机半自动控制系统还可作为二级控制单元成为全自动控制系统的一部分。

5.4.5.3 木材干燥过程的自动控制

目前，我国的木材干燥过程仍然多为人工控制。人工控制不仅工人的劳动强度大，劳动条件差，而且，由于某些工人知识水平和责任心的限制，木材干燥质量也往往得不到保证。为把工人从枯燥烦琐的手工操作中解放出来，为确保木材的干燥质量，提高经济效益，节约宝贵的木材，木材干燥过程的自动控制势在必行。

自动控制的层次是以计算机为主控器，每一环都无须人工操作的自动控制。目前进口的木材干燥设备多属这一类。

木材干燥过程本质上是干燥介质作用于木材的过程。因此，木材干燥过程的控制实际上是对介质条件的控制。在介质中与木材干燥密切相关的主要参数中，循环速度是由风机的转速决定的，一般不予控制。所以，实际需要的也可能加以控制的只是介质的温度和湿度。

在采用含水率基准的蒸汽加热常规干燥中，介质的温、湿度是与木材含水率的不同阶段相对应的。因此，为实现对干燥过程的控制就必须随时检测木材的含水率，然后再根据木材含水率所在的阶段控制介质的温、湿度。

温度控制仪表称为温度指示调节仪。其输入端可配电动调节阀门和电动执行机构等，所控温度值由人工在调节仪中设定。

常用的电动调节阀门有电磁阀和电动阀两种。

(1)电磁阀。靠电磁铁的动作控制阀门。其结构示意如图 5.22 所示。当线圈通电时，产生励磁作用，铁心被吸引，通过阀杆拉动阀心，开起阀门。如果因故停电，阀杆和阀心靠自重落下而关闭阀门。

(2)电动阀。靠微型电动机的工作控制阀门。其结构示意如图 5.23 所示。电动阀由微型电动机、减速机构和阀门等主要部分组成。当接通电源时，电动机旋转，经减速后，通过转换机构和连接器把电动机出轴的转动变成为阀杆的直线运动。电动机旋转方向不同，阀心的动作方向也不同，从而在自动打开或关闭状态时，能自动切断电动机电源并发出报警信号。

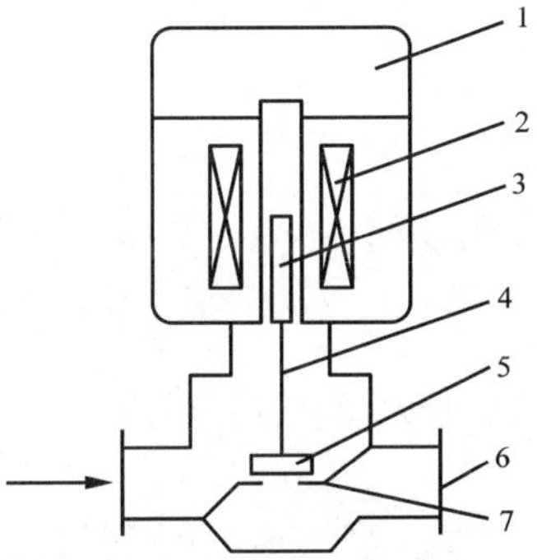

图 5.22　电磁阀结构示意图

1. 阀盖　2. 线圈　3. 铁心　4. 阀杆　5. 阀心　6. 阀体　7. 阀座

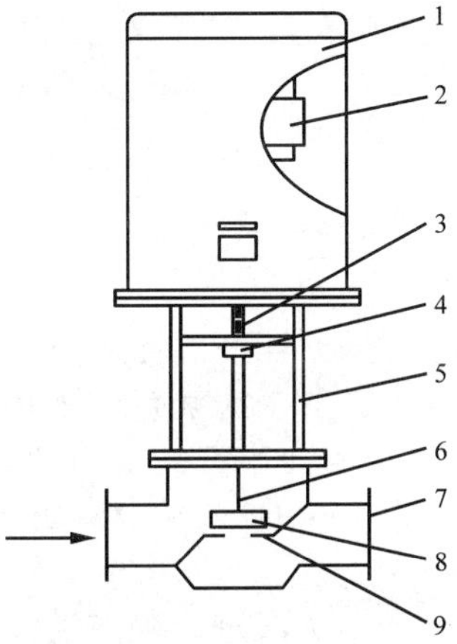

图 5.23　电动阀结构示意图

1. 外罩　2. 电动机和减速机构　3. 丝杆　4. 弹性连接器　5. 支柱　6. 阀杆　7. 阀体　8. 阀心　9. 阀座

电动调节阀门主要用于加热器和喷蒸管的控制。

由微型电动机和减速机构组成的整体称为电动执行机构。电动执行机构主要用于进排气道盖板的控制。

图 5.24 即为上述元件组成的半自动控制系统示意图。从图上可以看出，该系统由三个明显的分支组成：

(1)干球温度控制分支。由干球温度计 1，干球温度计指示调节仪 3，加热器电磁阀 5，加热器 8 组成，专司加热器的控制。

(2)处理过程的湿球温度控制分支。由湿球温度计 2，湿球温度计指示调节仪 4，喷蒸管电磁阀 6，喷蒸管 9 组成，专司喷蒸管的加热。

(3)干燥过程的湿球温度控制分支。由湿球温度计 2，湿球温度计指示调节仪 4，电动执行机构 7，进排气道盖板及操纵杆 10 组成，专司进排气道盖板的控制。

干球温度控制的原理如下：

由干球温度计测得的干球温度如低于干球温度指示调节仪 3 设定的温度，则电磁阀

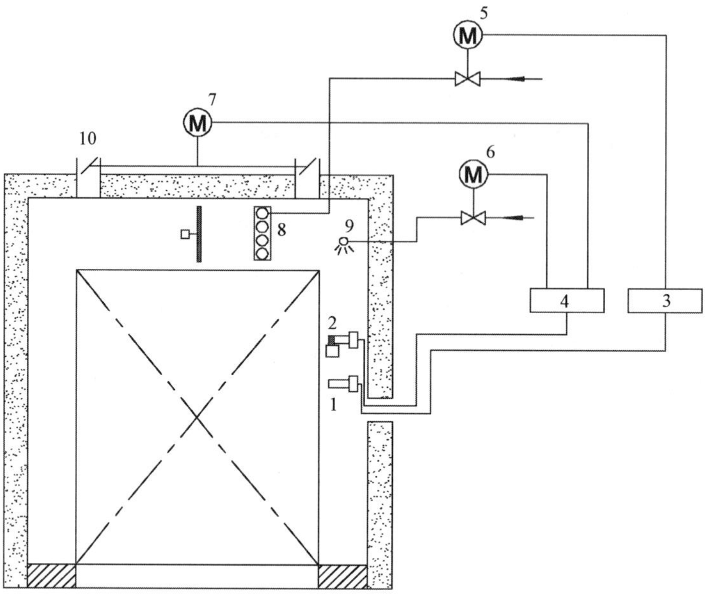

图5.24 半自动控制系统示意图

1. 干球温度计 2. 湿球温度计 3. 干球温度计指示调节仪
4. 湿球温度计指示调节仪 5. 加热器电磁阀 6. 喷蒸管电磁阀
7. 电动执行机构 8. 加热器 9. 喷蒸管 10. 进排气道盖板及操纵杆

5通电，阀门打开，蒸汽进入加热器8，窑内温度升高。当温度升高到超过调节仪3设定的温度时，电磁阀5断电，阀门关闭，蒸汽无法进入加热器8，窑内温度降低。从而将温度控制在设定的数值。

湿球温度控制的原理与上述完全相同。需要注意的是，在处理过程中需要人工将分支(2)接通，分支(3)断开；反之，将分支(3)接通，分支(2)断开。

半自动控制仍有一些需要人工辅助的地方，自动控制则完全不需要人工辅助，尽管自动控制比半自动控制先进，但其控制过程和原理基本相同。

半自动控制方法可分为三类：一为干、湿球温度控制法，二为平衡含水率控制法，三为时间基准控制法。

干、湿球温度控制法和平衡含水率控制法采用的都是含水率基准，其区别仅在于测定介质湿度的方法不同。时间基准控制法采用的则是时间基准。

(1)干、湿球温度控制法。在此控制法中，介质的温度和湿度是通过介质的干湿球温度计来反映的。因此，采用此法时，须随时测定介质的干、湿球温度，并随时测定木材的含水率，然后根据木材含水率的不同阶段调节介质的温度和湿度，逐步实现木材的干燥过程。

干、湿球温度的测定和控制与前述半自动控制完全相同，所不同的只是计算机取代了温度指示调节仪。

木材含水率的测定大多采用电测法，亦可采用称重法。

(2)平衡含水率控制法。在此控制法中，介质的湿度是通过木材的平衡含水率来反映的。因此，在用此法时，干燥室中不设湿球温度计，取而代之的是木材平衡含水率测量装置。

为测定平衡含水率，在干燥室中放置一小片木材和纸板试样，用电测法测定其含水率。因试样很小、很薄，所以当干燥室内的湿度变化时，它的含水率即刻发生相应的变化。因此，可以认为，通过试样测定含水率就是在这一介质条件下木材的平衡含水率。

为了便于控制，在此法中，常采用干燥势这一概念来控制木材的干燥过程。所谓干燥势，就是指木材的实时含水率与当时介质条件下木材平衡含水率的比值。

确定了干燥势，就是确定了木材的实时含水率和所要达到的平衡含水率之间的差距，使木材不断干燥，但又总达不到平衡含水率，直至将木材干燥到终含水率。

(3)时间基准控制法。在木材干燥中，对于易干材和积累了足够多干燥经验的木材，常采用时间基准进行干燥，即把整个干燥过程所需的时间分为若干个时间阶段，并按每个时间基准阶段规定相应的介质温度和湿度。与此相应，在木材干燥过程的自动控制中亦有相应的时间基准控制法。

时间基准控制法简便、易行，只需检测介质的温度和湿度，无须检测含水率，因此也避免了含水率检测中的诸多问题。但是，对于难干材，时间基准过于粗放，较难保证干燥质量，还是采用含水率基准为宜。

图 5.25 是德国 APEX 木材干燥室及自动控制系统原理示意图。

该系统采用平衡含水率控制法。其特点是用木片快速地测出木材的平衡含水率，不设温球温度计。用一根具备精确电桥和分级阻抗互感器的电阻温度计测量介质的温度。用电阻法测木材的含水率。控制干燥过程的方法就是不断地把木材含水率和平衡含水率同所要求的干燥梯度进行比较，以保证干燥过程总是随时按照实际木材状态的改变而改

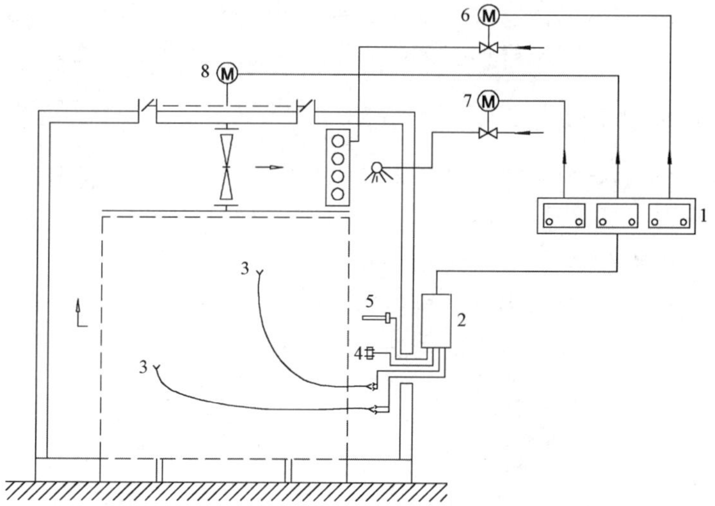

图 5.25 德国 APEX 干燥室及自控系统原理示意图

1. RGK－31 控制器 2. 单道放大器 3. 含水率测量点 4. 平衡含水率测量装置 5. 干球温度计 6. 加热器控制阀 7. 喷蒸管控制阀 8. 带电动机的进排气道控制系统

变，直至达到终含水率的要求。

尽管自动控制比半自动控制先进，但与半自动控制相比也有一些明显的缺点：一是投资大，二是维修难。因此，在半自动控制可以奏效的地方不一定非要采用自动控制。

5.5 木材干燥机(整体可移动干燥机)

5.5.1 研制整体可移动干燥机的意义

随着木材加工业的迅速发展和人们对木制品质量要求的提高，使木材加工企业对木材干燥室的需求量有所增加。从而促进了木材干燥设备向着专业化方向发展，出现了许多木材干燥设备厂家。他们所提供的产品种类繁多，规格齐全，但都有一个共同的特点，即木材干燥室被固定在地面上，装载量固定不可调整。如果企业所用的木材树种单一，在进行干燥时，现有的设备尚能满足生产的需要。但随着森林资源的日益减少和企业产品结构的调整，使得大多数的木材加工企业所用的原料发生了很大的变化，树种繁多，规格不一，少量的木材无法与大批量、不同树种的木材同室干燥。而现有木材干燥室的装载量通常在20～100m^3，从而使得这部分少量的木材亦无法单独进行干燥，即现有的木材干燥设备已不能完全适合生产的需要。而国内主要木材干燥设备生产厂家，都把目光集中在大装载量的木材干燥设备上，于是，各中小型企业及个体企业不得不按自身生产的需要，建造一批小型的“土法”木材干燥室。这些土法干燥室存在着许多问题，其共同缺点是火灾隐患大、干燥质量差、降等损失大、保温不良、密闭性低、能耗大、干燥周期长，不仅降低了生产效率，而且还造成了木材资源的严重浪费。

研制木材干燥设备市场所急需的可移动可连接的小型木材干燥室不仅能满足市场的需求和发展的需要，而且适合中小型及个体企业生产的要求。它的装载量灵活可调，把各小型室连接起来，就可以构成大装载量的木材干燥室。它的研制，将具有较高的社会效益和经济效益，对于我国木材加工企业的发展具有十分重要的意义。

5.5.2 整体可移动干燥机的技术关键

可移动可连接小型木材干燥室的技术关键是连接部分、移动部分和检测部分。

5.5.2.1 供热管路的连接

由于木材干燥室工作时室内金属构件的工作环境十分恶劣，如果供热管路的连接采用螺纹形式，则必须考虑对连接段的密封，使腐蚀性的气体无法与螺纹相接触。总之，不论采取何种连接形式，必须满足可拆装、不漏气的要求。

5.5.2.2 壳体的连接

干燥室壳体的连接必须在定位精确的基础上进行，对定位部件的研制是十分重要的。此外，壳体连接后的密封、锁紧也是本设计的关键。

5.5.2.3　电气线路的连接

由于木材干燥室的主要电器设备为电动机，两间以上干燥室进行连接后对于每间干燥室电动机的控制连线是很重要的，可以不设总控制台而进行分箱控制，每间木材干燥室的电动机由一个控制箱控制，控制箱可随壳体移动。

5.5.2.4　可移动部分

这部分主要指壳体的移动和两间干燥室连接时定位部件的精确移动。

5.5.2.5　检测部分

木材干燥室内温湿度测试的正确与否直接影响到干燥基准的执行情况和干燥质量。对于检测仪表的位置，特别是各干燥室连接后，其位置的确定和线路的变化对仪表准确性的影响，是设计中应慎重考虑的问题。木材在干燥过程中含水率的检测，是执行干燥基准、确定热湿处理条件及终止木材干燥的依据。可以采用自动检测与人工检测相结合的方式进行。

5.5.3　可移动式木材干燥机实际案例

北京林业大学研发出的小型移动式木材干燥设备，有小型移动式热风木材干燥机和小型移动式除湿木材干燥机两个类型，特别适应于干燥作业场所经常变换的情况。

5.5.3.1　小型移动式热风木材干燥机

该干燥机由干燥室、热风炉以及连接管道组成，如图5.26所示。采用小型离心风机为动力向干燥间供风，干燥间内的气流循环则由轴流风机来完成。干燥间内需加热的冷空气由离心风机带动，经吸气口、吸气管而被送入热风炉，由热风炉出来的热空气进入压气管，经压气管喷嘴喷出进入干燥室内。在整个干燥过程中，离心风机处于间歇工作状态，即升温时开动，保温时停止，这样可大大节能。最后，从木材中蒸发出来的水分由干燥间顶部排湿口排出。干燥室壳体做成集装箱的形式，可用汽车整体运输。

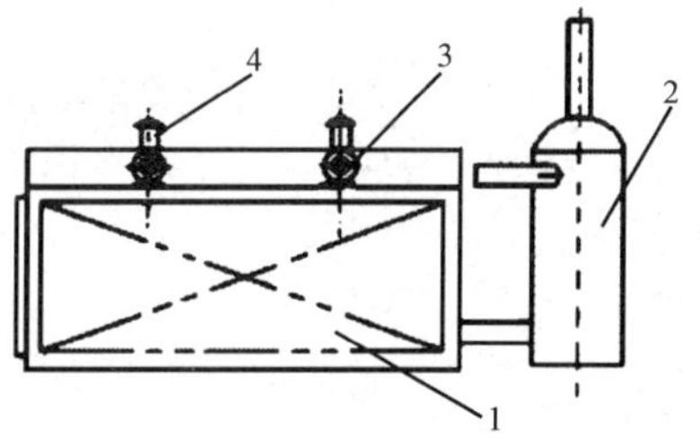

图5.26　小型移动式热风木材干燥设备原理图

1. 干燥室　2. 热风炉　3. 轴流风机　4. 排气口

5.5.3.2　小型移动式除湿木材干燥机

该干燥机是由除湿机、干燥室及连接管路等组成。干燥室的结构与热风炉型的结构完全相同，但干燥室顶部的排气口只在干燥初期排湿量大时使用，其余时间关闭。在此，图5.26中的热风炉由除湿机代替。这种除湿机的工作原理如图5.27所示。除湿机内的制冷循环同普通的单热源除湿机一样，由蒸发器、冷凝器、压缩机及降压膨胀部件

(用毛细管代替)等组成。在这种干燥设备中，干燥室内需除湿的湿空气是依靠除湿机的离心风机驱动，由吸气口经吸气管送至除湿机的蒸发器，空气在此降温脱水，然后经冷凝器加热升温再送回干燥室。为保障干燥室预热和逐渐升温的需要，在除湿机送(热)风管的出口处安有辅助电加热器。

这种除湿机与普通除湿机的不同之处是在蒸发器和冷凝器之间加了一个热管式回热器。热管是一种高效换热器，它可明显地提高除湿效率。有资料报道，空气的相对湿度越低，这种回热器的效率越高，当空气温度为45℃，相对湿度为80%时，采用这种热管回热器的除湿效率可比采用普通除湿机的除湿效率高24%。

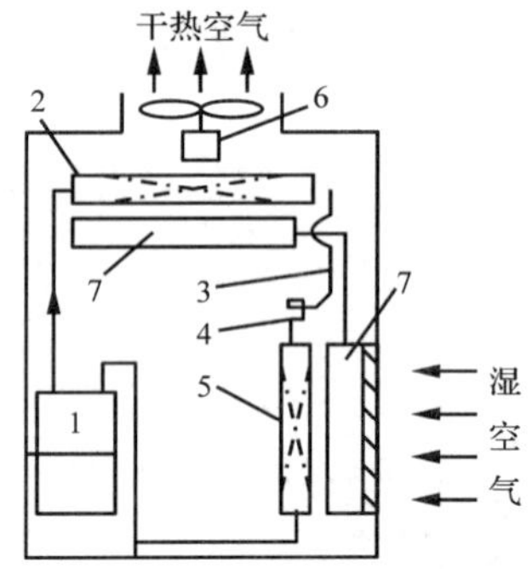

图5.27 小型移动式除湿机原理图

1. 压缩机 2. 冷凝器 3. 过滤器 4. 毛细管 5. 蒸发器 6. 风机 7. 热管式回热器

5.5.4 小结

小型移动式热风木材干燥机和小型移动式除湿木材干燥机，具有轻便、灵活、快捷、可整体运输、便于安装，并易于适应作业场所变动等特点。其中热风型能利用木材加工剩余物为燃料，降低干燥成本；而除湿机型无环境污染、无火灾隐患，更适于城市。总之它们在小型木材加工企业中预计将有较好的应用前景。

参考文献

1. 陈志军，姜海波. 2003. 干燥窑及设备的保养和维修. 林业机械与木工设备，31(7)：30－31.
2. 沈国华，李萍. 1994. 木材干燥室内部碳钢零部件表面防腐蚀措施的选择. 林业科技，19(1)：45－46.
3. 姜艳华，徐鹏. 2000. 木材干燥窑风机节电的方法. 林业机械与木工设备，28(5)：28－29.
4. 伊松林，张璧光，张志成. 2000. 小型移动式木材干燥设备. 林产工业，27(4)：40－41.
5. 李景银，赵德文，李超俊，等. 1996. 新型木材干燥轴流风机的优化设计. 林产工业，23(1)：32－35.
6. 许国强. 1999. 热水型木材干燥技术开发研究. 建筑人造板，(1)：26－28.
7. 张璧光. 2005. 实用木材干燥技术. 北京：化学工业出版社.
8. 杜国兴，李大纲. 2005. 木材干燥技术. 北京：中国林业出版社.
9. 朱政贤. 1992. 木材干燥. 2版. 中国林业出版社.
10. 梁世镇，等. 1998. 木材工业实用大全：木材干燥卷. 北京：中国林业出版社.

第 6 章

木材干燥的测量技术

在木材干燥中，需要评价干燥设备的干燥性能，例如温度、湿度的调节范围及其分布均匀性，通过材堆的气流速度及其分布均匀性等；而干燥过程的实施，需要随时测知木材的含水率变化和干燥介质的温度、湿度，还必须掌握木材内部干燥应力的发生和发展情况，控制干燥应力在允许的范围内，以避免或减轻干燥缺陷；有时还需要测知木材内部温度场变化，例如工艺试验时，有时需要测知木材的中心温度及预热时间，尤其是采用波动干燥基准或间歇真空干燥时，必须掌握木材内部温度场的变化，以便有效利用温度梯度对水分扩散的促进作用；干燥结束后要进行质量检验，如检验木材终含水率的平均值及干燥均匀度、沿锯材厚度上的含水率偏差、残余干燥应力、可见干燥缺陷及降等率等；如需计算干燥成本、进行经济核算，还必须测知蒸汽和电能的消耗，或进行全面的热平衡测试。本章将讨论与木材干燥相关的测量技术。

6.1 温度、湿度的测量

温度、湿度的测量，关键是根据环境条件（常规对流加热场、高频电磁场等）及精度等要求选择合适的传感器及仪表，在了解其基本原理的基础上掌握其合理的安装与使用方法。

6.1.1 温度测量的仪表和方法

温度测量仪表按测温方式可分为接触式和非接触式两大类。通常来说接触式测温仪表比较简单、可靠，测量精度较高，但因测温元件与被测介质需要进行充分的热交换，故需要一定的时间才能达到热平衡，所以存在测温的延迟现象，同时受耐高温材料的限制，不能应用于很高的温度测量；非接触式测温仪表是通过热辐射原理来测量温度的，测温元件不需与被测介质接触，测温范围广，不受测温上限的限制，也不会破坏被测物体的温度场，反应速度一般也比较快，但受到物体的热辐射发射率、测量距离、烟尘和水汽等外界因素的影响，其测量误差较大。

温度测量仪表的选用应考虑适用性、可靠性和经济性。适用性主要考虑使用环境、测温范围、精确度，并符合安装及使用要求。木材室干温度通常不大于 130℃，测温范围定在 −50 ~ +150℃较合适，对于中、低温干燥，如除湿干燥和太阳能干燥，也可定在 −50 ~ +100℃范围。若测量炉气体的温度，须根据具体情况选用合适的高温温度计。测高频（微波）电磁场中木材的温度，不受高频电磁场影响的温度传感器有酒精温度计和光导纤维温度传感器，前者只能用于温度显示，而不能用于温度控制；后者是近年开发出的能用于各种环境的温度检测系统，其易坏、价格贵，所以，目前还很难在生产中推广。实验证明，使用经高度绝缘、屏蔽等处理的铂热电阻(Pt100)以及非导磁热电偶可实现偏近接地电极板处木材温度的较高精度检测。

随着检测技术的发展以及上述温度测量仪表的选用原则，木材干燥生产上，传统的带保护管的工业温度计、双金属温度计和压力式温度计基本上已被淘汰，取而代之的是金属热电阻、金属热电偶等温度计及光导纤维测温系统。

6.1.1.1 热电阻温度计

热电阻是中低温区最常用的一种温度检测器。它的主要特点是测量精度高，灵敏度高，性能稳定，不易发生故障，测温可靠。其中铂热电阻的测量精确度最高，它不仅广泛应用于工业测温，而且被制成标准的基准仪。热电阻温度计亦可实现远距离测量，便于实现多点检测和自动控制与半自动控制；也便于实现温度自动化记录和超温自动报警等多种功能，是适合于木材干燥室使用的一种比较理想的温度计。

测温系统由热电阻温度传感器、连接导线和测温仪表三部分组成。热电阻传感器是基于金属导体或半导体的电阻值与温度成一定函数关系的特性来进行温度测量的。图 6.1 所示，金属材料的电阻值随温度的增加而增加，铂、铜金属的电阻-温度特性呈线性关系。根据金属的这种电阻与温度关系，通过测电阻即可计算出温度。

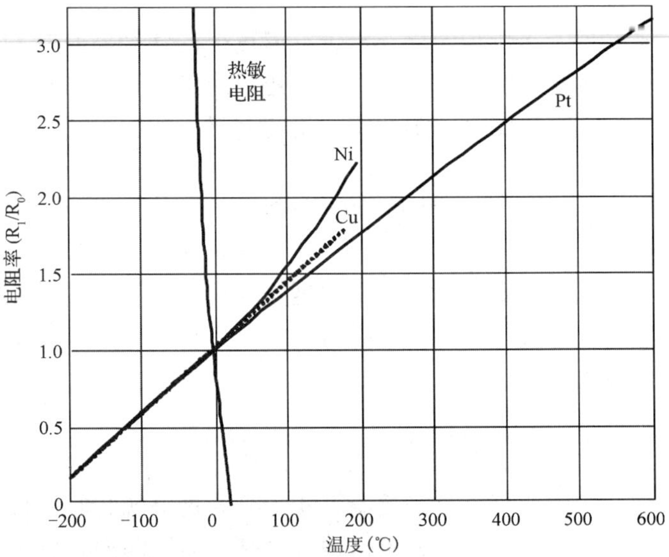

图 6.1 几种材料的电阻-温度特性

诸多金属中，由于铂具有高纯度，易接线，阻值大易检测，不易受温度、电磁场之外的其他因素影响等优点，所以铂热电阻(Pt100)在工业上被广泛用于高精度的温度测量，其次是铜热电阻。如上所述，被测温度的变化是直接通过热电阻阻值的变化来测量的，因此，热电阻感温元件的引出线等各种导线电阻的变化会给温度测量带来影响。为消除引线电阻的影响一般采用图 6.2 所示三线制或四线制。图 6.3 所示为某种铠装热电阻，是由感温元件、引线、绝缘材料、不锈钢套管组合而成的坚实体。其感温元件是用细金属丝均匀地缠绕在绝缘材料制成的骨架上而成的，当被测介质中有温度梯度存在时，所测得的温度是感温元件所在范围内介质层中的平均温度。该种热电阻具有体形细长，热响应时间快，抗振动，使用寿命长等优点。

热电阻传感器的选用，应据表 6.1 所示性能参数等确定。表中“$|t|$”为实际温度的绝对值。

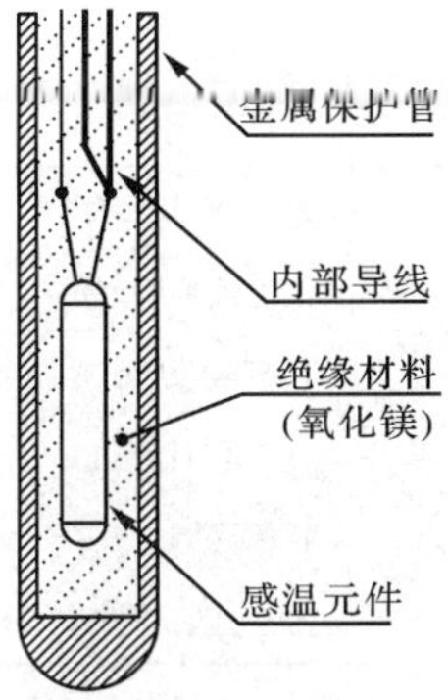

图 6.2 热电阻测温端部构造示意图

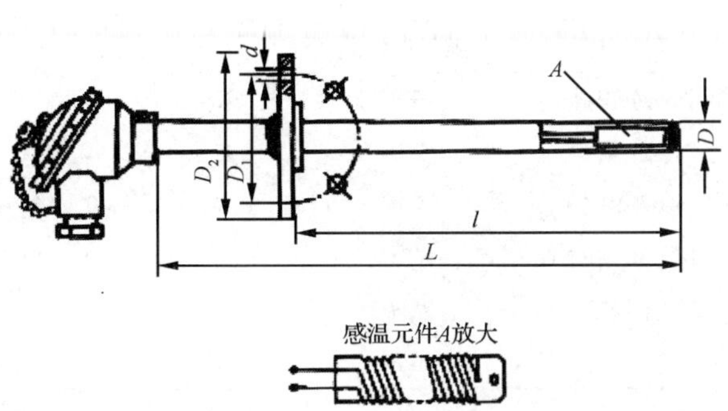

图 6.3 铠装热电阻温度计构造

表 6.1 热电阻性能参数

热电阻类别	测温范围(℃)	分度号	允许偏差 Δt(℃)
WZP 型铂电阻	-200 ~ 420	Pt100	B 级(-200 ~ 650)允差 ±(0.30 + 0.005 | t |)
			A 级(-200 ~ 650)允差 ±(0.15 + 0.002 | t |)
WZC 型铜电阻	-50 ~ 100	Cu50	-50 ~ 100 允差 ±(0.30 + 0.006 | t |)

与热电阻配套的测温仪表种类较多，随着计算机技术的发展，传统的动圈式仪表已逐渐被淘汰，微机化、智能化的数显式测温、控温仪表的应用也已相当普遍。

6.1.1.2 热电偶温度计

热电偶温度计由热电偶温度传感器、连接导线和测温仪表组成。热电偶测温元件是两种不同材料的导体或半导体，其中一端互相焊在一起，作为工作端(测温端)；另一端不焊接，作为自由端(参比端或冷端)，通过导线或补偿导线与测温仪表相连接，如图 6.4 所示。当测温端和参比端存在温差时，就会在回路中产生热电动势和热电流，这种现象称为热电效应。当热电偶的材料和冷端的温度一定时，回路中的热电动势即是测温端温度的单值函数，可通过仪表以毫伏值或直接换算成温度值显示出来。热电偶温度计的冷端温度规定为 0℃。

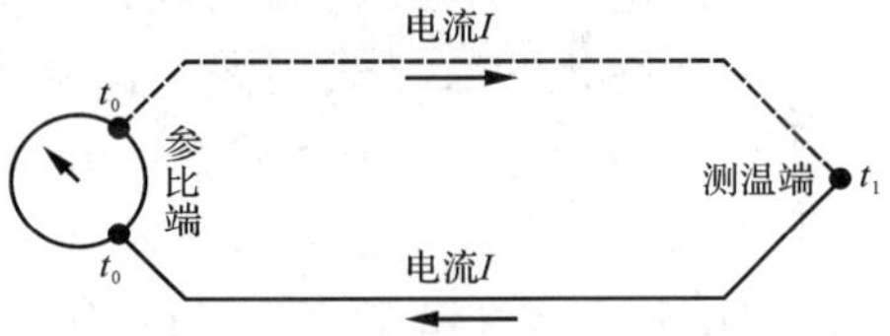

图 6.4 热电偶工作原理图

由于热电偶的材料一般都比较贵重(特别是采用贵金属时)，而测温点到仪表的距离都很远，为了节省热电偶材料，降低成本，通常采用补偿导线把热电偶的自由端(参比端)延伸到温度比较稳定的控制室内，连接到仪表端子上。必须指出，热电偶补偿导线的作用只起延伸热电偶，使热电偶的参比端移动到控制室的仪表端子上，它本身并不能消除参比端温度变化对测温的影响，不起补偿作用。因此，还需采用其他修正方法来补偿参比端温度 $t_0 \neq 0$℃时对测温的影响。

热电偶的测温范围与材料(种类)有关，几种常用热电偶的测温范围如表 6.2 所示。表中"| t |"为实际温度的绝对值，须根据测温要求选用。例如，若测炉温，可用铂铑

表6.2　热电偶种类及性能参数

名　称	型号(代号)	分度号	测温范围(℃)	允许偏差(℃)
镍铬-镍硅	WRN	K	0～1200	±2.5或0.75% $\|t\|$
镍铬-铜镍	WRE	E	0～900	±2.5或0.75% $\|t\|$
铂铑10-铂	WRP	S	0～1600	±1.5或0.25% $\|t\|$
铂铑30-铂铑6	WRR	B	600～1700	±1.5或0.25% $\|t\|$
铜-铜镍	WRC	T	－40～350	±1.0或0.75% $\|t\|$
铁-铜镍	WRF	J	－40～750	±2.5或0.75% $\|t\|$

30-铂铑6热电偶，测温范围为600～1700℃；若测木材温度分布，可用铜-铜镍热电偶，测温范围－40～350℃。

热电偶具有下述优点：①因其直接与被测对象接触，故不受中间介质的影响，所以测量精度和灵敏度高，仅次于热电阻；②测量范围广。常用的热电偶从－40～＋1700℃均可实现连续测量，某些特殊热电偶最低可测到－269℃（如金铁镍铬），最高可达＋2800℃（如钨-铼）；③构造简单，使用方便。热电偶通常是由两种不同的金属丝组成，柔软、耐用、外径细，便于埋入木材。特殊环境中，可选用有外部保护套管的铠装式热电偶。

所以，在木材干燥技术上，可用铠装式热电偶测量炉气和炉膛的燃烧温度；用不带铠装的热电偶测量干燥过程中木材内部的温度分布及其变化。

与热电偶配套的测温仪表种类较多，微机化、智能化的数显式测温、控温仪表的应用也已相当普遍。图6.5示出了日本NEC公司制DC31－203A型信号采集及分析处理仪，带有USB和RS232接口，与计算机的USB接口或COM接口相连实现数据通信和远程监控。可按设定时间间隔扫描各种类热电偶、应变、支流电流和支流电压等信号，同时实现信号分析处理、模数转换和数据存储等。我国具有相同功能的仪器价格便宜、精度已能保证要求，可根据使用要求选用。

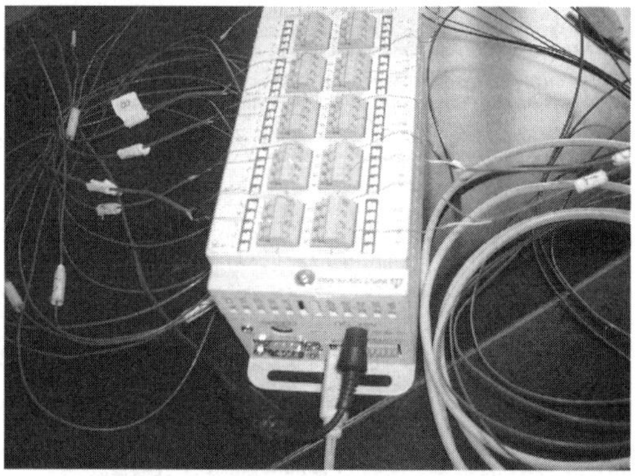

图6.5　信号采集及分析处理仪
（日本NEC制DC31—203A）

为了保证热电偶可靠、稳定地工作，使用中应注意：①测温端的两个热电极的焊接必须牢固；②两个热电极彼此之间应很好地绝缘，以防短路；③使用补偿导线时，其与热电偶自由端的连接要方便可靠；④在检测干燥木材内部温度时，必须在测温端的焊点附近，将热电偶金属线与其近层绝缘管以及绝缘管与次外层绝缘保护管间用胶可靠密封，以防止木材内部的具有一定压力的水蒸气由上述间隙逸出并在温度较低的干燥室外冷凝，致使冷凝水滴到信号采集处理仪表（测量仪表）处引起短路；避免水蒸气泄漏引起温度测量精度的降低；⑤注意测量仪表型号匹配，开关以及计算机软件设定必须与热电偶型号相匹配，接线的极性应正确。

6.1.1.3 光导纤维测温系统

光导纤维传感器是利用光在光纤中传播引起光干涉、衍射、偏振、反射及损耗等物理特征的变化，进行各种物理量测量的装置和器件，是光电传感器的一个分支。

光纤传感器一般由光源、接口、光导纤维、光电探测器、光调制机构和信号处理器等部分组成。其工作原理是来自光源的光，通过接口进入光纤，光调制机构将光电探测器测量检测的参数调制成幅度、相位、色彩或偏振等信息，最后利用微处理器进行信号处理。

光纤传感器的突出优点是：①利用不导电的玻璃纤维制成，其信息传播元件是光子而不是电子，故无电磁干扰(EMI)和射频(微波)干扰(RFI)的影响；②有较大的灵活性，可制成各种形状，并可用于恶劣环境和探测细微变化；③其光信号不仅能直接感知，而且可与高度发展的电子装置相匹配，实现其智能化、多功能化和远距离监控。目前其最大缺点是价格高，易损坏。

光导纤维温度传感器，目前已开发出多种用于不同领域的产品。加拿大的 Nortech Fibronic 公司的产品是基于 GaAs 等半导体结晶在不同温度时对某种特定波长的光子吸收的原理而开发的。具体原理如下：图 6.6 所示为 GaAs 半导体结晶对应于 -40℃、+40℃、+120℃时光谱吸收的变化。表明发生由吸收到透射的阶跃变化时所对应的波长与半导体结晶温度成线形比例关系。其实质是利用半导体能带随温度变化的特性。随着结晶温度的升高，大量的低能量光子被能带吸收，导致透射跃变向长波移动。因而，检测出光子透射跃变的位置(波长)，即可得知所对应的半导体结晶温度。利用这一原理，如果将半导体结晶置于传输发光二极管所发出光线的光导纤维中间，则被测(与半导体结晶间接接触)温度的变化将使得透过结晶的光线的波长改变，通过检测透射光的波长即可计算出对应的被测温度。其探头部构造如图 6.7 所示。在被切割为 500μm 的方形半导体晶片的前端一侧固定绝缘镜片，晶片组合固定于抛过光的光纤的端部，并用化学涂料涂敷以防止化学及机械腐蚀。检测分析系统，如图 6.8 所示。由发光二极管①发出的光通过光纤②入射传感器探头部(上述半导体晶片)③，一部分被半导体晶片吸收，透过部分被绝缘镜片④反射，并通过光纤传至波长检测器(微处理器)⑤，由其检测出在半导体晶片发生透射跃变时的波长，进而计算出所对应的温度。

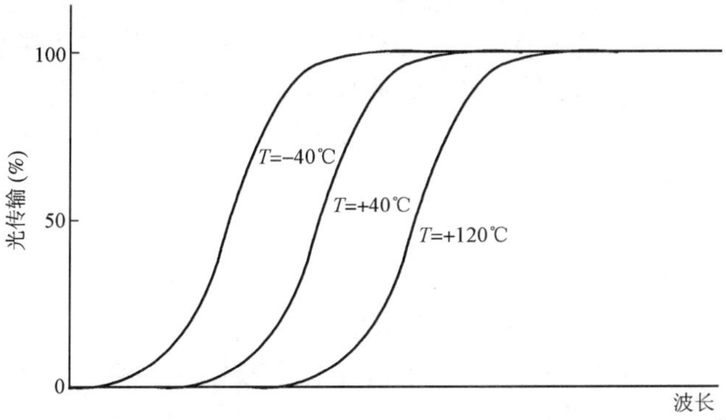

图 6.6 半导体晶片(GaAs)温度对光传输与波长关系的影响

图 6.7 光导纤维传感器测温端结构

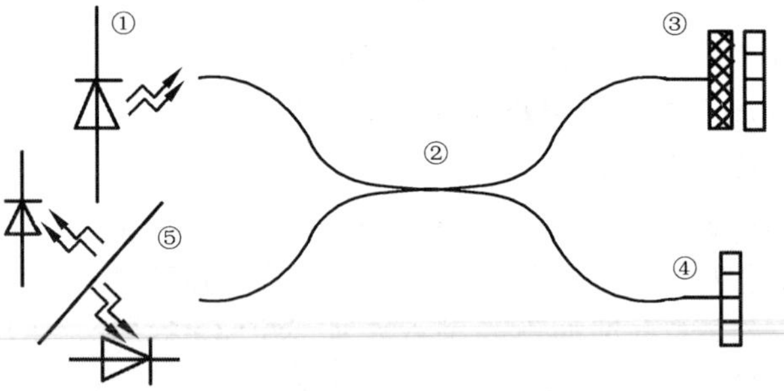

图 6.8 光信号检测分析系统示意

带数显的微处理器是信号检测、分析处理、模数转换等专用装置，带有 USB 和 RS232 接口，可与计算机的 USB 接口或 COM 接口相连实现数据通信和远程监控；带有模拟量输出接口，可将其与温控仪表相连实现温度显示和控制。

光纤测温系统使用时应注意：①光纤不能过度弯曲（曲率半径过小），以避免其折断；②光纤传感器与微处理器的连接部位应保持清洁，以防止污染物影响光子传递、影响测温精度。

6.1.2 湿度测量

6.1.2.1 湿度测量的方法

木材干燥技术上的湿度测量，毛发湿度计已被淘汰，目前应用较多的主要有干湿球温度计、平衡含水率传感器和湿敏传感器。

（1）干湿球法，是 18 世纪发明的测湿方法。历史悠久，使用最普遍。干湿球法是一种间接方法，它用干湿球温度查表求出或代入方程换算出湿度值。

（2）电子式传感器法，近年来开发出的精度较高的是湿敏传感器，目前正从简单的湿敏元件向集成化、智能化、多参数检测的方向迅速发展。

6.1.2.2 湿度测量仪表

（1）干湿球温度计。干湿球温度计由两支相同的温度计组成。其中一支温度计的感温端包着纱布，宜用医用脱脂纱布，其下部浸在水槽中保持潮湿，称该温度计为湿球温度计（controlling wetbulb），而未包纱布的另一只称为干球温度计（psychrometer）。由于湿球温度计的纱布水分蒸发，吸收了汽化潜热，使湿球温度计的读数比干球温度计低。

此差值称作干、湿球温度差(hygrometric difference)，或称作湿球温度降，其大小与气体介质的压力、气流速度和相对湿度有关。当介质压力和气流速度为一定值时，相对湿度越低，湿纱布的水分蒸发越强烈，干、湿球温度差越大；反之，相对湿度越高，干、湿球温度差就越小。当气体介质中水蒸气达到饱和时(饱和空气)，干、湿球温度差为零。即相对湿度与干、湿球温度差有一定的函数关系。气体介质的相对湿度可根据所测的干球温度和干、湿球温度差，方便快捷地查相对湿度表获得，亦可计算得到。在木材工业生产中，因为基本上都采用气干和常规室干这两种方法，所以，根据干燥介质的流速不同，相对湿度表分为两种：一种是用于气干的，空气流速小于等于0.5 m/s 的相对湿度表；另一种是用于常规室干的，干燥介质流速为1.5～2.5 m/s 的相对湿度表，见附录1。

相对湿度常用计算公式如下：

$$\varphi = \frac{P_{sw} - kP_a(t_d - t_w)}{P_{sd}} \times 100\% \tag{6.1}$$

式中：t_d 为干球温度(℃)；t_w 为湿球温度(℃)；P_{sd}为对应于干球温度时的饱和蒸汽压力(Pa)；P_{sw}为对应于湿球温度时的饱和蒸汽压力(Pa)，查第 10 章表 10.3，或根据式(10.8)～式(10.11)计算；k 为与风速有关的系数，根据风速 v 的大小，按表 6.3 取值；P_a 为大气压力(Pa)，近似为 101 325Pa≈0.1MPa。若介质的压力不为常压，须按式(6.2)进行修正：

$$\varphi' = \varphi \frac{P_m}{P_a} \tag{6.2}$$

式中：P_m 为实测介质总压力(Pa)；φ'为修正后的相对湿度(%)。

表 6.3 不同风速时的系数 k

风速 v (m/s)	0.5	1.0	1.5	2.0
系数 k	8.80×10^{-4}	7.76×10^{-4}	7.35×10^{-4}	7.13×10^{-4}

[例 1] 已知常压下干球温度 $t_d = 80$℃，湿球温度 $t_w = 70$℃，介质的气流速度 $v = 2$m/s，分别用查表法和计算法求相对湿度。

解：(1)查表法

查附录 1 得 $\varphi = 64\%$

(2)计算法

查表 10.3 得 $P_{sd} = 47\ 367$Pa，$P_{sw} = 31\ 169$Pa。查表 6.3 得 $k = 7.13 \times 10^{-4}$。

所以 $\varphi = \dfrac{31\ 169 - 7.13 \times 10^{-4} \times 101\ 325\ (80 - 70)}{47\ 367} \times 100\% \approx 64.28\%$

用干湿球温度计测量相对湿度不受温度的影响，测量范围宽，且结构简单，安装使用方便，工作可靠，使用寿命长，还可同时测量温度和相对湿度，并可根据需要，设计成温、湿度集中检测、记录和自动控制装置，是木材干燥设备中使用最普遍的湿度计。缺点是，为保证纱包适当湿润要求配置自动维持液面高度的水槽，因而干湿球温度计在干燥室内的设置场所受到限制。

干湿球温度计使用注意事项：

①温湿度计的安装，测量部分的传感器应装在室内材堆的进风侧且具有代表性的位置，感温纱包离干燥设备内壁的距离不小于150mm，对于可逆循环干燥室，材堆两侧都应装温湿度计，以便任何时候都能以材堆进风侧的温湿度作为执行干燥基准的依据。

②湿球温度计的水槽须用铜或不锈钢做成，避免锈蚀和污染水质。水槽应加盖，并用连通器与操作间的加水装置相连通。加水装置应与干燥室内水槽保持同一水位，并可排污和溢流。

③湿球感温端部高出水槽液面的距离应为3～5cm，若太小，会妨碍湿纱布处空气的流通，太大则难以保持纱布潮湿，水槽中的水温亦会对湿球温度产生影响。

④纱布不能包得太厚，以3～4层医用脱脂纱布为宜。若太厚，将无益于把湿球浸于水中，将反映不出湿球温度差。

⑤纱布和水质须保持干净，并注意加水保持水杯的水位，以确保纱布始终潮湿。

⑥温度计应经常校验，以保障测量正确，如发现读数不正常，须及时更换。

(2)平衡含水率测量装置。通过湿敏试片及装置检测到的平衡含水率是湿敏试片周围气体介质温度和湿度的函数，是反映相对湿度的另一种方式，所以湿敏试片周围介质的相对湿度可根据温度和平衡含水率，由第2章2.2节木材平衡含水率图简单快捷地查得；亦可由平衡含水率与干球温度和干、湿球温差的关系表，以及附录1查得。

测量装置可与电阻温度计一起装在干燥室内，用来代替传统的干湿球温度计，测量并控制干燥介质状态，尤其适用于微型计算机等控制的干燥设备。即微型计算机根据所测的木材含水率和干燥介质的平衡含水率，按基准设定的干燥梯度(干燥梯度=木材含水率/干燥介质平衡含水率)来控制干燥过程。

平衡含水率测量装置包括平衡含水率传感器(装于干燥室内)、直流电阻式含水率测定仪(装于控制柜内)和连接导线。平衡含水率传感器由湿敏试片(感湿木片)、试片夹和插座组成，如图6.9所示。湿敏试片通常采用全干的白榄仁木(White Afara)，其尺寸为长(顺纹)×宽×厚=30mm×25mm×1mm，要求纹理通直、无缺陷并切面光滑。也可用其他材质均匀、刨切性能好的软阔叶材等代替。制作时先取纹理通直的气干边材，做成300mm×25mm×25mm的试件，于100～103℃的恒温箱中烘至全干，然后刨出1mm厚的长片，再截成30mm长。加工后须立即放入塑料袋内封装，或置于干燥皿内存放，防止吸湿受潮。由于湿敏试片上述制作法较复杂，所以，在目前的木材干燥生产上，大都使用湿敏纸片。

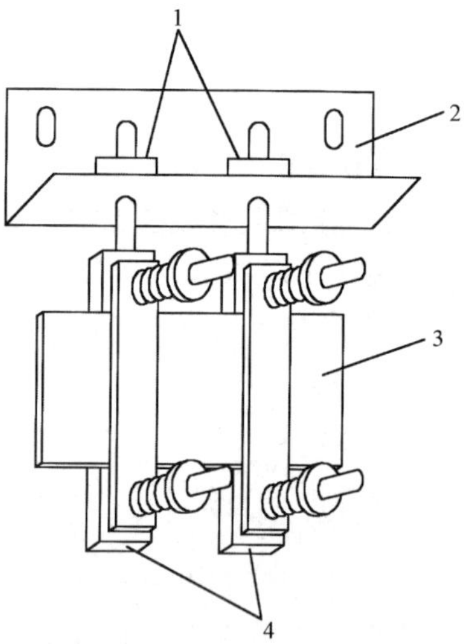

图6.9 平衡含水率传感器

1. 接线柱 2. 插座
3. 湿敏试片 4. 试片夹

木片夹，实际上是一对电极。即由两副相距20mm、相互平行的铜夹或铝夹组成。每副夹子两端装有带反力弹簧的压紧螺钉。夹子的一端有弹性插头。

插座装在干燥室内材堆进风侧的室壁上，由连接导线与操作间控制柜内的电测含水率仪相连接。插座的上方应装有防护挡板，防止冷凝水滴到试片上。

采用平衡含水率测量装置应注意以下问题：

① 装湿敏试片时应使其纵向木纹与试片夹相垂直；

② 为避免“吸湿滞后”性质的影响，每片试片只能用一次；

③ 应避免试片被滴上冷凝水或直接被喷上水蒸气；

④ 试片安装位置的要求与温、湿度计相同。

（3）湿度传感器。

湿敏元件特性　湿敏元件是最简单的湿度传感器，其主要有电阻式、电容式两大类。

——湿敏电阻。湿敏电阻的特点是在基片上覆盖一层用感湿材料制成的膜，当空气中的水蒸气吸附在感湿膜上时，元件的电阻率和电阻值都发生变化，利用这一特性即可测量湿度。湿敏电阻的种类很多，例如金属氧化物湿敏电阻、硅湿敏电阻、陶瓷湿敏电阻等。湿敏电阻的优点是灵敏度高，主要缺点是线性度和产品的互换性差。

——湿敏电容。湿敏电容一般是用高分子薄膜电容制成的，常用的高分子材料有聚苯乙烯、聚酰亚胺、醋酸纤维等。当环境湿度发生改变时，湿敏电容的介电常数发生变化，使其电容量也发生变化，其电容变化量与相对湿度成正比。湿敏电容的主要优点是灵敏度高、产品互换性好、响应速度快、湿度的滞后量小、便于制造、容易实现小型化和集成化，其精度一般比湿敏电阻要低一些。国外生产湿敏电容的主要厂家有 Humirel 公司、Philips 公司、Siemens 公司等。以 Humirel 公司生产的 SH1100 型湿敏电容为例，其测量范围是(1% ~99%)RH，在 55% RH 时的电容量为 180pF(典型值)。当相对湿度从 0 变化到 100% 时，电容量的变化范围是 163 ~202pF。温度系数为 0.04pF/℃，湿度滞后量为 ±1.5%，响应时间为 5s。

——其他湿敏元件。除电阻式、电容式湿敏元件之外，还有电解质离子型湿敏元件、重量型湿敏元件(利用感湿膜重量的变化来改变振荡频率)、光强型湿敏元件、声表面波湿敏元件等。

湿敏元件的线性度及抗污染性差，在检测环境湿度时，由于湿敏元件要长期暴露在待测环境中，因此很容易被污染而影响其测量精度及长期稳定性。

集成湿度传感器的性能特点及产品分类　目前，上述湿敏元件大都被制成集成式湿度传感器，或与铂热电阻等一起被集成为温度/湿度传感器。国外生产的主要厂家及典型产品分别为 Honeywell 公司(HIH-3602、HIH-3605、HIH-3610 型)，Humirel 公司(HM1500、HM1520、HF3223、HTF3223 型)，Sensiron 公司(SHT11、SHT15 型)。这些产品可分成以下三种类型：

——线性电压输出式集成湿度传感器。典型产品有 HIH3605/3610、HM1500/1520。其主要特点是采用恒压供电，内置放大电路，能输出与相对湿度呈比例关系的伏特级电压信号，响应速度快，重复性好，抗污染能力较强。

——线性频率输出集成湿度传感器。典型产品为 HF3223 型。它采用模块式结构，属于频率输出式集成湿度传感器，在 55% RH 时的输出频率为 8750Hz(型值)，当相对湿度从10%变化到95%时，输出频率就从9560Hz减小到8030Hz。这种传感器具有线性度好、抗干扰能力强、便于配数字电路或单片机、价格低等优点。

——频率/温度输出式集成湿度传感器。典型产品为HTF3223型。它除具有HF3223的功能以外，还增加了温度信号输出端，利用负温度系数(NTC)热敏电阻作为温度传感器，当环境温度变化时，其电阻值也相应改变并且从NTC端引出，配上二次仪表即可测量出温度值。

单片智能化温度/湿度传感器　2002年Sensiron公司在世界上率先研制成功SHT11、SHT15型智能化温度/湿度传感器，其外形尺寸仅为7.6mm×5mm×2.5mm，出厂前，每只传感器都在恒温恒湿室中做过精密标定，标准系数被编成相应的程序存入校准存储器中，在测量过程中可对相对湿度进行自动校准。它们不仅能准确测量相对湿度，还能测量温度和露点。测量相对湿度的范围是0～100%，分辨力达0.03%RH，最高精度为±2%RH。测量温度的范围是－40～＋123.8℃，分辨力为0.01℃。测量露点的精度＜±1℃。在测量湿度、温度时A/D转换器的位数分别可达12位、14位。利用降低分辨力的方法可以提高测量速率，减小芯片的功耗。SHT11/15的产品互换性好，响应速度快，抗干扰能力强，不需要外部元件，适配各种单片机，可广泛用于医疗设备及温度/湿度调节系统中。

总之，湿度传感器正朝着集成化、智能化、高精度、抗干扰及抗污染等方向发展。可根据使用条件和要求选用。

6.1.3　干燥室内温度分布场的测量

对于新建的干燥室，尤其是新型干燥设备，为了评价其性能，需要测知室内温度分布的情况，并分析各不同干燥阶段介质通过材堆后的温度变化，以及温度分布、气流速度分布与被干木料含水率变化之间的关系。

测量方法，是在材堆两侧相对应的18个(前中后上中下)或10个(两侧对角线的端点和交点)测量点，临时安放温度计。可采用热电阻或热电偶温度计，选用能与其匹配的多点温度显示、记录仪表实现多点温度检测；根据需要亦可选用如NEC公司制造的DC31－203A型信号采集及分析处理仪，通过计算机设定温度信号扫描时间间隔，并自动实现计算、记录显示和存储等。

6.1.4　木材内部温度分布的测量

木材干燥过程中的预热处理阶段或波动干燥工艺，间歇真空干燥工艺的升温阶段，都是以被干木料的中心温度达到或接近于表层温度为标志的。因此，在研制和制定工艺基准时，往往需要了解和掌握木材内部各层，尤其是中心层升温的规律性，升温时间与木材厚度及干燥条件之间的关系，木材横断面上的温度梯度与含水率变化之间的关系等。这就需要测定木材在干燥过程中的内部温度场变化。

测量的方法，是在无疵检验板的一侧埋植热电偶或热电阻。根据需要在检验板厚度方向和长度方向确定测点。画好测量点后，沿木料宽度方向钻孔，孔径为2mm，孔深应大于板的厚度，并与板面保持平行。然后，将直径不大于1.5mm的热电偶插入孔内，其末端应与孔底紧贴，并用同一树种的细木粉填塞压紧，确保电偶填埋牢固，接触良好。再用万用电表检查热电偶有无折断。检查正常后用硅橡胶封牢。装好热电偶以后，就可以将检验板放入室内材堆中，将各热电偶的引线穿过室墙的预留孔，按编号顺序与室外的测量仪表连接。热电偶可采用外径1mm或1.5mm的铜套管铠装热电偶，长度根据实际情况而定。由于热电偶需要牢固地埋植在木材内部一定的深度，测完之后难以完整地拆卸，因此，实际上多采用自制的一次性热电偶，测量完毕后，将埋入部分减去，线材可循环使用。上述方法具有两点缺陷，一是热电偶等与孔壁间间隙用木粉填充，孔内测温点与硅胶层间水分将连通，影响测温精度；二是每次使用都要剪掉热电偶埋入木材部分，造成浪费。所以，可使用第12章图12.11所示方法，将两端口连接件(具有高密封性)的一个端口与传感器测温端附近处用耐较高温度的塑料管及环氧树脂胶密封成一体，将适当孔径的塑料管用树脂胶埋入木材，将传感器测温端插入塑料管内直至管端部能可靠地插入连接件的另一端口(确保密封)。塑料管长度应以传感器感温端刚好接触木材孔底为宜。这样既能保证测温精度，又能节省热电偶线，同时可在干燥过程中适时拔下、插入连接件以实现检验板重量等的测量。

6.2　木材含水率的检测

本节介绍木材含水率测量的方法，室干过程中木材含水率的测量和含水率梯度的测量。

6.2.1　含水率测量的方法

测量木材含水率的方法有称重法、电测法、干馏法、滴定法和湿度计法等。在木材加工领域，通常采用烘干法和电测法。其余方法因测量较麻烦，或不准确、不可靠，一般不用。

6.2.1.1　称重法

称重法就是将木材的含水率试片烘至绝干来测其含水率的方法。

称出湿材重量和绝干材重量。求绝干材重量的方法是从湿木材上截取一块小试片，刮去毛刺，立即称重并作记录，然后把试片放入烘箱内，在103±2℃的温度下烘干。在试片烘干过程中，每隔一定时间称重并作记录。到最后连续两次称重相等或相差极小时，表明试片中的水分已全部排出，此时的试片重量就是绝干材重量。再用式(2.1)计算木材含水率。

用称重法测量木材含水率准确可靠。而且不受含水率范围的限制。但测量时需要截取试样，破坏木材，并需要一定的时间。

称重法是测量木材含水率的基本方法，也是常用的方法。但测量时应注意：①避免试片称重前与环境进行湿交换；②试片烘至绝干时应及时称重，防止其因热分解而影响含水率测量精度；③试片锯解时，木材水分损失对烘干法测量精度的影响程度随含水率的升高而增大，计算含水率时，应适当考虑这种损失。

当计算多片试片平均终含水率 $\bar{M}$ 时，可采用式(6.3)

$$\overline{M}=\frac{\sum_{i=1}^{n}W_i-\sum_{i=1}^{n}W_{0i}}{\sum_{i=1}^{n}W_{oi}}\times 100\% \tag{6.3}$$

式中：W_i、W_{0i}分别表示第 i 片试片的当时重量和绝干重量。

6.2.1.2　电测法

电测法是根据木材的某些电学特性与含水率的关系，设计成含水率测量仪直接测量木材含水率的方法。该方法测量方便、快速，且不破坏木材，但测量范围有限。常用的含水率测量仪有直流电阻式和交流介电式两种类型。

（1）直流电阻式含水率仪。这种仪器实际上是兆欧表。用两个电极探测器与木材接触，测得两电极之间的电阻，再转换成含水率并由仪器显示出来。

木材电导率(电阻率的倒数)的对数与含水率之间的函数关系，可用图2.4来表示。由图可见，在含水率6%～30%范围内，该关系曲线为斜率较大的直线段，即电阻率(单位面积上单位长度的电阻，单位为Ω·cm)随含水率的变化较明显，故在该含水率范围内测量较准确。含水率超过30%，曲线出现较大的转折，斜率变得非常平缓，即电阻率随含水率的变化不明显，故测量精确度差。而当含水率低于6%时，木材接近绝缘体，电阻太大不易测量。含水率高于60%，木材则接近于导体，也难以测得真实含水率。因此，这种含水率仪一般用于测量干燥材。在使用这种含水率仪时应注意以下事项。

注意树种修正　树种的影响主要是木材的构造及所含的电介质浓度，如内含物、灰分及无机盐等。而木材的密度对电阻率的影响较小。有些电阻式含水率仪只分软木和硬木(或针叶树材与阔叶树材)两个测量档是不妥的。例如属于软材的杉木和属于硬材的栎木，两者密度差别很大，但对含水率的影响却很接近。比较好的木材含水率仪应具有四个以上的树种修正档，并附有树种分类表。例如国产ST－85数字式木材测湿仪，有四个树种修正档。表6.4是其树种修正分类表。树种的分类可用没有含水率梯度的已知树种气干材，用该仪器进行分档测试，并与烘干法进行对照实验，偏差最小的档即为该树种的修正档。对于未知树种又未能做实验时，可近似地取第三档。

表6.4　树种修正表

树种	修正档	树种	修正档	树种	修正档
罗德西亚柚木	1	柳桉	3	铁杉	3
白红豆树	1	水曲柳	3	龙脑香	3
巴西核桃木	1	白冷杉	3	栎木	3
核桃木	2	槭木	3	马尾松	4
克隆	2	白蜡木	3	智利松	4
白杨	2	轻木	3	白松	4
柚木	2	檀木	3	落叶松	4
杉木	3	榆木	3	阿必东	4
花旗木	3	云南石樟	3	桦木、椴木	4

（引自欣申科技实业公司）

注意温度修正 木材的温度与电阻率之间存在着下述关系：

$$\lg\gamma = 2.89 + \lg\gamma \frac{1}{T} \tag{6.4}$$

式中：γ 为电阻率（$\Omega \cdot cm$）；T 为热力学温度（K）。

温度升高，电阻率减小，含水率读数增加。大约温度每增加10℃，含水率读数约增加1.5%。因此，必须将测量的读数减去这个数值才是真实的含水率。电阻式木材含水率仪通常是在20℃的室温下标定的，若测量温度不是20℃，须进行修正。

比较好的含水率仪常带有温度修正旋钮。例如国产ST－85型数字式木材测湿仪，温度修正范围为－10～＋100℃，德国产的木材测湿仪，修正范围为－10～＋120℃。测量时只要将温度旋钮调到木材本身的温度值即可，仪器会自动进行修正，所测数值较未修正时接近真实值。

注意纹理方向 横纹方向的电阻率比顺纹方向大2～3倍。弦向略大于径向，但差异较小，一般可忽略不计。仪表的标定通常是以横向电阻率作为依据的，测量时须注意测量方向与纹理方向垂直。若在顺纹方向测量，所测数值将比真实值大。但也有以顺纹电阻率作为仪表设计依据的，例如测量平衡含水率的感湿木片，其电极两个木片夹，必须沿横纹理方向夹住木片，即测量木片的顺纹电阻率。

注意针状电极（探针）插入木材深度和两电极距离 测量锯材含水率通常采用针状电极，将电极插入木材内部。针状电极探测器有二针二极，也有四针二极，使用无多大差别。有的还配有不同长度的探针，以便适应不同厚度锯材的含水率测量。由于电阻率与两电极之间的距离及探针的几何尺寸有关，因此，探针的形状是电阻式含水率仪设计时确定的，使用时一定要用配套的探针。有些干燥室内所用木材干燥过程中的含水率仪没有配备整体式探针，只有分离式探针、电极导线和装卸探针的卡头，这主要是为便于安装电极。使用时要注意，两电极探针的安装距离应符合说明书的要求。探针有绝缘探针，也有无绝缘探针。前者只暴露其端头，可测量木材内部某一层次的含水率。而后者全针暴露，所测接近整个插入范围内最湿部分的含水率。若被测木材表面有冷凝水或被水弄湿，采用无绝缘探针将会产生较大的误差。探针插入深度应为板厚的1/5～1/4，这样所测的含水率将接近于沿整个厚度的平均含水率。若插入深度是板厚的一半，则测得的是心层较高的含水率。上述结论适合于常规室干过程中木材的含水率检测，其他干燥方式，由于干燥过程中木材内部含水率分布不同，所以探针插入深度应据实测的含水率分布规律来确定。

直流电阻式测湿仪有不同的型式，适用于不同的场合，有普通用途便携式，还有小型袖珍式。小型袖珍式木材测湿仪体积小，重量轻，其探针与仪表装为一体，读数用发光二极管显示，没有树种修正和温度修正。使用时在被测木材相应部位钻孔（比探针细），将探针插入孔中并用木槌等轻轻敲击使其至规定深度，若木材含水率在使用含水率范围内，亮绿灯显示读数，表示合格，若高于或低于使用范围，则分别亮红灯或蓝灯显示读数。这种仪器精确度不高，但携带和测量方便，可放在口袋中，适合管理人员检查生产时使用。

（2）交流介电式木材测湿仪。这种仪器是根据木材的介电常数 ε 和功率损耗角的正切值 tan δ 在一定频率下随木材含水率的增加而增加的原理制成的。实际上它有两种型式：只测定木材介电常数随含水率变化的仪器，称为电容式木材测湿仪；能同时测定介电常数和功率损耗角的正切值随含水率变化的仪器，称为功率损耗式木材测湿仪。

这类仪器具有一个能发射高频电磁波的高频振荡器，采用板状电极或冲头式电极。测量时把极板紧贴在木材表面上(图6.10)，实际上相当于被测木材置于由电极板组成的电容器中。这种仪器测量迅速，操作容易，但精确度较差。影响因素主要是树种的密度、纹理的方向和含水率梯度，而温度的影响较小。功率损耗式木材测湿仪用于测量室干的针叶树材，将会产生较大的误差，除非没有含水率梯度。但用于测量单板或含水率达到5% ~8%且没有含水率梯度的已干材时，则测量结果是可以接受的。这两种木材测湿仪一般只能用于木材含水率的粗略测量，而不能用于精确测量。

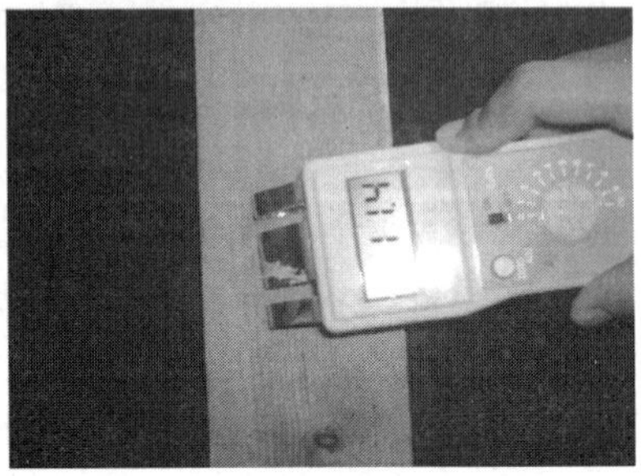

图6.10 交流介电式木材测湿仪

6.2.2 常规室干过程中木材含水率的测量

6.2.2.1 检验板定时测量法

在木材的干燥过程中，含水率和应力的检验通常使用检验板(sample board)；干燥质量的评价使用试验板(test board)。特别是在按含水率基准进行工艺控制时，用检验板的含水率和应力掌握干燥锯材的干燥状况，并调节干燥介质参数，控制整个干燥工艺过程。用时间干燥基准进行操作时，一般不使用检验板。干燥过程结束后，用布置在整个干燥室中的试验板检验干燥质量，并用于评价干燥基准的软硬度、干燥室性能的优良和其他技术经济指标。

干燥室一般都设有检验板取放窗口，装在室门或后端墙上。室干之前，在同批被干木料中挑选纹理通直，无节疤、夹皮、开裂等缺陷，并且含水率偏高的木料作为代表。检验板和试验板的锯取按国家标准《锯材干燥质量》规定的方法进行，按图6.11所示制取，剔去的端头长度为250~500mm。检验板的长度可为1.2m左右。在靠近检验板的两端各截取顺纹厚度10~12mm的含水率试片。用烘干法测定含水率试片的含水率，使用式(6.3)计算所得两试片的含水率平均值即为检验板的初含水率，记为 M_1(%)。检验板截取立即称初重(W_1)后，即用高温沥青漆，或乳化石棉沥青漆等防水涂料，或硅胶、环氧树脂胶等涂封两端头，防止水分从端头蒸发。然后尽快称其重量，记为 W'(g)，$W_{sc} = W' - W_1$，即为涂层重量。检验板的绝干重量 W_0 按式(6.5)推算：

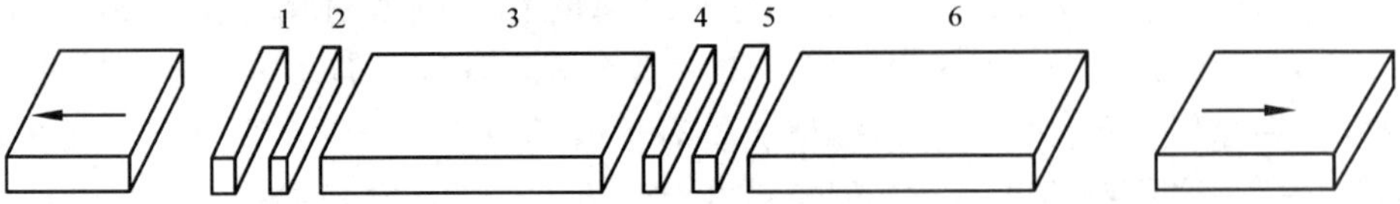

图6.11 检验板和小试验片的锯制

1、5. 10~15mm应力试验片 2、4. 10~12mm含水率试验片 3、6. 1.0~1.2m检验板

$$W_0 = \frac{100W_1}{100 + M_1} \tag{6.5}$$

堆装木材时应在材堆对着检验板取放窗口的位置预留一孔洞。材堆入窑后，含水率检验板由该窗口放入材堆中的预留孔洞中与材堆一起干燥。室干过程中定时取出检验板称其当时重量，记为 W_x(g)，则检验板当时含水率可按式(6.6)求得：

$$M_x = \frac{W_x - W_{sc} - W_0}{W_0} \times 100\% \tag{6.6}$$

6.2.2.2 检验板连续测量法

检验板连续测量法主要有下述三种。

(1)在线连续称重法。干燥过程中在线自动连续称量检验板重量，即时计算出其含水率。这种方法精确，但由于目前尚未开发出耐湿、耐腐蚀、耐温并具有温度自动补偿功能的电子秤或重量传感器等，需要将电子秤或重量传感器等设置在干燥室外，通过特殊传力装置(自制)与干燥室内检验板相连，具有一定难度，且检验板在干燥室内的位置受到限制，很难兼顾测量便利性，以及检验板干燥条件与材堆内部的一致性，所以除实验室研究外，生产上尚未使用。

(2)电阻式含水率连续遥测法。电阻式含水率连续遥测装置用于测量木材室干过程中的含水率变化，其原理与便携式的直流电阻式木材测湿仪相同，只是设计成可多点检测，并拓宽含水率的测量范围。例如国产的 SMS-2 型木材测湿仪可检测四个含水率测量点，也有四个树种修正档和温度修正档，温度修正范围为6~14℃，含水率测量范围为6%~70%。测量时将电极探针装在检验板上，并装好耐高温的连接导线，将检验板放置在材堆中的不同位置，再把导线的另一端穿过干燥室壳体上的预留孔并与外部操作间的仪表相连接。干燥过程中要测量木材含水率时，应先根据被测木材的树种及当时木材的温度，调整好树种修正旋钮(SZ)和温度旋钮，然后用检测旋钮(CD)检测各点的含水率。

将这种仪器的温度修正设计成温度自动跟踪线路，就可用于干燥过程的自动控制。即根据设定的干燥基准和木材的含水率变化，来控制基准规定的工艺参数——温度和相对湿度，或温度与平衡含水率。目前国际上流行的根据干燥梯度原理设计的木材自动控制装置，几乎都采用这种电阻式的含水率遥测方法。

这种方法的优点是测量方便、迅速，并可遥测及多点检测。其缺点是高含水率阶段的测量误差太大，甚至不能测量。另外，由于木材在干燥过程中内、外层收缩不同步，往往在干燥的前期和中期，会因表层收缩但内层未收缩而导致电极探针与木材接触不良而使测量失真。因此，自动控制装置通常要求同一干燥室木材的含水率测量点不应小于三个，取三个以上的测量点含水率平均值作为控制依据，并要求经常检测各测点含水率变化，如发现哪一点异常(偏离正常值太大)便将其放弃(松开该测点按钮)，待恢复正常后(到干燥后期内层发生收缩时，便会恢复良好接触)再重新输入(压下该测点按钮)。

(3)介电式含水率连续遥测法。该种装置有多种型式，例如劳克斯含水率仪(Laucks meter)是用两个板状电极分别固定在被测木板的上表面和下表面，相当于把木材置于测量回路的电容器中，两电极通过电缆与室外测量仪表连接，仪器发出一定频率的电磁振荡，电磁场穿过木材，从而测得木材的介电常数，由此测知木材含水率。欧文顿含水率测定仪(Irvington meter)则是对木材电容敏感度较小的高频电阻仪，其电极板装在木材上方距材面25～38mm处，仪器产生高频振荡作用于电极上，便测得两极板之间或上极板与接地运输带之间的木材电阻(electrical resistance in wood)。这种仪器既可用于测量室干过程的含水率变化，也可用于自动生产线，装在运输带上，并借助机械手将不合格的“湿”板剔出。瓦格诺含水率测定仪(Wagner meter)的探测器却具有多级电极，可装在木材的上面和下面。最新式的这种仪器是把所有电极装在同一边。测量时由中心电极发出横穿木材的电磁场，仪表即可测出木材的电阻和电容。北美摩尔公司采用的电容是含水率遥测装置，是将铝板电极插在材堆的两层木材之间，与其中一层木材紧密接触。干燥室外仪表的振荡器发出声频信号，经放大器放大后由同轴电缆送到电极板中。信号经过材堆再从地面返回，仪表即测得电路中总的电纳(阻抗的倒数)，由此测知木材的含水率。影响这类仪表读数的其他因子是树种的密度、纹理方向、含水率分布、木材温度、电极形状与几何尺寸、电磁波的频率与波形、壳体结构及地面材料等。因此，仪表安装后须经校正和调整，方可投入使用，并应对树种和温度等条件进行修正。

介电式含水率连续遥测装置因电极无须插入木材内部，不受木材干缩的影响。如使用正确，测量精度比电阻式连续遥测装置高，但也只适合于测量纤维饱和点以下的含水率。

6.2.3　含水率分布场的测量

6.2.3.1　木材内部含水率梯度的测量

木材常规室干总是表层先蒸发水分，然后内层的水分再移动到表层来蒸发。因此，木材干燥的过程中，沿整个断面的含水率分布总是内高外低，即存在不同程度的含水率梯度。从某种意义上说，含水率梯度可以反映干燥速率和干燥质量之间的关系。人们常常通过分析不同干燥阶段的含水率梯度来评价干燥基准的软硬程度，并了解干燥应力的发生、发展和变化过程，以及预测最大干燥应力的发生时间，为制定合理的干燥基准提供依据。另一方面，干燥结束后若存在过大的含水率梯度，则是干燥过程未圆满完成的反映，即木材尚未干透。因此，含水率梯度不仅是工艺试验时需要测定的重要参数，也是干燥质量检测的一项内容。

木材含水率梯度是通过测定分层含水率(layer moisture content)获知的。分层含水率的测量如下：

测定试材在不同厚度上的含水率，通常将试验片等厚分成3层或5层，用称量法测定每一层的含水率，以此求得板材的分层含水率偏差。分层含水率试验片的锯

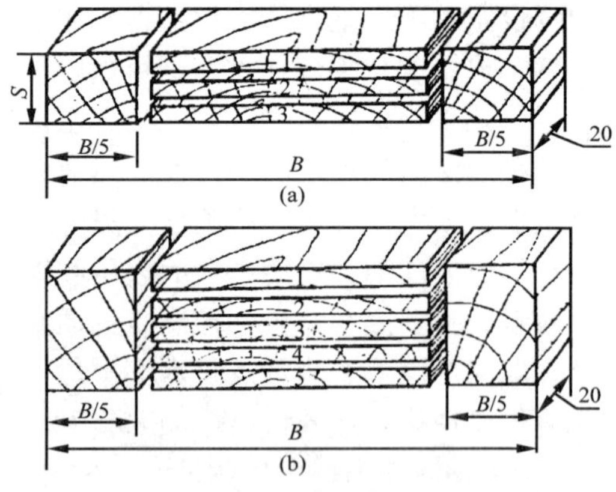

图6.12　分层含水率试验片锯制方法

B. 板材宽度　*S*. 板材厚度

取方法按图 6.12 进行。

厚度上含水率偏差 ΔM 按下式计算：

$$\Delta M = M_{2或3} - (M_1 + M_{3或5})/2 \tag{6.7}$$

ΔM 值越小，表明干燥锯材厚度上的含水率分布越均匀，意味着干燥工艺和干燥基准合理。在干燥过程中若 ΔM 值过大，则应调整干燥介质参数，及时进行调湿处理，使木材表面有限吸湿，均衡厚度上的含水率分布，以确保木材的干燥质量。

6.2.3.2 干燥室内木材干燥均匀度的测量

干燥均匀度即材堆内不同部位木材含水率允许偏差。它既是评价木材干燥质量的指标之一，又是评价干燥设备干燥性能的主要指标。

干燥均匀度的测量，首先是测算干燥木材的平均终含水率。即在干燥结束后，测量按图 6.13 所示置于材堆中的 5 或 9 块试验板(必要时抽取干燥的锯材)的终含水率，其算术平均值即代表该堆干燥木材的平均终含水率：

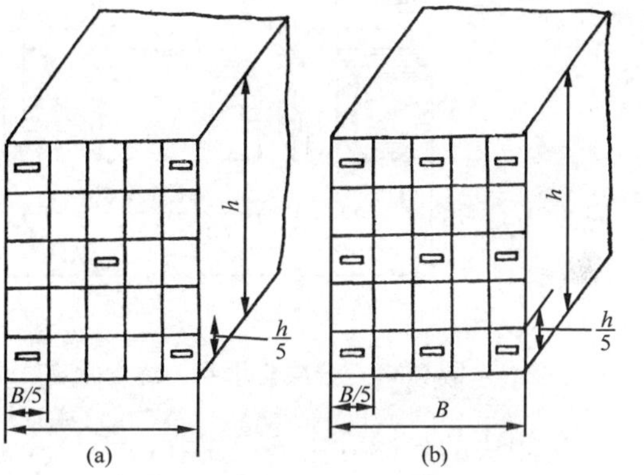

图 6.13 试验板在材堆种的位置

(a)5 块试验板 (b)9 块试验板

$$\bar{M} = \frac{\sum_{i=1}^{n} M_i}{n} \tag{6.8}$$

式中：M_i 为第 i 块实验板的含水率；n 为实验板块数，为 9 或 5 块。注意，精确分析时应使用式(6.3)计算。

干燥均匀度即终含水率均匀度以上述终含水率均方差 σ 来衡量，σ 越小，说明含水率越均匀。均方差 σ 按式(6.9)计算：

$$\sigma = \sqrt{\frac{\sum_{i=1}^{n} (M_i - \bar{M})^2}{n-1}} \tag{6.9}$$

6.3 干燥应力的检验

干燥应力的发生及发展与干燥工艺有关，并直接影响干燥质量。因此，干燥过程中必须了解和掌握应力的变化情况，以便确定最佳基准；干燥结束后的质量检验，也需要测知其残余干燥应力。

干燥应力测定的方法可归纳为实测法、切片分析法和梳齿分析法三种。

6.3.1 实测法

实测法是根据虎克定律 $\sigma = E\varepsilon$，用切片测出压力试片沿厚度方向各层的弹性模量 E

和应变量 ε，从而求出各层的应力值 σ。

首先，必须在干燥室内放置应力检验板。对应力检验板的要求与含水率检验板相同，有时，它们可为同一块板。室干时与含水率检验板一起，通过检验窗放入材堆中。干燥过程中适时取出应力检验板，按图6.14所示，在其一端锯去250mm的端头后，紧挨着锯取顺纹厚度10mm的应力试件。也可再锯一片分层含水率试件，同时作分层含水率检验，以供对照分析。

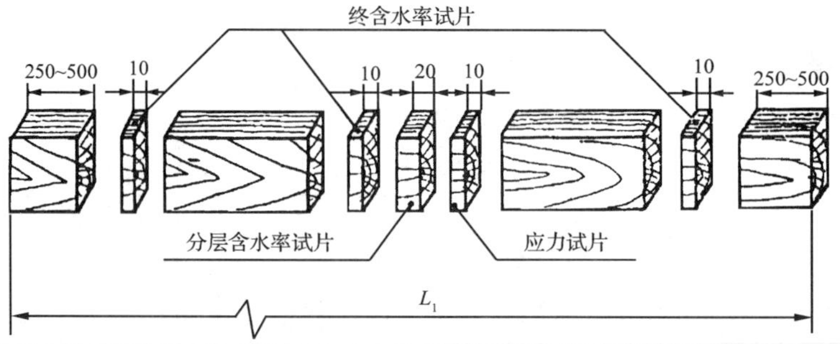

图6.14 分层含水率、终含水率、应力试验片从含水率试验板上锯取方法

实测法的具体方法是：①在应力检验板上沿着纤维方向依次截取一定长度的相对变形和弹性模量试验片各一块，根据试验片的厚度将其分成若干层；②用相对形变装置分别测定相对变形试验片中各层试片的初始长度。然后按照所划分的层数和每层高度，将试验片锯割或劈开，用模具将锯割或劈开的各层试片夹直，再次测量变形后各层试片的长度；③按照所划分的层数和每层高度，将弹性模量试验片锯割，用弹性模量测定装置分别对各层试片进行弹性模量测试。采用式(6.10)对各层试片测试结果进行计算。

$$\varepsilon = (l_1 - l_2)/l_0 \tag{6.10}$$

式中：ε 为相对形变；l_1，l_2 为应力释放前后每层试片的长度(mm)；l_0 为每层试片的初始长度(mm)。

$$E = 11pl^3/(64bh^3f) \tag{6.11}$$

式中：E 为弹性模量(MPa)；p 为每次所加的载荷量(kg)；l 为试片在两个支点之间的距离(mm)；h 为试片高度(mm)；b 为试片宽度(mm)；f 为挠度(mm)。

$$\sigma = E\varepsilon \tag{6.12}$$

式中：σ 为应力(MPa)。

此法虽可直接测出应力值，但测量麻烦、费时间，并且最主要的是难以把握干燥过程中木材各层的弹性模量，所以难以应用。

近年来，有些科技工作者，试图将电测技术应用于木材干燥应力的测量，其方法之一是在木材表面贴大标距的电阻应变片，用应变仪来测量表层的变形和弹性模量，这种方法的关键在于应变片与木材的粘结方法和传感系统的设计。木材含水率较高时，一般胶粘剂难以粘牢。若采用高强度胶粘剂，胶层太硬又影响测量结果。又因粘贴应变片处木材不能蒸发水分，影响正常收缩，使其测量结果失真。为解决这些技术问题，涂登云

(2005)曾尝试，将表面粘贴有应变片的弹性元件一端固定，另一端(自由端)随木材的表层变形同步位移，产生挠度，应变片处产生应变，应变仪将该弹性元件产生的应变转换成电信号，并通过二次仪表 YJR5 静态电阻应变仪显示所测数据。经过适当标定，YJR5 静态电阻应变仪可显示木材干燥过程中表面位移量，可在线测出干燥过程中木材表面的应变。较直接在木材表面贴应变片法要精确可靠。注意使用时，需进行零漂检测、温度修正等。

6.3.2　切片分析法和应力指数

这是利用测量分层含水率的试片或按奇数层劈解图 6.15 所示应力试件，比较其切开当时及烘干后的形状变化来估计干燥应力的方法。

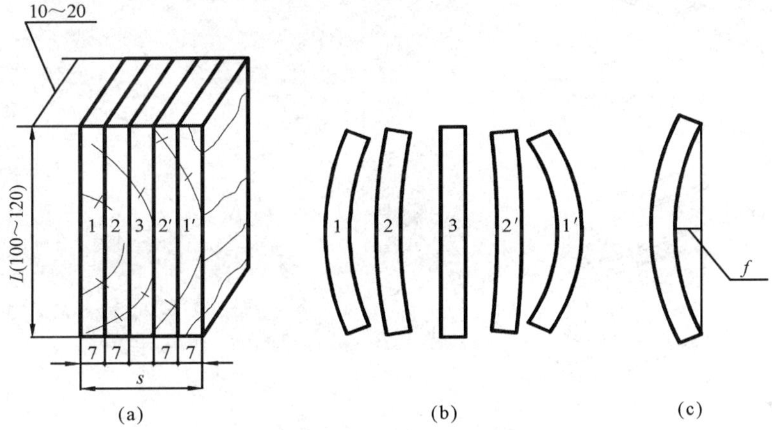

图 6.15　应力切片的制作与分析

(a)画线　(b)切片后　(c)变形挠度测量

如果木材内部有干燥应力存在，则试片切开时会变成弓形，变形的程度与含水率梯度和表面硬化(即表层发生塑性变形)的程度有关。试片切开瞬时切片的变形程度反映了干燥应力中的弹性干燥应力(许多教材称为湿应力)大小。若外层试片切开后立即向外弯，说明表层存在着拉应力，规定为负应力，反之，若向内弯，说明表层存在压应力，规定为正应力。为便于在量上比较，可把试片变形的挠度 f 对试片长度 L(图 6.15)的百分率定义为应力指数：

$$y = \frac{f}{L} \times 100\% \tag{6.13}$$

切片后据式(6.13)即时测算的应力指标是弹性干燥应力指标。生产上，检验干燥应力的目的，主要是为了测知表面硬化的程度，因为表面硬化对干燥质量的影响很大。室干过程中应控制其发展，并在适当的时候将其消除。因此更应考虑的是残余干燥应力。

残余干燥应力是在消除试片的含水率梯度后测得的。即应力试片切取后，室温下置于通风处气干 24h 以上，或在 70～100℃的恒温箱内烘干 2～3h，使其含水率分布均衡，然后再按上述方法测其应力指数，这样测得的便是残余干燥应力指数。

应力切片分析法简单易行，可与分层含水率同时测量，沿木材厚度各层均可测量。由于此法测得的应力指数会受切片厚度的影响，为使测量结果具有可比性，统一规定切片的厚度为7mm。

新的应变理论认为，木材干燥时的总应变由干缩应变、弹性应变、黏弹性蠕变和机械吸附蠕变组成。可用切片法来测定，测定步骤和计算见第3章3.7节(应变理论的新发展)。其测量方法见图6.16和图6.17，前者是用千分表，操作较便利，但精度低；后者是将检验板画线并确定各试片长度测量的两个基准点，用数码相机拍照，劈解后或劈解的试片含水率平衡后用弹力卡具将各试片夹紧并拍照，将图片输入计算机并用图形分析软件计算各试片两个基准点间的距离，测量精度高。

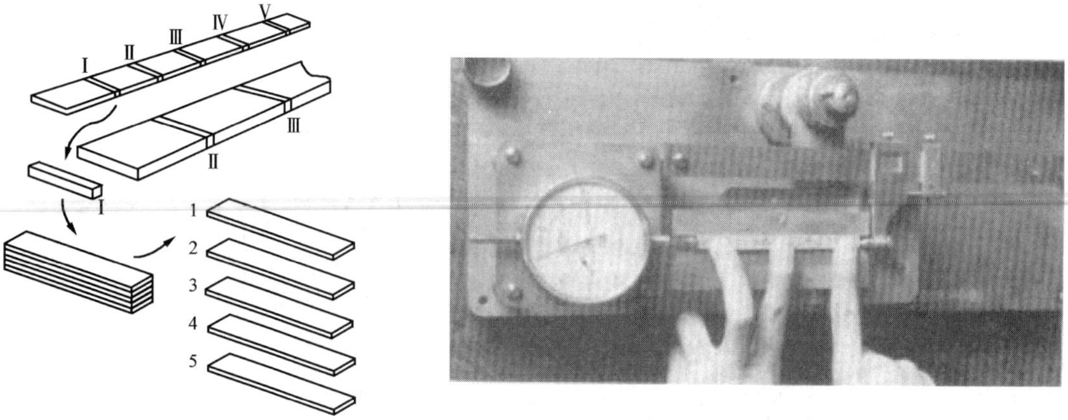

图6.16　切片长度检测

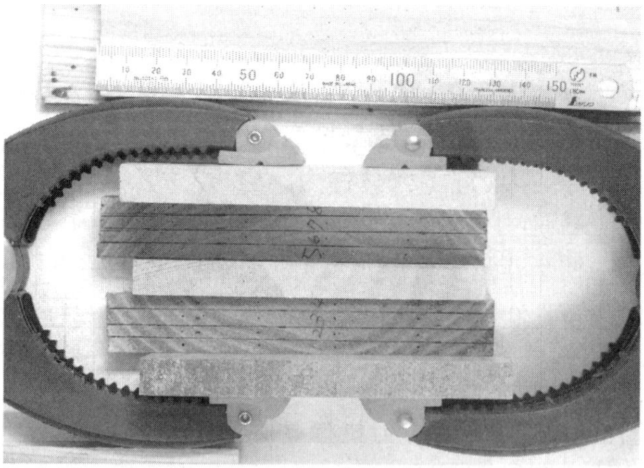

图6.17　切片长度检测

6.3.3　叉齿分析与应力指标

实际上，应用更为普遍的应力检验方法是叉齿分析法。

将应力试件按图6.18或图6.19制作成叉齿形试片。当检验板宽度 $B>200$mm 时，以中线为基准线；若 $B<200$mm，则以任何一边为基准线，截取试片长度 80 ~ 100mm。然后锯出两片叉齿。叉齿长 50 ~ 70mm，宽 7mm，齿口朝板心，若板厚(试片宽)大于 50mm，叉齿应距表面 7mm。

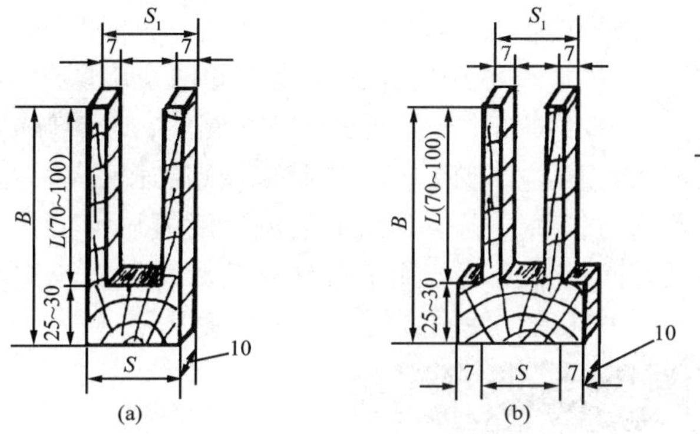

图 6.18 应力试验片锯解方法

B. 板材宽度 *S*. 板材厚度

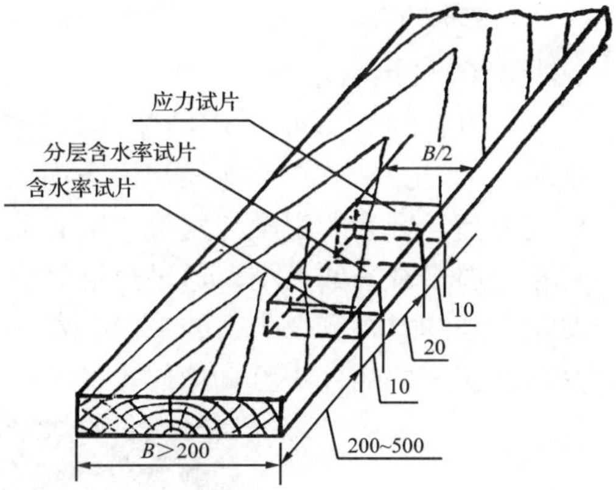

图 6.19 宽材应力试验片的锯解

叉齿试片制作后，在室温下空气流通处放置 24h，或在 70 ~ 100℃的恒温箱中烘2 ~ 3h，使叉齿内、外层的含水率分布均衡后，便可根据叉齿变形的程度测知其应力指标 Y，也就是叉齿的变形率

$$Y=\frac{S-S_1}{2L_f}\times 100\% \tag{6.14}$$

式中：S 为叉齿未变形时两齿端外侧的距离，即两齿根外侧的距离(mm)；S_1 为叉齿变形后两齿端外侧距离(mm)；L_f 为叉齿未变形时的外侧长度(mm)。

若 $|Y|\leqslant 2\%$，说明干燥应力很小，可忽略不计。若 $|Y|>5\%$，说明应力较大，应进行调湿处理，将其消除。国家锯材干燥质量标准对不同等级的干燥锯材规定有干燥应力指标的允许范围，可参照其来调整干燥基准。

6.4 风速、风压、风量的测量

要检验干燥室的性能，需要测定通过材堆的风速，而干燥设备的设计和制造需要测知风机的风压和风量。

6.4.1 风速的测量

影响木材干燥的外部因素，除了干燥介质的温度、相对湿度和压力外，还有介质的流动速度，即气流速度。气流速度的大小，既影响对流换热强度，又影响木材表面的饱和蒸汽黏滞层，这两者都与木材干燥速率直接相关。通常要求通过材堆的气流速度在 1m/s 以上，以使气流能达到紊流状态。在高含水率阶段，如能使通过材堆的气流速度达到 3 ~ 5m/s，则干燥效率更高。然而，气流速度高，会使电耗大大增加，一般认为 1.5 ~ 3 m/s 较合适。也可采用变速电动机，高含水率阶段用较高的气流速度，干燥后期可适当地降低气流速度。

由此可见，材堆中气流速度的大小及分布均匀度，是干燥室性能的一项重要技术指标，新建干燥设备一般都需要进行这项测量。

测量材堆中气流速度最常用的仪器是热球式风速仪。国产 QDF-2A 型热球式风速仪（图 6.20）的测量范围为 0.05 ~ 10 m/s。它由测杆和便携式测量仪表组成。测杆的头部有一个直径约 0.6mm 的玻璃球，球内绕有加热玻璃球用的镍铬丝线圈和两个串联的热电偶，通过测杆的连接导线与仪表连接。当一定大小的气流通过加热线圈后，玻璃球的温度升高，升高的程度与气流速度有关。气流速度小时温升大，反之，气流速度大时温升小。温度升高的大小，通过热电偶输入测量仪表，以换算出的气流速度值显示出来。测量时须注意将测杆头部的缺口对着气流方向，使玻璃球测量元件直接暴露在气流中。这种风速仪的测杆头可直接伸入材堆中的水平气道，使用方便，测量精确可靠。

图 6.20 QDF—2A 型热球式风速仪

风速分布均匀度的测量，是在室内材堆的进风侧和出风侧的前、中、后，上、中、下，每侧九个点的材堆水平气道内，分别测量各点的气流速度 v_1，再分别计算进风侧和出风侧的风速平均值 $\bar{v}_{in}$ 和 $\bar{v}_{ou}$，并求其均方差 σ_{in} 和 σ_{ou}。计算公式参照式(6.8) ~ 式(6.9)。用 $\bar{v}_{in} \pm \sigma_{in}$ 表示进风侧风速分布均匀度，用 $\bar{v}_{ou} \pm \sigma_{ou}$ 表示出风侧风速分布均匀度。

干燥室内气流速度分布均匀度，直接影响温度分布均匀度，这两者共同影响木材干燥均匀度。因此，要提高干燥均匀度，必须合理布置通风机和加热器，并适当设置挡风板，使气流速度和温度分布均匀。

6.4.2 风压的测量

木材工业中的木材干燥设备，常常由于使用环境和工艺参数要求的特殊性，难以买到符合要求的定型产品风机。因此，为数不少的干燥室是采用自行设计或仿制的风机，这种自制风机的性能参数并不十分清楚，尤其是非标准设计的新型风机，要求进行风压和风量的测量。

简单的测量方法是做一段与风机整流罩壳形状和大小相同的试验风筒，相当于把整流罩壳的原状延长。用毕托管连接倾斜压力计进行测量，如图 6.21 所示。毕托管中心通孔的末端用橡皮管与压力计的大液面相连，如此测得的是全压；如只连接管外周的小孔，所测得的是静压；如图 6.21 所示，将管中心的通孔和管外周围的小孔分别连接到

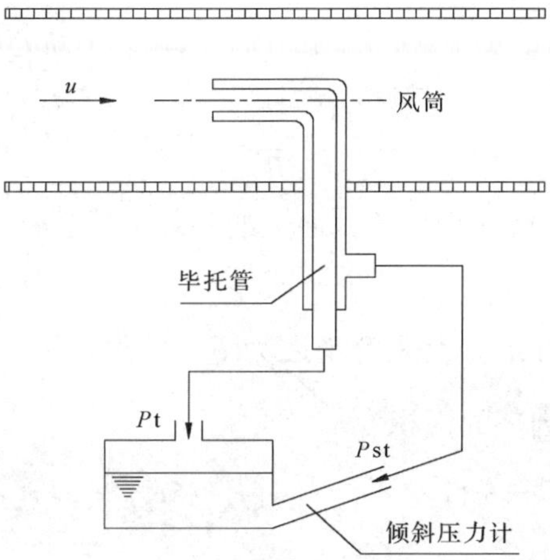

图 6.21　用毕托管和倾斜压力计测风压

（测量动压 P_d 时的接法）

压力计的两端，则测得的是两者的压力差，即为动压。倾斜压力计中所填充的液体通常是酒精或煤油，其测量范围可达 196～392Pa，设测压时液柱移动的距离为 L(mm)，倾斜管与水平线的夹角为 α，压力计内所充填液体的密度为 ρ（g/m³），则测得的压力值 P(Pa)为

$$P = L\rho\, g\sin\alpha \tag{6.15}$$

式中：g 为重力加速度，$g = 9.81(\mathrm{m/s^2})$。

在室温下（温度 $t = 20$℃，空气的密度 $\rho = 1.2\mathrm{kg/m^3}$ 时）测得的全压就是规格风机压头的压力，风机的压头应能克服循环系统的全部阻力损失。

6.4.3　风量的测量

同测量风压一样，用毕托管测量试验风筒内的动压 P_d(Pa)。即可由式(6.16)求得气流速度 v(m/s)为

$$v = \sqrt{\frac{2P_d}{\rho}} = \sqrt{\frac{2P_d}{1.2}} = 1.29\sqrt{P_d} \tag{6.16}$$

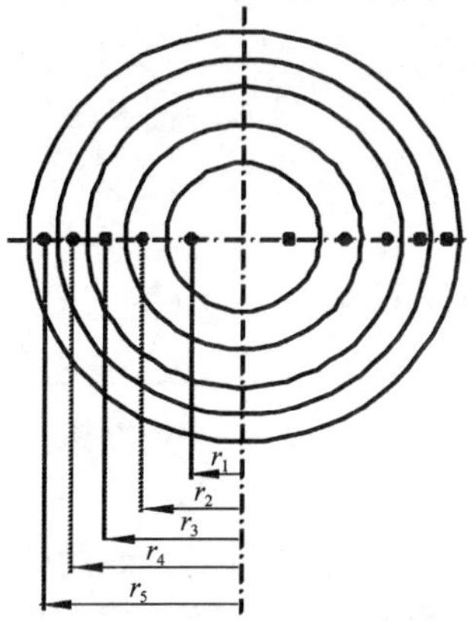

图 6.22　测点的位置

由于边界层的影响，试验风筒内的流速分布是不均匀的。贴近壁面处的速度几乎等于零，管道中心处的速度最大。因此，测量时须将风筒假设分成若干个等截面积的圆环（一般分成五个），如图 6.22 所示。在各等截面圆环的平均半径处（即将各圆环的面积再分成两个面积相等的同心环，均分面积的圆环半径就是原圆环的平均半径），测量其动压值。由该动压值求出该圆环的平均速度。再由各圆环的流速，求整个风筒断面的平均流速。于是，求得风机的风量 Q(m³/s)为

$$
\begin{aligned}
Q &= 3600A_t\bar{v} \\
&= 3600 \times 1.29\frac{A_t}{5}(\sqrt{P_{d1}}+\sqrt{P_{d2}}+\sqrt{P_{d3}}+\sqrt{P_{d4}}+\sqrt{P_{d5}}) \\
&= 928.8A_t(\sqrt{P_{d1}}+\sqrt{P_{d2}}+\sqrt{P_{d3}}+\sqrt{P_{d4}}+\sqrt{P_{d5}}) \qquad (6.17)
\end{aligned}
$$

式中：A_t为风筒截面积(m^2)；$\bar{v}$ 为风筒截面上的平均流速(m/s)；$P_{d1}\cdots P_{d5}$分别为各圆环测点处的动压(Pa)。

测点的位置可以这样确定：设风筒半径为 R，因风筒面积被均分成 $\frac{\pi R^2}{2\times5}=\frac{\pi R^2}{10}$ 个面积相同的圆环，则每个圆环的面积为

$$\frac{\pi R^2}{10}=\pi r_1^2=\pi(r_2^2-2r_1^2)=\pi(r_3^2-4r_1^2)=\pi(r_4^2-6r_1^2)=\pi(r_5^2-8r_1^2)$$

化简上述各等式，便可得

$$r_1=0.316R \quad r_2=0.548R \quad r_3=0.707R \quad r_4=0.837R \quad r_5=0.949R$$

测点的位置取在风筒相互垂直的直径上。一般对于直径较小的风筒，只在水平直径上取10个测点(每个等截面同心环测2点，取平均值)；较大直径的风筒，应竖直和水平方向共取20个测点(每个等截面圆环测4点，取平均值)。

6.5 蒸汽流量的测量

在综合性木材加工企业里，常常有若干个工序或工段由同一台锅炉供汽。为了对各类产品进行经济核算，或实行经济承包责任制，有必要在各供汽支路上安装蒸汽流量计。在木材干燥车间里，有时为了对某一个干燥室或某一种干燥工艺进行热平衡测试(详见第6章6.6节)，也需要测量其蒸汽流量。

测流体流量的仪器有：差压式流量计、体积式流量计、浮子式流量计、涡轮流量计、电磁流量计、涡街流量计、超声流量计 、科里奥利质量流量计、热式质量流量计、插入式流量计、明渠流量计、靶式流量计等多种。测量蒸汽流量的仪器亦有多种，应用比较广泛的主要是差压式流量计和涡街流量计。

6.5.1 差压式流量计

6.5.1.1 概述

差压式流量计(以下简称DPF)是根据安装于管道中流量检测件产生的差压、已知的流体条件和检测件与管道的几何尺寸来测量流量的仪表。DPF由一次装置(检测件)和二次装置(差压转换和流量显示仪表)组成。通常以检测件的型式对DPF分类，如孔板流量计、文丘里管流量计及均速管流量计等。二次装置为各种机械、电子、机电一体式差压计，差压变送器和流量显示及计算仪表，它已发展为三化(系列化、通用化及标准化)程度很高的种类规格庞杂的一大类仪表。差压计既可用于测量流量参数，也可测量其他参数(如压力、物位、密度等)。

DPF按其检测件的作用原理可分为节流式、动压头式、水力阻力式、离心式、动压

增益式和射流式等几大类，其中以节流式和动压头式应用最为广泛。

节流式 DPF 的检测件按其标准化程度分为标准型和非标准型两大类。所谓标准节流装置是指按照标准文件设计、制造、安装和使用，无须经实流校准即可确定其流量值并估算流量测量误差的检测件；非标准节流装置是成熟程度较差，尚未列入标准文件中的检测件。通常称 ISO—5167(GB/T—2624)中所列节流装置为标准节流装置，其他的都称为非标准节流装置。非标准节流装置是指那些节流装置结构与标准节流装置相异的，如果标准节流装置在偏离标准条件下工作亦应称为非标准节流装置，例如，标准孔板在混相流或标准文丘里喷嘴临界流下工作的都是非标准节流装置。

6.5.1.2 基本原理

充满管道的流体，流经管道内的节流件时，如图 6.23 所示，流速将在节流件处形成局部收缩，因而流速增加，静压力降低，于是在节流件前后便产生了压差。流体流量愈大，产生的压差愈大，所以，通过测量孔口前、后的静压差 P_1-P_2 就可求出管中流体的流量。这种测量方法是以流动连续性方程(质量守恒定律)和伯努利方程(能量守恒定律)为基础的。压差的大小不仅与流量有关，而且与其他许多因素有关，例如当节流装置形式或管道内流体的物理性质(密度、黏度)不同时，在同样大小的流量下产生的压差也不相同。

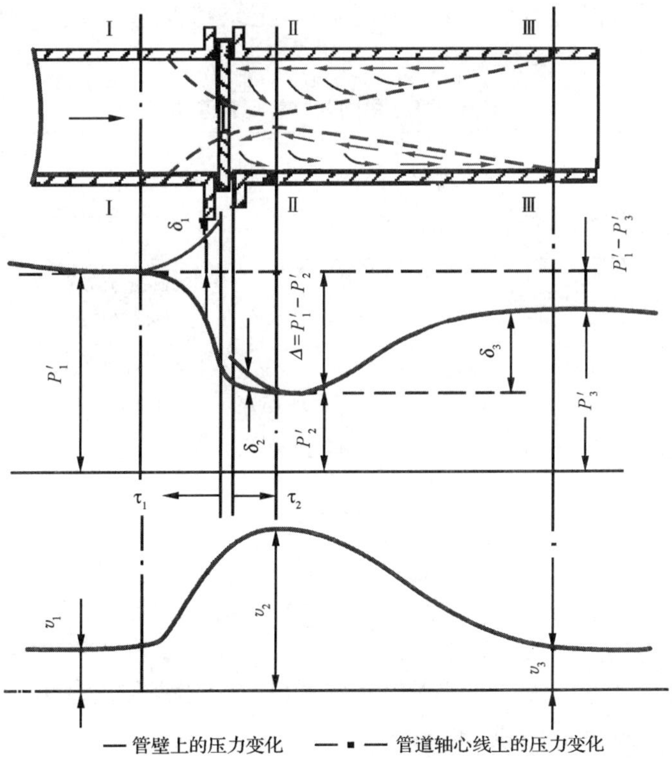

图 6.23 孔板附近的流速和压力分布

6.5.1.3 分类

差压式流量计分类如表6.5所示。其中最常用的为标准孔板流量计，下面将重点介绍。

表6.5 差压式流量计分类表

分类原则	分 类 类 型
按产生差压的作用原理分类	1)节流式；2)动压头式；3)水力阻力式；4)离心式；5)动压增益式；6)射流式
按结构形式分类	1)标准孔板；2)标准喷嘴；3)经典文丘里管；4)文丘里喷嘴；5)锥形入口孔板；6)1/4圆孔板；7)圆缺孔板；8)偏心孔板；9)楔形孔板；10)整体(内藏)孔板；11)线性孔板；12)环形孔板；13)道尔管；14)罗洛斯管；15)弯管；16)可换孔板节流装置；17)临界流节流装置
按用途分类	1)标准节流装置；2)低雷诺数节流装置；3)脏污流节流装置；4)低压损节流装置；5)小管径节流装置；6)宽范围度节流装置；7)临界流节流装置

6.5.1.4 标准孔板流量计

标准孔板流量计由标准孔板节流装置(孔板及取压装置)、差压计及导压管等部分组成。

测量孔口前、后静压差的差压计有多种类型，最简单的是U形管差压计，但工业上通常采用由差压计变送器和二次仪表(指示、记录和流量积算机构等)组成的差压计。部分国产差压计的基本特征见表6.6。

表6.6 可采用的几种差压计基本特征

<table>
<tr><th rowspan="2">仪表名称</th><th rowspan="2">仪表型号</th><th rowspan="2" colspan="2">显示形式</th><th colspan="2">测量范围</th><th rowspan="2">精度级
(kPa)</th><th rowspan="2">工作压力
(MPa)</th></tr>
<tr><th>测量</th><th>差压(kPa)</th></tr>
<tr><td>U型管差压计</td><td>CGS-50</td><td colspan="2"></td><td></td><td>0～47</td><td>±0.3</td><td>1.0</td></tr>
<tr><td rowspan="2">双波纹管差压计</td><td>CWC-282</td><td rowspan="2">带积算装置</td><td>指示式</td><td rowspan="3">1.0,1.25,
1.6,2.0,
2.5,3.2,
4.5,6.3
T/h</td><td rowspan="2">62,98,157,
245,392</td><td rowspan="2">147</td><td rowspan="2">6.0</td></tr>
<tr><td>CWC-612</td><td>记录式</td></tr>
<tr><td>膜片式差压计</td><td>CM-4</td><td colspan="2">输出交毫伏
配电子差动仪</td><td>98,157,245,
392,618</td><td>147</td><td>6.4</td></tr>
<tr><td>电动平衡差
压变送器</td><td></td><td colspan="2">输出0～10mA直流电
流,配电动仪表显示</td><td></td><td>0～2.0
0～6.0</td><td>9.8</td><td>2.5</td></tr>
</table>

孔板流量计的结构简单，制造容易，使用方便，价格便宜，应用比较广泛。它的主要缺点是流体经孔口后压头损失较大，测量的重复性、精确度在流量计中属于中等水平，范围较窄，现场安装条件要求较高，检测件与差压显示仪表之间引压管线为薄弱环节，易产生泄漏、堵塞、冻结及信号失真等故障。近年来仪表开发者采取了很多措施，使上述缺点在一定程度上得到了弥补。

该种流量计在选用时应考虑仪表性能、流体特性、安装条件、环境条件和经济因素等。

6.5.2　涡街流量计

涡街流量计也叫蒸汽旋涡流量计，它是由旋涡流量变送器和二次表流量计算器配套而成。

旋涡流量变送器包括旋涡发生体、旋涡检验器和前置放大器三部分，其构造原理如图6.24所示。旋涡发生体是一断面不变的长杆，沿管道径向通过管道中心插入。长杆的断面形状为非流线，如图6.24(a)所示，当流体通过时，会在尾流中产生交替排列的两列旋涡，即卡门涡街。其旋涡交替发生的频率与流速成正比。

$$f = \frac{vS_t}{d} \tag{6.18}$$

式中：S_t 为斯特拉哈尔常数；d 为非流线体长杆的宽度。

当雷诺数在 $5\times10^3 \sim 5\times10^5$ 范围内，S_t 近似为常数。因此，可通过测定旋涡发生频率来测知流速，从而测得流量。

蒸汽旋涡流量计是一种比较理想的蒸汽计量仪表，它的测量范围宽，适用流体种类多，如液体、气体、蒸汽和部分混相流体，而且结构简单，旋涡发生体坚固耐用，可靠性高，并容易维护(与节流式差压流量计相比较，无须导压管和三阀组等，减少泄漏、堵塞和冻结等)。但有下述局限性：其不适用于低雷诺数测量(Re 应 $\geq 2\times10^4$)，故在高黏度、低流速、小口径情况下应用受到限制。

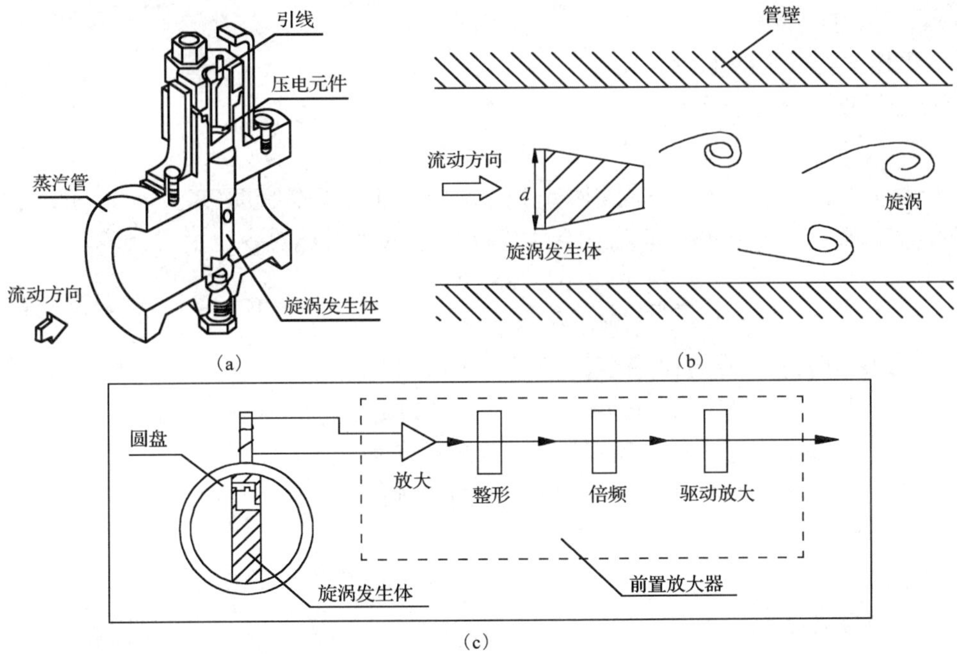

图6.24　涡街流量计的构造原理

(a)流量计结构　(b)旋涡产生原理　(c)流量计一次表框图

6.6 木材室干的热平衡测试

木材人工干燥，是木材加工企业中能耗较大的一个环节。就木制品加工而言，干燥过程的能耗占整个加工过程总能耗的40%～70%。因此，对木材室干过程进行热平衡测试，在充分了解室干过程能耗分配及室干热效率的基础上，寻求节约能耗的途径，已越来越为人们所重视。

以蒸汽干燥为例，热平衡测试包括以下项目：

(1)进入加热器的能量。

$$Q'_1 = W_{1s} i_1 \qquad (\mathrm{J}) \tag{6.19}$$

式中：W_{1s}为一个干燥周期内进入加热器的干饱和水蒸气的质量(kg)，由蒸汽流量计测得；i_1 为蒸汽的平均热焓(J/kg)，由蒸汽的绝对压力平均值查干饱和蒸汽参数表。

(2)喷蒸消耗的能量。

$$Q'_2 = W_{2s} i_2 \qquad (\mathrm{J}) \tag{6.20}$$

符号意义同式(6.19)。喷蒸供汽管路须另装蒸汽流量表。若以成本核算为目的，蒸汽流量表可装在总进汽管上，则加热与喷蒸可合并测量。

(3)通风机消耗的能量。

$$Q'_3 = UQ_e \qquad (\mathrm{J}) \tag{6.21}$$

式中：U 为热功当量，3600kJ/(kW·h)［860kcal/(kW·h)］；Q_e 为风机消耗的电能(kW·h)，由电度表测得。

(4)预热木材所需的能量。

当环境温度在冰点以上时：

$$Q'_4 = V\rho b(\bar{M}_h + 1)c_{M_1}(t_p - t_e) \qquad (\mathrm{J}) \tag{6.22}$$

式中：V 为一干燥室被干木料的材积(m^3)；ρ_b 为木材的基本密度(kg/ m^3)；$\bar{M}_h$ 为以小时计算的木材平均初含水率；c_{M_1}为初含水率状态下的木材比热容，由式(6.27)求得

$$c_{M_1} = \frac{M_1 + (c_{W_0} + 4.85t_p)}{M_1 + 1} \qquad [\mathrm{J/(kg \cdot ℃)}] \tag{6.23}$$

式中：c_{W_0}为0℃时绝干材的比热容，等于1113 J/(kg·℃)或0.266 kcal /(kg·℃)；4.85为系数(若以kcal为热量单位时，则为0.00116)；t_p 为木材预热温度(℃)，取平均干燥温度，即基准第三阶段介质温度；t_e 为环境平均温度(℃)。

若被干木料为毛边板且长度又参差不齐，难以确定材积时，应称量装窑前的木料重量 W_t(kg)，那么，式(6.22)应改为

$$Q'_4 = W_t c_{M_1}(t_p - t_e) \qquad (\mathrm{J}) \tag{6.24}$$

当环境温度在冰点以下时，按式(6.25)计算：

$$Q'_4 = V\rho b\{(\bar{M}_h + 1)c_{M_1}(t_p - t_e) + (\bar{M}_h - 0.3)[r_i - (c_w - c_i)(0 - t_e)]\} \qquad (\mathrm{J}) \tag{6.25}$$

式中：0.3为 纤维饱和点，$V\rho_b(\bar{M}_h - 0.3)$ 为冰冻时的重量；r_i为冰的融解潜热，等于

334 720J/kg；c_w为水的比热容，等于 4184 J/(kg · ℃)；c_i为冰的比热容，等于 2092 J/(kg · ℃)。

若直接称量木材重量 W_t，则式(6.29)应改为：

$$Q'_4 = W_t\{c_{w1}(t_p - t_e) + \frac{W_1 - 0.3}{W + 1}[r_i - (c_w - c_i)(0 - t_e)]\} \quad (J) \qquad (6.26)$$

(5)蒸发木材中的水分所消耗的能量。

$$Q'_5 = \overline{W}_{5s}(1000\frac{\overline{I}_e - \overline{I}_a}{\overline{d}_e - \overline{d}_a} - c_w t_p) \quad (J) \qquad (6.27)$$

式中：W_5 为一个干燥周期内木材中蒸发的水分：

$$W_{5s} = V\rho_b(\overline{M}_h - \overline{M}) \quad (kg) \qquad (6.28)$$

$\overline{M}$ 为木材要求含水率(以小数计)；$\overline{I}_e$、$\overline{d}_e$ 分别为排气状态下的湿空气热焓(J/kg)平均值和湿含量(g/kg)平均值，可近似地由干燥第三阶段的介质状态(t，φ)查 I-d 图或 tp 图；$\overline{I}_a$、$\overline{d}_a$分别为新鲜空气的热焓平均值和湿含量平均值，由环境平均温度、湿度查 I-d 图或 tp 图。

(6)室干热效率。

$$\eta = \frac{Q'_4 + Q'_5}{Q'_1 + Q'_2 + Q'_3} \times 100\% \qquad (6.29)$$

式中 Q'_2 和 Q'_4 仅在木材预热期和蒸喷期存在，其他阶段为零。

参考文献

1. 梁世镇，等. 1998. 木材工业实用大全：木材干燥卷. 北京：中国林业出版社.
2. 唐旭华. 2005. 自动检测技术及仪表控制系统. 2 版. 北京：化学工业出版社.
3. 蔡英春，等. 2001. Three – Dimensional Measurement of Temperature Distribution in Wood during Radio-Frequency/Vacuum Drying. 木材学会誌 47(5)：389 – 396.
4. 刁秀明，等. 1995. 杯弯法测试木材干燥应力的研究. 林产工业，22(4).
5. 寺澤眞，等. 1998. 木材の高周波真空乾燥. 海青社.
6. 日本機会学会編. 1992. 湿度・水分測定と環境のモニタ. 東京：技報堂出版株式会社.

第 7 章

木材干燥工艺

木材干燥常用室干，是国内外广泛采用的一种干燥方法。目前，国内外使用的干燥室的种类较多，各种不同类型的干燥室，使用时干燥工艺过程及测试的方法皆大同小异。其中以室干工艺最为典型，因此，本章主要介绍木材的室干工艺。

7.1 干燥前准备

7.1.1 干燥室壳体和设备的检查

同使用任何设备一样，干燥室在使用前也要进行壳体和内部设备的检查，特别是对长期运行的干燥室是否处于完好状态必须进行检查，以保证干燥生产过程的正常运行。

7.1.1.1 干燥室壳体

是指室顶、地面和墙壁而言，起维护作用。壳体结构的完好，能保证木材干燥过程的正常运行。所以，对木材干燥室壳体要进行定期的检查和维修。常见砖砌体干燥室壳体的损坏有：墙壁出现自上而下的裂隙，抹光层灰泥脱落，内壁涂饰的防护层脱落，暴露的砖块粉碎，以及大小门使用后腐蚀和关闭不严等。金属壳体的损坏有：铆焊处开裂，局部损坏，壳体与地基间出现裂隙等。上述缺陷如果出现，应及时修复，以确保木材干燥室壳体的完整性、保温性、密封性和使用寿命。这样才能充分发挥干燥室和内部各种设备的性能，保证木材干燥工艺过程正常地按干燥基准操作。

7.1.1.2 通风设备

包括通风机、轴承、润滑系统、机架和导向板等。通风机开动后要求风机运转平稳，以防系统和壳体发生振动。润滑系统包括油杯和油管等。主要故障是油路堵塞使润滑油不能畅流，以致使轴承磨损烧掉。因此，要对润滑系统进行定期的检查和维护。另外，要对通风机的转数定期检查，以保证转数的恒定，并使干燥室内有足够的通风量。

7.1.1.3 供热和调湿设备

包括加热器、疏水器、蒸汽管路、喷水管或喷蒸管和喷头等。生产时，加热器在阀门打开 10 ~ 15min 后，应均匀热透。如果加热器配置和安装不合理，或是在长期使用过程中，由于表面积污和内部冷凝水淤积在某一段管路中，使加热器的局部或大面积不热，从而降低和阻碍加热器的传热和放热能力。有的因操作不当，散热片发生变形，应及时修理或更换。疏水器要定期检查维修，清除内部污物和水锈，磨损失灵的部件要及时更换，或换用新的疏水器。喷水管或喷蒸管工作时，全部喷头应均匀地喷出蒸汽或水流，射流方向应与循环气流方向一致，不能直接喷向材堆。在热力输送管道中，法兰和弯头连接处易发生漏汽和漏水，若发现上述现象应及时修理。

7.1.1.4 检测设备与仪表

包括温度计，湿度计，自动控制系统，含水率测定仪，风压、风速、流量测定仪等，这些仪表要定期校正。湿度计的湿球纱布要始终保持在湿润状态，而不能使湿球温包浸在水中。为使湿球纱布经常保持湿润状态，须通过连通水管，向纱布下面盛水容器不断地供应净水。平衡含水率测试片每次必须要更换。

总之，对于木材干燥室的壳体、设备和仪表等，按制度做检查和维修，发现问题和故障要及时解决、排除和更换，才能保证干燥室的正常工作和运转。

7.1.2 锯材的堆积

锯材的干燥效果与干燥室的结构、设备的性能以及操作人员的技能有关，同时也与材堆的堆积是否合理有关。例如，干燥厚板时，若使用薄的隔条，虽然增加了材堆的收容材积，但由于木材表面的风速高，有使木材表面过分干燥的危险。反之，干燥薄板时，使用厚的隔条，则会使材间的风速降低，影响板材的干燥速度。另外，材堆的堆积方式也直接影响板材的干燥质量。

7.1.2.1 材堆的规格和形式

材堆的堆积要有利于循环气流均匀地流过材堆的各层板面，使材堆和气流能够充分地进行热湿交换。材堆的规格和形式取决于干燥室的结构，每种形式的干燥室都有适合该形式干燥室气体动力学情况的特定规格和形式的材堆。根据干燥室的结构和干燥方法的不同，材堆的堆积形式大致可分为两种，一种是内部既留水平气道又留垂直气道，如图7.1(a)所示，这种形式的材堆适用于自然循环木材干燥室和气干；另一种材堆形式是只留水平气道，不留垂直气道，如图7.1(b)所示，这种形式的材堆适用于各种周期式强制循环空气干燥室。这些干燥室的气体动力学特征大致相同，其材堆的形式基本相同。目前，国内周期式强制循环空气干燥室材堆的装卸有轨车装卸和叉车装卸两种方法，单材堆的形状大同小异。这种形式的材堆如图7.2所示。

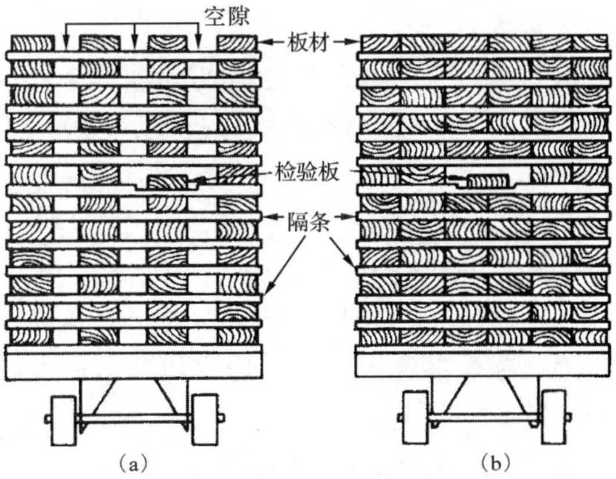

图7.1 室干材堆的堆积方式

(a)自然循环干燥的材堆 (b)强制循环干燥的材堆

图7.1和图7.2所示，在材堆的高度方向上，每两层木材用均匀分布的隔条隔开，这样就造成了水平方向的气流通道，使每层木材的主要蒸发面都能从流过表面的循环介质中充分吸收热量，排除湿气。

自然循环木材干燥室，其内部的气流循环特性不同于强制循环空气干燥室，前者内部的气流循环是自然形成的，后者是强制形成的，自然循环的气流运动速度慢而运动规律不强，气流循环方向自上而下。按照这个规律，自然循环木材干燥室中材堆的气流循环方向应该是自上而下。

此外，在弱强制循环空气干燥室中，也具有自然循环木材干燥室的气流循环特点，所以，其锯材的堆积亦按自然循环木材干燥室进行。

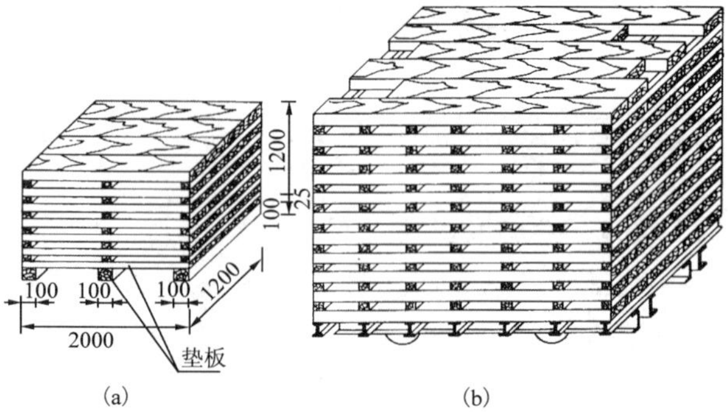

图7.2 单元小材堆和轨车材堆

(a) 用叉车装卸的单元小材堆 (b) 用轨车装卸的单元小材堆

材堆的外形尺寸大小是根据干燥室的结构和内部尺寸确定的，是在设计木材干燥室时就确定下来的技术参数。对于轨车式干燥室，材堆的宽度与材车等宽，长度与材车等长，若材车较短时，也可两个材车联合使用，装垛较长的木材。若用只有纵向车轮梁，没有横向车轮梁的单线车，装堆时需要配置木方(100mm×100mm)做横梁，横梁的长度即为材堆的宽度，材堆侧边与门框间距为100mm。材堆的高度也由门框决定，材堆顶与门框梁的距离也为100mm，若材堆不太高，或是用于叉车装卸的材堆，可将材堆设计为小规格的单元，如图7.2(a)所示，材堆的规格由板材的尺寸和干燥室的规格确定。小材堆由叉车直接横向装入干燥室，干燥室的内部宽度即为宽度方向上材堆长度的总和，堆顶至假天棚的距离为200mm，通常单元小堆的尺寸是长2m或3m，高和宽为1.2m或1.5m，室内宽度方向通常装2~4节，纵深方向装3~4列，高度方向上装3个小材堆。

轨车装卸的材堆，可以将那些长度不一致的锯材装成材堆两端齐平的，尺寸较大的材堆，如图7.2(b)所示。这种材堆通常取：宽1.8~2.2m；高2.5~2.8m；长4~8m；以宽1.8m×高2.6m×长6m为最多见。在设计干燥室时，材堆的外形尺寸可参考如下经验数据：

材堆外形：与门框之间的间隙为100mm；与顶板或室顶的间隙为200mm；与侧墙之间的距离为1000mm(顶风机型)、600~800mm(侧风机型)；材堆底部与轨面的距离为300mm。

7.1.2.2 隔条(dry finger)

在材堆中，相邻两层木材要用隔条均匀隔开，在材堆的高度上造成水平方向的气流通道。在这些通道中间干燥介质和木材表面进行着有利于木材逐渐变干的热湿交换。

隔条的作用：

(1)材堆在宽度方向上稳定；

(2)材堆中的各层木材互相夹持，防止或减轻木材的翘曲和变形；

(3)在上下木材之间造成水平式气流循环通道。

隔条的尺寸：

一般情况下，强制循环空气干燥室采用20～25mm厚的隔条，自然循环25～35mm厚隔条。隔条的横断面一般为正方形，也有采用矩形断面，锯制尺寸为25 mm×35mm，以适用于不同情况。据有关资料报道，因板材的厚度不同，所需木材表面的气流循环速度不同，其隔条的厚度也不同，表7.1列出板材厚度与隔条厚度之间的关系。

表7.1 板材厚度与隔条厚度之间的关系

风速	板材厚度(mm)	隔条厚度(mm)
材间风速较高	10	15
	15～24	20
	25～35	25
	40～50	30
	50～70	35
	70～100	40
材间风速较低	30以下	13
	30～40	20
	40～60	25
	60～80	30
	80以上	40

但在生产实践中，隔条的宽度为35～45mm，厚度根据强制循环干燥室和自然循环干燥室干燥介质的循环速度而定。强制循环木材干燥室，气流速度大而规律性强，通常采用25mm厚度的隔条；自然循环干燥室，除考虑干燥室内气流速度小又不甚规则以外，还应考虑木材的宽度。宽木材，上下相邻两层之间的气流通道应当大些，即应当使用厚一些的隔条。若木材宽度不超过200mm时，不论厚度大小，可一律锯制20mm厚的隔条。若木材宽度超过200 mm时，隔条断面尺寸，可锯成40mm×40mm。如果干燥少量的宽木材，可将20mm厚的隔条重叠使用。

隔条长度应与材堆宽度一致。每根隔条的厚度要求均匀，隔条之间厚度容许误差为1～2mm。

隔条在生产上，反复经受高温高湿的作用，因此要求隔条木材的物理力学性能好，材质均匀，纹理通直，能经久使用。

7.1.2.3 堆积锯材时的注意事项

锯材堆积的是否合理，直接影响到木材的干燥质量，不能因为锯材堆积作业简单繁重而忽视其重要性。对于堆积作业有如下一些要求：

(1)在同一个干燥室的材堆中，木材的树种、厚度要相同，或树种不同而材质相近。木材厚度的容许偏差为木材平均厚度的10%，初含水率力求一致。

(2)材堆中，各层隔条在高度上应自上而下地保持在一条垂直线上，并应着落在材堆底部的支撑横梁上。

(3)支持材堆的几根横梁，高度应一致，因而应在一个水平面上。

(4)木材越薄，要求的干燥质量越高，或是要求的终含水率越低，配置的隔条数目应该越多，沿材堆长度横置的隔条，一般采取表7.2所配置的数量。

仅木材厚度而言，25mm厚的板材，隔条间距不应超过0.5m；50mm厚的板材隔条间距可按0.8～1.0m布置，50mm以上的厚木材，隔条间距可取1.0m。

(5)材堆端部的两行隔条，应与板端齐平，以免发生端裂。若木材长短不一，应把短料放在中部，长料放在两侧。

表7.2 隔条配置数量表

锯材厚度(mm)	锯材长度(m)/隔条数量(根)					
	2	2.5	3	4	5	6
30以下	4/4	5/5	6/6	8/9	10/11	12/13
30以上	4/4	5/5	6/6	8/8	10/10	11/12

注：分子为针叶树材；分母为阔叶树材。

(6)为防止材堆上部几层木材发生翘曲，材堆装好后，应在材堆顶部加压重物或压紧装置，重物应放在有隔条的位置上，不要放在两个隔条的中间。如无压顶，最上面2~3层应为质量较差的木材，或要求干燥质量不高的木材。

(7)将含水率检验板放在合适的位置，以便准确测量干燥过程木材的含水率。目前生产上多采用含水率测定仪和电测含水率法的自动控制系统，应在干燥室中布置3个以上的含水率测量点，即选3块以上含水率检验板，并预先将探针装好。也有通过检验窗放取含水率检验板的手动操作，装堆时，应在对着检验窗的材堆上，预留放置检验板的位置。

(8)干燥毛料时，若板材的厚度小于40mm，宽度小于50mm时，毛料可作为隔条，若毛料尺寸超过上述数据，应放置隔条，否则会影响板材的干燥质量。

(9)自然循环干燥室，材堆内一系列垂直气道应自上而下保持在一条线上，必要时可留水平气道。

7.2 干燥基准

木材的干燥过程是木材中水分蒸发的过程，由于木材中各种水分和木材的结合关系不同，因而各阶段木材中水分的性质不同，而与此对应的木材的性质也不同。因此，在木材的干燥过程中要合理地控制木材中水分的蒸发过程，以做到在保证干燥质量的前提下，尽量提高干燥速度。那么如何合理地控制水分蒸发过程呢？通常的做法是根据木材的性质、规格和含水率，控制木材中水分蒸发的强度。干燥基准就是根据干燥时间和木材状态(含水率、应力)的变化而编制的干燥介质温度和湿度变化的程序表，在实际干燥过程中，正确执行这个程序表，就可以合理地控制木材的干燥过程，从而保证木材的干燥质量。

7.2.1 干燥基准的种类

按干燥过程的控制因素通常将干燥基准分为时间干燥基准和含水率干燥基准。

时间干燥基准：是按干燥时间控制干燥过程，制定介质参数的大小，即把这个干燥过程所需要的时间分为若干个时间阶段，规定每个时间阶段的权重，并按每一时间阶段规定相应的介质温度和湿度。时间干燥基准见附录10.1(干燥基准1~19)。

时间干燥基准是在长期使用含水率基准的基础上总结出的经验干燥基准。只要操作者对使用的干燥设备和被干木材的性能相当了解，并按照干燥时间控制干燥过程就可以干燥出合格的板材。

含水率干燥基准：是按木材的含水率控制干燥过程，制定介质参数的大小，即在整个干燥过程中按含水率阶段的幅度划分成几个阶段，并按阶段指定出相应的介质温度和湿度。每一阶段内含水率降低的幅度是一致的，如由35%到30%；由30%到25%等。含水率干燥基准见附录10.1(干燥基准20~30)。

将整个干燥过程划分为2个或3个含水率阶段的，叫做双阶段或三阶段干燥基准。双阶段干燥基准见表7.3和表7.4。三阶段干燥基准见附录11.1。

表7.3 双阶段高温干燥基准

试验号	干燥介质参数					
	第一阶段($\mu>20\%$)			第二阶段($\mu<20\%$)		
	t	Δt	φ	t	Δt	φ
Ⅰ	130	30	0.35	130	30	0.35
Ⅱ	120	20	0.50	130	30	0.35
Ⅲ	115	15	0.58	125	25	0.42
Ⅳ	112	12	0.65	120	20	0.50
Ⅴ	110	10	0.69	118	18	0.53
Ⅵ	108	8	0.75	115	15	0.58
Ⅶ	106	6	0.81	112	12	0.65

表7.4 双阶段高温干燥基准选择表

树种	锯材厚度(mm)				
	22以下	22~30	30~40	40~50	50~60
松、云杉、冷杉、雪松	Ⅰ	Ⅱ	Ⅲ	Ⅴ	Ⅵ
桦木、白杨	Ⅱ	Ⅲ	Ⅳ	Ⅵ	-
落叶松	Ⅳ	Ⅴ	Ⅵ	Ⅶ	-

(自ГОСТ 1973~1974)

对于那些硬阔叶树材的厚板，因其干燥较为困难，在干燥过程中容易产生很大的含水率梯度。为了加快干燥速度，避免产生较大的含水率梯度，可采用波动式干燥基准。在整个含水率阶段，介质的温度作升高、降低反复波动变化的，称作波动式干燥基准；介质温度在干燥前期逐渐升高，在干燥后期作波动变化的，称半波动干燥基准，见表7.5。

波动干燥工艺是使干燥温度不断波动变化，即周期性地反复进行"升温—降温—恒温"的过程，升温过程只加热木材而不干燥，当木材中心温度接近介质温度时，即转入降温干燥阶段，降到一定程度再保持一定时间的恒温，以便充分利用内高外低的温度梯度。当木材中心层的温度降低，使温度梯度平缓时，须再次升温，如此周而复始，以确保内高外低的温度梯度。波动干燥工艺在干燥前期对提高干燥速度比较明显，后期则不甚明显。但前期波动须确保一定的相对湿度，否则木材易产生开裂，后期波动则安全。

表 7.5 半波动干燥基准

含水率(%)	波动周期	干球温度(℃)	湿球温度(℃)	相对湿度(%)	延续时间(h)	
					6.8~7.7cm	7.8~9.2cm
50 以上		60	57	86		
50~40		62	58	82		
40~35		64	58	74		
35~30		68	60	68		
30~25		70	59	59		
25~20	升 温	84	81	89	16	18
	冷 却	60	47	49	20	20
	常 温	74	60	52	72	72
20~15	升 温	88	84	85	16	18
	冷 却	60	45	43	24	24
	常 温	80	62	44	72	72
15~10	升 温	92	87	82	17	19
	冷 却	60	43	38	24	24
	常 温	80	62	37	72	72
10 以下	升 温	96	90	80	17	19
	冷 却	60	40	31	28	28
	常 温	88	62	31	72	72
终 了 处 理		90	85	82	18	20

在生产上，通常采用半波动工艺，即前期干燥采用常规干燥工艺，后期采用波动工艺。

7.2.1.1 连续升温干燥基准

20 世纪 60 年代末，D. S. Dedrick 申请了连续升温工艺专利，此工艺的原理是：干球温度从环境实际温度开始，在干燥过程中，根据锯材的树种、厚度和干燥质量要求，等速上升干球温度，相对湿度不控制，也不进行中间处理，但要求干燥介质以层流状态流过材堆(气流速度为0.5~1m/s)，不改变气流方向。为了保持干燥介质和木材温度之间的温差为常数，在木材的整个干燥过程中，匀速升高干燥介质的温度，从而恒定干燥介质传给木材的热流量，并使木材的干燥速度基本保持一致。可见，连续升温干燥工艺是一种方法简单、操作方便、干燥快速节能的干燥工艺。在美国被广泛地应用在针叶材的干燥过程中。连续升温干燥基准见表 7.6、表 7.7、表 7.8。

对 30mm 和 50mm 厚的红松板材用连续升温干燥基准进行初步试验，并与常规干燥相比较，有如下特点：①干燥时间比常规干燥要短；②干燥板材的物理力学性能与常规干燥、中高温干燥相比无明显区别；③连续升温干燥工艺可采用较高的气流循环速度。

表 7.6 连续升温干燥基准(30mm 厚红松)

空气参数	工艺过程			
	开 始	升 温 速 度 (℃/h)	最 高	终了处理 2h
干球温度(℃)	43	3	123	100
湿球温度(℃)	34	2	86	95

表 7.7 连续升温干燥基准(50mm 厚红松)

空气参数	工艺过程			
	开 始	升 温 速 度 (℃/h)	最 高	终了处理 2h
干球温度(℃)	45	1.5	118	90
湿球温度(℃)	37	1.0	85	86

表 7.8 连续升温干燥基准(30mm 厚水曲柳)

空气参数	工艺过程					
	开 始	第一阶段 升温速度 (℃/h)	中间处理 4h	第二阶段 升温速度 (℃/h)	最 高	终了 处理 2h
干球温度(℃)	45	1.0	90	2.0	123	100
湿球温度(℃)	39	0.6	86	1.5	86	95

(自唐一夫, 1985)

7.2.1.2 干燥梯度基准

在多数自动控制木材干燥过程中采用了干燥梯度基准，干燥梯度(drying gradient)就是木材的平均含水率与干燥介质平衡含水率之比，这是木材干燥学上特殊的梯度，并非物理学上的梯度。这一意义下的梯度可直接反映木材干燥的快慢。

在自动控制木材干燥过程中，木材的含水率和干燥介质的平衡含水率都可以用电测含水率法实现动态测量，而干燥介质的平衡含水率是可以通过调节其温度和湿度得以控制，从而控制干燥梯度。在干燥梯度基准中，规定了不同阶段的干燥梯度，这样可以根据木材的含水率随时控制干燥介质的平衡含水率，并得以控制木材的干燥速度。

干燥梯度的制定是根据木材的厚度和干燥的难易程度，以及不同含水率阶段木材水分移动的不同性质，使干燥梯度维持在一定的范围内，从而保证木材的干燥质量。

现以德国 GANN 公司安置在 Hydromat TKV－2 型自动控制装置上的干燥梯度基准为例加以说明：该基准分为三组，每组又分为温和、适中和强烈三种干燥强度，即共九个干燥基准。基准及其选用见表 7.9 和表 7.10。干燥基准的选用是根据树种选择基准组，根据板材的厚度选择干燥强度，厚度在 60mm 以上的选用温和基准，厚度在 30～60mm 之间的选用适中基准，厚度在 30mm 以下的选用强烈基准。

表7.9 干燥梯度基准

基准组别		各含水率阶段的平衡含水率值(斜线上方,%)和干燥梯度(斜线下方)								
		60%	50%	40%	30%	25%	20%	15%	10%	6%
第一组	温和	14.3/	14/	13.7/	13.3/2.3	13.1/1.9	10.5/1.9	7.4/2.0	4.2/2.4	1.7/3.5
	适中	13.3/	13/	12.7/	12.3/2.4	12.1/2.1	9.5/2.1	6.4/2.3	3.2/3.1	0.7/9
	强烈	12.3/	12.0/	11.7/	11.3/2.7	11.1/2.3	8.5/2.4	5.4/2.8	2.2/4.5	0/
第二组	温和	11.7/	11.4/	11.1/	10.8/2.8	10.6/2.4	8.4/2.4	5.8/2.6	3.2/3.1	1.1/5
	适中	10.7/	10.4/	10.1/	9.8/3.1	9.6/2.6	7.4/2.4	4.8/3.1	2.2/4.5	0.1/60
	强烈	9.7/	9.4/	9.1/	8.8/3.4	8.6/2.9	6.4/3.1	3.8/3.9	1.2/8.0	0/
第三组	温和	9.3/	9.1/	8.9/	8.7/3.4	8.5/2.9	6.7/3.0	4.5/3.3	2.4/4.2	0.6/10
	适中	8.7/	8.1/	7.9/	7.7/3.9	7.5/3.3	5.7/3.5	3.5/4.3	1.4/7.0	0/
	强烈	7.3/	7.1/	6.9/	6.7/4.5	6.5/3.8	4.7/4.3	2.5/6.0	0.4/25	0/

表7.10 干燥梯度基准选用表

树种	树种组别	基准组别	最初温度(℃)	最终温度(℃)	树种	树种组别	基准组别	最初温度(℃)	最终温度(℃)
赤杨	3	2	50~60	70~80	栎木	3	1	45~55	60~70
白蜡树	3	2	50~60	65~75	三角叶杨	3	2	60~70	70~80
椴木	2	3	55~65	70~80	苹果木	3	1	50~60	60~70
桦木	3	2	60~70	70~80	榆木	3	1	50~60	65~75
黑桤木	3	2	50~60	70~80	七叶树	3	2	40~50	65~75
黑刺槐	3	1	50~55	65~75	冬青	3	1	35~40	55~60
黑核桃	3	2	45~55	65~75	月桂树	3	2	60~70	70~80
蓝桉木	3	1	35~45	50~55	红栎	2	1	40~45	60~70
变色桉木	3	1	35~40	60~65	白栎	2	1	40~45	60~70
山核桃	2	1	45~55	65~75	梨木	2	1	50~60	60~70
核桃	3	2	45~55	65~75	李木	3	1	50~60	65~75
黄杨木	2	1	40~50	55~65	柚木	2	1	50~55	65~75
樟木	3	2	50~60	70~80	紫树	3	2	45~50	65~70
杨木	3	2	60~70	70~80	香槐	3	1	45~50	65~70
铁树	3	3	60~70	70~80	紫杉	3	2	45~50	60~70
槭树	3	1	45~55	60~70	红松	3	3	60~70	75~85
红木	3	3	60~70	75~80	白松	3	3	65~75	75~80
橡胶木	1	3	50~60	65~75	落叶松	3	2	60~70	70~80
木棉	3	3	65~75	75~85	铁杉	3	3	60~70	70~80
栗树	2	2	50~60	70~80	云杉	3	3	65~75	75~85

7.2.1.3 三段干燥基准

三段干燥基准原自前苏联国家标准的干燥基准，所有的干燥基准都分为三个阶段：第一阶段由初含水率干燥至含水率30%，第二阶段为含水率从30%干燥至20%，第三阶段为含水率从20%干燥至终含水率。三个阶段的干燥强度差异明显，符合木材的干燥规律，具有较强的可操作性。但三个阶段间温度突变，严重影响干燥质量和干燥设备的寿命。三个阶段干燥基准见附录11.1。

7.2.1.4 单向升温常规强化干燥基准

这种干燥工艺同常规干燥工艺一样，都是按含水率变化划分阶段，但在含水率30%和20%为界限的三个区间，基准的软硬程度明显有差距，并注意逐步过渡，每个区间内又分若干阶段，使整个基准由软到硬逐渐变化。干燥前，先预热半小时，再提高干球温度，而湿球温度则保持不变；处理时，只提高湿球温度，干球温度保持不变，或自然升高1~2℃。单向升温干燥基准前期硬度适中，中后期硬度较大；不需要大量喷蒸和排气，可减少热量损失；阶段过渡容易调节，既易确保基准状态，又可缩短调节过程的时间；干燥质量好，干燥速度快。表7.11为橡胶木单向升温常规强化干燥基准表。

表7.11 橡胶木单向升温常规强化干燥基准

含水率阶段(%)	干球温度(℃)	湿球温度(℃)	干湿球温度差(℃)	相对湿度(%)	平衡含水率(%)	升温时间(h)	维持时间(h)
No. A－1：2cm厚板材							
表面预热	50	—	—	—	—	0.5	0.5
初处理	64	62	2	91	18	0.25	1
35以上	71	63	8	70	10	0.25	—
35~25	75	63	12	60	7.9	0.25	—
25~18	84	64	20	44	5.0	1	—
18~8	100	66	34	25	2.6	2	—
平衡处理	100	85	15	58	6	0.25	2~4
终了处理	100	98	2	93	15	0.25	2
No. A－2：5cm×5cm方材							
表面预热	50	—	—	—	—	0.5	0.5
初处理	62	60	2	90	17.6	0.25	2
35以上	67	60	7	73	11	0.25	—
35~25	71	60	11	60	8	0.25	—
中处理	72	70	2	90	16.5	0.25	3
25~18	90	72	18	48	5.3	2	—
18~8	100	73	27	35	3.5	1	—
平衡处理	100	85	15	58	6	0.25	2~4
终了处理	100	98	2	93	15	0.25	2

（续）

含水率阶段（%）	干球温度（℃）	湿球温度（℃）	干湿球温度差（℃）	相对湿度（%）	平衡含水率（%）	升温时间（h）	维持时间（h）
No. A－3：3.8cm 厚板材							
表面预热	45	—	—	—	—	0.5	0.5
初处理	57	55	2	97	18	0.25	2
35 以上	62	55	7	70	10.6	0.25	—
中处理	63	61	2	90	17.2	0.25	2.5
35～25	73	62	11	62	8.3	1	—
中处理	74	72	2	91	16.7	0.25	2.5
25～18	89	73	16	52	5.9	2	—
18～8	100	74	26	36	3.6	1	—
平衡处理	100	85	15	58	6	0.25	4～6
终了处理	100	98	2	93	15	0.25	4
No. A－4：5cm 厚板材							
表面预热	45	—	—	—	—	0.5	0.5
初处理	56	54	2	90	18	0.25	2
35 以上	60	54	6	73	11.6	0.25	—
中处理	61	59	2	90	17.6	0.25	3
35～25	69	60	9	64	9.0	1	—
中处理	70	68	2	90	17	0.25	3
25～18	85	70	15	54	6.4	2	—
18～8	97	72	25	37	3.8	1	—
平衡处理	97	82	15	57	6	0.25	4～6
终了处理	97	95	2	93	15	0.25	5

（自翁文增，1985）

7.2.1.5 联合干燥工艺

采用两种干燥工艺或两种干燥方式或两次干燥作业，完成木材干燥的整个作业的干燥工艺。如：低温预干和常规或高温干燥；除湿和常规或高温干燥；太阳能和除湿干燥；太阳能和常规或高温干燥等。联合干燥工艺可以在同一干燥设备中完成，也可以在两个不同的干燥设备中完成。这种干燥工艺是基于木材在干燥前期水分蒸发比较容易的特点，目的是降低干燥成本，保证干燥质量。通常的做法是将木材用低温干燥工艺干燥到含水率为20%左右，之后用其他干燥工艺干燥到要求的含水率。

7.2.2 干燥基准的制定

新树种的干燥基准需要制定，在制定新干燥基准以前，需了解木材的构造和其物理力学性能，特别是木材的密度和干缩系数的关系曲线，并以性质相近的树种的干燥基准作为参考。或者锯取小试样放在干燥箱内干燥，观察其干燥状况。还可以将各种待拟订干燥基准的木材放在一起做烘干实验，观察各种试材的干燥状况，后根据各种锯材对干燥的反映，分树种进行以下的试验，步骤如下：

(1)根据被干木材的性质，参考性质与其相近的木材的干燥基准，并考虑小试验的干燥状况，制定假设基准。也可以用其他方法(下文介绍)制定初步干燥基准。

(2)按照假设基准或初步基准进行试验，将各个含水率阶段的分层含水率的结果绘成含水率梯度曲线，并注明各个阶段发生的干燥缺陷的性质和数量。

(3)根据上述试验结果对假设基准和初步基准进行重新修订。

(4)比较几次试验的结果，将干燥缺陷最小、含水率梯度最大的曲线作为暂定的标准曲线。

(5)将暂定标准曲线的干燥过程中介质温度、湿度的变化数据作为暂定基准，进行生产性试验。

(6)如果生产性试验成功，就认为暂定基准是合理的，并在生产上继续考察和修改，并最终定为该树种的干燥基准。

制定干燥基准的方法如下：

(1)比较法。选用性质与该树种接近的已有干燥基准的树种的干燥基准作为参考基准，并进行适当的修改，将修改后的基准作为试验基准(初步干燥基准)。如果在小型试验设备中进行，干燥基准可以从硬开始，如果在大型设备中进行，干燥基准应从软开始。试验过程中应经常检测木材的含水率变化和应力变化，并记录干燥缺陷发生的时间和程度。

(2)分析研究法。如果被干树种没有现成的干燥基准可以参考，干燥基准的制定先从研究木材的干燥特性和构造开始，然后用分析和试验相结合的方法在实验室进行干燥工艺试验。

木材的干燥特性一般包括：木材的基本密度、弦径向干缩系数和比率、干燥速度。与干燥有关的构造特征有：木射线的粗细和数量、细胞壁的壁厚和其上纹孔的数量和性质、内含物分布和数量等。

根据上述木材的干燥特性和与干燥有关的构造特性，制定初步的干燥基准，在制定初步的干燥基准时要掌握如下原则：

①干燥前期干球温度应低，湿度要偏高，以节省能源，且保证干燥质量。易发生表裂和端裂的木材更应如此。

②当木材的含水率降低到2/3左右时，其表面的张应力一般可达到最大，此时木材极易发生表裂。这时可适当进行前期调湿处理。

③当木材的含水率降低到35% ~25%时，木材内应力暂时处于平衡状态，此时提高温度和降低湿度的范围可以大一些。

④当木材的含水率降低到25% ~20%时，消除表面硬化是最关键的，如果表面硬化已消除，可以较大幅度地提高木材的温度，降低介质的湿度。对于不易发生内裂的针叶材和软阔叶树材，干燥后期可以采用较硬的干燥条件，而对于硬阔叶树材等，后期不宜采用较硬的干燥条件。

在掌握以上原则的基础上，对被干木材进行小型试验，根据试验过程中出现的干燥缺陷和总体干燥时间，不断修改干燥基准，直到完善为止。

(3)图表法。Keylwerth研究了此种方法，干燥基准可以通过图表直接查到。这种方法是根据木材的含水率规定干燥介质的平衡含水率和干燥梯度。

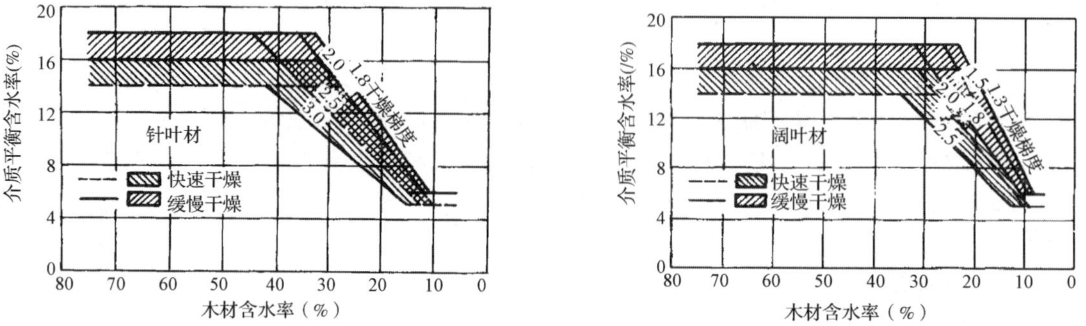

图 7.3 干燥基准推荐表

(a)适用于针叶材 (b) 适用于阔叶材

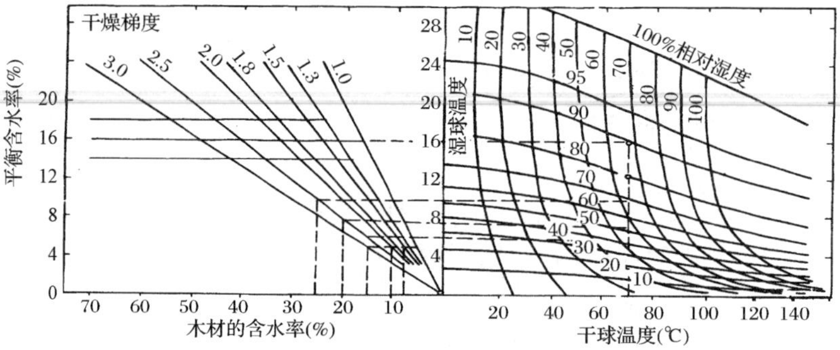

图 7.4 基准参数确定表

依据木材的初含水率，根据图 7.3 确定介质的平衡含水率。当锯材的含水率在纤维饱和点以上时，介质的平衡含水率取定值，一般在 14% ~18% 的范围内。当木材的含水率在纤维饱和点以下时，介质的平衡含水率状态随木材含水率的变化而变化，但它们的比例关系即表征干燥基准软硬程度的干燥梯度基本保持不变，此值由树种和干燥速度要求来确定(图 7.3)，同时可得介质的平衡含水率值。

干燥梯度的取值范围在 1.3 ~4，当干燥质量要求较高时，建议按如下取值。

针叶树材：干燥梯度取 2；

阔叶树材：干燥梯度取 1.5。

当木材厚度小于 30mm 时，若可以进行快速干燥，建议按如下取值。

针叶树材：干燥梯度取 3.0 ~4.0；

阔叶树材：干燥梯度取 2.0 ~3.0。

表 7.12 是推荐的干燥温度，根据干燥温度和平衡含水率再由图 7.4 查出对应的相对湿度和对应的湿球温度，从而制得干燥基准。

(4)百度试验法。百度试验法是寺沢真教授(1965)根据 37 种树种的木材干燥特性，采用欧美干燥基准系列研究出来的。其特点是将标准尺寸的试件放在 100℃ 的干燥箱中进行干燥，并根据试材的初期开裂(端裂和表面开裂)、内部开裂与塌陷(截面变形)三项

表 7.12 干燥温度推荐表

树　种	最初温度(℃)	纤维饱和点以下的最高温度(℃)
栎木	40	50
栎木、黄杨、桉木	40	60
栎木	40	80
巴西松	50	70
黑胡桃	50	80
山毛榉、鸡爪槭、山核桃	60	80
桦木、落叶松、松木	70	80
黄杉属、松木	70	90
冷杉、云杉、松木	100	120

干燥缺陷的程度(等级)来确定被试树种木材的干燥基准的初期温度、最终温度和干湿球温度差(相对湿度)。用标准试件确定出的是厚度为25mm厚板材的干燥基准。另外，根据试件在干燥过程中含水率的变化和干燥时间，还可以估计被试树种木材在进行室干时所需要的时间。

百度试验法的试验方法如下：

从试验试材中选择标准的弦切板，锯取规格为厚20mm×宽100mm×长200mm的刨光标准试件最少8块。同时在紧靠试件两端截取两片顺纹厚度为10~12mm的初含水率试片，用烘干法测定试件的初含水率。标准试件测得初重后，横立于100℃恒温干燥箱内烘干。每隔1h称量试件的变化，测定其干燥速度。并在开始的1~3h内，注意观察试件端头和表面开裂的情况，当开裂达到最大程度时，取出试件，测量开裂的程度，对照以下规定和表7.13确定初期开裂的等级。

长细表裂、端表裂：长度≥50mm，宽度<2mm；

短细表裂、端表裂：长度<50mm，宽度<2mm；

宽表裂、宽端表裂：宽度≥2mm。

因试件的初含水率不同，干燥时间差异很大。为了使不同试件之间的干燥速度具有可比性，取试件从含水率30%干燥到5%的干燥延续时间作为干燥时间分级的指标，见表7.13。

表 7.13 百度试验干燥特性分级标准

等级	初期开裂(条)	内裂(条)	截面变形(mm)	干燥时间(h)
1	无或仅有短端表裂	无	≤0.4	≤10
2	短端表裂、短细表裂	细裂≤4或宽裂1	0.5~0.9	11~15
3	长端表裂、长细表裂≤2或短细表裂≤15	宽裂2~4或细裂5~9或宽裂1~2且细裂3~4	1.0~1.9	16~20
4	短细表裂>15，或长细表裂、宽表裂≤5	宽裂5~8或细裂10~15或宽裂2~4且细裂5~9	2.0~3.4	21~30
5	长细表裂>5或宽表裂>5	宽裂>8或细裂>15或宽裂5~8且细裂≥10	≥3.5	≥31

随着干燥过程的进行，木材表面的裂纹会变小。至绝干后，取出试件，并从中间锯断，测量试件中间的变形和内裂程度，截面变形程度按图7.5所示方法测量，并对照表7.13确定变形和开裂的等级。

根据初期开裂、截面变形和内裂的等级查表7.14，得主要干燥条件即初期温度，前期干、湿球温度差和后期最高干燥温度的推荐值，得出初步的干燥基准。

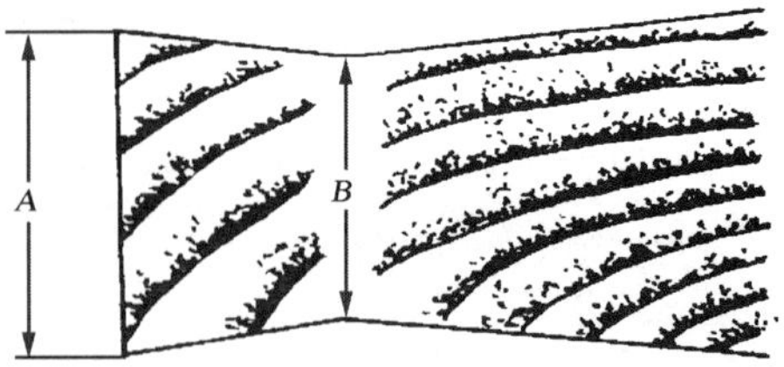

图7.5 截面变形测量法

表7.14 干燥特性等级与干燥条件对应表

干燥缺陷	干燥条件	干燥特性等级				
		1	2	3	4	5
初期开裂	初始温度	80	70	60	50	40
	前期干、湿球温差	5~7	4~6	3~4	2~3	1.5~2
	后期最高温度	95	95	90	80	75
截面变形	初始温度	80	70	60	50	40
	前期干、湿球温差	5~7	4~7	3~5	2~4	2
	后期最高温度	95	90	85	75	70
内裂	初始温度	80	70	50	40	38
	前期干、湿球温差	5~7	4~7	3~5	2~4	2
	后期最高温度	95	75	75	70	65

7.2.3 干燥基准的评价

根据被干木材的干燥质量、干燥时间可以评价干燥基准性能，用下列三个指标去评价干燥基准的使用效果。

效率：用干燥延续期的长短作为评价标准。在同一干燥室内用两个不同的基准干燥同样的木材，得到两个干燥基准干燥延续期的比率，在同样质量标准下，延续期短的效率高。

安全性：保证木材不发生干燥缺陷的程度，用干燥过程中木材内存在的实际含水率梯度与应力大到使木材发生缺陷的含水率梯度的比值来表示，比值越小，安全性越好。

软硬度：在一定介质条件下，木材内水分蒸发的程度。当木材的树种、规格和干燥机性能相同时，干、湿球温度差大和气流速度快的干燥基准为硬基准；反之为软基准。同一干燥基准对某一树种或规格的锯材是软基准，对另一规格或树种的锯材可能就是硬基准。

7.3 干燥过程的实施

在木材的干燥过程中，含水率和应力的检验参见第6章6.2和6.3节。

周期式强制循环木材干燥室的干燥工艺过程包括：准备工作、干燥基准的控制、干燥结束和干材贮存等工序。

（1）准备工作。干燥前的准备工作包括干燥设备的检查、制定或选择干燥基准、确定终含水率和干燥质量指标、锯制检验板和试验板并测试其含水率、材堆或材车进干燥室等。

设备的检查：干燥设备除定期检查外，每次干燥作业开始以前，还必须再检查干燥设备，如为湿球温度计更换纱布、换平衡含水率测试片、注润滑油等，以确保干燥设备处于无故障状态。

制定或选择干燥基准：根据被干木材的树种、规格、干燥质量要求和干燥设备的性能选择或制定干燥基准。

确定终含水率和干燥质量指标：根据客户或生产要求确定最终含水率和干燥质量指标。一般干燥锯材的终含水率是依据使用木材地区的平衡含水率来确定的，同时要参考锯材的用途。按用途要求的锯材干燥的最终含水率参见表 7.15，因气候条件而异的我国不同地区的木材平衡含水率见附录 4，在一般情况下，干燥锯材的最终含水率比当地平均相对湿度对应锯材的平衡含水率低 2% ~3%，若是在室内使用干燥锯材的最终含水率还可以低一些。锯材的干燥质量根据用途和使用要求来确定。

表 7.15 我国不同用途的干燥锯材含水率

干燥锯材用途	含水率(%)		干燥锯材用途	含水率(%)	
	平均	范围		平均	范围
电气器具及机械装置	6	5~10	文具制造	7	5~10
木桶	6	5~8	机械制造木模	7	5~10
鞋楦	6	4~9	采暖室内用料	7	5~10
鞋根	6	4~9	飞机制造	7	5~10
铅笔板	6	3~9	纺织器材：		
精密仪器	7	5~10	梭子	7	5~10
钟表壳	7	5~10	纱管	8	6~11
乐器制造	7	5~10	织机木构件	10	8~13
室内装饰用材	8	6~12	汽车制造：		
工艺制造用材	8	6~12	客车	10	8~13
枪炮用材	8	6~12	卡车	12	10~15
体育用材	8	6~11	实木地板块：		
玩具制造	8	6~11	室内	10	8~13
家具制造：			室外	17	15~20
胶拼部件	8	6~11	船舶制造	11	9~15
其他部件	10	8~14	农业机械零件	11	9~14
细木工板	9	7~12	农具	12	9~15
缝纫机台板	9	7~12	军工包装箱	—	—
建筑门窗	10	8~13	箱壁	11	9~14
精制卫生筷	10	8~12	框架滑枕	14	11~18
乐器包装箱	10	8~13	指接材	12	8~15
运动场用具	10	8~13	室外建筑用料	14	12~17
火柴	10	8~13	普通包装箱	14	11~18

（续）

干燥锯材用途	含水率(%)		干燥锯材用途	含水率(%)	
	平均	范围		平均	范围
火车制造：			电缆盘	14	12~18
客车室内	10	8~12	弯曲锯材	15	15~20
客车木梁	14	12~16	铺展道路用材	20	18~30
货车	12	10~15	远道运送锯材	20	16~22

（自 GB/T 6491—1999）

锯制检验板和试验板，测试其含水率：每次干燥都必须有检验板，但可以没有试验板。

材堆或材车进干燥室要注意如下事项：

①同一干燥室被干木材必须树种相同或材性相近，厚度一致，初含水率基本一致。

②装材时应小心，不要碰坏室门、室壁和室内设备，材堆停放或叠放要稳定、整齐。

③迎风面必须装满材堆，不留空隙。即对于轨道式干燥室，气流横向通过材堆，沿干燥室的长度方向和高度方向必须装满；对于叉车装卸式干燥室，气流纵向通过材堆，沿干燥室的宽度方向(或材堆的长度方向)和高度方向必须装满。若材堆不足以装满一室，可以减小总材堆的宽度(或减少材堆的列数)，但材堆的总长度和总高度，或每列材堆的节数和叠数不可减少，以免留下空隙，使气流短路，导致干燥不均，并易产生干燥缺陷。

④同一列堆的各节材堆首尾尽量靠拢，不留空隙，相毗邻的列堆，前后位置略为错开，以免材堆首尾相连处或端头难以避免的空隙相互贯通。

⑤注意堆顶加压重物。

⑥放置好含水率检验板和应力检验板。如采用电测含水率法，含水率测量点应不少于三处，并均衡地布置在材堆中的不同位置，最后将连接导线插入装于室壁上的相应的插座。如采用检验板称量法，应测量好含水率检验板的初含水率、初重，并推算检验板的全干重量，将检验板端头涂封防水油漆后，由检验窗或检查门放入材堆中，并要防止冷凝水滴上。

(2)干燥基准的控制。

①干燥室的启动。关闭进、排气道；启动风机，对有多台风机的可逆循环干燥室，应逐台启动风机，不能数台风机同时启动，以免电路过载；打开疏水器旁通管的阀门，并缓慢打开加热器，使加热系统缓慢升温同时排出管系内的空气、积水和锈污，待旁通管有大量蒸汽喷出时，再关闭旁通管阀门，打开疏水器阀门，使流水器正常工作。当室内干球温度升到40~50℃时，须保温0.5h，使干燥室内壁和木材表面预热，然后再逐渐开大加热器阀门，并适当喷蒸，使干、湿球温度同时上升到预热处理要求的介质状态。处理结束后进入干燥阶段时，须打开进、排气道，然后按工艺要求进行操作。

②锯材预热。木材干燥室启动后，首先对木材进行预热处理。预热处理的目的是加热木材，并使木材热透，使含水率梯度和温度梯度的方向保持一致，消除木材的生长应

力，对于半干材和气干材还有消除表面应力的作用，对于生材和湿材，预热处理可使含水率偏高的木材蒸发一部分水分，使含水率趋于一致。同时，预热处理也可以降低纤维饱和点和水分的黏度，使木材表面的毛细管扩张，提高木材表面水分移动的速度。

预热温度：比第一阶段的温度高 8 ~ 10℃；

预热湿度：预热处理时，介质的相对湿度根据锯材的初含水率确定，含水率在 25% 以上时，相对湿度为 98% ~ 100%；含水率在 25% 以下时，相对湿度为90% ~92%。

预热时间：决定于锯材的树种、厚度和最初温度，可用式(7.1)计算：

$$\tau_0 = 0.1 \times b_b \times C \times 24 \tag{7.1}$$

式中：τ_0 为包括升温时间在内的预热时间(h)；b_b 为锯材厚度(cm)；C 为升温时间系数，取 1.5 ~ 2。

从干燥室温度达到基准规定温度起，锯材的预热时间大约是：夏季为 1 ~ 1.5h/cm(厚度)；冬季为 1.5 ~ 2h/cm(厚度)。且由预热处理转到干燥基准相当含水率阶段，时间不得少于 2h。基于周期式强制循环木材干燥室在预热阶段消耗的能量是干燥阶段消耗能量的 1.5 倍到 2 倍。因此，几间干燥室不能同时进行预热处理。

③干燥室温度和湿度的调节。木材经预热处理后，已处于干燥的最佳状态，因此可以转入按干燥基准进行操作，从而进入干燥阶段。在干燥过程中，干燥介质参数的调节严格按照干燥基准进行。在做温度转换时，不允许急剧地升高温度和降低湿度。否则，使木材表面水分蒸发强烈，造成表面水分蒸发太快，易发生表裂。

按含水率干燥基准控制的干燥过程，干燥介质的温度是逐步提高的，而湿度则是逐步降低的。温度提高和湿度降低的速度，根据被干木材的树种和厚度确定，其调节误差温度不得超过 ±2℃；湿度不得超过 ±5%。

在进行干燥操作的过程中要注意如下事项：

——关闭进、排气口可以提高介质湿度，喷蒸的同时可提高介质温度；

——干燥室的供汽压力为 0.4MPa，且要稳定；

——干球温度的控制精度 ±2℃，干、湿球温度差 ±1℃。

——干球温度由加热器阀门控制，湿球温度由喷蒸管阀门和进排道控制；

——在干燥阶段，加热时不喷蒸；喷蒸时不加热，关闭进排气道；进排气道开时不加热。

——对于周期式可逆循环木材干燥室，要定期(4h 或 8h)使风机换向运转，改变循环气流的方向，提高木材干燥均匀度。

——如果干、湿球温度一时难以达到基准要求的数值，应首先调节干球温度，然后再调节干、湿球温度差。

——如遇停电或因故停机，应立即停止加热和喷蒸，并关闭进、排气道。

——采用干湿球温度计的干燥室，要每次更换纱布，并保持一定的水位。

——对于自动控制干燥室，除应正确设定输入参数外，还要注意经常检查各含水率测量点的读数，如出现异常读数，应立即取消。

④中期处理。在木材干燥过程中，由于木材表面水分的蒸发速度比木材内部水分移动的速度大 10 倍左右，因此木材表面的含水率首先降低到纤维饱和点，并开始发生干

缩，而此时木材内部的含水率还远远高于纤维饱和点，干燥基准越硬，这种现象越突出，木材发生开裂的可能性就越大。因此在实际干燥操作过程中，要根据木材的干燥状态，及时地进行中期处理。也就是对木材进行喷蒸处理，使木材表面的水分蒸发停止，甚至有一点吸湿，让木材内部的水分向木材表面移动，从而减少木材中的应力。从检验板上锯取的应力试验片可知，如图7.6所示，在未处理以前木材中存在较大的应力，经中期处理后，这种应力消除[图7.6(b)]或减少[图7.6(c)]，如果中期处理过度，则会出现如图7.6(d)的情况。

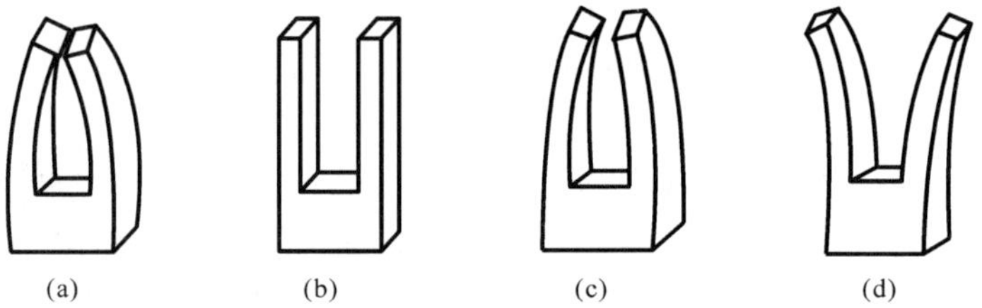

图7.6 中期处理前后应力试验片齿形的变化

中期处理的次数，根据木材的树种、厚度和木材用途(即对干燥质量的要求)和已经存在的应力大小来定。中期处理的全过程需要应力检验板检验处理的效果，从应力检验板的齿形就可以判断处理的效果。

⑤终了处理。当锯材干燥到终含水率时，要进行终了处理。终了处理的目的：消除木材横断面上含水率分布的不均匀，消除残余应力。要求干燥质量为一、二和三级的锯材，必须进行终了处理。

处理时干燥介质的条件如下。

温度：比干燥基准最后阶段的温度高8～10℃；

相对湿度：比终含水率高3%～4%的平衡含水率的相对湿度；

时间：大致按锯材每厚1cm喷蒸1h和维持1h计算。具体见表3.1。

终了处理后，应在干燥基准最后阶段的介质状态下继续干燥，并在和终含水率相平衡的空气状态中使锯材保持若干小时，进行调节处理，使没有干好的木材变干，过干的木材被润湿，使终含水率沿木材断面分布均匀。

各阶段处理条件可参考表7.16。

(3)干燥结束。干燥过程结束以后，关闭加热器和喷蒸管的阀门。为加速木材冷却卸出，通风机继续运转，进、排气口呈微启状态。待木材冷却后(冬季30℃左右；夏、秋60℃左右)才能卸出，以防止木材发生开裂。

(4)干木料存放期间，技术上要求含水率不发生大幅度波动。因此，要求存放干木料的库房气候条件稳定，力求和干木材的终含水率相平衡，不使木料在存放期间含水率发生大的变化。这样，就要求有空气调节设备，或安装简易的通风采暖装置，使库房在寒冷季节能维持不低于5℃的温度并使相对湿度维持在35%～60%的范围内。对于贮存时间较长的木料，应按树种、规格分别堆成互相衔接的密实材堆，以此减轻木料的变化程度。

表 7.16 初期、中期和终了处理条件表

树种	厚度(cm)	初期处理 温度(℃)	初期处理 相对湿度(%)	中期处理 $W>35\%$ $H=95\%\sim100\%$	中期处理 $W=35\%\sim25\%$ $H=90\%\sim95\%$	中期处理 $W<25\%$ $H=80\%\sim90\%$	木材每厚1cm喷蒸维持(h)		终了处理 温度(℃)	终了处理 相对湿度(%)
红松	2.7 以下	95	96		1 次		1	0	100	85
	2.8～4.7	95	96	1 次	2～3 次	1～2 次	1	1	100	85
	4.8～6.7	95	100		1 次		1	1.5	100	90
	6.8 以上	90	100		按波动基准做					
白松 雪松	2.7 以下	85	96		1 次		1	0	100	85
	2.8～4.7	85	100		2～3 次		1	1	100	85
	4.8～6.7	85	100	1 次	1 次	1～2 次	1	1.5	100	85
	6.8 以上	85	100	2 次	2 次	2～3 次	1	1.5	100	85
椴木	2.7 以下	85	90		1 次		0.5	0	100	80
	2.8～4.7	85	95	1 次	1 次		1	1	100	85
	4.8～6.7	85	100	1 次	1 次	1～2 次	1	1.5	100	85
	6.8 以上	85	100	2 次	2 次	2～3 次	1	1.5	100	85
杨木	2.7 以下				1 次		0.5	0		
	2.8～4.7	85	90	1 次	1 次	1 次	1	1	95	80
	4.8～6.7	78	95	1 次	1 次	1～2 次	1	1.5	93	80
	6.8 以上	78	100	2 次	2 次	2～3 次	1	1.5	95	85
水曲柳 色木 桦木	2.7 以下	85	95		2 次		1	1	90	80
	2.8～4.7	85	100	1 次	1 次	1 次	1	1	90	80
	4.8～6.7	80	100	1 次	1～2 次	1～2 次	1	1.5	90	85
	6.8 以上	72	100		按波动基准做					
落叶松	2.7 以下	80	95		2 次		1	1	90	85
	2.8～4.7	78	100	1 次	1 次	1 次	1	1	86	85
	4.8～6.7	78	100	1 次	1～2 次	1～2 次	1	1.5	88	85
	6.8 以上	78	100	2 次	2 次	2 次	1	1.5	95	85
榆木	2.7 以下				1 次		0.5	0.5	90	80
	2.8～4.7	78	95		1 次	1 次	1	1	84	80
	4.8～6.7	73	96	1 次	1～2 次	1～2 次	1	1	80	85
黄波罗 楸木	2.7 以下	85	95		2 次			1	100	80
	2.8～4.7	80	100	1 次	1～2 次	1 次	1	1	90	85
	4.8～6.7	75	100	1 次	1～2 次	1～2 次	1	1.5	95	80
	6.8 以上	70	100		按波动基准做		1			
柞木	2.7 以下	70	100		1 次		1	1	90	80
	2.8～4.7	67	100	1 次	1～2 次	1～2 次	1	1	90	80
	4.8～6.7	63	100	2 次	2 次	2～3 次	1	1.5	90	80
	6.8 以上	60	100	2～3 次	2～3 次	2～3 次	1	1.5	90	80

（续）

树种	厚度(cm)	初期处理		中期处理					终了处理	
		温度(℃)	相对湿度(%)	$W>35\%$ $H=95\%\sim100\%$	$W=35\%\sim25\%$ $H=90\%\sim95\%$	$W<25\%$ $H=80\%\sim90\%$	木材每厚1cm喷蒸维持(h)		温度(℃)	相对湿度(%)
柳桉木	2.7以下	68	100	1次	1次	1次	1	1	85	85
	2.8～4.7	68	100	1～2次	1～2次	1～2次	1	1.5	85	85
	4.8～6.7	70	100	2～3次	2～3次	2～3次	1	1.5	85	85
海南硬杂木	2.7以下	70	100		1次		1	1	90	90
	2.8～4.7	67	100	1次	1～2次	1～2次	1	1	90	90
	4.8～6.7	63	100	2次	2次	2～3次	1	1.5	90	90
	6.8以上	60	100	2～3次	2～3次	2～3次	1	1.5	90	90

7.4 干燥质量的分析(drying quality)

根据国家标准，锯材的干燥质量指标包括平均终含水率 $\overline{W}_z$、干燥均匀度即材堆内不同部位木材含水率允许偏差、锯材厚度上含水率偏差 ΔW_z、应力指标和可见干燥缺陷(弯曲、干裂等)。依据这些指标的大小，将锯材的干燥质量分为四个等级。

一级：获得一级干燥质量指标的锯材，基本保持锯材固有的力学强度。适用于仪器模型、乐器、航空、纺织、精密机械、鞋楦、工艺品、钟表壳等生产。

二级：获得二级干燥质量指标的锯材，容许部分力学强度有所降低(抗剪强度和冲击韧性降低不超过5%)。适用于家具、建筑门窗、车辆、船舶、农业机械、军工、文体用品、实木地板、细木工板、缝纫机台板、室内装饰、卫生筷、指接材、纺织木构件等生产。

三级：获得三级干燥质量指标的锯材，容许力学强度有一定程度的降低，适用于室外建筑用料、普通包装箱、电缆箱等生产。

四级：指气干或室干至运输含水率(20%)的锯材，完全保持木材的力学强度和天然色泽。适用于远道运输锯材和出口锯材等。

各等级锯材对应的质量指标值见表7.17和表7.18。

表7.17 含水率及应力质量指标 %

干燥质量等级	平均最终含水率	干燥均匀度	均方差	厚度上的含水率偏差 锯材厚度(mm)				残余应力指标	平衡处理
				20以下	21～40	41～60	61～90		
一级	6～8	±3.0	±1.5	1.5	2.0	3.0	4.0	不超过2.5	必须有
二级	8～12	±4.0	±2.0	2.0	3.0	4.0	5.0	不超过3.5	必须有
三级	12～15	±5.0	±4.0	2.5	3.5	5.0	6.0	不检查	按技术要求
四级	20	+2.5 -4.0	不检查	不检查				不检查	不要求

(自GB/T 6491—1999)

表 7.18 可见干燥缺陷质量指标 %

干燥质量等级	弯曲								干裂		
	针叶树材				阔叶树材				内裂	纵裂	
	顺弯	横弯	翘弯	扭曲	顺弯	横弯	翘弯	扭曲		针叶材	阔叶材
一级	1.0	0.3	1.0	1.0	1.0	0.5	2.0	1.0	不许有	2	4
二级	2.0	0.5	2.0	2.0	2.0	1.0	4.0	2.0	不许有	4	6
三级	3.0	2.0	5.0	3.0	3.0	2.0	6.0	3.0	不许有	6	10
四级	1.0	0.3	0.5	1.0	1.0	0.5	2.0	1.0	不许有	2	4

（自 GB/T 6491—1999）

干燥质量指标的检验方法：

（1）平均最终含水率 $\overline{M}$：可用含水率试验板的平均终含水率来检查，并用式(7.2)计算

$$\overline{M} = \sum (M_2 / n) \tag{7.2}$$

式中：M_2 为试验片终含水率(%)；n 为含水率测定次数。

（2）干燥均匀度 ΔM_z：可用均方差来检查。并用式(7.3)计算(精确至0.1%)

$$\sigma = \sqrt{\frac{\sum_{n=1}^{n} (M_2 - \overline{M})^2}{n - 1}} \tag{7.3}$$

（3）厚度上含水率偏差 ΔM_h（表、心层含水率的差值）

$$\Delta M_h = M_s - M_c \tag{7.4}$$

式中：M_s，M_c 分别为心层及表层含水率(%)。

木材干燥时，经常发生的干燥缺陷有：内裂、表裂、端裂、弯曲、皱缩、炭化、表面严重变色和干燥不均匀等。

表裂(suface ckeck) 多发生在木材干燥的初期，在弦切板上沿木射线方向发生的纵向裂纹。由于木材表面水分蒸发速度远远大于木材内部的水分移动速度，因此，木材表面先于木材的内部发生干缩，并使木材表面承受拉应力，当拉应力大于木材的横纹抗拉强度时，木材表面发生开裂。若裂纹不太严重，在干燥的中后期可以完全闭合，对干燥质量影响不大。表裂主要是由于介质温度太高、湿度低等原因造成。如遇这种情况，应及时调整干燥基准，降低干球温度，提高湿度，必要时可做表面喷蒸处理。如图7.7所示。

内裂(internal ckeck) 又称蜂窝裂，是开裂缺陷中较为严重的一种，它一般发生在干燥的后期阶段，是由于木材表面硬化严重，木材内部所受的拉应力大于木材的横纹抗拉强度时发生的。较厚的木材，特别是密度较大的硬阔叶树材，木射线较粗，内含物较多的锯材，如：栎木、柞木、柯木、锥木、枫香等硬阔叶材。发生内裂的木材，有时只有锯断才能发现，且其强度有大幅度的降低，有的甚至报废。为了防止木材发生内裂，

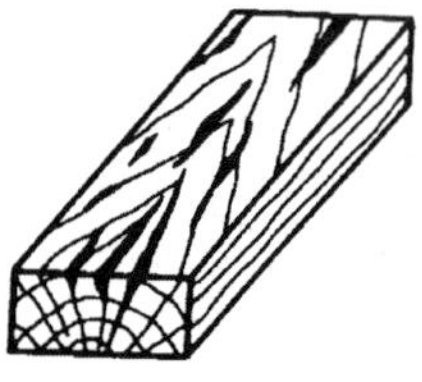

图 7.7　木材表裂

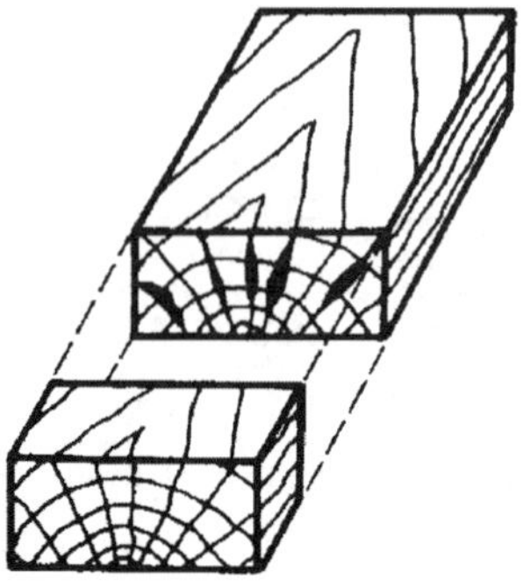

图 7.8　木材内裂

图 7.9　木材端裂

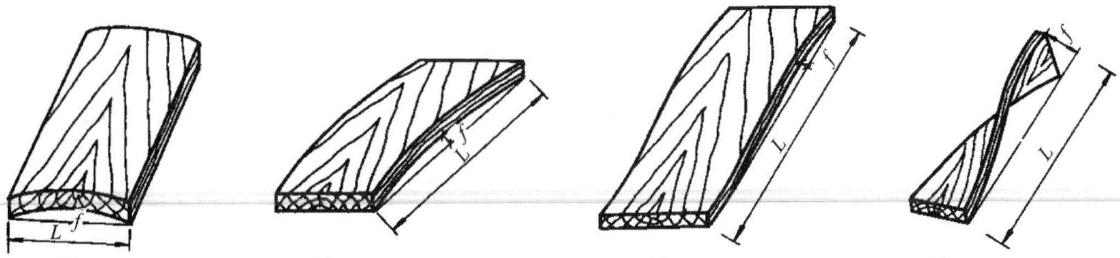

(a)　(b)　(c)　(d)

图 7.10　锯材的弯曲变形(自朱政贤，1992)

(a)横弯　(b) 侧弯　(c)顺弯　(d)扭翘

在干燥过程中要多进行中期调湿处理，降低后期温度，或干燥前将木材进行改性处理。如图 7.8 所示。

端裂(end ckeck)　由于木材端部水分蒸发速度是木材横纹方向水分蒸发速度的 30～40 倍，因此木材端部的水分先蒸发，再干缩，厚度较大的锯材，尤其是木射线粗的硬阔叶材或髓心板，在干燥应力、干缩应力和生长应力的联合作用下可发生端部开裂。在生产上，为了防止端裂，在装堆时，最外端的一根隔条的外侧面一定要和木材的端面在一个平面，以减少木材端部水分蒸发面积。对于贵重用材，可在木材的端部涂刷耐高温的黏性防水涂料，如高温沥青和石蜡等。如图 7.9 所示。

弯曲(crook)　包括顺弯、横弯、翘弯和扭曲等。横弯是指沿锯材横向弯曲，如图 7.10(a)所示。它一般发生在弦切板，特别是小径材的弦切板上，它是由锯材上下两个表面的弦径向干缩差异太大引起的。侧弯是由于应力木或幼龄材局部纵向收缩过大引起的，如图 7.10(b)所示。顺弯和扭翘是沿着木材的纹理方向发生弯曲，如图 7.10(c)和(d)所示，是由板材纵向纹理不直(d)，或在干燥过程中局部受压而(c)引起的。所有发生弯曲的板材多是由木材纹理不直引起的，属于木材固有的性质，在生产上，对于这些木材，可以采取合理堆积材堆，或在干燥开始对木材进行高温高湿处理，或在材堆顶部压重物，均可以减少弯曲。

皱缩(collapse)　亦称溃陷，是木材干燥时由于水分移动太快所产生的毛细管张力和干燥应力使细胞溃陷而引起的不正常不规则的收缩。皱缩通常是在干燥初期由于干燥温度高，自由水移动速度快而产生的一种木材干燥缺陷，其他木材干燥缺陷都是在纤维饱和点以下产生的，而木材皱缩则是在含水率很高时就有可能产生，且随着含水率的下降而加剧。木材皱缩的宏观表现是板材表面呈不规则的局部向内凹陷并使横断面呈不规则图形；微观表现通常是呈多边形或圆形的细胞向内溃陷，细胞变得扁平而窄小，皱缩严重时细胞壁上还会出现细微裂纹。皱缩不仅使木材的收缩率增大，损失增加5% ~ 10%，而且因其并非发生在木材所有部位或某组织的全部细胞，因而导致木材干燥时产生变形。皱缩时还经常伴随内裂和表面开裂，开裂使木材强度降低甚至报废。研究结果表明，虽多数木材在干燥时均会发生程度不同的皱缩，但某些木材更易发生，已经发现容易发生皱缩的树种有澳大利亚桉树属、日本大侧柏、美洲落羽杉、北美香柏、北美红杉、胶皮糖香树、杨木、苹果木、马占相思、栎木等。即使是同一种木材，因在树干中的部位不同，其皱缩的程度也不同，其中心材较边材、早材较晚材、树干基部和梢部较中部的木材、幼龄材较老龄材容易发生皱缩；生长在沼泽地区的木材较生长在干燥地区的木材、侵填体含量大的木材、闭塞纹孔多的木材较其他木材容易产生皱缩。木材皱缩的类型如图7.11。

木材细胞的皱缩过程可以通过干燥工艺产生的外界条件来实施调控。如通过预冻处理可以在细胞腔内产生气泡，使纹孔膜破裂，使细胞的气密性下降；汽蒸处理也可以破坏细胞的气密性；用有机液体代替木材中的水分等。上述预处理均改变了细胞皱缩的基本条件，使本来能够产生皱缩的细胞不发生皱缩。另外通过调控干燥工艺条件，降低水分移动的速度，同时降低了毛细管张力，也可以减少皱缩。对木材进行压缩处理可以使木材细胞发生变形，破坏细胞的气密性；在受拉状态下干燥木材时，也可以减小毛细管张力。

图7.11　木材皱缩的类型（自王喜明，2000）

炭化（charring）　在炉气干燥、熏烟干燥或微波干燥中经常出现的一种干燥缺陷，是由于温度太高而使木材内部或表面发生不同程度的炭化。熏烟干燥的锯材发生表面炭化的现象比较严重，有时表面炭化层厚度达3mm，使用时需将这一层刨掉，以免影响木材的利用率。炭化通常使木材的强度降低，木材的颜色增加。

参考文献

1. 朱政贤. 1992. 木材干燥. 2版. 北京：中国林业出版社.
2. 杜国兴. 1997. 木材干燥质量控制. 北京：中国林业出版社.
3. 申宗圻. 1990. 木材学. 北京：中国林业出版社.
4. 顾炼百. 2003. 木材加工工艺学. 北京：中国林业出版社.
5. 梁世镇，等. 1998. 木材工业实用大全：木材干燥卷. 北京：中国林业出版社.
6. 张璧光. 2005. 实用木材干燥技术. 北京：化学工业出版社.

第 8 章

木材的大气干燥

我国广大人民群众从古代开始就使用大气干燥木材的方法，乃至今天还在使用这种方法，如在广大林区，人们将锯好的板材堆放在凉房，1～2 年后拿出制作家具、门窗等，实际上就是利用了木材的大气干燥。

木材的大气干燥就是利用太阳能干燥木材的一种方法，又称天然干燥，简称气干（air seasoning）。木材气干是将木材堆放在空旷的板院内或通风的棚舍下，利用大气中的热力蒸发木材中的水分使之干燥。尽管木材气干方法看似简单，但干燥过程涉及许多物理规律，应该说也是一项技术。如将大气干燥和其他干燥方法联合，是节约能源的一项很好的干燥工艺。

8.1　木材大气干燥的原理和特点

在大气干燥过程中，干燥介质的热量来自太阳能，干燥介质的循环靠材堆之间和材堆内形成的小气候。材堆内，吸收水分的空气，由于密度增加，此部分湿空气就要下降，温度高的湿空气就要上升，从而形成气流的循环，并使木材得以干燥。

大气干燥的优点：利用太阳能干燥木材，不需要蒸汽和电；不需要干燥室和设备；干燥工艺简单，容易实施；干燥成本低。

大气干燥的缺点：干燥过程受自然条件的限制，不能人为控制木材的干燥过程，干燥时间长，干燥质量偏低；终含水率受地区的限制，一般只能干燥到 10%～20%，而不能低于当地的平衡含水率；占地面积大；雨季时间长，木材易发生虫蛀、变色和腐朽等，并使木材降等；容易发生火灾。

由于大气干燥受当地气候条件的影响，所以各地大气干燥的特点不同。我国幅员辽阔，各地气候不同，南部沿海地区温暖潮湿，干燥条件适中，大气干燥可以常年进行；东北地区气候干寒，大气干燥的季节较短；西北地区气候干旱，冬季气温较低，每年春夏是大气干燥的最好季节。

大气干燥速度的测量：把表面敞开的容水器置于材堆内外各处，定时测定自由水的蒸发量，用每平方米每小时蒸发水分的量，作为材堆内外各处木材中水分蒸发强度的指标，从而进行比较。某次试验的结果见表 8.1。

从表 8.1 中可知，水分蒸发的强度以风速为 2m/s 的下午为最大，此时材堆中层的蒸发强度达到 148.8$cm^3/(m^2 \cdot h)$；风速为 1m/s 的上午居中，此时中层的蒸发强度为 84.2$cm^3/(m^2 \cdot h)$；无风的夜晚最小，中层的蒸发强度只为 42.2～49.6$cm^3/(m^2 \cdot h)$，为下午（风速为 2m/s）的 1/3。材堆中各部位的蒸发强度也不一样，顶棚下水分的蒸发

表 8.1　锯材材堆内外水分蒸发的强度

观察期间的气象特征	观察时期(8 月)	水分蒸发强度[$cm^3/(m^2 \cdot h)$]				
		下层	中层	上层	顶棚下	堆外空地
多云，无风，寒夜	9 日 20 时至 10 日 8 时	59.5	49.6	52.1	59.6	89.4
晴，东北风，1m/s，15℃	10 日 8 时至 14 时	69.3	84.2	108.9	207.9	772.2
晴，东北风，2m/s，20℃	10 日 14 时至 20 时	110.5	148.8	178.5	408.0	790.5
多云，无风，寒夜，有雾	10 日 20 时至 11 日 8 时	42.2	42.2	54.6	59.6	29.8

（自林伟奇，1992）

强度为最大，上层次之，下层最小，一般以中层的蒸发强度代表整个材堆的平均蒸发强度。材堆内外的蒸发强度相比，在有风的下午，材堆中部的蒸发强度仅为堆外空地上的1/5，但在有雾的寒夜，由于材堆内中层的气温比材堆外的高，因而此时材堆内的水分蒸发强度比材堆外空地的大。

8.2　大气干燥材堆的堆积方法

大气干燥时，材堆的堆积法与自然循环木材干燥室材堆的堆积方法相似，但当大气干燥和其他干燥方法实施联合干燥时，材堆一次堆积成功，与强制循环干燥时材堆的堆积方法一样。对于尺寸较小的针叶材、软阔叶材和比较不易开裂的硬阔叶材，在数量不大的情况下，为了提高干燥速度，可采用如下方法。

X 形堆积法：长而薄的板材可以堆成 X 形，如图 8.1(a)所示，此种堆积法，木材

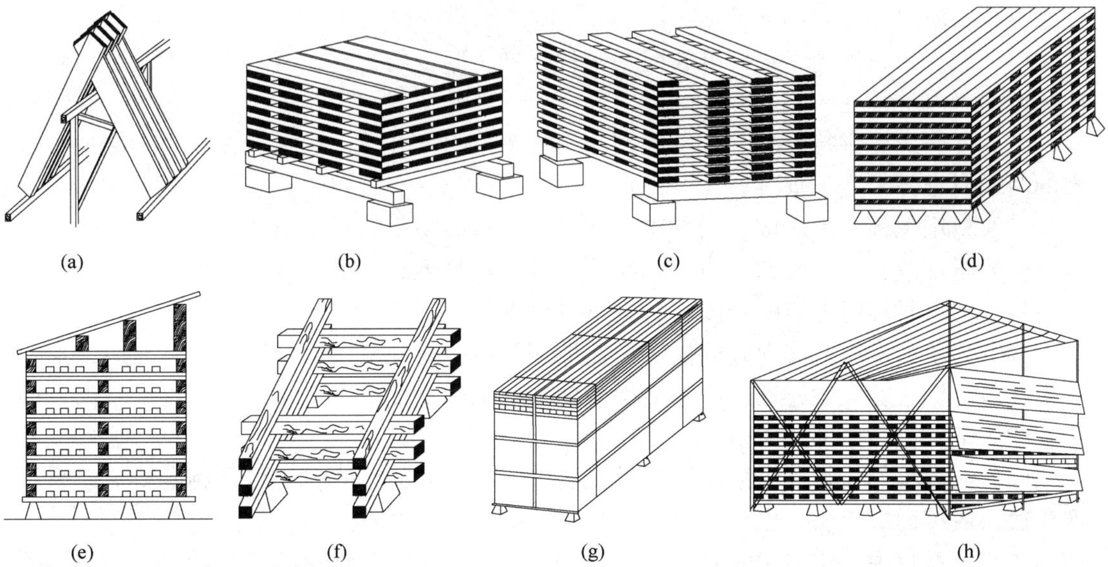

图 8.1　小料气干堆积法

(a)X 形堆积法　(b)垫条堆积法　(c)无垫条纵横交叉堆积法　(d)宽材堆的自然堆积法
(e)抽匣式堆积法　(f)井字形堆积法　(g)组堆堆积法　(h)荫棚堆积法

表面干燥速度快，可防止木材变色，但也容易产生不均匀干缩、表裂、端裂和翘曲等。

垫条堆积法：每铺一层板材垂直交叉地放一根垫条，如图8.1(b)所示。

无垫条纵横交叉堆积法：从堆底第一层起，按规定的横向间隔依次铺放板材，然后直角交叉铺放第二层板材，如图8.1(c)所示。

宽材堆的自然堆积法：第一层板材横向不留间隔，板材宽度等于固定米数，最好等于材长，第二层按规定横向间隔垂直交叉放置板材，如图8.1(d)所示。

抽匣式堆积法：用两块板材做垫条，分别放置在材堆的两端和中间，如图8.1(e)所示。

井字形堆积法：短而小的毛料用此法，如图8.1(f)所示。

组堆堆积法：先将相同树种、规格的板材用垫条堆成断面为1.1m×1m，材长为2~6m的小堆，再用叉车将小堆组成材堆，如图8.1(g)所示。

荫棚堆积法：具有活动遮荫的简易棚架，如图8.1(h)所示。

8.3 大气干燥的实施

大气干燥需要较大的板院，对板院的技术要求如下：

板院地势平坦干燥；略带0.2%~0.5%的坡度，板院四周应有排水沟；场地无杂草和垢物，板院四周无高大建筑物和树木，通风良好；板院内外留有防火通道，并配置防火设备。

材堆要堆在堆基上，堆基高0.4~0.6m，可用钢筋混凝土、砖、石或木材制备。设置堆基的主要目的是为了堆底有良好的通风，防止雨水浸湿木材。材堆的顶部还须有顶盖，以遮住雨水和光照。

堆放材堆时要注意如下事项：

(1) 在一个材堆内，最好堆放同一树种、同一厚度的木料，木料数量少时也可将材质相近的木材堆积在一起。

(2) 木料应先进行分类，分别堆积，长材置于材堆外边，短材放在材堆的里边，木堆的两端应堆齐，上下垂直。

(3) 材堆在板院内应按主风方向来配置，即薄而易干的材堆放置在迎风的一边，中等厚度的材堆放置在背风的一边，木料厚而难干的材堆放置在板院的中部。

(4) 配置材堆时材堆的长度应与主风方向平行。

(5) 为使材堆中气流很好的循环，在堆积时木料之间应留有空隙，上下对应，形成垂直气道。比较宽大的材堆，中部干燥缓慢，空隙的宽度应由两边向中央逐渐增大，中央空隙的宽度应为边部的3倍。

(6) 低等级的板材可以采用平头堆积法，等级较高的针叶材，以及阔叶材可以采用埋头法，或端面遮盖法，也可在厚板或方材的端面涂饰沥青、石灰等涂料。

在气干过程中，应该按时测定木材含水率的变化和检验锯材的外部状态。根据检验板重量的变化，检查和结束干燥过程。在检验外部状态时，应该观察锯材端面有无开裂的迹象，并注意采取防止开裂的措施。

8.4 强制气干

由于大气干燥过程中，材堆内气流循环是自然形成的，气流速度慢，因而为了提高材堆内的气流循环速度，可在材堆的旁边设置风机，这种操作叫做强制气干。

强制气干和室干法不同，它是在露天下或在稍有遮盖的棚舍内进行，但并不控制空气的温度和湿度。在强制气干过程中锯材表面的风速可达1m/s以上，从而提高木材干燥速度。

根据风机在材堆中位置的不同，可以将强制气干分为下列几种(图8.2)：堆底风道送气；两材堆间送气；两材堆间抽气；材堆侧面送气；风机来回移动送气和抽气；风机回转移动送气和抽气。

当强制气干的气流循环速度为4m/s时，其干燥时间比普通气干缩短1/2~2/3。在空气相对湿度小于90%，温度大于5℃时，空气的强制循环是有效的。但强制气干的成本比普通气干高1/3；木材的干燥质量也相对较高。

从表中可见，强制气干的干燥速度比普通气干快1倍左右。木材含水率在纤维饱和点以上时干燥速度较快，低于纤维饱和点时，干燥速度逐渐缓慢。

强制气干由于干燥条件比较温和，可以提高干燥质量，减少降等率，减少开裂，防止变色，并使最终含水率均匀。因此，如把强制气干作为两段干燥方法的前段预干使用，干燥成本将降低。

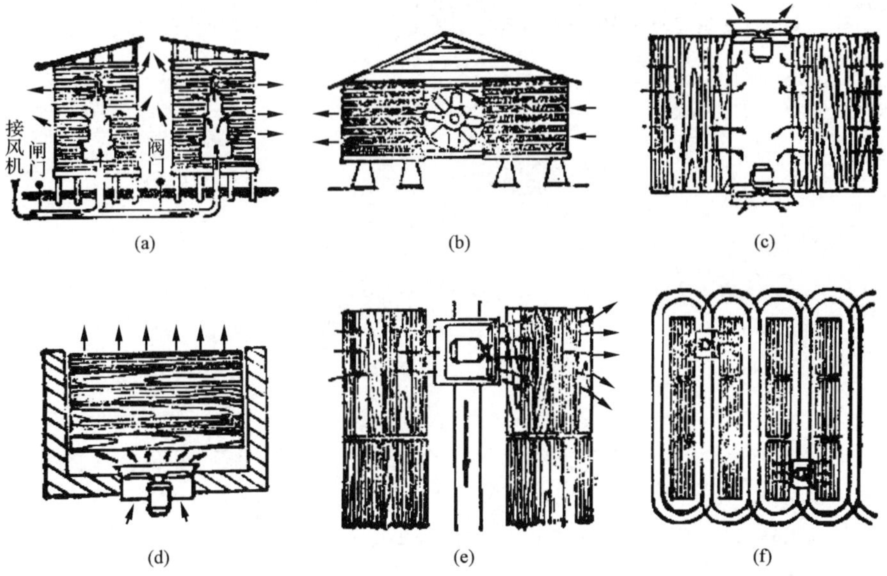

图8.2 强制气干的方式(自朱政贤，1992)

(a)堆底风道送气 (b)两材堆间送气 (c)两材堆间抽气 (d)材堆侧面送气 (e)风机来回移动送气和抽气 (f)风机回转移动送气和抽气

8.5 联合干燥

将大气干燥和其他干燥方法联合使用，发挥大气干燥成本低，操作简便的优点，结合其他干燥方法干燥速度快的优势，扬长避短，能获得十分满意的经济效果。生产上经常使用的两段干燥就是联合干燥的例子。所谓两段干燥，是指第一阶段在制材厂将锯材用大气干燥到含水率为20%；第二阶段由使用单位用其他干燥方法干燥至所需要的终含水率。

联合干燥虽然增加了工序，但在制材厂进行集中的大量干燥可以使干燥成本大为降低，也可以节约运输费用。同时可以看到，在第二阶段干燥时，由于缩短了干燥时间，降低了风速，节约了能量。所以，联合干燥是降低能耗和干燥成本的有效方法。它兼有常规室干的效果、除湿干燥和太阳能干燥的节能等多方面长处，并且成功地解决了下列问题：

(1)常规室干能耗高；

(2)除湿干燥时间长，终含水率小于10%困难，60mm以上的厚板心部难干等；

(3)太阳能干燥受气候条件的影响，蓄热设备昂贵，可靠性差等技术经济问题。

参考文献

1. 朱政贤. 1992. 木材干燥. 2版. 北京：中国林业出版社.
2. 顾炼百. 2003. 木材加工工艺学. 北京：中国林业出版社.
3. 梁世镇，等. 1998. 木材工业实用大全：木材干燥卷. 北京：中国林业出版社.

第 9 章

木材除湿干燥

木材除湿干燥通常是一种低温干燥方法。除湿干燥技术始于 20 世纪 60 年代初，首先在欧洲应用于干燥木材。第一代木材除湿机的供热温度一般小于 40℃，木材干燥周期很长，影响了其推广使用。20 世纪 70 年代以后，随着制冷技术的发展，木材除湿机的供热温度可达 60℃以上，因此，在欧洲、北美等地得到了推广应用。20 世纪 80 年代初，我国南方少数木材加工企业从国外引进了木材除湿干燥设备。1985 年后，我国广东、山东等地有关机械厂，研制了国产除湿干燥设备，并在生产单位推广。1987 年底，上海某研究所研制了高温热泵，使除湿干燥技术在木材行业得到进一步推广。20 世纪 90 年后，深圳、上海和北京等地引进国外先进设备和技术，在研究各国干燥机的基础上结合我国木材行业的具体情况，先后开发研制了单热泵、双热泵木材除湿干燥机。

9.1 主要设备和工作原理

9.1.1 设备组成

除湿干燥系统分为木材干燥室和除湿机两大部分，如图 9.1 所示。干燥室与常规低温干燥室的干燥过程相似，但有两点不同：①排出的湿热废气不是进入大气，而是经过

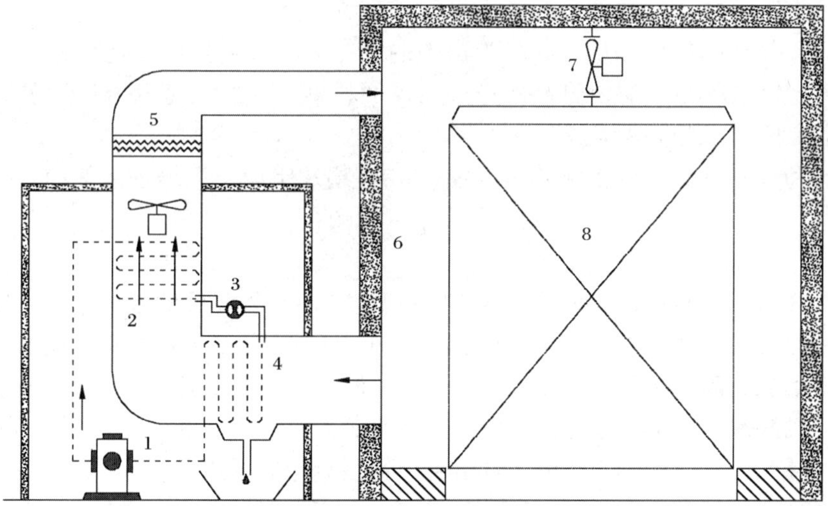

图 9.1 木材除湿干燥系统

1. 压缩机 2. 冷凝器 3. 热膨胀阀 4. 蒸发器 5. 辅助加热器
6. 干燥室外壳 7. 轴流通风机 8. 材堆
（自 Alëon，1983）

除湿机经脱湿后再返回干燥室内；②干燥室内通常不设加热器，而靠除湿机供热(有时设辅助加热器)。

对除湿干燥室的要求与普通干燥室相同，一要保温，二要密闭。实际生产中采用的除湿干燥室外壳有三种结构：第一种为金属外壳，即在型钢或型铝骨架两面覆铝板，中间填玻璃棉或聚氨酯泡沫塑料保温层；第二种为砖砌结构，室壁为双层砖墙，中间填膨胀珍珠岩或其他保温材料；第三种为砖木混合结构，室壁外层为砖墙，内层为胶合板或刨花板，中间夹泡沫塑料保温层，板子表面涂沥青漆或酚醛树脂等防水涂料。以第一种结构使用效果最好，但造价高。室内气流循环可用轴流通风机，也可用离心通风机。用前者时，由于室内温湿度通常不高，轴流通风机(通常为2～4台)连同电动机一起可装在室内材堆的顶部，使结构大为简化(图9.1中7)；采用离心通风机时，需沿干燥室长度方向均匀配置吸气道和压气道，以保证气流均匀流过材堆。

除湿机由外壳、制冷压缩机、蒸发器(冷源)、冷凝器(热源)、热膨胀阀、辅助加热器、风机、连接管道及一定量的制冷剂组成。各部分具体介绍如下：

9.1.1.1 制冷压缩机

它是除湿机的心脏。作用是压缩制冷剂气体，驱动制冷剂在系统内循环，并提供热能转换过程中所需的补充能量。制冷压缩机分为活塞式压缩机及叶轮式压缩机两种。按是否密闭又分为密闭式压缩机和半密闭式压缩机两种。国产设备目前大部分为密封闭式压缩机，占90%以上。为了减轻运转时的振动，必须将压缩机安装在弹簧减振装置上。

9.1.1.2 蒸发器和冷凝器

蒸发器的作用是使循环管道中的制冷剂与管外的湿热空气(干燥室的废气)发生热交换，制冷剂吸收热空气的热量，蒸发呈气态；而湿热空气中的水蒸气遇冷凝结成水，排出机外。冷凝器的作用相反，循环管道中的制冷剂在冷凝器中又把吸收到的热量传给管外的空气，吸收热量后温度升高的空气再返回材堆。因此，蒸发器是除湿机的低温热源。冷凝器是除湿机的高温热源。

冷凝器和蒸发器都由数根铜管镶嵌铜(或铝)翅片组成，以增加散热面，又耐腐蚀。

9.1.1.3 制冷剂

对制冷剂的要求是：(1)具有较高的临界温度(即冷凝温度的最高限)。因为临界温度决定了除湿机的供热温度。(2)在除湿机工作温度范围内，有适宜的饱和蒸汽压力。即冷凝压力不能过高，否则压缩机难以长期承受。同时要求蒸发压力最好稍高于大气压，以免空气渗入。(3)在选定的冷凝温度下，其单位体积的潜热量要大，以减小压缩机的尺寸，降低造价。(4)能与润滑油相溶，毒性要小，化学性质较稳定。根据以上要求，作为制冷剂的氟利昂工质有 R_{12}、R_{22}、R_{114}、R_{142} 等。目前较常用的制冷剂是 R_{22}(二氟一氯甲烷)和 R_{12}(二氟二氯甲烷)。通常情况下，用作低温干燥的制冷剂冷凝温度不超过50℃，高温除湿机中采用 R_{114}(四氟二氯乙烷)，其冷凝温度可达82.5℃。1987年底，国内某科研单位研制的高温热泵，采用 R_{142}(二氟一氯乙烷)作制冷剂，其冷凝温度达80℃，是一种理想的制冷剂。2004年国内某大学研制的高温制冷剂开始进入工业化实验。

9.1.1.4 热膨胀阀(简称膨胀阀)

高压的制冷剂流过热膨胀阀时，由于流道横截面积突然扩大，使其压力降低，从而与蒸发器内的压力相同。

9.1.1.5 辅助加热器

主要作用是对干燥室预热，使除湿机能在较适宜的温度下开始运行。辅助加热器通常只在干燥开始阶段使用，待除湿机运转后，它就被关掉。另外，当压缩机的机械功不足以补偿干燥室的热损失时，也要间歇开启辅助加热器。通常采用电热器，有条件的工厂也可用蒸汽或热水加热器作辅助加热器。

9.1.2 除湿机的工作原理

除湿机的工作原理与热泵相同。即从低温区(低压热源)吸收热能 Q_u，并使此热能伴随着某些机械功 W_p 的输入，一并传递到高温区(高压热源)，从而得到较高温度、可供利用的热能 Q_s。

根据热力学第一定律，可得

$$W_p + Q_u + Q_s = 0 \tag{9.1}$$

或

$$|Q_s| = |Q_u| + |W_p| \tag{9.2}$$

使用压缩机型热泵时，热能从低温热源向高温热源转移所需的补充能量是压缩机提供的机械能。

众所周知，液体在汽化时，需要从外界吸收热量(汽化潜热)，反之，如果气体液化时，就要向外界放出热量。根据这一原理，把除湿机的蒸发器、压缩机、冷凝器和热膨胀阀等主要部件用管道连接起来，构成封闭的循环系统。制冷剂在封闭的系统中循环流动，并与周围的循环空气进行热交换(图9.1)。从干燥室内排出的热湿空气流过蒸发器(低压热源)表面时，如果温度降到露点，则热湿空气中所含的水蒸气将在蒸发器表面冷凝，并汇集排出机外。蒸发器内的制冷剂吸收了管外空气中的热量(汽化潜热和部分显热)，蒸发为蒸汽，然后流入压缩机。在压缩机中，制冷剂被压缩升压，同时一部分机械能(即压缩机所做的功)转化为热能，被制冷剂吸收。然后从压缩机流出的高温高压气态制冷剂流入冷凝器。在冷凝器内，气态高温高压制冷剂在接近等压的过程中冷凝为液体，同时放出热量。另一方面，经蒸发器脱湿的空气流过冷凝器(高压热源)时，又吸收了高温制冷剂放出的热量，成为相对湿度较低的热空气，再流回材堆，加热和干燥木材。液态制冷剂离开冷凝器后，在热膨胀阀处膨胀降压为气、液两相的混合物，同时压力降低，然后再流入蒸发器。如此反复循环。

为了进一步理解热泵系统的运转原理，可用相位图考察制冷剂的热力学特性，如图9.2所示。此图是常用的制冷剂 R_{22} 的典型相位图。横坐标表示焓，纵坐标表示压力。

图中左上角区域表示液态，拱形区域表示气液两相混合体，拱形之右的制冷剂为气体或蒸汽。

从热泵(除湿机)的热膨胀阀排出的制冷剂是气液两相混合体(点1)，然后流入蒸发器(点2)，在此过程中，制冷剂的压力不变。但由于吸收了周围空气的热量，焓大大增加。在蒸发器中，制冷剂全部转变为蒸汽。

制冷剂如果以液态在压缩机中运转，必然会损坏压缩机的阀门等设备，因此它必须在拱形右边的纯蒸汽区(过热区)内进入压缩机。热膨胀阀控制着制冷剂的流量，使点2偏离拱形区约10℃。从而防止液体微滴进入压缩机。

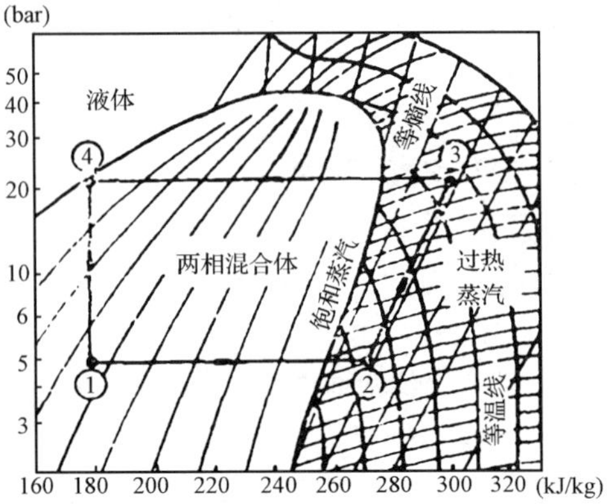

图9.2 热泵循环图

(注：1bar = 10^5 Pa)

制冷剂在压缩机内压缩的过程近似于等熵过程。等熵线随着压力的增大温度逐渐升高。因此，制冷剂从压缩机流出时的温度(93℃)高于其冷凝温度(54℃)。制冷剂在压缩机出口处达到其最高温度(点3)。

在冷凝器内，高温制冷剂在接近等压的过程中，冷凝为液体(点3到点4)。在此过程中，由于制冷剂的热量又传回给周围空气，故其焓不断降低。液态制冷剂离开冷凝器后，在热膨胀控制阀处膨胀为两相混合体(点4到点1)，在此过程中，压力不断降低，但焓不变。制冷剂反复进行此种循环使低温热源的热量传至高温区。

除湿机的性能，通常用性能系数来评价。性能系数又分为除湿机本身的性能系数 COP 和除湿装置系统的性能系数 COP_S 两种。

$$COP = \frac{Q_s}{P_p} \tag{9.3}$$

式中：Q_s 为除湿机的热源提供的热量；P_p 为压缩机消耗的功。

$$COP_s = \frac{Q_s}{P_P + P_{f_1} + P_{f_2} + P_r} \tag{9.4}$$

式中：P_{f_1}，P_{f_2}，P_r 分别为除湿机中的风机、干燥室内风机及辅助电热器消耗的功。

除湿机本身的性能系数 COP 值为3.8左右；除湿装置系统性能系数 COP_s 值为2～2.75。这说明只需从外界输入少量的能量(压缩机及风机消耗的功等)，便可在除湿机的高温热源得到2倍多的热能。

木材除湿干燥时，干燥室内循环的空气可全部流过蒸发器(冷源)，也可部分流过蒸发器，其余的直接在干燥室内循环。部分空气(通常为总量的1/4)流过蒸发器时，其除湿效率较高。而全部空气流过蒸发器时，尽管蒸发器的大部分制冷功率用于冷却大量的空气，但有时仍很难将空气的温度降到露点以下，故脱湿量很少。特别是流过干、热空气时，更是如此。然而，当空气的湿含量很高时，降到露点温度相对容易，这时，流过除湿机的空气量不是影响除湿效率的主要因素。

9.2 木材除湿干燥工艺

木材除湿干燥时，干燥室内木料的堆积及干燥介质——空气穿过材堆的循环过程，与常规干燥相同。

9.2.1 干燥温度和湿度

目前，除湿干燥主要还是中温干燥。干燥开始时，辅助加热器把干燥室内空气温度预热到有效工作温度。然后，辅助加热器自动切断电源。靠除湿机中的压缩机不断提供能量。在干燥过程中，干燥室内温度逐渐升高到干燥基准相应的温度(依被干燥木料的树种、厚度和含水率而异)。除了控制空气温度之外，还要控制空气的相对湿度。干燥针叶树材时，相对湿度控制在27%～63%；干燥阔叶树材时，相对湿度控制在35%～90%，即随着干燥过程的进行，相对湿度不断下降。例如，25mm厚的岩槭低温除湿干燥基准见表9.1。

除湿干燥的最高温度是由冷凝器中氟利昂的工作压力决定的。例如，采用通常的氟利昂R_{22}为制冷剂时，设计的最大冷凝压力为1862kPa，这时除湿机的供热温度约为49℃。国内新近研制的高温除湿机，其冷凝温度可达100℃以上，这时的供热温度可达90℃。又如，20～55mm厚槭木材中温除湿干燥基准见表9.2。

表9.1 低温除湿干燥基准

时间(h)	干球度(℃)	干湿球温差(℃)	相对湿度(%)	平衡含水率(%)
3	—	2.8	—	—
44	32	2.8	81	16.1
48	34	4.7	71	13.0
33	39	10.0	47	7.9
36	40	12.5	39	6.2
13	40	16.0	25	4.4
36	41	18.0	19	3.5
187	44	20.0	18	3.3
8	49	6.1	69	11.8

（自 Cech 等，1978）

表9.2 中温除湿干燥基准

木材含水率(%)	干球温度(℃)	湿球温度(℃)	干燥延续期(d)
≥40	40	40	0.5～1
40	40.5	38	0.5
35	44	40.5	0.5
30	47	41～42.5	0.5
25	51	41～45	0.5～1
20	54	42～45	0.7～1
15	57	41～45	1
10	60	39～44	1
6	60	35～40	1～1.5

（自徐望飞，1987）

9.2.2　干燥时间

木材低温除湿干燥时，干燥时间相当长。例如，32mm 厚的赤栎板材从生材干燥到 6% ~8% 的含水率，需要 40 ~45 天；25mm 厚的白松从含水率 90% 干燥到 8% 需 18 天。而常规蒸汽干燥同样的板材分别只要 26 天和 6 天。

其他树种和规格的锯材，除湿干燥的时间见表 9.3。

表 9.3　木材除湿干燥的时间

树种	厚度(mm)	板型	初含水率(%)	终含水率(%)	干燥时间(d)
栎木	24	毛边板	40	14	40
板栗	23	整边板	86	16	19
山毛榉	60	毛边板	67	34	32
非洲楝	41	毛边板	63	21	17
柳桉	50	毛边板	87	53	15
海岸松	27	整边板	56	15	13

（自 Aléon 等，1981）

除湿干燥欧洲赤松、栎木和山毛榉木材的干燥曲线，如图 9.4 所示。干燥温度为 35℃。木材横断面尺寸为 50mm×50mm。干燥室空气相对湿度从 90% 降为 20%。

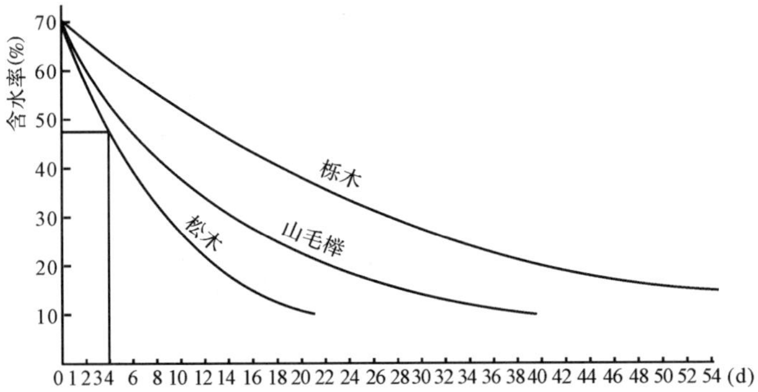

图 9.4　欧洲赤松、栎木和山毛榉木材的干燥曲线

（若利等，1980）

9.2.3　除湿机功率的选择

木材除湿干燥过程中，热量是由除湿机的冷凝器供给的。调节干燥温度主要靠开启和停止压缩机，压缩机停止运转，就截断了除湿机的供热，起降温作用。干燥室内空气的相对湿度亦可通过压缩机来控制。启动压缩机，就能降低干燥室内的相对湿度。

对于一台除湿机来说，其最大除湿(排水)能力是固定的。选择除湿机时，首先要计算被干木料每小时的排水量，然后对照除湿机的排水能力进行选择。又因干燥过程中，木料的干燥速度是不等的，初期干燥速度快，需要的除湿机排水能力大，按最大除湿能力的 80% 左右来选择除湿机。

9.2.4 干燥质量

由于除湿干燥通常是低温慢干，因而干燥质量较好，一般不会出现严重的干燥缺陷。但由于在除湿干燥系统中，通常无调湿设备，使得干燥结束后，无法进行调湿处理，所以干燥的木材有时会出现表面硬化现象。特别是用中温除湿机（干燥温度达60℃）干燥硬、阔叶树材厚板时，表面硬化现象更为严重。

9.2.5 能耗分析

木材除湿干燥时，由于废气热量的回收利用，因此，与常规干燥相比，除湿干燥可节省大量的能耗（干燥生材时可节省45%～60%的能耗）。但是，木材含水率降到20%以下时，由于干燥温度低，木材中的水分蒸发比较困难，蒸发单位质量水分的能耗大大增加。而且从木材中蒸发出来的水分越来越少，因此，从废气中回收的能量也越来越少。用除湿法把气干材进一步干燥到6%～8%的含水率，与常规干燥相比，能耗的节省很少。

32mm厚的赤栎生材在除湿干燥过程中，每立方米木料的能耗与木材含水率的关系曲线，如图9.5所示。由图9.5可见，木材从60%干燥到20%的含水率，每立方米木料约消耗144kW·h的电能。平均每降低1%的含水率，消耗3.6kW·h的电能。而进一步从20%干燥到8%的终含水率，需要再消耗136kW·h的电能。平均每降低1%的含水率，消耗11.3kW·h的电能，为干燥前期的3倍。以上数据也说明，除湿法干燥气干材或半气干材是不经济的。

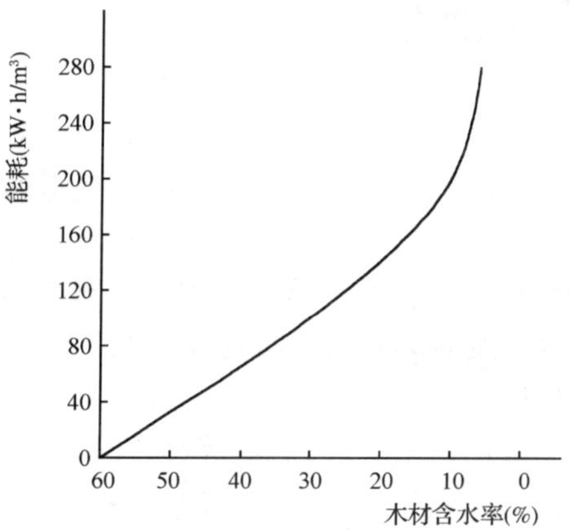

图9.5 32mm厚的赤栎生材除湿干燥时能耗与木材含水率的关系

9.3 经济效果和实用价值

9.3.1 改进措施

9.3.1.1 提高干燥温度，增设调湿装置

老式的除湿干燥室，干燥温度低，一般只有32～49℃，因此干燥速度慢。新型的除湿机，采用新的制冷剂，可使干燥室内温度提高到60～70℃，干燥速度大大提高，干燥周期可缩短50%。

前面提到，除湿干燥室一般无调湿装置，干燥结束时不能进行终了调湿处理，木材易产生表面硬化。低温的除湿干燥此问题并不突出，但高温的除湿干燥若不进行调湿处理，则容易产生干燥缺陷。若在干燥室外面安装小型蒸汽发生器，或在干燥室内设喷水装置，喷水成雾，进行调湿处理，可改进干燥质量。

9.3.1.2 用热油管加热器代替辅助电热器

除湿干燥系统中辅助加热器通常采用电热器，耗电多，不经济。若能改成热油管或其他液体介质加热器，燃烧木材加工剩余物对介质加热，其干燥成本会明显降低。

9.3.1.3 根据实际需要选用除湿机的压缩机功率

除湿机通常应配备两台压缩机。干燥初期，木材中蒸发的水分量大，两台压缩机都起动；干燥后期随木材中水分蒸发量的减少，可关掉一台压缩机，或两台都关掉。这样可提高除湿机的效率，降低干燥成本。另外选择除湿机时，还要考虑到木材的树种、规格和含水率。一般干燥针叶树材时，木材中的水分容易排除。因此，要选用较大功率的除湿机。

9.3.2 除湿干燥的优缺点及适用范围

除湿干燥的优点：①节省能耗；②由于干燥温度较低，因此对干燥室的设计和使用材料的要求不高，只要合理地气密、防水和保温就行。工厂可因陋就简地自行设计和建造干燥室；③干燥过程中要求的峰值能量较低；④使用电能，对周围环境污染很小。

缺点：①年干燥量相同时，基建设备投资比常规干燥大，干燥针叶树材时更为突出；②干燥成本有些情况大于常规干燥，干燥针叶树材薄板时，成本提高的幅度更大；③没有调湿装置，干燥的木料往往出现表面硬化现象；④压缩机和控制阀需要精心保养，否则容易损坏；⑤适用于高温除湿机的制冷剂，目前正在研究开发中，近期有望应用推广。

根据以上分析，结合我国具体情况，除湿干燥的适用范围为：①水电资源丰富，电费便宜的地区；②没有锅炉的中、小型企业，小批量干燥硬阔叶树材或用于阔叶树材的预干；③大城市市区对环境污染要求高的地区。

总之，我国电力供应还比较紧张，不宜用除湿法干燥易干的针叶树材薄板，干燥硬阔叶树材也要考虑到干燥成本、投资回收期等问题。另外，从干燥能耗和成本综合考虑，最好采用除湿-常规蒸汽联合干燥方法，以充分发挥除湿干燥和常规蒸汽干燥各自的优点。

参考文献

1. 朱政贤. 1992. 木材干燥. 2版. 北京：中国林业出版社.
2. 黄新月，章建平. 2005. 热泵除湿干燥技术在木材干燥上的应用. 铁道运营技术.
3. 张璧光，等. 2003. 木材科学与技术研究进展. 北京：中国环境科学出版社.

第 10 章

木材真空干燥

把物料置于低于大气压力的环境中加热干燥的方法称为真空干燥(vacuum drying)。其主要优点为，在真空环境下，水分沸点降低，可以实现低温快速干燥；氧分压降低，可减少物料在干燥过程中的氧化变质现象，并在缺氧状态下抑制一些细菌的繁殖生长；可以回收一些有毒有害的气体，减少环境污染。由于这些优点，真空干燥应用领域包括化工行业、食品工程、医药工程、生物工程及木材工业等。

真空干燥在木材之外的其他材料上的应用，如食品加工、药品制造、矿植物油分馏等，已有相当长的历史，但由于真空场中热量难于传递，且木材较其他材料难干燥、容易产生开裂缺陷等，所以真空干燥用于木材则起步较晚。1893 年，Howard 首先取得了木材真空干燥法的专利。继此之后，欧洲及日本等国学者虽一直不断地进行着继续研究，但直到 20 世纪 70 年代中期，木材真空干燥技术才开始在欧洲得到推广；我国则是在 20 世纪 80 年代初期才开始研究该项技术，并且由于设备成本高等原因至今尚未得到很好地推广。

10.1 真空环境的特性

10.1.1 真空与真空度

真空的物理学定义是指没有或仅有很少原子或分子的空间，而在工程技术上，则是泛指低于当地大气压的空间。即，真空在工程技术上指在给定空间内，气体分子密度低于当地大气压下的气体分子密度的气体状态。

处于真空状态下气体的稀薄程度称之为真空度。工程技术上真空度常用两种方式表示，即绝对真空度和相对真空度。绝对真空度是指真空状态下稀薄气体的绝对压力(下文中提到的“真空度”即指绝对真空度)；相对真空度 δ(%)由式(10.1)求得。

$$\delta = \frac{1\text{atm} - p}{1\text{atm}} \times 100\% \qquad (10.1)$$

式中：δ 为相对真空度(%)；1atm 为一个标准大气压($1.013\ 25 \times 10^5$Pa)；p 为处于真空状态下的绝对压力。

10.1.2 水的饱和温度及饱和蒸汽压

真空干燥工艺基准的制定原则是先确定合适的物料温度，然后据该温度下的饱和水蒸气压来确立物料的环境压力(真空度)。因而水的饱和温度(沸点)及饱和蒸汽压是真空干燥过程中的重要参数。水的饱和温度(沸点)可据表10.1查得；水的饱和蒸汽压可据表10.2查得。

表10.1 真空下水的绝对压力、相对真空度与沸点

绝对压力(kPa)	相对真空度(%)	沸点(℃)	绝对压力(kPa)	相对真空度(%)	沸点(℃)
100	1.3	99.6	50	50.7	81.3
95	6.2	98.2	45	55.6	78.8
90	11.2	96.7	40	60.5	75.9
85	16.1	95.2	35	65.5	72.7
80	21.0	93.5	30	70.4	69.1
75	26.0	91.8	25	75.3	64.9
70	30.9	90.0	20	80.3	60.1
65	35.8	88.1	15	85.2	54.0
60	40.8	86.0	10	90.1	45.8
55	45.7	83.8	7	93.1	39.1

表10.2 水的环境温度与饱和蒸汽压

温度(℃)	饱和蒸汽压(kPa)	温度(℃)	饱和蒸汽压(kPa)	温度(℃)	饱和蒸汽压(kPa)
40	7.3777	60	19.926	80	47.367
41	7.7802	61	20.867	81	49.317
42	8.2015	62	21.845	82	51.335
43	8.6423	63	22.861	83	53.422
44	9.1034	64	23.918	84	55.58
45	9.5855	65	25.016	85	57.809
46	10.089	66	26.156	86	60.113
47	10.616	67	27.34	87	62.494
48	11.166	68	28.57	88	64.953
49	11.74	69	29.845	89	67.492
50	12.34	70	31.169	90	70.113
51	12.965	71	32.542	91	72.801
52	13.617	72	33.965	92	75.611
53	14.298	73	35.441	93	78.492
54	15.007	74	36.971	94	81.463
55	15.746	75	38.556	95	84.528
56	16.516	76	40.198	96	87.688
57	17.318	77	41.898	97	90.945
58	18.153	78	43.659	98	94.302
59	19.022	79	45.481	99	97.761

作为具有复杂结构、各部位材性不均一的木材，其内部压力随环境压力的变化有一个滞后过程。如图 10.1 所示，由于木材气体渗透性(permeability)越差的部位气体流动阻力越大，因而压力变化滞后过程越长，内部压力与环境压力的差值越大。在间歇真空干燥过程中常出现下述现象，即，当木材含水率在纤维饱和点以上时，干燥室内压力降低后，木材表层温度几乎同步下降到其所对应压力下水的沸点，而内部温度则由于对应于不同压力的水的沸点不同而差异很大，一些渗透性好的木材如桦木、水曲柳等，材心温度仅较表层温度高 2～3℃；一些渗透性差的木材如青冈栎、锥木等，材心温度较表层温度可高达 20℃。

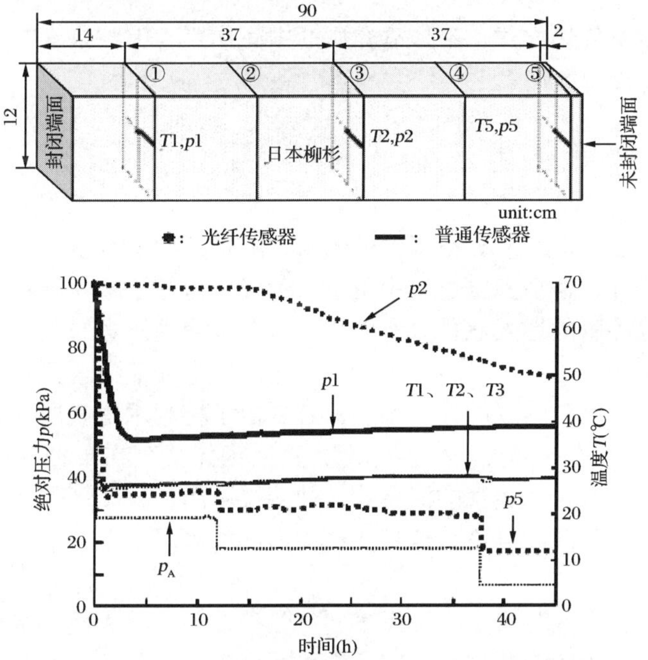

图 10.1 室温真空下试材内部温度和压力的变化过程

(自蔡英春，2002)

10.1.3 稀薄气体中的传热传质特点

稀薄气体分子密度小，分子平均自由行程大，分子间的碰撞概率小，分子间的动量交换和能量交换都与常压状态下不同，这决定了稀薄气体中的热、质传递具有其自己的特点。

10.1.3.1 真空场中的扩散

因气体分子间很少发生碰撞，扩散气体的分子不再走多次曲折的路径，而是以自己的速度直接射入另一种气体，因而扩散速度快。所以说，扩散系数的大小与分子平均自由行程成正比，即与系统压力成反比。

10.1.3.2 真空场中的传热

真空场中由于气体稀薄，所以对流换热可以忽略。在真空干燥技术中气体的导热、多孔固体的导热、物体间的辐射换热是常见的传热现象。

稀薄气体中的热传导机理与常压下大不相同。常压下的气体是通过气体分子的多次碰撞将热量从高温点传向低温点，因而气体中存在着连续的温度梯度。而在真空度较高时，气体分子从热壁面获得热量后直接飞向冷壁面，并通过碰撞向其传递热量。在热量传递过程中，分子间的相互碰撞可以忽略不计，因而气体中不存在连续的温度梯度，通常热传导率及热流量与温度梯度成正比的傅里叶定律不再适用，传热效率将较常压下大大降低。

热辐射是不接触传热方式，不依靠介质的中间作用，因此是真空中唯一最有效的传递热量方式。

10.2 木材真空干燥基本原理

理论上，置于密封良好之真空罐体内的水，除在开始抽真空的很短时间内以表面蒸发的形式发生汽化外，整个真空过程中由于水蒸气压力等于罐体内总压力，所以总是在水温高于沸点时以沸腾的形式汽化。所以，随着真空罐内压力与被干燥木材表层温度所对应的饱和蒸汽压的比值 p_A/p_s 的减小，木材表层水分的蒸发速度加快。以上是负压下的水分蒸发与常压下水分蒸发的最大区别，其决定了控制木材表层水分蒸发的因子是罐体内的绝对压力 p_A 和木材温度。而实际上，真空罐体会存在某种程度的漏气，因而罐体内将残存少量干空气与水蒸气的混合物，并接受由温度较高部位以热辐射及热传导形式传递的热量，而使其温度升高，这将使罐体内部相对湿度有所下降，并引起木材表面水分的蒸发。

如上所述，真空干燥与常压下干燥不同，除存在着木材表面的水分蒸发外，主要发生的是木材内水分的沸腾汽化现象。因而沸腾之处也成为蒸发面。若实现木材干燥，其内部水分必须向蒸发面移动。当自由水存在和木材含水率在纤维饱和点之下时，其水分移动是不同的。

10.2.1 自由水存在时木材内部的水分移动

10.2.1.1 木材内部温度低于同部位压力所对应的沸点时

木材内部大毛细管系统内的自由水若处于连续状态，则其在毛细管张力的作用下将向气－液交界的弯月面移动。毛细管张力 p 与交界面上水的表面张力 γ、润湿角 θ 的余弦成正比，与毛细管半径 r 成反比，即

$$p = \frac{2\gamma\cos\theta}{r} \tag{10.2}$$

此外，水分的这种移动必然要经过纹孔，其流量 Q 可表示为

$$Q = \alpha A_0 \sqrt{2g(p_1 - p_2)} \tag{10.3}$$

式中：α 为水的流动系数；A_0 为纹孔的横截面积；g 为重力加速度；p_1、p_2 分别为纹孔

两侧的压力。由式(10.2)和式(10.3)可知，尽管较细的毛细管可产生较大的毛细管张力，但由于其横截面积过小而最终将导致水分难于移动。

一般情况下木材内部的自由水都是非连续的，特别是随着含水率的减小，间断部位，即气-液交界的弯月面将增多，因而自由水将在毛细管张力梯度的作用下沿管胞腔及管胞壁上的纹孔移动。

10.2.1.2 木材内部温度高于同部位压力所对应的沸点时

由于自由水的沸腾汽化，毛细管张力梯度下的自由水移动将不存在，因而木材内部水分将在其浓度梯度和压力梯度作用下以扩散形式，以及在内外压力差作用下以气、液混合形式向表层移动。注意，当液体自由水流经管胞壁上的纹孔时会产生气-液交界的弯月面，从而加大了其继续移动的阻力，所以，在内外压力差作用下的水蒸气移动将是该种情况下水分移动的重要方式。

10.2.2 纤维饱和点以下时木材内部的水分移动

当木材含水率低于纤维饱和点时，由于木材大毛细管系统内压力降低，内层细胞壁中的吸着水将在压力梯度和浓度梯度作用下向细胞腔中扩散，并在内外压力差作用下，沿着大毛细管系统快速地流出来。与常压相比，因为真空场中水分扩散系数大，且扩散驱动力大，所以干燥速度加快。

10.3 真空干燥过程中木材的加热方式

如10.2节所述，在负压场下若无外部加热将使蒸发过程非常缓慢，此外已不可能使木材内外维持一定的压力差，因而无法使木材得到干燥。要实现木材干燥，就必须不断地对其加热，使其内部保持一定的温度。然而如10.1节所述，在真空条件下，由于干燥装置内空气稀薄，所以对流传热效率很低，尤其是真空度较高时对流换热可以忽略。为此，在真空干燥过程中，通常采用以下三种方式加热木材。即：①将木材置于热板之间，用接触热传导的方式对其进行加热，简称热板加热；②将木材置于高频或微波电磁场中，利用木材内部的极性分子在微波电磁场作用下趋向运动的快速变化，而相互摩擦产生热能，从而实现自身内部加热。上述三种加热方式加热效果不受真空度影响，可在连续真空的条件下加热干燥木材，所以又称为连续真空干燥；③在常压条件下采用对流加热方式将木材加热到一定温度后，停止加热并抽真空，常压加热与抽真空交替进行，以实现木材快速干燥。由于真空罐内真空度是断续维持的，所以又称其为间歇真空干燥。

上述加热方式中，除方式②的高频或微波加热外，都属木材外部加热。即先加热木材表层，然后表层热量再以热传导形式传至木材心部。由于木材的导热系数很小且随着含水率的下降进一步减小，所以木材内部的这种热传导效率很低，将木材心部加热到规定温度时需要较长时间，特别是横截面尺寸大的木材；而高频或微波加热则属内部加热，加热迅速、效率高，可实现木材快速较均匀地加热，是木材最理想的加热方式。但由于设备及运行成本较高，所以目前在很多国家仅用于珍贵树种或横截面尺寸大的木材干燥；间歇真空干燥成本低，我国多采用该种方式。本章后部分将着重介绍间歇真空干燥的设备及干燥工艺过程。高频真空干燥将在第11章介绍。

10.4 真空干燥设备

木材真空干燥设备主要由干燥罐体（干燥筒）、真空泵、加热系统、冷凝系统及控制系统组成（图10.2）。

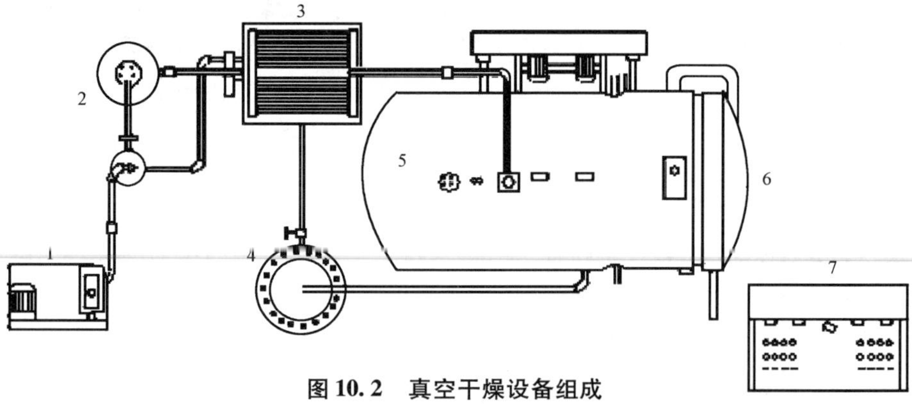

图10.2 真空干燥设备组成

1. 真空泵 2. 汽水分离装置 3. 冷凝器 4. 蒸汽发生器 5. 干燥罐体 6. 门 7. 控制柜

（自朱政贤等，1985）

10.4.1 干燥罐体

干燥罐体通常为圆柱体，水平安装。两端呈半球形，多是一端为门。门与罐体之间多采用法兰连接，法兰上开矩形或梯形密封槽，内嵌耐热橡胶密封圈。两法兰用螺旋压紧装置压紧。对于直径大于2.6m的端门，通常采用楔形锁紧装置压紧。门是可转动的，并且多用液压驱动。罐体用10～15mm厚的钢板辊压弯曲、焊接而成。之所以制作成圆柱体，是由于在真空下这种结构承受外压性能好，制作工艺也较简便。但圆柱体内的体积利用系数不高，所以体积利用系数高的方形横断面罐体在国外亦有采用。因该种结构需要较厚的罐壁且需在其上设置加强筋，致使结构及制造较复杂，所以不常采用。

为了保证有足够的强度，罐体材料通常采用钢板，而不采用铝板。内壁喷镀铝层或涂防锈漆以防腐蚀。外壁包保温层。罐内下部设有两条钢轨道，堆积在载料车上的木材沿该轨道推入或拉出。

圆柱形罐体的直径通常为1.2～2.6m，也有大到40m的，有效长度为3～20m。

10.4.2 真空泵

真空泵的作用是对干燥罐体内抽真空，从而有利于排除木材中的水分。木材真空干燥主要在粗真空（真空度较低）范围内进行，采用一般机械式即可。适合木材真空干燥的主要有水环式真空泵、水喷射式真空泵和液环式真空泵三种。

10.4.2.1 水环式真空泵

水环式真空泵(简称水环泵)主要用于粗真空、抽气量大的工艺过程中。这种泵结构简单，制造容易，工作可靠，耐久性好，内部不需润滑，抽气量大。可以抽腐蚀性的含尘气体及汽水混合物，适用于木材干燥。当被抽气体的压力低于50kPa时，单级水环泵的抽气速率将大幅度下降，所以为保证干燥所需的真空度，最好采用双级泵。

水环泵的工作水温对其使用性能有很大影响，尤其当工作水温高于40℃时，抽气速率和真空度都将达不到额定值。所以真空泵和干燥罐体间一般都设置冷凝器。

10.4.2.2 水喷射式真空泵

水喷射式真空泵(简称水喷射泵)的极限真空可达5kPa(绝对压力)。其具有结构简单，造价低廉，易损件少，功率消耗小等优点，但抽不凝性气体(如干空气)效率不高，被抽气体压力下降或湿度降低后，抽气速率将大幅下降。因而，其在间歇真空干燥设备中应用得较多，且使用效果前期较好，后期逐渐变差；而连续真空干燥设备中一般不宜选用该种泵。

10.4.2.3 油环式真空泵

水环泵和水喷射泵用于木材干燥时都具有一定局限性，因此一直都在不断地改进和完善。国外设备中常采用一种带油水分离装置的油环式真空泵。这种泵抽气量大，可达到的真空程度很高，功率消耗量小，自身腐蚀小。若在真空泵和干燥罐体间设置冷凝器，使用效果则更佳。应该注意的问题是使用油环泵时，需定期排放油箱底部沉淀的冷凝水，并注入适量新油。

10.4.3 加热系统

如10.3节所述，木材真空干燥主要采用热风对流加热(间歇式)，热板接触加热，红外线辐射加热，高频介电加热四种方式。真空干燥设备主要是以其加热方式来命名和相互区别的。

10.4.3.1 对流加热真空干燥机

通常以热空气为干燥介质，用对流的方式加热和干燥木材。在干燥过程中，对干燥罐体内木材交替地进行常压加热 —— 抽真空 —— 恢复常压加热，如此周期循环实现对木材的干燥。所以亦称其为间歇加热真空干燥机。

这种干燥机通常采用热水加热，也可用热油、电或蒸汽加热。加热系统有两种方式，一种是利用干燥罐体中间壁为加热面的夹层水套式加热；一种是在罐体内设置结构紧凑、供热量大的螺旋片式(或翅片式)加热器或电加热器。

(1)热水夹层加热真空干燥机。如图10.3所示，圆柱形的干燥罐体为三层壁面结构。载热流体在罐壁内层壁和中间壁之间的热水夹层内流动，干燥介质在中间壁和内层壁之间循环，通过装在罐内一侧的风机和另一侧的风嘴将热水夹层中载热流体的热量传给材堆。风机(2～4台)和风嘴沿罐体长度方向均布，且风嘴可上下摆动，以保证材堆长度和高度方向气流均匀一致。热水夹层中的载热流体一般为热水，其温度可调，一般不超过95℃。热水在夹层和热水锅炉之间循环。罐壁不承受压力，仅用于保温，带有50～100mm厚的保温层(图中未画出)。罐体内外压力差由热水夹层内壁承受，所以，由较厚钢板辊压而成，影响载热流体向干燥介质的热量传递效率。

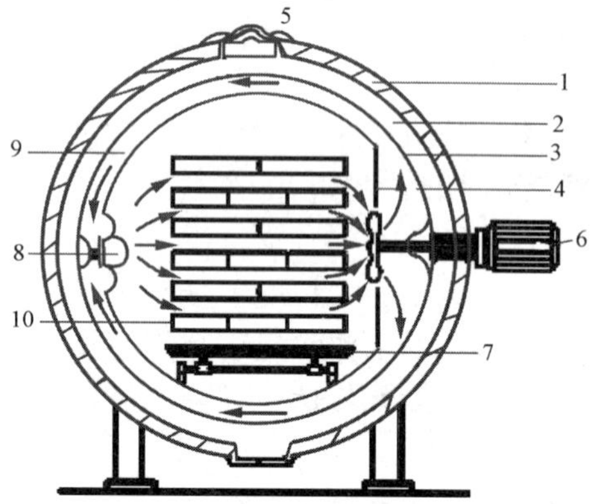

图10.3 热水夹层加热真空干燥机横断面

1. 罐壁 2. 热水夹层 3. 中层壁 4. 内层壁 5. 热水进口 6. 通风系统 7. 材车 8. 可上下摆动的风嘴 9. 循环空气层 10. 材堆

这种设备的优点是结构紧凑，体积利用率较高，加热较均匀；缺点是结构较复杂，钢材耗量大，造价较高；由于受热水夹层内壁表面积的限制，设备的加热功率较小。

(2)电热或蒸汽加热真空干燥机。电热或蒸汽加热通过设置在干燥罐体内的加热器和风机传递给木材，实现木材加热。与常规蒸汽干燥室的布置方式相似，加热器与风机的安放位置可以有多种形式，但常用的为：①风机安装在材堆一侧，加热器(加热管)安装在另一侧(图10.4)。罐内干燥介质为水平(横向循环，其结构类似于侧向通风干燥室。②风机和加热管安装在材堆下部(图10.5)或安装在材堆上部(图10.6)，气流为垂直－横向循环。形式②气流分布较均匀。

10.4.3.2 接触加热真空干燥机

被干燥木料一层层地堆积在热板之间，与热板直接接触，其形状如多层热压机(图10.7)。加热板为空心铝板，板中的载热流体通常为热水或热油。加热板通过软管与管

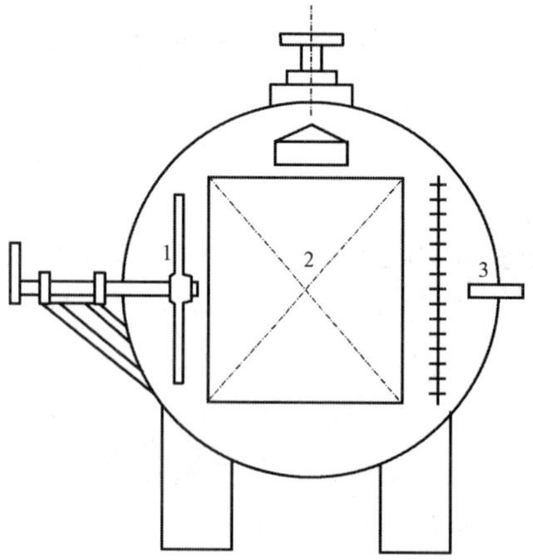

图10.4 风机和加热管安装在材堆两侧

1. 风机 2. 材堆 3. 加热管

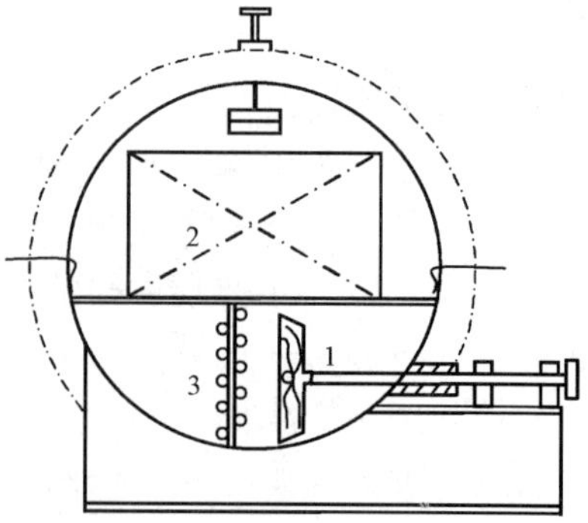

图10.5 风机和加热管安装在材堆下部

1. 风机 2. 材堆 3. 加热管

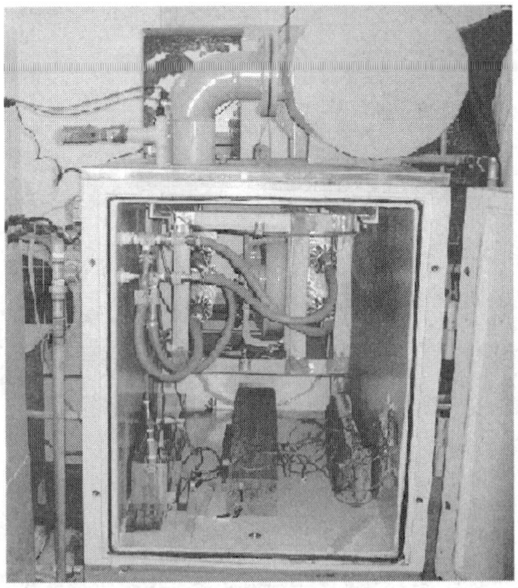

图 10.6 实验室小型蒸汽加热真空干燥机

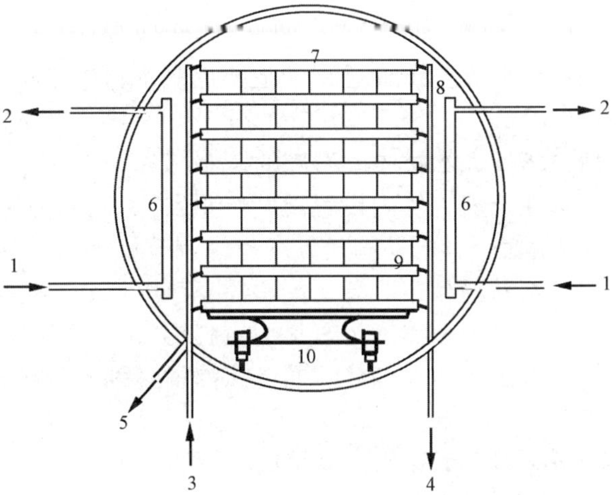

图 10.7 连续真空干燥机横截面

1. 冷却水进口 2. 冷却水出口 3. 热水进口
4. 热水出口 5. 真空泵抽气口 6. 冷却板
7. 加热板 8. 热水管道及软管 9. 木材 10. 材车

体内的热水总管连接，由单独设置的小型热水或热油锅炉供热，亦可采用集中供热。供水温度一般不超过 95℃。

国外也有用电热毯代替加热板对木材加热的。电热毯由多层铝箔在塑料中层压而成，由电阻丝加热。

这种干燥机中的木材，由于与加热板直接接触，所以属传导加热(亦称为接触加热)。在整个干燥过程中，管体内都保持一定的真空度，故也称作连续式真空干燥机。

从木材中蒸发出来的水蒸气在罐体内的冷却板表面冷凝，并沿垂直的冷却板流向罐底，进而通过水管排出罐外。冷却板中流动的冷却水吸收了水蒸气的热量，温度升高，流至罐外的翅片管散热器，用风机冷却后，再流入冷却板循环使用。

10.4.3.3 高频加热真空干燥机

这种干燥机将在第 12 章详细介绍。

10.4.4 冷凝系统

通常真空泵对被抽气体的温度有一定的限制，一般不超过 40℃，否则抽气速率和真空度都将很难达到额定值。因此从干燥机中抽出的空气和水蒸气在进入真空泵之前，要先通过冷凝器降温。

冷凝器由绕片钢管放置在冷却水箱中组成，如图 10.8 所示。高温空气和水蒸气从钢管中流过时受到管外冷却水的冷却，从而使其温度下降到真空泵允许的范围。

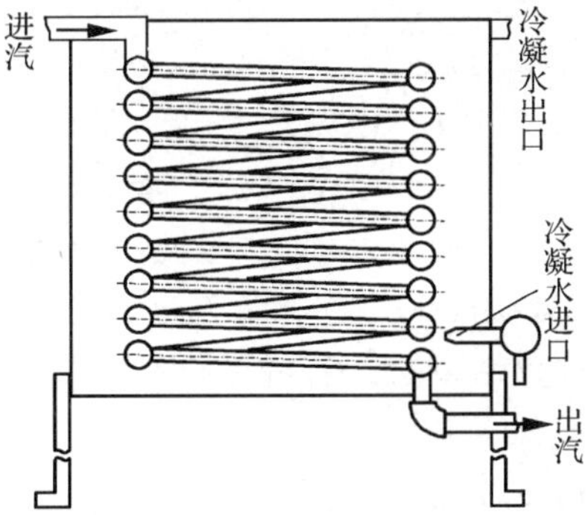

图 10.8 冷凝器

(自朱政贤等，1985)

10.4.5 控制系统

木材真空干燥过程中主要控制木材中心温度和干燥机内真空度。

10.4.5.1 木材中心温度的控制

在干燥罐体内设置温度传感器探头，并通过密封配件与罐外带继电器(有触点式，或无触点式)的动圈式温度指示调节仪等相连接。而继电器则与热水或蒸汽阀门等的控制电器回路相连。温度传感器有热电偶、热电阻(铂金电阻 Pt100)、光导纤维温度传感器等。将传感器探头密封于木材内部(心部)，当该点温度达设定值上限时，继电器断开，停止对木材加热。而该点温度降到下限时继电器重又闭合，对木材加热。

10.4.5.2 干燥机内真空度的控制

干燥机内的气体压力通过耐压真空管传入罐体外带有真空继电器的真空计，继电器(现多为无触点式)与真空泵工作电器回路串联。使用者可在真空泵的有效工作范围内根据需要任意设定真空度的上、下限值，当干燥机内真空度达到上限值时，继电器断开，切断真空泵的电源；当真空度降到下限值时，继电器又闭合，接通真空泵的电源。从而控制干燥机内真空度。

10.5 木材真空干燥工艺

不同的加热方式，对应不同的木材真空干燥工艺。

10.5.1 对流加热间歇真空干燥工艺

对流加热间歇真空干燥主要由常压加热和真空脱水交替进行的若干个循环过程组成。典型的干燥流程如下：

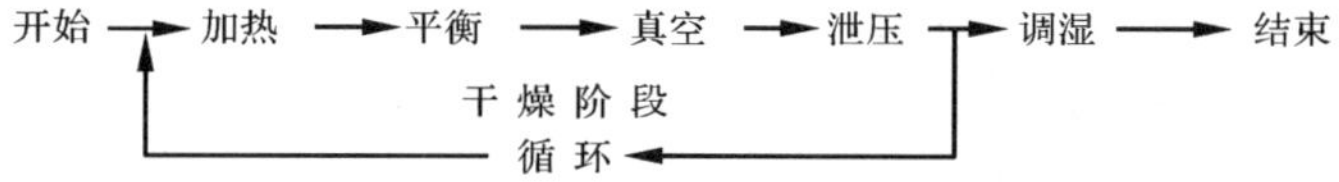

如从整体上把握，真空干燥亦可分为预热、干燥、调湿处理三个阶段。

10.5.1.1 预热

预热也就是第一个循环的加热，但预热和加热的作用却是不同的。木材预热阶段通常需作汽蒸处理，主要目的是使木材脱脂(树脂含量高的木材)、改善木材的渗透性等。一般用100℃饱和蒸汽进行预热，时间按木材厚度来确定，即每厚1cm 汽蒸1～1.5h。预热结束后，需将材心温度降到干燥基准所规定的温度后方能抽真空。

10.5.1.2 干燥

干燥阶段包括若干个循环过程。

(1)加热。目的是为木材中水分蒸发和移动提供能量。加热时空气介质的湿度应控制在与木材表层含水率相平衡的水平。要做到这一点是很难的，在实际操作中，往往根据木材干燥难易程度来粗略调整相对湿度。对于难干材，采用较高的湿度加热，使木材表层在加热阶段适当增湿；对于易干材，采用较低的湿度加热，使木材在加热阶段就适当脱水，提高真空干燥的效率。

加热阶段干燥机内风机运转。加热时间根据木材中心温度来确定，待其达到干燥基准所规定的值(通常比空气介质的温度低10～15℃)时，即停止加热。风机亦停止运转，并转入平衡阶段。

(2)平衡。在转入真空阶段前，木材的表层温度均明显地高于内层，如果立即启动真空泵，木材表层水分将大量蒸发，容易产生较大的含水率梯度，使木材产生开裂等缺陷。所以，在加热停止后应平衡约30min，待木材表、心层温差较小后再启动真空泵。对于一些难干材(如栎木类木材)，在平衡处理时，往往还要在木材周围喷雾状水滴，以进一步降低木材表层温度，增加表层湿度，有效地防止木材开裂。

(3)真空。抽真空阶段才是真正干燥阶段，木材中水分主要是在该阶段排出的。在真空作用下，木材中的水分剧烈蒸发(沸腾)，内部压力升高，在内外压力差作用下蒸发出的水蒸气向外排出。这是该阶段水分移动的主要方式，而扩散则是次要方式。木材的渗透性对于该阶段木材内部水分的排出速度具有至关重要的影响，渗透性差的木材内部水蒸气很难排出，致使其易产生内部和表层水分排出速度差，且易产生开裂。因此，干燥该类木材必须适当控制抽真空速度。由于该阶段加热已停止，所以，随着水分的蒸发木材温度将迅速下降。当其降到同部位蒸汽压所对应的水的沸点以下时，该处水分蒸发将停止。因此，可根据木材中心温度值确定抽真空的时间。对于不能实现干燥过程中木材心部温度和气压监测的干燥设备，抽真空时间可凭经验据木料厚度确定。即，木料每厚1mm，抽真空时间1min。如木料厚50mm，每次抽真空时间可定为50min。

(4)泄压。真空阶段结束后，应使干燥罐体内部恢复到常压。通过逐渐开启罐体上的卸压阀，使罐外空气逐渐进入罐内来实现。对于难干材，卸压时可据需要适量喷入蒸汽，以使木材表面吸湿，确保其在干燥过程中始终维持较小的含水率梯度。

10.5.1.3 调湿

经过上述若干个加热、真空循环，木材中水分逐渐减少，当其含水率达到预定值后，结束上述干燥过程，并对木材进行调湿处理。调湿处理在常压和风机运转的条件下进行。此时，介质温度一般比加热阶段介质基准温度低6～10℃，并向干燥罐体内适当喷蒸，以提高木材的平衡含水率。处理时间据木材厚度而定，一般为10～24h。

对流加热间歇真空干燥法是真空干燥生产上采用较多的一种方法，干燥基准可参考表10.3来制定。制定原则是：首先确立真空阶段木材心部的温度。一般不超过70℃，否则将由于加热阶段木材其他部位温度过高而使木材产生降解、变色等缺陷。常用范围为50～70℃；其次确立真空阶段罐体内部的真空度。一般根据木材心部温度所对应的饱和蒸汽压与罐体内部气压差(ΔP)的大小来确立。渗透性差的难干材、较厚材，ΔP应选小值，否则ΔP可适当加大。

表 10.3 木材间歇真空干燥基准

含水率阶段(%)	加热阶段			真空阶段		
	介质温度(℃)	材心温度(℃)	时间(min)	材心温度(℃)	真空度(kPa)	时间(min)
(1)柞木(20mm厚)						
预热	70	60	180			
>30	80	70	120	60	20	120
30~20	80	70	120	60	20	120
≤20	90	80	120	65	20	120
终了	90	80	120	65	20	240
(2)桦木(20mm厚)						
预热	80	70	180			
>30	90	80	120	60	20	120
30~20	90	80	120	60	20	120
≤20	90	85	120	65	20	120
终了	90	85	120	65	20	240
(3)57~62mm厚水曲柳毛边板						
含水率阶段(%)	加热阶段			真空阶段		
	干球温度(℃)	湿球温度(℃)	材心温度(℃)	材心温度(℃)	真空度(kPa)	时间(min)
>40	75	72	65	42	15	3
40~30	80	76	70	42	15	3
30~20	82	75	72	45	10	2.5
20以下	85	75	75	45	10	2.5

(自陈日新等，1992)

10.5.2 热板加热连续真空干燥工艺

该工艺过程分为预热、干燥和调湿三个阶段。

10.5.2.1 预热

被干木材装入干燥罐内后，应先对其进行预热。预热通常在常压下进行，温度比干燥阶段的初始温度低5℃左右，时间以木材中心达到预定温度为准，亦可按经验确定：对于硬质材，每厚1cm预热2~2.5h；对于半硬质材和软材，每厚1cm预热1.5h。

10.5.2.2 干燥

木材预热到预定温度后，起动真空泵即转入干燥阶段。与前述对流加热间歇真空干燥相同，干燥阶段真空度依材心温度所对应的饱和蒸汽压与罐体内部气压差(ΔP)的大小而定。ΔP的确定除考虑木材渗透性、厚度外，还应考虑含水率。一般根据材种及其初含水率来确定ΔP，之后根据干燥初始阶段的材心温度来确定罐体内部真空度。不同含水率阶段，或真空度不变，仅调整温度；或两者皆作调整，以保证 ΔP 适当。

木材达到终含水率要求后，即关闭真空泵，停止加热。

10.5.2.3 调湿处理

热板加热真空干燥木材的终含水率均匀性较差，干燥结束后须作调湿处理。方法是，停机后将木材密闭在干燥罐内"闷放"若干小时。此时木材中心的水分继续向外移动，有利于使木材终含水率趋于均匀。

表 10.4 所列国内部分树种木材的连续真空干燥工艺基准，可供参考。

表 10.4 木材连续真空干燥基准

树种、厚度	含水率(%)	加热温度(℃)	真空度(kPa)	备注
柞木 30mm（整边板）	>60	55	20	含水率从 60% 降低到 10% 的干燥周期约 4 天
	60～40	58	20	
	40～30	62	20	
	30～25	62	10	
	25～10	65	10	
水曲柳 40mm（整边板）	>60	55	20	含水率从 60% 降低到 10% 的干燥周期约 4 天
	60～40	60	20	
	40～30	64	20	
	30～25	64	10	
	25～10	67	10	
椴木 40mm（毛边板）	>60	62	20	含水率从 65% 降低到 10% 的干燥周期约 4 天
	60～40	65	20	
	40～30	68	20	
	30～25	68	10	
	25～10	73	10	
桦木 40mm（毛边板）	预处理	50	20	
	>60	60	20	避免水分剧烈蒸发 5h 后正式转入干燥
	60～40	63	20	
	40～30	66	20	含水率从 65% 降低到 10% 的干燥周期约 4 天
	30～25	66	10	
	25～10	70	10	

10.6 木材真空干燥法的优缺点及其应用

10.6.1 两种真空干燥法的比较

上述对流加热间歇真空和热板加热连续真空两种干燥法相比较之优缺点如下：

(1) 设备结构和投资：连续真空干燥机有多层加热板，结构较复杂，设备投资比间歇式约多 40%。

(2)设备操作：连续式真空干燥机装卸木料时，需要吊装一层层加热板，还要通过很多软管把每层加热板与总管连接起来，所以木料装卸比间歇式麻烦和费时。另外，连续式真空干燥的木料是接触加热，为提高加热效率，木料通常要进行预刨处理，以保证厚度均匀、与热板接触面积大，这将耗费工时。

(3)干燥均匀性：连续真空干燥时，木料表面与热板接触加热，木料表层含水率低于心层。此外，材堆顶部的两三层木料，由于缺乏压紧力，木料与热板接触不紧密，致使这几层的终含水率比其他部位的高。因此，连续真空干燥的木料终含水率均匀性不如间歇式的好。

(4)能量消耗：在连续式真空干燥机中，木材中蒸发出来的水蒸气碰到冷却板后，被冷凝成水排出机外。并且干燥罐体内始终保持一定的真空度，只有真空度不够时，真空泵才往外抽气。所以，热能消耗及真空泵的电能消耗较少；而间歇真空干燥时，由于把冷空气吸入罐体内(复压)后加热，且加热结束后又将热空气抽出(抽真空)，所以能耗较大。

10.6.2 真空干燥法的优缺点

10.6.2.1 优点

(1)干燥速度快。干燥阔叶树材中厚板时，真空干燥的速度通常为常规干燥的3~5倍；干燥针叶树材厚板时，真空干燥的速度通常为常规干燥的2~3倍；而干燥针叶树材薄板时，速度提高不明显。

(2)干燥质量好。带髓心的柞木、水曲柳方材及其他硬阔叶树厚板材，用常规干燥很难保证质量，或为了保证质量则需很长的干燥时间，而采用真空干燥法干燥后，干燥降等率均有较大幅度降低，且基本上能保持木材的天然颜色和强度。但对于初含水率较高的厚板，若用热板加热连续真空干燥，其终含水率均匀性将较差，所以宜用间歇真空干燥。

(3)干燥机使用灵活性较好。

10.6.2.2 缺点

(1)设备较复杂，投资较大。

(2)不带能量回收装置的间歇真空干燥机的能耗大于常规干燥。

(3)连续真空干燥时，木材装卸较麻烦，费用较大。木材的终含水率亦不够均匀。

10.6.2.3 适用范围

(1)渗透性好的木材；

(2)短材、厚材；

(3)对颜色、强度等要求严格的木材；

(4)硬阔叶厚板干燥到较低的终含水率(6%~8%)；接触加热连续真空干燥适宜干燥阔叶树材毛料。

参考文献

1. 徐成海等. 2003. 真空干燥. 北京：化学工业出版社.
2. Patrick PERRE. Vacuum Drying：Physical Requirements and Practical Solutions. Vacuum Drying of Wood′95.
3. 朱政贤. 1992. 木材干燥. 2 版. 北京：中国林业出版社.
4. 庄寿增，等. 1996. 高效节能木材真空干燥技术研究. 林产工业，(3).
5. 梁世镇，等. 1997. 木材工业实用大全：木材干燥卷. 北京：中国林业出版社.

第 11 章

木材太阳能干燥

木材干燥是木材加工工业中能耗最多的一个工序。由于矿物能源的日益短缺和环境污染的日渐严重，人们对利用太阳能干燥木材的技术产生了广泛的兴趣。

太阳能是一种可以直接转化和利用的洁净可再生能源，它取之不尽，用之不竭。但是太阳能是一种低密度、间歇性能源，且受到自然条件的制约，很难全年有效地干燥木材。

研究木材的太阳能干燥(solar drying)，就是要研究太阳能辐射的基本规律，以及太阳能干燥的基本设备和工艺，并把太阳能与其他能源结合起来，更好地对木材进行干燥。

11.1 太阳辐射的基本知识

11.1.1 太阳常数

太阳常数指平均日地距离时，在地球大气层外，垂直于太阳辐射的表面上，在单位面积和单位时间内所接受到的太阳辐射能。太阳是一个高温气团，其表面温度 6000K，不断地以电磁辐射方式向宇宙空间发射巨大热能，地球接受到的太阳辐射能量约为 1.7 $\times 10^{14}$kW，仅占其总辐射能量的二十亿分之一左右。太阳辐射热量的大小用辐射强度 I 表示，它是指 1m^2 黑体表面在太阳照射下所获得的热量值，单位为 W/m^2。据 20 世纪 60 年代的测定结果，垂直于太阳射线方向的表面上的辐射强度 $I_0 = 1367$ W/m^2。

到达地面上的太阳辐射能量在不同的季节、不同的时间和不同的地点是不同的，它直接受到日地距离，太阳的赤纬、时角，太阳的高度，地球的经度和纬度等影响。

当太阳辐射线到达大气层时，其中一部分被臭氧层、水蒸气、二氧化碳和尘埃等吸收，另一部分被云层中的尘埃、冰晶、微小水珠及各种气体分子等反射或折射，形成漫无方向的散射。其余部分仍按原来的辐射方向，透过大气层直达地面，这部分为直接辐射，它占主要部分。到达地面的直接辐射的方向，决定于地球对太阳的相对位置。

11.1.2 地球与太阳的相对位置

图 11.1 所示为地球围绕太阳旋转过程中的位置。地球自转的轴线(NS 线)和它绕太阳旋转(即公转)轨道的平面始终保持一个固定的 66.5°的倾斜角，而且自转轴总是指向大致相同的方向(北极星附近)。椭圆形的面称黄道面，地球与黄道面之间的倾斜角为 66.5°。

图 11.2 为由图 11.1 截取的夏至到冬至期间太阳在中午照射时的几何图形。O 点表示地心，QQ'表示赤道，NS 线表示地球轴线。

纬度(φ)：地球表面某地的纬度是该点对赤道平面偏北或偏南之角位移(由地心度量)，图 11.2 中 P 点纬度为北纬 40°。

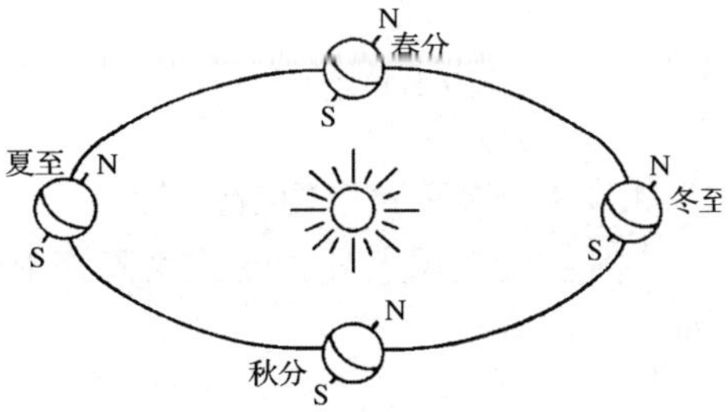

图 11.1　地球对太阳的相对位置

太阳赤纬(d)：太阳光线对地球赤道的角位移称为太阳赤纬，亦即太阳与地球中心连线和地球赤道平面的夹角。全年赤纬在$(+23\frac{1}{2})°$ ~ $(-23\frac{1}{2})°$之间变化，在夏至时为$(+23\frac{1}{2})°$，冬至时为$(-23\frac{1}{2})°$，春、秋分时赤纬 $d=0$。

图 11.2　夏至、冬至时太阳高度与纬度之间的关系(地点 P 为北纬 40°)

时角(h)：如图 11.3 所示，太阳时角是指 OP 线在地球赤道平面上的投影与当地时间 12 点，时日、地中心连线在赤道平面上的投影之间的夹角。当地时间 12 点时的时角为零，前后每隔 1h，增加 360°/24 = 15°，如 10 点和 14 点均为 15° ×2 = 30°。

地球上某一点所看到的太阳方向，称为太阳位置。太阳位置用两个角度表示：太阳高度角 β 和太阳方位角 A。太阳高度角为太阳方向与水平面的夹角，太阳方位角为太阳方向水平投影与正南方的夹角(图 11.4)。

$$\sin\beta = \cos\varphi\cos h\cos d + \sin\varphi\sin d \tag{11.1}$$

$$\sin A = \frac{\cos d\sin h}{\cos\beta} \tag{11.2}$$

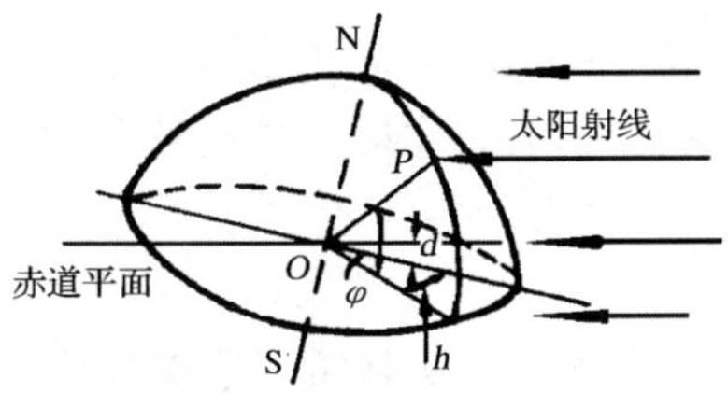

图 11.3　太阳与地球间的各种角度关系

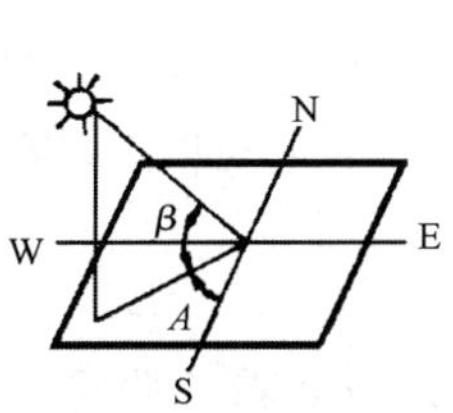

图 11.4　太阳高度角和方位角

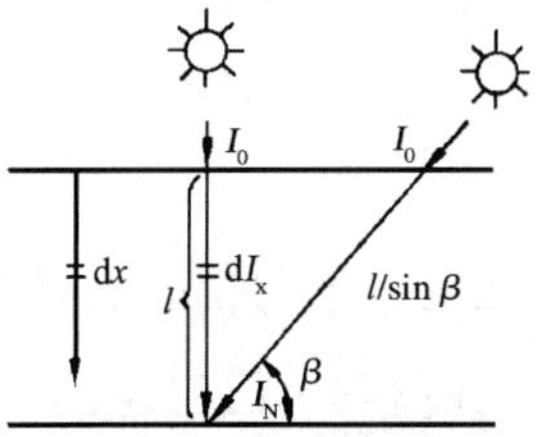

图 11.5　太阳光的路程长度

11.1.3 太阳辐射强度

11.1.3.1 太阳直射辐射强度

离开大气层上界 x 处的太阳直射辐射强度 I_x 的梯度与其本身强度成正比(图 11.5)，即

$$\frac{\mathrm{d}I_x}{\mathrm{d}x} = -kI_x \tag{11.3}$$

式中：I_x 为离开大气层上部边界距离 x 处的日射强度(W/m^2)；k 为比例常数(m^{-1})。积分式(11.3)得

$$I_x = I_0\exp(-kx) \tag{11.4}$$

k 值愈大，辐射强度衰减愈大，故 k 值称为消光系数，其大小与大气成分、云量等有关。x 为太阳光线的行进路程，即太阳光线透过大气层的距离，可由太阳位置来计算。

到达地面的太阳辐射强度的大小取决于地球对太阳的相对位置(亦即地理纬度、季节、昼夜等)，即与太阳射线对地面的高度角和通过大气层的路程等因素有关，此外，还与大气透明度有关。

11.1.3.2 倾斜面上太阳的直接辐射

太阳能集热器通常以一定的倾斜度朝着太阳。因此，确定倾斜面上太阳直接辐射很有必要。如图 11.6 所示，AB 面为水平面；AD 面为倾斜度为 θ 的倾斜面；太阳光线垂直于 AC 面入射，其辐射强度为 I_N，设斜面 AD 上直接辐射强度为 I_P，则

$$I_P = I_N\cos\theta \tag{11.5}$$

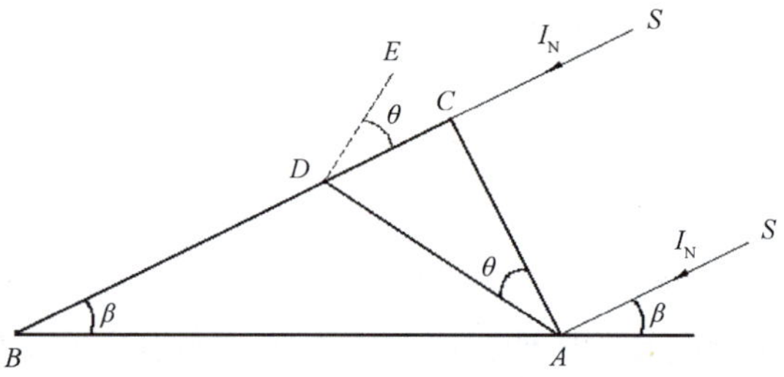

图 11.6 水平面、倾斜面上太阳直接辐射

11.1.3.3 散射辐射

太阳能集热器不但能利用直接辐射，也能利用散射辐射。

晴天时散射辐射的方向可以近似地认为与直接辐射相同。天空布满云层时，认为散射辐射对水平的入射角为 60°。

11.1.3.4 太阳的总辐射

太阳的总辐射是指到达地表水平面上的太阳的直接辐射与散射辐射之和。此外，还包括来自地面的反射辐射，但一般情况下，地表面的反射辐射并不大，可忽略不计。

11.1.4 我国的太阳能资源分布

从我国太阳年辐射总量的分布来看，西藏、青海、新疆、宁夏南部、甘肃、内蒙古南部、山西北部、陕西北部、辽宁、河北东南部、山东东南部、河南东南部、吉林西部、云南中部和西南部、广东东南部、福建东南部、海南岛东部和西部以及台湾省的西

南部等广大地区的太阳辐射总量很大。尤其是青藏高原地区最大，这里平均海拔高度在4000m 以上，大气层薄而清洁，透明度好，纬度低，日照时间长。

太阳年辐射总量，西部地区高于东部地区，而且除西藏和新疆两个自治区外，基本上是南部低于北部，南方多数地区云多雨多，在北纬 30° ~ 40°地区，太阳能的分布情况与一般的太阳能随纬度而变化的规律相反，太阳能不是随着纬度的增加而减少，而是随着纬度的升高而增长。由此可见，太阳能资源的分布具有明显的地域性。这种分布特点反映了太阳能资源受气候和地理等条件的制约。根据太阳年辐射量的大小，可将中国划分为四个太阳能资源带，如图 11.7 所示。这四个太阳能资源带的年辐射量指标，如表 11.1 所示。

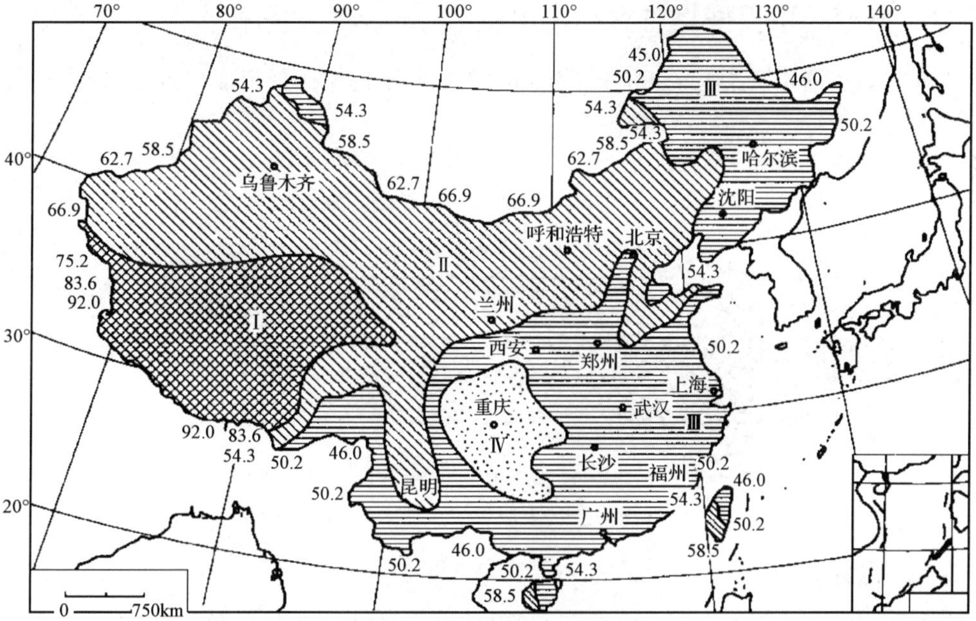

图 11.7 中国太阳能资源分析图（MJ/m²）

表 11.1 中国四个太阳能资源带的年辐射量

资源带号	资源带分类	年辐射量（MJ/m²）
Ⅰ	资源丰富带	≥6700
Ⅱ	资源较丰富带	5400 ~ 6700
Ⅲ	资源一般带	4200 ~ 5400
Ⅳ	资源缺乏带	<4200

11.2 太阳能集热器

11.2.1 太阳能集热器的分类

太阳能集热器是吸收太阳辐射并将产生的热能传递到传热工质的装置。太阳能集热器按是否聚光这一基本特征分为平板型集热器和聚焦型集热器两大类。按集热器的传热工质类型分为液体集热器和空气集热器。

平板型集热器吸收太阳辐射的面积与采集太阳辐射的面积相同，因此，它对太阳的直接辐射和散射辐射都能利用。此种集热器结构较简单，制造方便，价格低廉，适用于木材干燥。

聚焦型集热器利用光学系统(反射器或折射器等)改变阳光束的方向，使阳光入射辐射聚集到吸收表面上，以提高能流密度。因此，吸收表面积小，热损失也相应减少。但聚焦型集热器一般不能收集散射辐射，而且结构及设备维护较复杂，制造和运行费用高，不适宜木材干燥使用，因此，这里不予讨论。

11.2.2 典型的平板型集热器结构组成

平板型集热器由吸热板、透明盖板、隔热板和外壳等部分组成(图11.8)。

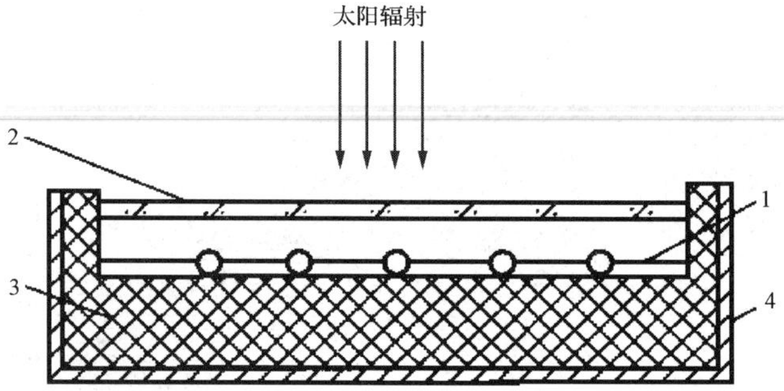

图11.8 平板式集热器

1. 吸热板 2. 透明盖板 3. 隔热板 4. 外壳

11.2.2.1 吸热板

吸热板是平板型集热器内吸收太阳辐射能并向传热工质传递热量的部件，其基本上是平板形状。

对吸热板的技术要求：太阳吸收比高、热传递性能好、与传热工质的相容性好、有一定的承压能力、加工工艺简单。吸热板的材料种类很多，有铜、铝合金、铜铝复合、不锈钢、镀锌钢、塑料和橡胶等。吸热板的结构型式可概括为管板式、扁盒式和管翼式三种基本类型。

11.2.2.2 透明盖板

透明盖板是平板型集热器中覆盖吸热板并由透明(或半透明)材料组成的板状部件。它的功能主要有三个：一是透过太阳辐射，使其投射在吸热板上；二是保护吸热板，使其不受灰尘及雨雪的侵蚀；三是形成温室效应，阻止吸热板在温度升高后通过对流和辐射向周围环境散热。用于透明盖板的材料主要有两大类：平板玻璃和玻璃钢板。目前国内外使用广泛的是平板玻璃。

透明盖板的层数取决于太阳集热器的工作温度及使用地区的气候条件。绝大多数情况下，都采用单层透明盖板；当太阳集热器的工作温度较高或者在气温较低的地区使用时，宜采用双层透明盖板，一般情况下，很少采用三层或三层以上的透明盖板，因为随着层数增多，虽然可以进一步减少集热器的对流和辐射热损失，但同时会大幅度降低实际有效的太阳透射比。透明盖板与吸热板之间的距离应大于20mm。

11.2.2.3 隔热层

隔热层是集热器中抑制吸热板通过传导向周围环境散热的部件。用于隔热层的材料有岩棉、矿棉、聚氨酯、聚苯乙烯等。根据国家标准GB/T 6424—1997的规定，隔热层材料的导热系数应不大于0.055W/(m·K)，因而上述几种材料都能满足要求。目前使用较多的是岩棉。隔热层的厚度应根据选用的材料种类、集热器的工作温度、使用地区的气候条件等因素来确定。应当遵循这样一条原则：材料的导热系数越大，集热器的工作温度越高，使用地区的气温越低，则隔热层的厚度就要求越大。一般来说，隔热层的厚度选用30～50mm。

11.2.2.4 外壳

外壳是集热器中保护及固定吸热板、透明盖板和隔热层的部件。外壳要有一定的强度和刚度，有较好的密封性及耐腐蚀性，而且要有美观的外形。用于外壳的材料有铝合金板、不锈钢板、碳钢板、塑料及玻璃钢等。为了提高外壳的密封性，有的产品已采用铝合金板一次模压成形工艺。

11.2.3 太阳能空气集热器

经太阳能空气集热器加热的空气可直接用于干燥，不需中间换热器；集热器所承受的压力很小，可用薄金属材料加工制作；微小的漏损不致严重影响集热器的工作和性能。太阳能空气集热器的对流换热系数远小于水，热容很小，不能兼作储热介质。

按不同的吸热板结构，太阳能空气集热器可分为多种不同的类型，图11.9所示为一些最常用的类型。

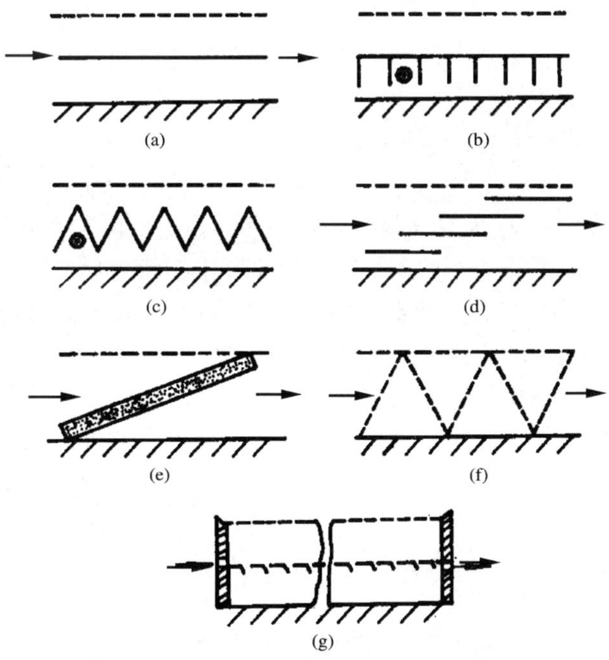

图11.9 七种典型的空气集热器简图

平板型吸热板集热器 如图11.9(a)，这是一种最简单，但应用相当普遍的空气集热器。顶部是一层或两层透明盖板，底部为隔热材料，透明盖板与隔热材料之间即为吸热板，根据设计要求，空气可在板上方或下方流动，也可同时在上方和下方流动。

带肋的平板型吸热板集热器　如图11.9(b)，为了强化吸热板和空气之间的换热，在吸热板下方加了肋，其结果是大大增加了气流与吸热板的接触面积，也增加了对气流的扰动，加强了空气和吸热板之间的换热。

波纹状吸热板集热器　如图11.9(c)，其吸收板被加工成波纹状。其优点是不仅具有方向选择性，而且对太阳辐射的吸收率大于发射率。这是因为射入V形槽内的太阳直射辐射要经多次反射后才能离开V形槽，而热辐射则是半球向的，若采用具有光谱选择性吸热表面的波纹状吸热板，选择性辐射特性会进一步得到改善。另外，由于吸热板与底板组成的空气流道呈倒V形，因而气流与吸热板的换热面积和换热系数都会增大。

叠层玻璃型集热器　如图11.9(d)，吸热板是由位于透明盖板和底板之间的一组叠层玻璃组成的，在沿气流方向上的每层玻璃的尾部都涂有黑色涂层，空气流过叠层玻璃之间的通道时，被涂有黑色涂层的尾部加热。

多孔吸收体型集热器　如图11.9(e)，此种集热器的吸热体是由金属网、纱网或松散堆积的金属屑、纤维材料等构成的。将多孔吸收体倾斜置于透明盖板和底板之间，就构成一个多孔体型的集热器，它具有很高的体积换热系数。

带小孔的波纹状吸热板集热器　如图11.10(f)，波纹状吸热板的波纹槽方向和气流方向相垂直，气流通过倒V形槽壁上的小孔流动，由于小孔的扰动作用，增大了空气和吸热体之间的换热系数。

带小孔的平板型吸热板集热器　如图11.10(g)，吸收板为普通平板，但其有很多小孔，空气的入口位于吸热板的上方，空气的出口则位于吸热板的下方。

11.2.4 集热器的性能

太阳能供热系统的性能可用集热器热效率 η_T 来表示，反映太阳辐射能转变为热能的效率。

$$\eta_T = \frac{Q_T}{Q_P} = \frac{q_a c_a \Delta t}{I A_g} \tag{11.6}$$

式中：Q_T 为空气流经太阳能集热器的实际得热(W)；Q_P 为太阳能照射到集热器上的理论热值(W)；q_a 为空气在集热器中的流量(kg/h)；c_a 为空气的定压比热[J/(kg·℃)]；Δt 为空气在集热器中的温升(℃)；I 为太阳辐射强度[J/(m^2·h)]；A_g 为有效集热面积(m^2)。太阳能集热器面积的配置，一般干燥1m^{3}木材配集热器的面积为2～10m^2。

当集热器表面垂直于太阳射线时，吸收的太阳能最多。但平板集热器要能跟踪太阳射线方向其花费是很大的。故切实可行的办法是，集热器表面与水平面的夹角调定为当地纬度的数值，最大限度地以保证太阳能辐射线垂直于集热器表面。

11.3 木材太阳能干燥室

太阳能干燥室的型式多种多样，根据集热器与干燥室的关系大致可分三大类型：暖房型又称温室型、半暖房型和集热器型太阳能干燥室。暖房型太阳能干燥室一般是由安装有玻璃或塑料薄膜等透明材料的东墙、西墙、南墙和倾斜屋顶构成的框架结构，空气式集热器是干燥室室体的组成部分。太阳辐射能穿过透明材料进入干燥室后，辐射能转换成热能。由于大多数透明材料绝热性差，通过墙体的散热损失较大，使得用于干燥木材的热能减少。为了减少墙体散热损失，暖房型太阳能干燥室常采用双层透明材料。半暖房型太阳能干燥室通常只有倾斜的室顶，室顶和南墙是透明材料，其余墙面采用不透明的绝热材料，这样可以减少大量的散热损失，干燥室的温度比暖房型高，干燥速度也更快。集热器型太阳能干燥室与普通的干燥室一样，室顶和墙体都采用不透明的绝热材料。太阳能集热器与干燥室体分开，集热器中的热空气或热流体通过管道输送到干燥室内，夜晚或暗雨天可以关闭送热管道以防止冷空气或冷流体进入室内，因此这种太阳能干燥室的散热损失最少，干燥的木材含水率最低。

根据太阳能干燥室是否带辅助热源分为温室型太阳能干燥室和带辅助热源的太阳能干燥室。带辅助热源的太阳能干燥室既能利用太阳辐射能又能利用其他的热能，使整个木材干燥过程能连续进行。当太阳能干燥室内的温度达不到基准设定的温度时，可用辅助热源进行加热。因此，不受气候的影响，干燥速度和干燥终了含水率与常规干燥相当。

11.3.1 暖房型太阳能干燥室

图 11.10 是位于日本北海道的暖房型干燥室剖面图，它为木质框架结构，东、西、南三面墙和屋顶采用透明材料，北墙材料为 9mm 厚的胶合板。南面高 2m，北面高 2.6m，室内面积 4.86m^2，为了较好地吸收太阳辐射能，屋顶和南墙都应有一定的倾斜角度，屋顶向南倾斜 18°。为了提高干燥室的保温性能，每面墙体都用聚酯薄膜板隔出 100mm 宽的空气层。基础用轻质 H 形钢直接固定在地面上。

太阳能集热器：太阳能集热器为透明的墙和屋顶，集热器的外层采用 0.8mm 厚的透明玻璃纤维增强塑料波纹板，内层为 1mm 厚的透明聚酯薄膜平板，两层透明板之间为流动的空气层。

气流循环：在干燥室的东、西墙下各有两个排气孔，用排气扇控制。在东、西墙下面靠南墙集热器热空气层的两端有两个进气孔，在干燥室的顶棚上装有两个直径为 50mm、功率为 0.73kW 的轴流可逆风机，将集热器内吸收的太阳辐射能的热空气传给木材，从而蒸发木材中的水分，并通过排气孔将湿空气排出室外。

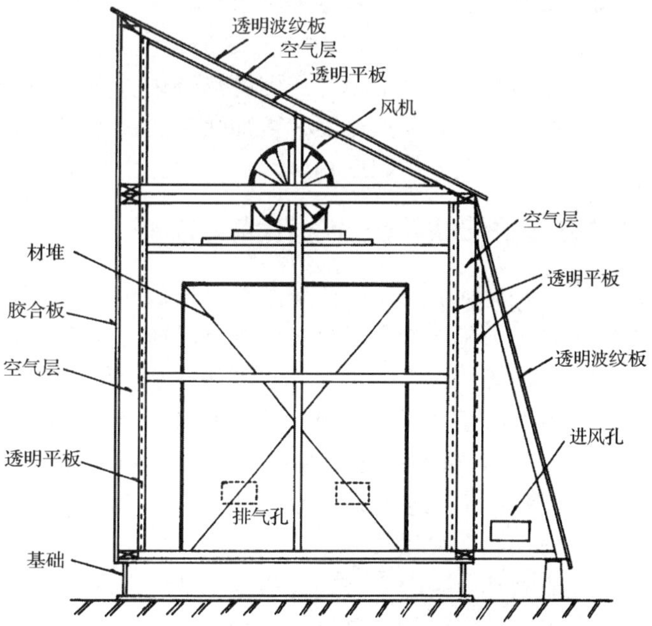

图 11.10 暖房型太阳能干燥室剖面图

（自野吕田隆史等，1983）

这种暖房型太阳能干燥室干燥约 1.2m^3、30mm 厚、含水率在 40% 以上的冷杉和白栎板材在春季比大气干燥速度快 1 倍，在冬季快 0.43 ~0.45 倍。夏季将冷杉从含水率 54% 干燥到 10% 需要 25 天，冬季将含水率为 80% 的白栎干燥到含水率 20% 需 40 天，虽然比人工干燥速度慢，但是干燥质量优于人工干燥的板材。

11.3.2 集热器型太阳能干燥室

图 11.11 是带蓄热装置的集热器型太阳能干燥室。由于太阳能干燥室受外界气温的影响较大，夜间室内温度下降很快。为了使室内较高的温度保持较长的时间，提高干燥速度，在太阳能干燥室的底部砌筑一个蓄热池，里面是碎石和卵石，将白天多余的热量加热底部的碎石层，夜晚则利用碎石层蓄积的热量继续干燥木材。

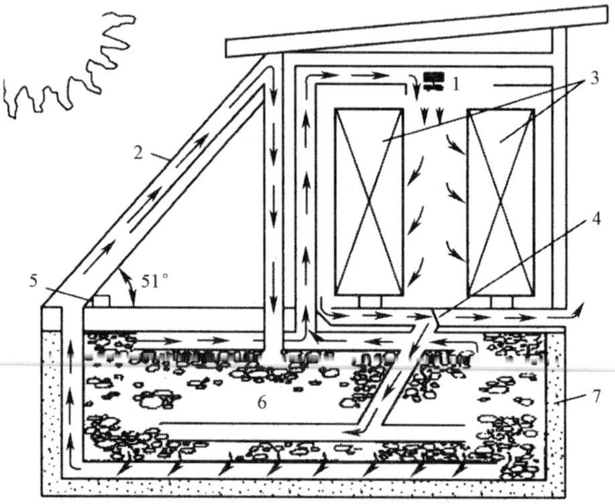

图 11.11 集热器型太阳能干燥室

1、5. 风机 2. 平板集热器 3. 材堆
4. 排气口 6. 碎石蓄热器 7. 混凝土
（自 Robbins A M，1983）

加热系统是朝南的太阳能空气集热器，由两层玻璃纤维聚酯薄板和在玻璃纤维聚酯薄板下面涂黑的纤维板组成，纤维板与玻璃纤维聚酯薄板相距 50cm，是用来吸收热量的。

通风系统是两台吊在顶棚上的风机向下吹风，使气流通过材堆，之后一部分湿热空气通过蓄热管送到蓄热器中，另一部分通过排气调节阀从北墙排出室外。蓄热器中的空气流入集热器，被加热后又送回到蓄热器。蓄热器中的热空气被风机抽吸上来，吹入材堆，如此反复。

11.3.3 带辅助热源的太阳能干燥室

图 11.12 所示为建于斯里兰卡科伦波市(北纬 7°)的集热器与干燥室分开的带有辅助热源的太阳能干燥室，是美国林产品研究所设计的。

加热系统：太阳能集热器水平建造在干燥室前面的平地上。集热器四周用混凝土砌成，内表面涂亚光黑色涂料，顶部覆盖一层 4.7mm 厚的玻璃。透光面积共 136m^2，吸热层为 5.1 ~7.6cm 厚的木炭层(1.3 ~2.5cm 大小的碎块)。辅助热源为一台木废料燃烧炉，安装在干燥室北墙后面。其热效率为 65%，发热量为 23kW(20 178kcal/h)。保证在阴雨天和夜晚供热。

气流循环：两台离心通风机(4.5 号，风量各为 6075m^3/h)，分别由 0.74kW 电动机驱动，把集热器中的热量吸入干燥室内。集热器后端有四个回气孔，把材堆中的部分空气补充返回集热器内。两台风机的运转由温差传感器控制，当集热器中的空气温度比干燥室中的高 2.8℃以上时，风机才运转，以节约电能。室内材堆顶部还有四台 7.5 号的

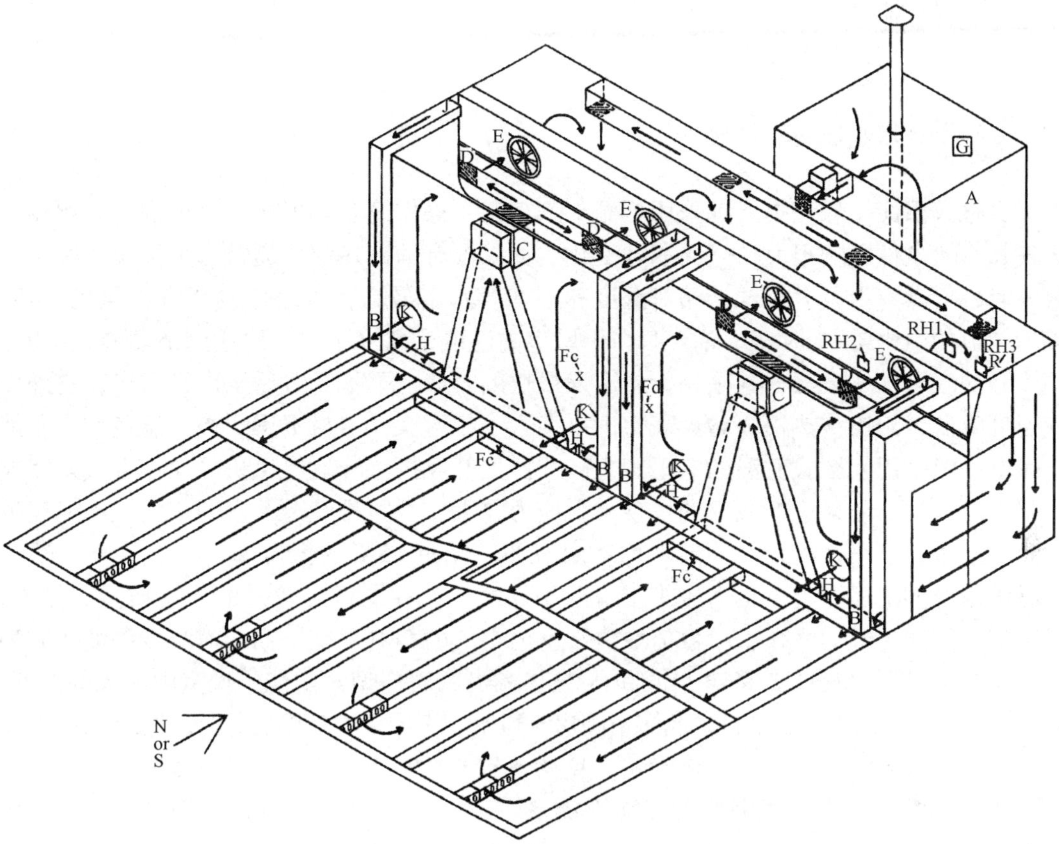

图 11.12 带辅助热源炉气的太阳能干燥室

A. 木废料炉灶间 B. 空气流入集热器 C. 离心风机 D. 热空气集管 E. 轴流风机 Fc、Fd. 温差传感器 G. 增湿装置 H. 回气管 J. 进气口 K. 排气口 RH1. 恒湿器(控制排气口 K) RH2. 恒湿器(夜间停室) RH3. 控制增湿装置 G

(自 Simpson 等，1985)

轴流通风机，每台风量为 17 820m^3/h，分别由 0.74kW 电动机驱动，迫使气流穿过材堆循环。干燥后期，只开动其中两台风机。炉灶间另有一台小型离心通风机，风量为 2252m^3/h，把热量送入干燥室。

进排气：干燥室一侧下部有四个排气孔，当室内湿度大于指定值时，它自动打开，把多余的湿气排出室外。阴雨天室内湿度太大时，有继电器自动停止干燥室内风机运转。此外，干燥室顶部装有压力喷雾口，当室内空气太干燥时，喷雾口自动打开，喷出水雾，以提高空气湿度。

干燥室容量：14m^3 木材。集热器面积与木材容量比率为每立方米木料约为 10^2 集热面积。

装堆：材车堆积，轨道运送。材堆宽 1.5m。

干燥室壳体结构：墙壁由空心混凝土块砌成，内填保温材料。屋面铺一层 50mm 厚的木板，上面铺保温层和防水层。

干燥室性能:25mm 厚的橡胶木从初含水率 60% 干燥到 13% 需 7 天,能耗比例为:太阳能占 41% ,木废料能占 46. 9% ,电能占 13% 。

11.4 木材太阳能干燥工艺

木材太阳能干燥基本上都采用低温干燥工艺，操作简单。但干燥室内温度、湿度受天气和自然条件影响很大，且周期性变化。如果没有辅助热源，通常每天深夜 2 时至早晨 8 时，干燥室内温度最低，相对湿度和平衡含水率最高，这时应停止室内风机运转，以节约电能。中午 12 时至下午 6 时，干燥室内温度最高（下午 4 时达到最高峰），相对湿度和平衡含水率最低，这是一天中干燥最快的时期。下午 6 时后至次日日出，室外大气温度降低，干燥室热损失增大，室内平衡含水率增大，木材干燥缓慢。温室型太阳能干燥室一般采用间歇式低温的室干工艺，即白天开风机，晚上停风机的操作方式来完成木材干燥过程。如果中期或后期发现木材应力较大，关闭排气道，直到应力减小或消失为止。全过程无喷蒸处理。最高平均室温按照不超过 55℃ 的低温室干工艺设计，适应多材种木材的干燥，重点是适应难干材的干燥需要，并能得到较好的干燥质量。另外，低温室干所能达到的终含水率数值取决于室内空气的相对湿度，而相对湿度的变化和温度变化密切相关。表 11. 2 是建于北纬 18°波多黎岛的暖房型太阳能干燥室内一天的温度、湿度变化情况。图 11. 13 是日本北海道暖房干燥室一天中室内外温度、湿度的变化情况。

一年中太阳能干燥又受季节影响，夏秋季节大气温度较高，干燥较快。

我国江西某厂的半暖房型太阳能干燥室，7 月初到 10 月中旬，干燥 30 ~ 35mm 厚的栎木和落叶松板材的木材含水率及干燥周期情况见表 11. 3，图 11. 14 是 30mm 厚栎木

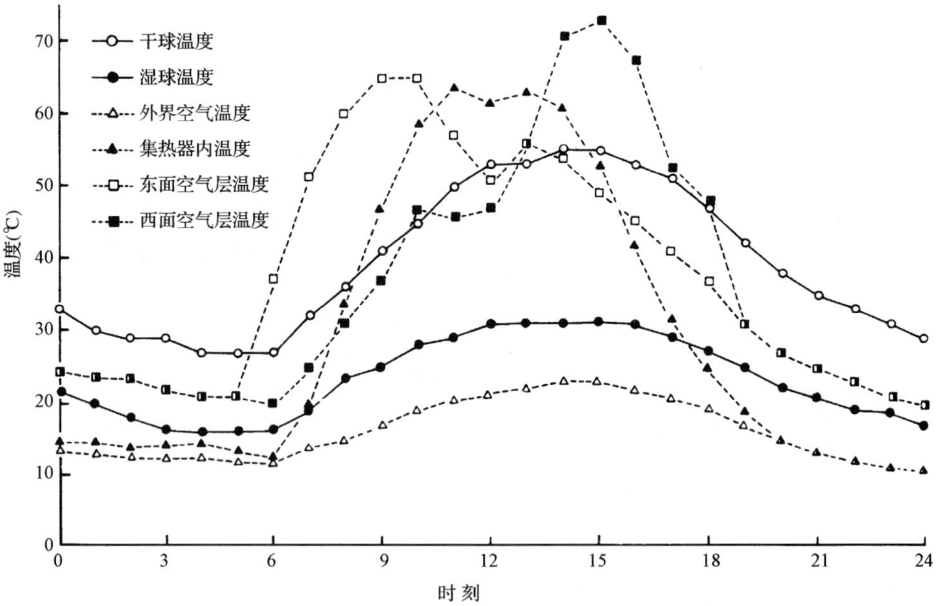

图 11. 13 暖房型干燥室一天中温湿度的变化

板材干燥曲线及干燥室内温湿度变化情况。由此可看出，在连续阴雨天，木材的含水率仍有所下降。

表 11.2 暖房型太阳能干燥室内一天的温度、湿度变化情况

时刻	温度(℃)	相对湿度(%)	平衡含水率(%)
0(午夜 12)	31	60	10.7
上午 2	30	66	11.3
4	29	66	11.2
6	28	62	11.0
8	28	65	11.7
10	39	41	7.1
12	46	32	5.6
下午 2	51	24	4.4
4	53	20	3.7
6	46	36	6.2
8	38	56	9.6
10	33	66	11.5
平均	37.8	50	8.7

表 11.3 夏秋季栎木和落叶松板材的干燥周期

树 种	厚度(mm)	初含水率(%)	终含水率(%)	天数(d)	其中阴雨天(d)
落叶松	30～35	23.4	9.0	13	2
栎　木	30～35	30.7	9.1	21	8
栎　木	30～35	56.0	12.2	43	22

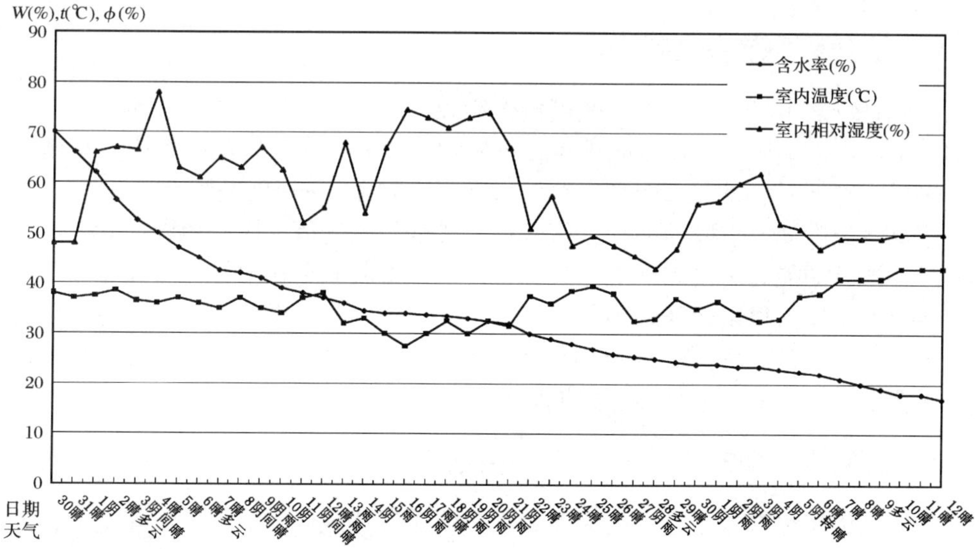

图 11.14 30mm 栎木板材干燥曲线

（自孙令坤，1984）

美国北方林业试验中心建的暖房型蓄热太阳能干燥室，是根据板材的含水率控制室内的相对湿度的干燥基准，表11.4是干燥25mm厚的红橡木板材的含水率和采用的相对湿度。将其从生材干燥到终含水率为8%，冬季需91天，夏季只需60天时间。冬季和夏季的干燥曲线，如图11.15所示。其干燥质量好，干燥应力小，干燥缺陷少。

表11.4 25mm红栎板材含水率和相对湿度

平均含水率(%)	相对湿度(%)	平均含水率(%)	相对湿度(%)
>40	85	30~35	60
35~40	75	25~30	30

对于有辅助加热的太阳能干燥室，采用间歇式低温干燥工艺，遇有连续阴雨天时，在开风机工作期间打开辅助热源供汽阀门，使室内温度维持在该时期晴天的室温水平，停风机时关闭供热阀。也可采用连续的干燥基准，在太阳能不能满足工艺要求时，提供辅助热源，减小干燥室内的温度和相对湿度的波动，提高干燥速度。

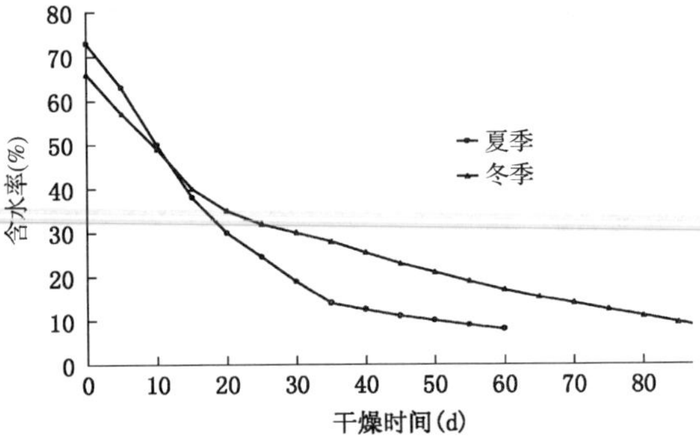

图11.15 太阳能干燥的冬夏季干燥曲线

11.5 木材太阳能干燥的实用性

11.5.1 太阳能干燥节能环保

太阳能是取之不尽、用之不竭的可再生能源，又是没有污染的清洁能源，与大气干燥相比，干燥周期缩短，干燥缺陷减少，与常规干燥相比，建室的投资少，设备运转费低，干燥成本较低。但是太阳能是一种低密度、间歇性、不稳定的能源，且受自然条件制约，干燥室温度低，干燥周期长，使木材很难全年有效地干燥。尽管如此，由于全球面临的日益严重的能源危机和环境污染问题，使得太阳能干燥木材的研究和推广应用工作在世界上许多国家得以展开。为了提高太阳能干燥室的干燥效率，可采用太阳能－热泵联合干燥，它与常规蒸汽干燥相比，节能效果十分明显，节能率在70%左右，特别适合于太阳能资源丰富、电价便宜的地区。

11.5.2 太阳能干燥室设计有一定的灵活性

由于我国太阳能资源丰富地区大部分在经济欠发达地区，因而可以建造简易的温室型太阳能干燥室，其建造容易，投资少，也可对药材、干果类等经济作物进行干燥。带有辅助加热的太阳能干燥室的室型设计比较合理，具有灵活性；干燥室的性能符合中低温室干工艺的需要。可以因地制宜采用各种辅助加热器，辅助热源可是炉气、蒸汽，也可以采用热泵供热。即使集热器完全失效，干燥室部分也可以继续干燥木材。

11.5.3 采用间歇式低温室干工艺对树种有较大的适应性

太阳能干燥室采用间歇式低温室干工艺，不仅操作简单，节能，并且可以在不用喷蒸处理的情况下，提高难干材的干燥质量。在中小型木材加工企业被干木材中的南方硬杂木居多，如麻栎、青冈栎、栲树、木荷、石楠等。木材树种杂，规格多，数量少，每室可装有厚度相近的 3 ~ 4 个树种的木材，只需白天开启风机进行强制循环，夜晚关风机气流作自然循环，干燥质量都比较好，有较强的适应性。另外，低温干燥室对室体的腐蚀性比常规干燥室小得多，可以减少维修费用和节省维修时间。

11.5.4 可以用于木材预干或强制气干

将太阳能干燥室用于湿材预干或气干保存，对节能和提高木材利用率有积极作用。一般木制品加工厂都有一定批量的木材用来周转；由于干燥设备能力不足，为了降低干燥费用，或者是对难干树种湿材干燥质量不易保证等各种原因，要将锯解的板材或湿坯料，堆放在露天场地进行气干，但是气干占地面积大，费劳力，木材降等比较严重，因此用太阳能干燥室作为预干设备，使木材含水率降到 25% 或 25% 以下，然后转用其他方法干燥，既可缩短干燥周期，又可节约能耗、降低费用，并能保持木材色泽。如果木材不急于机加工，继续存在太阳室内，即使在潮湿天气或冬季，木材也能继续缓慢干燥。

参考文献

1. 罗运俊，等. 2005. 太阳能利用技术. 北京：化学工业出版社.
2. 赵荣义，等. 1994. 空气调节. 3 版. 北京：中国建筑出版社.
3. 朱政贤. 1992. 木材干燥. 2 版. 北京：中国林业出版社.
4. 顾炼百. 2003. 木材加工工艺学. 北京：中国林业出版社.
5. 张璧光. 2005. 实用木材干燥技术. 北京：化学工业出版社.

第 12 章

木材高频干燥和微波干燥

12.1　高频和微波干燥的基本原理

高频和微波加热可分为电磁感应加热及电介质加热两种。前者用于导电、导磁物质(导磁性金属)的加热；而后者用于电介质材料(如木材)的加热。

木材工业上常用的电介质加热，其原理如下。

如图 12.1 所示，将含有水分的木料置于处在真空场中的电容器极板间，若施加电场，则木材中的永久偶极子(水分)将产生取向极化，纤维素分子因电子位移将极化形成一对偶极子进而产生取向极化。偶极子是由两个大小相等、极性相反的电荷接近对置而成的极性分子。上述现象被称为极化，是评价电介质介电常数的指标。即，极化率越高介电常数越大。极化现象在直流电场中也能产生，但因直流时仅在电容器充电的短时间(电荷达到 Q 的时间)内产生电子移动，所以极化不发生变化，显示了其最大介电常数。另一方面，若将电介质置于交流电场中，电介质中的上述偶极子将产生振动和转动，随着电场频率的增大，偶极子的转动将越来越跟不上电场的变化，时间上的滞后越来越长，极化率逐渐减少。也就是说介电常数随电场频率的增高而减小(介电损耗)，而施加的电能则越来越多地转换为热能。综上所述，在电介质内部介电常数发生损失时，跟不上电场变化的偶极子间会产生相互摩擦，使电介质自身生热。这种摩擦生热程度随电场频率的增高而增大。

由相关理论知识得出，电场强度 E 越大、电流频率 f 越高、介电损耗因子 ε''(受材种、材温及含水率影响)越大，木材吸收的电功率(发热量)越多。电场越强，木材中偶极子的振动幅度越大，摩擦产生的热量越多。但 E 过高会使木材击穿。这就限制了高频或微波加热时所能输入的最大功率密度。因此，通常用提高电场频率的方法来提高木材加热的速度。因为频率越高，木材中偶极子等的振动、转动越频繁，摩擦产生的热量也就越多。但电磁波对木料的穿透深度与频率成反比，频率越高，穿透深度越浅。所以比高频范围频率高的微波在电介质中的衰减大、穿透深度浅，因而大断面木材的

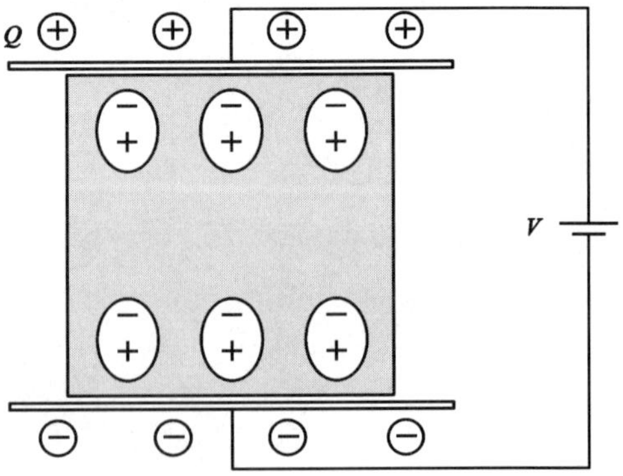

图 12.1　电容器的充电及极板间电介质极性分子等的极化

干燥不宜用高频率尤其是微波电磁波进行干燥。此外，木材加热的快慢还与木材的介电性质有关。通常木材含水率越高、密度越大，则具介电常数及介电损耗越大，即介电损耗因子越大，木材的加热速度也就越快。

如上所述的介电加热包括高频(6～80MHz)加热和微波(915～2450MHz)加热。两者原理完全相同，都是电介质吸收高频能量自身发热，木料沿整个厚度同时加热，且热透所需时间与木料厚度无关。因而该种加热法特别适用于外部加热法很难将芯部热透的低含水率(热传导性差)、大断面木材的加热。由于木料各部分介电损耗因子的不均一，所以微观上各部分在电磁场中的自身发热量是不均匀的。但宏观上木材内部温度梯度要较外部加热时小，且由于木材表面水分蒸发吸热等热损失，使得木材表面温度降低，形成了与外部加热相反的有利于水分移动的内高外低的温度分布。

在装置上，高频加热需要电极，而微波加热由于波长非常短(2450MHz 的为 122mm)，所以不需要电极，但需要反射箱。如前所述，高频加热与微波加热相比，由于频率低，所以效率虽低但穿透深度大，适于大断面木材的较均匀加热。以 1000MHz 的微波为例，因其在含水率为 60% 的木材的约 3cm 深度处将衰减一半，所以不适于房屋立柱及房梁等大断面建筑用材的均匀加热。此外，高频加热由于需要平行电极板，因而对被加热木料有外形的限制。

在木材加工领域，电介质加热应用于木材干燥、胶接、木质材料弯曲和定形等。世界各国所用频率不同，我国试验用设备频率与日本常用频率相同为 6.7MHz 和 13.56MHz。但是若加热设备容量大或者被加热木材很长、断面很大，应适当选用低频率。而微波加热则是在谐振腔内由波导发射微波并进行反射所形成的微波电磁场来加热其中物料。由于不需要电极，所以适于单板、体积小、形状不规则的工艺品等的干燥以及木料的弯曲加热。

如上所述，高频、微波的电介质加热具有如下长处：

(1)能够实现快速加热。常规加热都是利用热传导、热对流、热辐射等方式将热量首先传递给被加热木料的表面，再通过热传导逐步传至心部。使中心部位达到所需要的温度需要一定的时间，尤其当木材含水率很低时，由于热传导系数的下降，所需时间会更长。而高频或微波加热，如上所述为电介质材料内部直接生热，所以内部温度在很短时间内即能达到规定值。

(2)加热较均匀。尽管微观上由于木材不同部位的介电损耗因子 ε''存在差异而使得发热量不同，但宏观上要较其他方式的加热要均匀。

(3)选择性加热。水的介电常数很大，约为 81，而绝干木材的介电常数仅为 2～3，因而含水率越高，介电常数越大，吸收微波功率越多(越容易发热)。

(4)能量利用率高。介电加热时，封闭电磁波不泄漏的金属壳体干燥室内几乎只有置于其内的被加热物料吸收电磁波而被加热，因而加热效率高。

(5)易于控制。高频或微波功率的控制是由开关、旋钮调节，即开即用，无热惯性，易于实现自动控制。

此外，电介质加热也存在如下缺点：

(1)设备投资大，运行成本(主要是电费)高。

(2)由于木材材质及含水率分布不均，有时将导致木材内部局部温度过高，尤其是渗透性差或厚板材更应注意。

(3)若木料中含有导磁性金属物质，则由于电磁感应加热使其温度急剧升高，有可能将其周围的木料烤焦，甚至燃烧。

(4)因差异干缩引起的变形比常规干燥难以控制。

12.2 木材高频干燥

高频干燥时，木料堆放在电极板之间，电极板与高频加热装置多用低电阻宽铜片连接。利用电极板间产生的交变电场，使木材内部极性分子等快速取向翻转而摩擦生热(介电损耗发热)。

高频加热装置主要由具有三极真空管的震荡回路、调谐回路等构成。适用于木材加热的频率为4~27MHz，但为避免泄漏的高频电磁波对无线通信等构成妨碍，一般使用6.7MHz、13.56MHz、27.12MHz，最常用的为13.56MHz，断面尺寸较大的结构材加热则多用6.7MHz。随着干燥过程的进行，被干燥材的电器性质有很大变化，为确保相应于该变化的最佳加热效率，应对震荡回路自动进行调谐。即相应于被干燥材电器性质的变化，自动调节回路中的电容或电感。高频发生器的输出功率小于5kW的采用空冷式，而大于5kW的采用水冷式。

电极板有平板形、网状、多孔形及波纹状等形式(图12.2)。平板电极多为铝合金平板，其制作简单，加热效率高，但通风和排水性差，所以，多用于垂直排列的电极板，而用于水平排列的下极板时，为避免因极板上积水而润湿与其接触的木材，应在极板与木材间设置金属网等；网状电极板用铜网或其他非磁性金属材料张紧在铝框上做成。与平板电极相比，制作较复杂，加热效率会受到影响，但通风和排水性好，其使用时的排列方向不受限制；多孔形电极板可在铝合金板上钻满小孔而得，具有与网状电极板相近的使用性能；波纹状电极板较网状电极板容易制作，其既能避免与木材接触部积水，又能较充分发挥高频加热效率，实践证明具有较好的使用性能。

电极板的排列可以是水平的或垂直的，有三种方案：

方案1，为3块电极板(2组)垂直排列，如图12.3(a)所示。由于电极板不接触木料，所以称其为不接触排列法。方案2，2块电极板水平放置，如图12.3(b)所示。上面的一块电极板可通过绝缘材料与由电机或液压油缸驱动的传动装置相连，以保证其在干燥时与木材接触，在装入或卸出木材时升起。液压油缸除用于控制上面一块电极板的升降外，主要用于在干燥过程中对木材适当加压以防止其翘曲变形。方案3，由3块供电极板和3块接地极板水平排列组成5组加热区，6块电极板在堆置木料时即放入，等木料推入干燥室后将其各自交替地连接在两只通电的汇流器(供电汇流器和接地汇流器)上，如图12.3(c)所示。因电极板与木料直接接触，所以称其为接触排列法。

上述三种电极板排列方案各有优缺点。第一种方案，两外侧电极板之间的距离可调，使用方便。关于木材干燥的均匀性，沿材堆高度方向好，而沿宽度方向要差些；第二种方案，由于高频发生器(振荡器)便于调谐，所以可获得最佳加热效率。但材堆高度

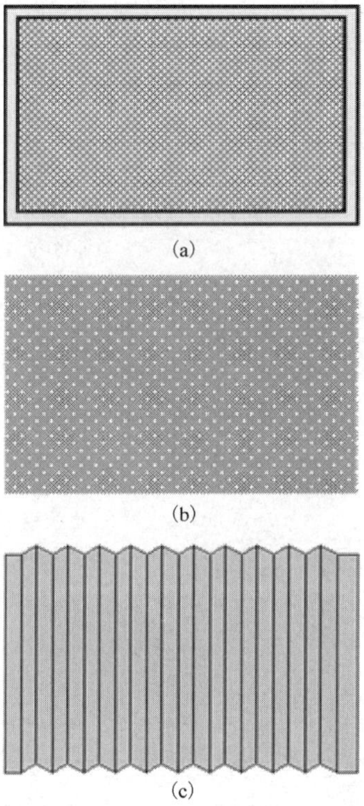

图 12.2 电极板形状

(a)网状电极板 (b)多孔形电极板

(c)波纹状电极板

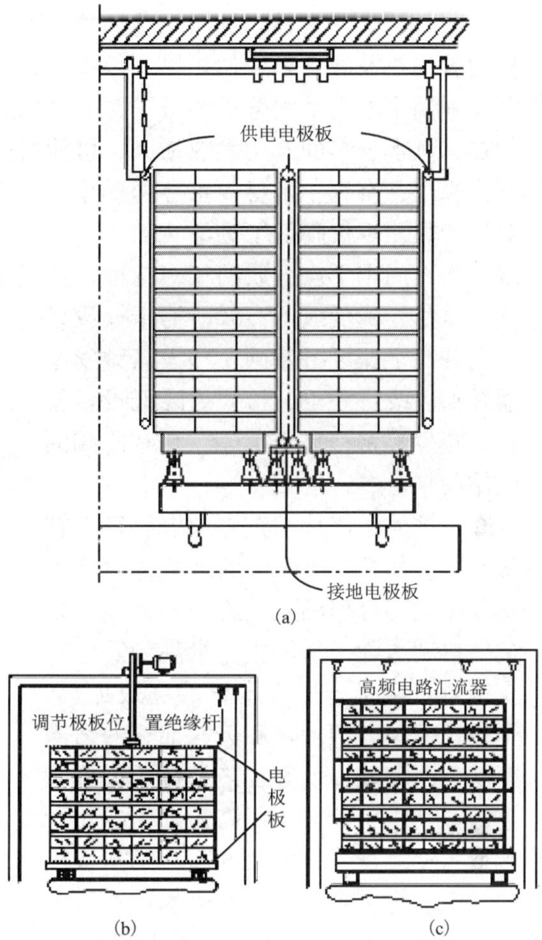

图 12.3 电极板的排列方案

受极板距离的限制；第三种方案，由于电极板与木材直接接触，且两极板之间的距离较小，所以能实现较大容量材堆的均匀加热，强化干燥过程，适用于要求干燥到终含水率较低的场合。干燥时木材的翘曲较小，但电极板交错置于木料之间，会使木料装卸不便。

使用高频虽能实现对木材快速而又较均匀地加热，但由于使用电能，运行成本较高。所以木材干燥过程中高频加热很少被单独使用。为了大幅度地节省电能，日本、加拿大等国正完善高频与对流联合加热木材干燥技术；此外，高频真空干燥既具有高频加热快速、均匀的特点，又有低压条件下木材低温快干、干燥应力小、降等率低、环境污染小等显著优势，因而在欧美及日本越来越受到重视。

12.2.1 木材高频 - 对流联合加热干燥

高频 - 对流联合加热干燥装置可在已有对流加热干燥设备的基础上增设高频发生

器，并进行电磁波屏蔽等改进后获得。与常规对流加热干燥法相比，具有下列先进性：①木材尤其是含水率较低时热传导性很差，无论利用何种外部加热法，如对流加热、热板接触加热及红外辐射加热等，都很难将热量传到内部而使其温度升高。而高频加热法则是利用木材内部水分等偶极子在高频电磁场中高速翻转而摩擦生热等原理的内部自身加热，且水分多的部位发热量大，可使材内温度迅速升高，并且形成内高外低的温度和压力梯度，有利于木材内水分向外排出；②在木材内部加热的同时使用蒸汽等进行外部对流加热，不仅降低了独立内部加热时的电力消耗，而且易于控制木材内外的温度梯度、木材周围干燥介质的相对湿度，控制木材表面和端口的水分蒸发速度，有利于提高干燥质量、降低成本；③所需干燥设备可在现有干燥设备基础上增设高频发生器并加以改进获得，可大大降低设备投资，减少浪费，易于推广，具有广阔的应用前景。

合理使用该技术首先应解决很多技术问题。如高频电磁波的屏蔽，材堆中垫条厚度的合理确定，高频回路中总阻抗的自动适配，用较小容量高频发生器实现对大容量干燥室木材的高效加热，干燥过程中高频加热和蒸汽加热的适当匹配，温度和湿度等工艺参数的合理确立等。其中用较小容量高频发生器对大容量木材进行高效加热方面，日本采用的方法是将大容量干燥室中木材适当分几个区域堆垛（堆垛时配置电极板），干燥时用较小容量高频发生器对分区堆垛的木材进行高效循环加热，如图12.4所示。

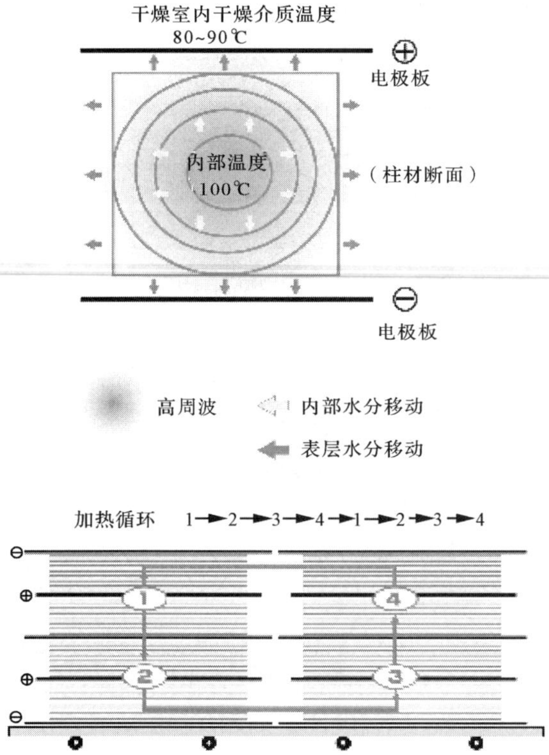

图12.4 高频循环加热技术

为提高干燥质量，希望木料在干燥过程中沿断面有较小的含水率梯度，特别是干燥过程的初期。而中后期则可适当降低空气的相对湿度。此外，为保证干燥速度和质量，还应适当调节干燥过程中木材的中心温度。

高频干燥的效果受木材的密度、构造等的影响很大。木材的介电损耗随其密度的增高而加大，密度对介电损耗的影响程度在较高含水率范围内随含水率的增大而越显突出，因而高密度木料升温较快；不同构造的木料，其渗透性有很大区别。散孔阔叶树材（桦木、水青冈、杨木等）具有良好的渗透性（permedbility），易于应用高频干燥；环孔阔叶树材（栎木等）横纹渗透性较差，易因木料内部水蒸气压力过高而导致其细胞等组织破裂。对于该种木料，应适当控制材内温度。

应在综合分析以上因子的基础上，判定干燥基准。表12.1为干燥基准一例，仅供

表 12.1 高频对流联合加热干燥基准

参数名称	干燥基准		
	硬基准	中等基准	软基准
被干木料的内部温度(℃)	95 ~ 105	85 ~ 90	75 ~ 80
沿木料厚度的基本温度梯度(℃/cm)	6	4	3
空气的相对湿度(%)	80	85	90

参考，还有待进一步完善。

表中的硬基准适用于厚度 50mm 以下的针叶树材(落叶松除外)和软阔叶树材。中等基准适用于厚度 50mm 以上的针叶树材(落叶松除外)和软阔叶树材及厚度 50mm 以下的散孔硬阔叶树材。软基准适用于各种厚度的环孔阔叶树材和厚度 50mm 以上的散孔硬阔叶树材，以及各种厚度的落叶松和松属髓心方材。木材的终含水率低于 10% 时，空气的相对湿度在干燥终了时可比表中数值低 10% ~15%。

表中的基本温度梯度 Y(℃/cm)用式(12.1)计算：

$$Y = \frac{t_w - t_d}{0.5h} \tag{12.1}$$

式中：t_w 为木料中心温度(℃)；t_d 为干燥室内空气的干球温度(℃)；h 为被干木料厚度(cm)。

使用高频 - 对流联合加热干燥时，首先根据材种和材厚确定干燥基准的软硬度，进而根据表 12.1 的基准表确定木材中心温度、基本温度梯度、干燥室内空气的相对湿度，并计算干燥室内空气的干球温度。

为了减少电能消耗，可采用间歇供给高频电能的方法，如图 12.5 所示。

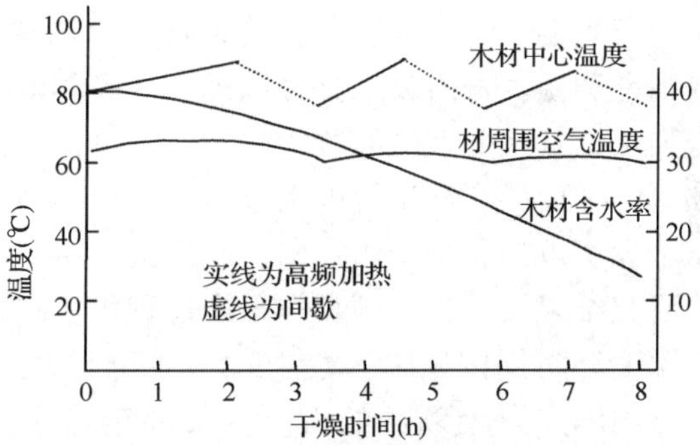

图 12.5 木材间歇高频加热干燥曲线

由图 12.5 可见，木材的中心温度，在高频供电后迅速上升，停止供电后又逐渐回降；停止供电后空气温度虽略受影响，但波动不大；而木材的水分蒸发则几乎不受影响。间歇供电既可降低干燥成本，亦可以由一台高频发生器为两座甚至多座小容量干燥室或大容量干燥室中分区堆垛的木堆交替间歇供电，充分提高设备利用率。

应在干燥过程进行到所要求的终含水率之前的适当时刻使高频发生器停止工作，目的是用水分的热扩散(依靠早先形成的温度梯度)继续排除水分，以节省电能消耗。

另外，高频输出电压的高低与加热效率有密切的关系。输出电压越高，效率越高。但由于在高含水率范围内，电压过高易引起木材的放电击穿现象，所以，干燥初期应适当控制电压，随着木材含水率的降低，可逐渐升至满压。

与常规对流干燥法相比，高频 - 对流联合加热干燥法速度快、质量好。例如，对于青冈和桦木成材，干燥速度一般可加快 8 ~ 10 倍；针叶材加快 4 ~ 5 倍；栎木加快 2 ~ 3 倍。而且被干燥木料的终含水率均匀。

12. 2. 2　木材高频真空干燥

12. 2. 2. 1　木材高频真空干燥概述

高频电磁场在对木材那样具有较高阻抗的电介质的加热等应用上，大约在 1940 年就已经在许多国家开始研究。而关于木材真空干燥的研究，世界上在 1923 年就已经有研究报道。但是到 1970 年为止，真空干燥装置基本上都是以湿空气为干燥介质进行加热的。1975 年起，才逐渐转向在真空场下使用热板或高频加热的联合干燥法。

在真空环境下，水的沸点降低，可以实现低温快速干燥且木材干燥质量好；氧分压降低，可减少物料在干燥过程中的氧化变质现象，并在缺氧状态下抑制一些细菌的繁殖生长；可以回收一些有毒有害的气体，减少环境污染。由于这些优点，木材真空干燥一直被人们所重视。又如第 10 章 10. 2 节所述，在负压场下若无外部加热水分表面蒸发很慢，并且亦不可能使木材内外维持一定的压力差，因而无法使木材得到干燥。要实现木材干燥，就必须不断地对其加热，使其内部保持一定温度。然而如第 10 章 10. 1 节所述，但在真空条件下，由于干燥装置内空气稀薄，对流传热效率很低，尤其是真空度较高时对流换热可以忽略；采用热板或红外线辐射等加热，是将热量首先传递给被加热木料的表面，再通过热传导逐步传至心部。由于木料的热传导系数很低，所以使其中心部位达到所需要的温度需要一定的时间，尤其当木材含水率很低时所需时间更长；而高频加热则是利用木材内部水分等偶极子在高频电磁场中高速翻转而摩擦生热等原理的内部自身加热，且水分多的部位发热量大，可使材内温度迅速升高，并且形成内高外低的温度和压力梯度，有利于材内水分向外排出。所以木材的高频真空干燥是集合高频加热与负压干燥优点的联合干燥技术，从理论上讲，是木材最理想的干燥方式。

研究结果表明，高频真空干燥过程中木材内部水分移动的机理取决于干燥条件，即材内温度和材周围压强（真空度）。两者既决定着材内沸点以上领域的大小，又决定着水分移动的驱动力。木材周围真空度以及材内温度高时，材内水分主要是在驱动力作用下以水蒸气形式沿纤维方向排除到材外的；而随着周围真空度及材内温度的降低，扩散在水分移动中所占比例将逐渐增大。在高频真空干燥过程中，应注意，真空度过高，尤其在含水率较高时放电电压低，极易引起木材的放电击穿现象（图 12. 6）。

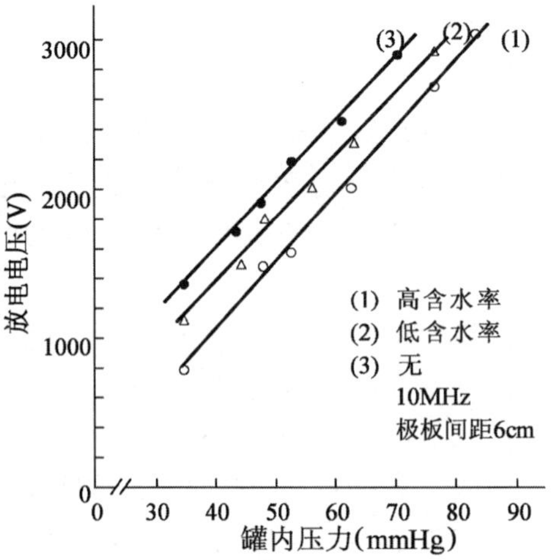

图 12. 6　罐内压力和放电电压的关系
（福冈醇一）

高频真空干燥兼有高频加热与负压干燥的优点。与前述高频 - 对流联合加热干燥法相比，干燥速度更快，质量更好，对环境无污染，易于实现自动控制；但干燥设备容量较小，投资较大，运行成本(主要是电费)较高。目前主要用于要求干燥质量高的珍贵树种材、断面尺寸大的结构材、工艺品等的干燥。

12.2.2.2 木材高频真空干燥装置

如图 12.7 所示，高频真空干燥装置的基本构成为高频加热装置、真空罐体、使从木材中蒸发出的水分凝结并维持罐体内真空度的冷凝器、真空泵、储水罐(临时储存在冷凝器及罐体内凝结的水)、自动排水装置(储水罐中水达一定量时自动排除)及自动控制柜等。其中，真空泵、冷凝器和真空罐体构成了真空装置。此外，为了实现干燥过程的控制，需要有木材内部温度和压力的检测系统。

除上述基本构成外，有些设备还附设有木材蒸煮装置(木材干燥前改性、干燥初期利于升温)和液力加压装置(防止木材翘曲变形)。

(1) 真空罐体。见第 10 章 10.4 节的干燥罐体。容积小于 $15m^3$(堆放木材 $6\sim8m^3$)的罐体，多采用圆柱体；大于 $15m^3$ 的采用断面为角形的结构。所堆放的木材间不放垫条。

(2) 真空泵及冷凝系统。如第 10 章 10.4 节所述。

(3) 高频加热装置。如第 12 章 12.2 节所述。

(4) 传感器。

温度传感器　在高频电磁场中不受其影响的温度传感器有酒精温度计和光导纤维温度传感器。

压力传感器　罐体内的真空度，常用弹性元件真空计来检测。其工作原理是利用弹性元件(弹簧管或膜盒、膜片)在压差作用下产生弹性变形，其末端发生位移，借助连

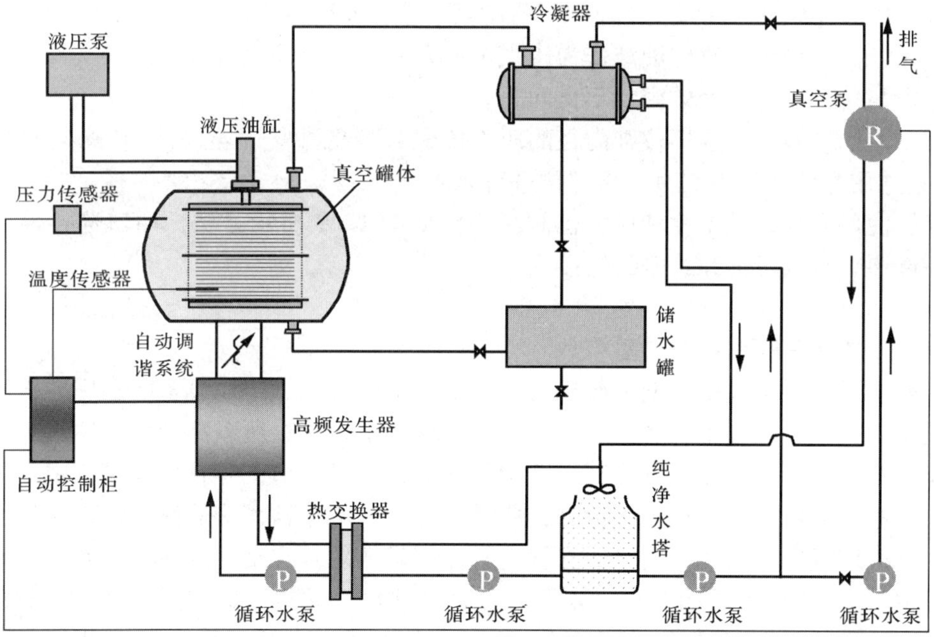

图 12.7　高频真空干燥装置

杆带动齿轮传动机构使指针转动，以其在刻度盘上的位置指示被测系统的气体压力。这种真空计的精度不太高，不能用于真空度控制，但使用寿命长；用于真空度控制的多为电容式薄膜真空计。它由电容薄膜硅管和测量电路两部分组成。硅管中间装着一张金属弹性膜片，将硅管隔离成两个腔室，一个为参考压力腔，另一个与被测部位连通。金属膜片与其一侧的一个固定电极构成一个电容器。膜片的弹性变形，即电容的变化量与膜片两侧的压差成正比。因而，检测到电容的变化量即能换算出被测部位气压。该种真空计性能稳定，响应时间快，抗过载能力强，结构牢固，使用方便，适合于含氧气体、水蒸气及油蒸汽等气体压力的测量。使用该种真空计可以测量木材内部的水蒸气压力，但为避免连通被测部位与硅管内腔的管道中的高温水蒸气在罐体外的低温部位冷凝，应在连通管道内充满油液，将气体传压改为液体传压。此时连通管道与硅管间一定要保证不能漏气，实际上这是有一定难度的，近年开发出的光导纤维压力检测系统能方便地用于干燥过程中木材内部水蒸气压力的检测，但价格昂贵，容易损坏。

12.2.2.3　高频真空干燥过程中木材内部温度和压力的检测

由于微观上木材内部不同部位的介电损耗、气体渗透性不同，所以高频真空干燥过程中木材内部不同部位的温度和压力都会有差异，因而为研究干燥机理等有必要对木材内部温度和压力进行同时同点测定，测定方法如下：

（1）使用光纤温度传感器和电容式薄膜真空计（压力传感器）。方法如图 12.8 所示，F 为光导纤维温度传感器。三口 T 形连接件左端口与压力传递管间属可拆卸式密封连接，需要测木材质量和尺寸等参数时，可在该部位临时脱开连接。由于从试件到真空计间的压力传送管有一部分在温度较低的真空罐体外，管内的水蒸气在温度较低部位将部分被冷凝，导致压强下降，因而用气体特别是水蒸气传递压强必将导致测量精度下降。为保证测量精度，改用油液作为压强传递介质。但必须克服液体内的空洞现象，以及传送管与传感器连接处的密封不良问题。

可采取的措施为，选用较细内径的压力传送管、高真空用连接件（传送管与传感器间），并选用高性能胶黏剂对连接部位进行密封。

（2）使用光导纤维温度和压力检测系统。如图 12.9 所示方法，两口连接件左端口与压力传递管间属可拆卸式密封连接。

12.2.2.4　木材高频真空干燥基准

一般来说，实验室用小型干燥机与干燥生产上的实用型干燥设备所适用的干燥基准是不同的。关于实验室用小型干燥机，由于木材容量较小，所以高频发生器具有足够的加热能力，木材开始被加热后，其温度很快就能达到设定值，并且干燥过程中木材自中心到表层的温度也较易实现在线检测，所以，一般将传感器探头从侧面插入木材，检测并控制其表层或中心温度。同时适当设定并控制罐体内真空度。罐体内真空度和木材温度的设定基准（干燥工艺标准），可参照第 10 章 10.5 节的热板加热连续真空干燥工艺确定。因为木材中心部温度比表层高，所以，对于表面易开裂且表面质量要求高的木材，应检测并控制表层温度。而易发生细胞皱缩的木材，则应检测并控制中心部位温度；

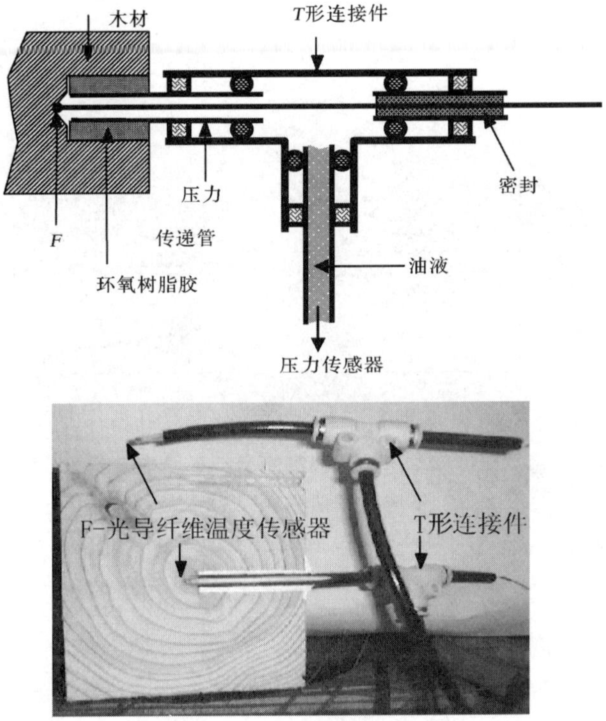

图 12.8 特种干燥过程中材内温度和压强的同位置检测
（自蔡英春）

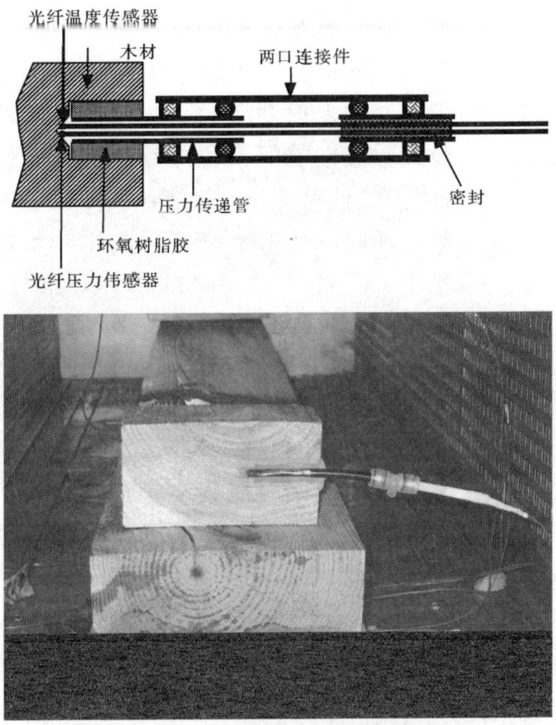

图 12.9 干燥过程中材内温度和压强的同位置检测
（自蔡英春）

关于干燥生产上的实用型干燥设备，由于其使用性能特点不同，即，①木材容量大，所以高频发生器有时会显得加热能力不足；②用于设定材温的试材的选择较困难；③因高频电磁场中不同部位的木材、同一块木材的不同部位的温度和压力存在差异，而使得严密干燥基准的设定困难，所以，实际干燥生产上，常采用下述控制方法。即，①控制罐体内真空度，调整高频输出功率，但不控制木材温度（美国、加拿大采用较多）；②控制罐体内真空度，设定木材上限温度，并控制高频输出功率及高频激振率（如激振7min、停止3min）（日本常采用）。由于实用型干燥设备中木材容量大，所以温度传感器探头设置位置被限定在装卸木材的大门以及电极板接续口等可打开窗口的附近，又由于不希望破坏木材侧面，所以采用上述方法②时，多将传感器探头插入端口的中央。

表12.2是日本采用的2.7cm厚的山毛榉板材的连续高频真空干燥基准，图12.10是美国铁杉的干燥基准和干燥过程曲线，仅供参考。

表 12.2 山毛榉板材（2.7cm 厚）的高频真空干燥基准

罐内真空度	阳极电压	高频激振率	设定温度
50mmHg(6.67kPa)	9kV 一定	100%（连续激振）一定	45℃一定

注：干燥机的罐体容量为10m³，输出功率为50kW；被干燥材容量为8.1m³，初含水率为70%。

注意：干燥基准应与干燥设备对应。尤其是实用型干燥设备，即使采用同一基准，但由于被干燥木材的容量与高频发射功率的平衡及匹配、罐体的保温性能等不可能完全相同，因而导致干燥速度、干燥效果存在差异。所以，严格来讲并无通用的干燥基准。应将被干燥材的用途、材性、规格尺寸等与所用干燥设备性能结合起来加以综合分析，进而对干燥基准进行修正；此外，实际干燥生产中若无法避免不同规格尺寸的木材或不同树种木材的同时混装，应首先综合分析，确立各规格材、各树种材的合理堆放位置，合理选定温度设定及控制的对象材。

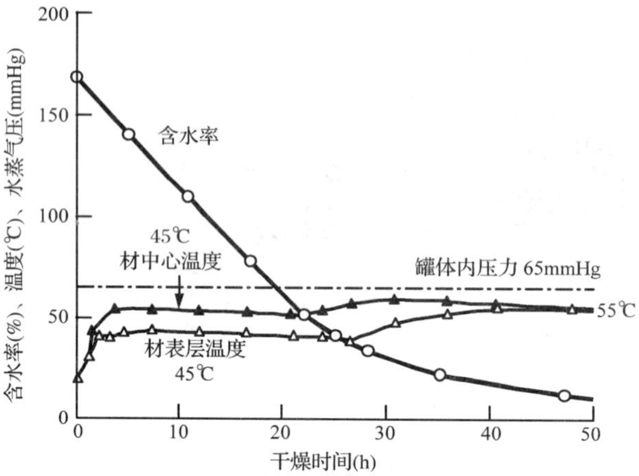

图 12.10 美国铁杉的高频真空干燥条件及干燥过程曲线

（试材：4.5[R]cm×20[T]cm×30[L]cm，端口封闭）

12.3 木材的微波干燥

12.3.1 微波干燥的设备

干燥设备主要由微波发生器、微波加热器、传动系统、通风排湿系统、控制和测量系统等几部分组成。其中前两项为主要组成部分。

12.3.1.1 微波发生器

其心脏部分是将电能转换为微波能的电子管，即微波管。目前用于木材加热和干燥的微波管主要采用磁控管。工作在微波频率的磁控管有线性束管(O 型管，源于 Original 词)和交叉场型管(M 型管)等多种。交叉场是指直流电场与直流磁场彼此处于垂直状态。在这种交叉电场和磁场的作用下，磁控管阴极发射的电子受电场作用而加速，并受正交磁场的洛仑兹力作用而呈弯曲路径运动。同时在阳极交变电压作用下获得足够能量(速度)，最终到达阳极。次过程中电子将所获得的能量全部给予并建立高频振荡。如果该过程能够持续不断地重复进行下去，则该高频场的振荡得以维持，并能持续不断地向外发射微波，所以还称其为连续波磁控管。国内多采用 915MHz、20～30kW 以及 2450MHz、5kW 的磁控管，并且前者使用较多。目前国外已生产出输出功率高达 100～300kW 的 M 型多谐振腔连续波磁控管，可降低大规模生产的投资和干燥成本。

磁控管正常工作所必需的高压直流电流，是通过升压变压器将来自电网的 380V 交流电升压，再由三相桥式整流器整流后获得的。磁控管的转换效率约为 0.7，说明磁控管中电子所转换传递的能量，大部分能作为微波能向外输出，而另一小部分则成为磁控管本身的热损耗。为此，大功率磁控管需用风冷和水冷系统来解决其散热问题，以延长其使用寿命。

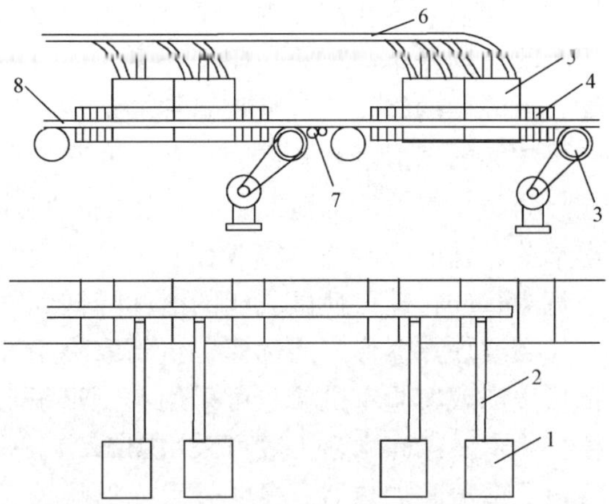

图 12.11 具有谐振腔加热器的微波干燥装置

1. 微波源 2. 波导 3. 传动装置 4. 漏场抑制器 5. 谐振腔 6. 排湿管 7. 中间过渡托滚 8. 传送带

12.3.1.2 微波加热器

适用于木材干燥的微波加热器有隧道式谐振腔加热器和曲折波导加热器。

(1) 隧道式谐振腔加热器。图 12.11 为我国某家具厂使用的微波干燥装置的示意图。整个设备共分为两组，之间由过渡托辊相连接。每一组的干燥室由两只谐振腔加热器串联而成，呈隧道状。

每只谐振腔分别由一台微波发生器提供微波能(由波导传输)。每台微波发生器输出功率 20kW(总输出功率 80kW)，微波工作频率(915 ± 25)MHz。微波管采用 CK—611 连续波磁控管。其阳极电压最高 12.5kV，最大电流 3A。灯丝电压(预热时)12.5V，电流 115A。阳极水冷，阴极强风冷却。微波发生器电源输入功率 30kW。

谐振腔内部尺寸 800 mm × 1000 mm × 1100mm。腔体顶部与波导耦合以输入微波能。腔顶上开有许多小孔，用于排除从木材中蒸发出的水分。腔体两个端壁上各开有高 70mm、宽 1000mm 的槽口，以便输送带及木料通过。每组加热器的进出槽口外面各装有梳形漏场抑制器，以防止微波能的泄漏。将欲干燥木料置于输送带上，经过加热器时受到微波电磁场的作用，木料内部产生热量，并在其作用下蒸发水分。可据需要使木料多次通过干燥室，直至木料达目标含水率。

(2) 曲折波导加热器。该种加热器为横断面为矩形的曲折形状的波导，如图 12.12 所示。波导是微波频段传输电磁波能量的主要元器件。依靠各种截面形状的波导，可实现相互连接耦合，完成较远距离或需改变传送方向的微波传送。从能量损耗角度来说，电磁场被限制在波导的空间内，因此，波导传输微波能量就不存在辐射损耗，仅在波导壁上面会有电流的少量损耗。矩形波导是指矩形截面的空心金属管。输入的微波以一定的入射角入射内壁面，在该壁面上反射，以合成波的形式沿波导轴向行进。

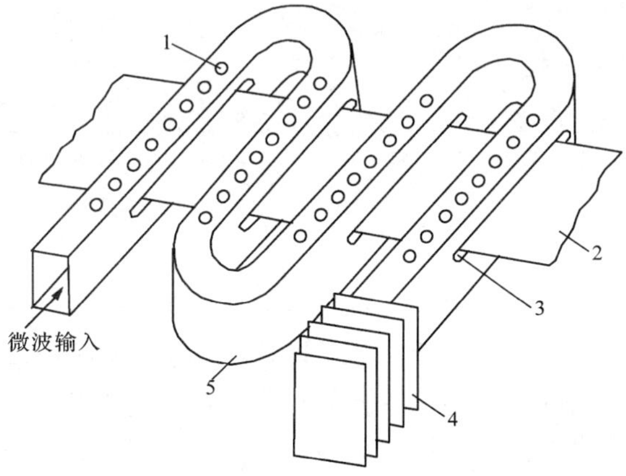

图 12.12 曲折波导加热器

1. 排湿小孔 2. 传送带 3. 槽缝 4. 终端负载 5. 波导

在波导宽边中央沿传输方向开槽缝，因为木料在该处的槽缝通过时吸收的微波能最多。微波能从波导的一端输入，在波导内腔中被木料吸收后，余下的能量进入后面的几段，被木料进一步吸收。这样不但充分利用了能量，而且改善了加热均匀性。最终未被利用的剩余微波能，由波导的终端负载吸收。终端负载一般采用水或其他微波吸收性材料。

波导的窄边上开有许多小孔，并与通风系统连通，以排除木材中蒸发的水蒸气。

为防止微波能的泄漏，在不影响木料通过的情况下，波导宽边上的槽缝应尽可能开得窄些，并向外翻边。实践证明，横截面为248mm×124mm的波导，槽缝高35mm，翻边宽45 mm，即可使微波能的泄漏降低到很小的程度。

微波加热器形式的选择，主要取决于被干燥木料的形状、数量及加工要求。对于小批量生产或实验室试验，可采用小型谐振腔式加热器(微波炉)。对于流水线生产的单板、薄木及细碎木料一般可采用图12.12所示开槽的曲折波导加热器，或图12.11所示隧道式谐振腔加热器。尺寸较大或形状较复杂的木料，为了保证加热均匀，常常将多只谐振腔加热器串联成隧道式。

12.3.2 微波干燥的工艺

为了减少能耗，降低干燥成本，微波干燥应与气干或除湿干燥结合起来，即将湿木料先除湿干燥或气干到一定的含水率(通常为30%左右)，再用微波干燥。

隧道式微波干燥装置的干燥基准可参照表12.3。

表12.3 木材微波干燥基准

树种	厚度(mm)	初含水率(%)	终含水率(%)	微波源输出功率(kW*)	每次激振时间(min)
马尾松	20~30	20	7	11~7.5	1.2~1.5
榆木	20~30	20~25	7~10	14~10	1.2~2.2
木荷	30	30	8	18~9	1.8~2.6
水曲柳	30~50	35~45	8~10	17~10	1.6~2.6
柞木	25	20~40	8	10~7	1.0~1.5
柳桉	25~30	15	6~8	14~8	1.2~1.5
香红木	30	30	8	10~7	1.0~1.5
红松	40~50	20~30	8~10	12~10	2.0~2.5

*共4台微波源串联，表中为每台的输出功率　　(改编自朱政贤，1992)

12.3.3 微波对流联合加热干燥

湿材在预热阶段以及在纤维饱和点以上的干燥阶段，需要消耗大量的热能，此时可向干燥室内输送温度较高的热空气，同时间歇地输入微波能。这样，木料加热和水分蒸发所需的大部分热量可由廉价的对流热空气供给，而让微波能将更多的热量提供给木材内部。此外，间歇地输入微波能，还可以使木材内部的水蒸气有足够的时间移动到木材表面，从而可减小木材横断面上的含水率梯度，防止木材表层和内部的不均匀收缩。当木材含水率降到纤维饱和点以下时，随着水分蒸发量的减少，木材的热能消耗降低，并且因木材导热系数的降低而减弱了热空气对木材内部温度的影响，所以，应降低热空气的温度，同时增加微波功率输入，以促使木材内部的水分向表面移动。

采用这种联合干燥方法，还可防止热量从木材散失到空气中。从而大大节省了电能消耗。据国外资料，对于25mm厚的松木板，用104.4℃(220 ℉)的对流热空气与微波能联合干燥，其耗电量比单纯的微波干燥节省40%，而且干燥时间还可缩短42%。

下述25mm厚的松木板的联合干燥基准可供参考：

对于边材板，因其渗透性较好，所以每隔3min输入11.1kWh/m^3的微波能。纤维饱和点以上时，热空气温度采用104.4℃(220 ℉)，纤维饱和点以下时，基本上不供给热空气；对于心材板，因其渗透性较差，所以每隔3min输入6.3kWh/m^3的微波能。热空气温度控制在66.6℃(150 ℉)以下。

木材微波干燥时，若干燥工艺操作不当，也会产生干燥缺陷。主要缺陷有内裂、表裂和炭化。

内裂通常是在木材含水率高于纤维饱和点时产生。干燥初期若连续地输入过量的微波能，则将使木材内部形成大量的水蒸气，过高的水蒸气压力(渗透性较差的部位尤为突出)会导致木材内部沿木射线方向开裂。为防止内裂，可适当减少微波功率输入，或适当延长每两次输入微波能之间的间歇时间。当然，这会引起干燥速度的降低。

表裂通常是热空气温度过高时，在心材板上产生。由于心材渗透性较差，若表层水分蒸发过快，而木材内部的水分外移跟不上，就会产生表裂。随着热空气温度的降低，表裂即可防止。

炭化是在干燥后期出现的，通常出现在木材的棱边附近或内部。低含水率的锯材过分暴露于微波之中，由于过热就会引起炭化。炭化一般产生在木材含水率低于5%的部位，适当地控制木材的终含水率使其不致过低，减小微波能输入，并使微波能在加热器中分布均匀，可有效地防止炭化。

12.4 高频和微波干燥的应用

如前所述，从传热传质特性以及干燥工艺的观点来看，高频和微波干燥有很多先进之处，它们的干燥速度快(比常规室干法快数倍)；干燥质量好(干燥的木料内应力和开裂的危险性小，能保持木材的天然颜色)；便于实现自动化流水作业；环保性好。但耗电量大，干燥成本高；设备复杂，投资较高；设备折旧费高；需要专门的防护。因此，高频干燥在国内少数工厂使用了一段时期后，已不再使用。现只将高频加热用于木材的胶合和封边。微波干燥也只在少数企业里小规模地应用。

然而，在一定条件下，高频和微波干燥尤其是两者与对流热空气的联合加热干燥、与真空的联合干燥是有应用前景的。如干燥大断面的带髓心的方材时，其他方法很难实现，而用高频电磁波与湿热空气相结合的联合干燥，则能快速而又高质量解决。日本、加拿大等国正将该干燥法向大断面结构材的干燥生产推广。干燥贵重树种的高档用材，如工艺雕刻用品、高级乐器用材等，适于用对流热空气与微波相结合的干燥法，尤其适于用高频真空干燥法(日本、加拿大、韩国等使用较多)。高频真空干燥同高频(微波)

与湿热空气相结合的联合干燥相比，干燥质量更好，干燥速度更快，环保性更好。但耗电量要大，干燥成本较高，不能实现自动化流水作业。实际选用干燥方法时，应根据木材的树种、形状尺寸、数量和用途，综合成本及综合经济效益等来确定。

参考文献

1. 王绍林. 2003. 微波加热技术的应用. 北京：机械工业出版社.
2. 寺澤眞，等. 1998. 木材の高周波真空乾燥. 海青社.
3. 朱政贤. 1992. 木材干燥. 2版. 北京：中国林业出版社.
4. 梁世镇，等. 1998. 木材工业实用大全：木材干燥卷. 北京：中国林业出版社.
5. 蔡英春，等. 2002. Three – Dimensional Measurement of Temperature Distribution in Wood during Radio-Frequency/Vacuum Drying. 木材学会志，47(5).
6. 川井安生，等. 2003. Hybrid Drying with High Frequency Heating and Hot – air under Atmospheric Pressure V. Combined effect of high frequency heating and hot air. 木材学会志，49(6).
7. 庄寿增，等. 1992. 木材高频真空干燥及其应用前景. 林产工业，(3).

第 13 章

木材热压干燥

热压干燥(pressdrying)是将木材置于热板之间，使之在一定的压力条件下加热脱水的干燥过程。热压干燥以接触传导的方式加热木材，由于加热板供热温度高，与被干木材接触紧密，传热量大，木材内部很快就可达到高温，使蒸汽压力迅速提高，促进了木材内部水分向外部的移动。一些透气性好的木材在数小时甚至数十分钟内就可获得快速干燥。

热压干燥法过去主要用于单板干燥，20 世纪 70 年代末期，国外有人研究用此法干燥锯材，并取得了较好的初步成果。

13.1 锯材热压干燥工艺

13.1.1 热压干燥设备

热压干燥设备与人造板的多层热压机相似，完善的热压干燥系统应包括：框架式热压机、装卸板机、预处理室、后处理室四部分。

13.1.1.1 框架式热压机

框架式热压机为热压干燥主机。可根据需要确定压板层数，一般为 5 ~20 层。板面尺寸 2000mm ×4000mm，也可采用人造板压机中压板的幅面尺寸。板面压强一般小于 2.0MPa，供热温度小于 200℃。热压板中的载热体为蒸汽或导热油。

木材热压干燥过程中要蒸发大量水分，为及时排除木材中蒸发出的蒸汽，热压板表面常开有许多小孔，小孔后面开有许多纵横交错的沟槽，彼此相通，蒸汽可通过小孔，从后面的沟槽中排出。如热压板上没有设置排汽孔槽，在热压板与被干材之间应增设带有孔槽的铝垫板或镀锌铁丝网。

13.1.1.2 装卸板机

热压机层数较少时，可采用人工装卸料。层数较多时应设置装卸板机，机械进料、卸料。装卸板机结构上与人造板压机中配套的装卸板机相似。

13.1.1.3 预处理室

木料在热压干燥前需在专用的预处理室中作预蒸或预干燥处理。预处理室可采用砖混结构或金属罐体结构，其容量应与压机的干燥能力相匹配。

13.1.1.4 后处理室

用于热压干燥后木材的热湿平衡处理或热稳定性处理。有常压后处理室和压力蒸汽后处理室两种，前者结构上与预处理室相近，后者通常为金属蒸煮罐形式，可耐压0.8MPa以上，并配有真空泵。

13.1.2 热压干燥工艺

热压干燥工艺分为连续式和周期式两种。前者热板始终闭合，连续对木材接触加热，直至干燥结束；后者热板闭合加热一段时间（通常为2h），然后再张开0.5～1h，以加速木材表面水分的蒸发及内部水分的移动，此法又称作呼吸式干燥。两种方法的干燥周期无大差别；但周期式加热的干燥质量比连续式的好，表裂、内裂和皱缩都会明显减少。

完整的热压干燥工艺应包括干燥前预处理、热压干燥和干燥后处理三部分。一些易干树种木材，薄木料亦可省去预处理或后处理过程。

13.1.2.1 预处理

为提高木材的热压干燥效果和干燥质量，热压干燥前通常应在专用的预处理室中作汽蒸处理或预干处理。

（1）汽蒸处理。目的是改善被干木材的透气性，减少木材的表面硬化和开裂。汽蒸温度通常为100℃，汽蒸时间可参照常规室干中采用的方式，以1cm厚木材汽蒸处理1.0～1.5h确定。

（2）预干处理。研究结果表明，有些难干树种木材，如赤栎，若在生材状态下直接进行热压干燥，很容易出现内裂、皱缩等现象，若将其预干到25%～30%含水率，再进行热压干燥，降等率可减少50%以上。木材预干处理可在预处理室内进行，也可采用气干的方法预干木材。这种方法可认为是气干或常规室干与热压干燥的联合干燥。

13.1.2.2 热压干燥

木材经预处理后即可在热压机中干燥，干燥时可根据被干材的干燥特性、密度、厚度和用途，选择不同的热压温度和压力。密度较高的难干材通常选用较低的温度（100～150℃）和较高的压力（0.7～1.5MPa），密度较低的易干材，速生树种木材，通常选用较高的温度（160℃）和较低的压力（0.35MPa），如考虑在干燥的同时适当增加被干材的密度和表面硬度，改善其使用性能，则应采用较高的温度（160～180℃）和较高的压力（0.7～2.0 MPa）。

表13.1、表13.2给出了美国水青冈、鹅掌楸和火炬松的热压干燥实验结果。

试验结果表明，干燥温度越高，干燥速度越快。但温度过高易产生干燥缺陷，特别是透气性差的硬阔叶树材。另外，温度提高，木材的厚度收缩增大。故干燥温度一般不超过160℃。热板压力的高低对干燥速度无大影响；但压力过低，木材易发生开裂，压力过大，木材的厚度收缩增大。故压力通常控制在3.4×10^5Pa左右。

表 13.1 美国水青冈、鹅掌楸热压干燥实验结果

树种	厚度(mm)	干燥温度(℃)	干燥压力(MPa)	干燥时间(min)	厚度收缩(%)
水青冈	13	121	0.35	71	8.2
			1.05	67.9	11.0
		177	0.35	19.1	12.3
			1.05	18.3	16.7
	25	121	0.35	162.6	5.3
			1.05	166.2	7.3
		177	0.35	50.6	11.3
			1.05	47.9	14.8
鹅掌楸	13	121	0.35	72.7	6.5
			1.05	61.2	10.6
		177	0.35	19.1	10.5
			1.05	16.9	13.8
	25	121	0.35	171.4	4.6
			1.05	197.7	6.5
		177	0.35	70.6	9.9
			1.05	66.8	14.2

表 13.2 火炬松锯材热压干燥实验结果

试验条件	干燥温度(℃)	干燥压力(MPa)	含水率(%)		干燥时间(h)	厚度收缩(%)	翘曲降等率(%)
			$M_{初}$	$M_{终}$			
热压干燥	177	0.35	120	18.6	1.5	2.7	3.8
	177	0.70	119	16.0	1.5	6.7	6.7
	177	1.05	122	11.0	1.5	16.3	10.4
窑干	130	平衡处理	120	15.6	10~13		29.6
	138	未平衡处理	120	16.5	10~13		18.3

13.1.2.3 后处理

包括木材干燥终了的热湿处理和热稳定性处理两方面内容。

(1)热湿处理。木材热压干燥时间短(通常2h左右),干燥过程激烈,干燥结束后通常需作热湿平衡处理。在常压下平衡处理时间较长,需2~3天;如将已干木材放在真空室中,先抽真空到2kPa左右,再用适量的蒸汽作热湿平衡处理,处理时间可缩短到约4.5h。

(2)热稳定性处理。木材热压干燥后,如需增加其尺寸稳定性,可适当进行高温或高压汽蒸处理。研究结果表明,柳杉小试件在180~200℃热空气中处理8~20h,或者在0.6MPa饱和水蒸气中处理8min,即可获得较高的尺寸稳定性。

13.1.3 实用性分析

13.1.3.1 优点

(1)干燥速度很快,薄板通常在1~2h内就能干燥到6%~8%的含水率;

(2)干燥后的木材尺寸稳定性好;

(3)若压力适当，板材宽度在干燥前后变化不大，面积合格率高；

(4)干燥后的板材表面光滑，且平整度好。

13.1.3.2 缺点

(1)由于高温和压力的作用，木材表面颜色变暗，且发脆；

(2)木材厚度收缩率大于常规干燥；

(3)一些透气性差的难干硬阔叶树材会产生严重的干燥缺陷；

(4)设备投资较大、运行费用高，操作人员多。

13.1.3.3 适用范围

适宜于针叶树材或透气性较好的阔叶树材薄板的干燥；在热压干燥前，最好先低温预干，以提高干燥质量。此法特别适用于铅笔板的干燥，由于热压干燥的木材表层有轻微的表面炭化，正好符合铅笔板工艺的需要。此法也很适用于人工林速生树材的干燥。由于速生树木材中含有大量的幼龄材，干燥时纵向收缩率很大，常规干燥很易弯曲，而用此法可较为有效地防止弯曲；另外，热压干燥时，木材厚度收缩率增大，木材的容重也相应增加，这可使原来强度较低的速生材的强度有所提高。

13.2 木材单板的热压干燥

13.2.1 概述

旋切或刨切下来的木片称为单板。旋切所得均为弦向单板。刨切单板视刨切位置不同，有径向板，也有弦向板。旋切得到的单板是连续单板，刨切得到的是单板片。为在制作家具时便于搭配，刨切单板均按顺序堆积。旋切单板一般用于制造胶合板或层积板，厚度一般为1~4mm，最薄的只有0.2mm，最厚的可达6mm。刨切单板主要是一些具有装饰价值的木材，它们的木纹美观，颜色漂亮，主要用作贴面材料，厚度一般为0.5~0.8mm。

单板干燥的一般原理和规则与锯材相同。但是，因为它的厚度很小，所以某些具体参数存在相当大的差别，木材内部水分的平衡以及水分蒸发面的移动情况也和锯材干燥时不一样。

至于初含水率，单板和锯材基本一样，只是同一条旋切单板带上各点的初含水率相差很大。一般来说，从原木段外围旋切得的单板的含水率和从中心部旋切得的总不一样，在旋切和刨切前，一般都要对原木段进行蒸煮处理。一方面降低木材硬度，便于旋刀或刨刀的切削，另一方面，使原木段内、外部的含水率更加均匀。蒸煮一般用热水或蒸汽。蒸煮时间因木材树种而异，一般为48h。有时蒸煮也会产生和预期相反的结果。例如，木材结构疏松、孔隙大的部分吸水肯定多于结构紧密、孔隙小的部分。因此，原木段是否要蒸煮处理以及蒸煮多长时间，要根据具体情况而定。

单板需要的终含水率因使用胶合剂的种类而异。为保证单板和基材或单板间的胶合质量，单板终含水率应为4% ~8%。如果采用高温加压胶合方法，可降低对单板终含水率的要求。单板所含的部分水分还可在热压过程中排除掉，但是，如果这些水分没能被排除，那么，在有水分的地方就会出现鼓包，单板胶合质量就要受影响。

13.2.2 单板热压干燥设备及工艺

热压干燥机，经过很长时间的研究，既可用于干燥锯材，也可用于干燥单板。热压干燥机综合了加压和接触传热的双重效果。用于单板热压干燥的主要有连续式热压干燥机和重复热压式干燥机两种。

13.2.2.1 连续式热压干燥机

连续式热压干燥机可以连续作业，即单板从干燥机一端送入，从另一端送出。其运输装置是链条和固定在链条上的加热板，在加热和加压同时，单板连续向前移动。连续式热压干燥机的主要结构如图 13.1 所示，干燥机内部由滚筒和一对加热板组成一组。当热板张开时，滚筒转动将单板送进到相当于热板的长度，热板即在数秒间轻轻加压加热。加热后热板又张开，滚筒转动将单板送出，这样重复地进行，单板即逐渐被送向另一端。这是单板干燥机中安装面积最小的一种，干燥后的单板表面平滑，加工精度好，但也有一部分单板，由于反复加热容易发生小裂纹，因此不适宜干燥装饰单板。

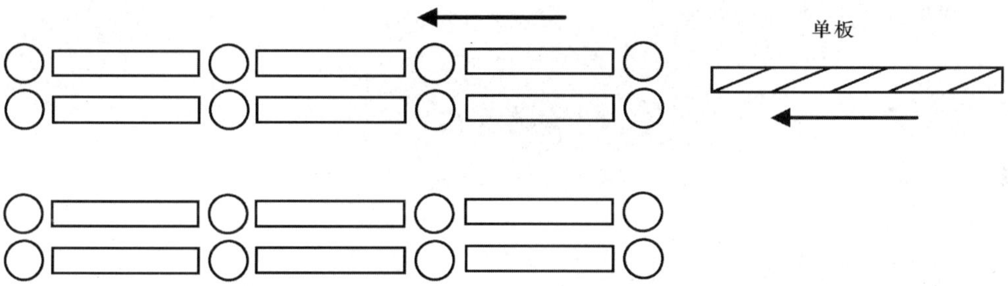

图 13.1 连续式热压干燥机

13.2.2.2 重复热压式干燥机

这种方法采用的是多段热压，各段间插入数张单板，经过数十秒的加热加压后，松懈压力使单板中的水蒸气蒸发，这样重复数次使单板干燥。这种方法有些类似熨斗的效果，能有效地使大面积的单板干燥而且表面平整。但这种干燥机大多并不能单独使用，而是作为大气干燥后的单板和干燥不充分的单板的再干燥。

以上两种热压干燥机的热板温度一般为 110 ~140℃。

13.2.3 实用性分析

采用热压接触式方法干燥单板的特点如下：

单板干燥出现的缺陷主要有皱缩、翘曲和单板端面开裂等，实际上最影响生产的是板端开裂和偏差。这些缺陷通常是由于干燥方法或操作不当造成的，但有时也是由于单板本身的不均匀所引起的，偏差缺陷有端面因干燥过快而发生永久变形，使端面尺寸比中间大而产生的波形变形，即所谓荷叶边，严重的荷叶边就会产生端面裂纹。如果早晚材的配比不适当，厚度方向的纤维梯度不规则或水分不均，则会造成干燥快慢不一，致使产生不规则的收缩，结果使板面产生波状形的起伏或翘曲，即所谓波浪纹。

采用热压干燥可以有效地减少单板干燥的这些缺陷，利用热压接触式方法干燥单板与气流式干燥法相比较具有如下优点：

(1)干燥后的单板平整、光滑、翘曲变形小，含水率均匀，避免了应力集中，有效地降低和缓和了单板的开裂程度。

(2)劣材优用，节约资源，提高经济效益。以这种工艺为基础设计开发的干燥机制造成本低，能源消耗少，生产率高。由于是接触传热，其热效率高于对流干燥法一倍以上，节约电能和蒸汽消耗量50%，干燥时间降到约为对流干燥的30%。

用热压接触式干燥方法干燥出的单板作芯板时，其胶合强度比对流干燥略高，即使在试验中采用200℃的垫板与单板直接接触，也不会影响单板表面的胶合性能，即单板表面未出现“钝化”现象。干燥出的单板虽然体积干缩率较大，但在制成胶合板后它的材积损耗与对流干燥的大致相等，这是因为单板在干燥时已先被压密实，热压时厚度损失就减小了。

其缺点为不能干燥任意宽度的非整幅单板，而且多台旋切式热压干燥机设备投资较大，一般的小型厂不容易实施。

参考文献

1. 朱政贤. 1992. 木材干燥. 2版. 北京：中国林业出版社.
2. 顾炼百. 2003. 木材加工工艺学. 北京：中国林业出版社.
3. 沈隽. 2005. 木材加工技术. 北京：化学工业出版社.
4. 梁世镇，等. 1998. 木材工业实用大全：木材干燥卷. 北京：中国林业出版社.
5. 申宗圻. 1990. 木材学. 北京：中国林业出版社.

第 14 章 竹材干燥

14.1 竹材的水分传导特性

14.1.1 竹材的结构

竹材主要是指竹子的竹秆，它是竹子利用价值最大的部分。竹秆是竹子地上茎的主干，竹秆外形多为圆锥体或椭圆锥体。竹秆具有明显的竹节和节间两部分。竹节的节隔把竹秆分隔成空腔，称为髓腔。髓腔周围的壁称为竹壁。在竹材的节间，竹材的维管束排列平行，而在节处的维管束呈弯曲走向并且纵横交错而形成节隔，节隔有利于加强竹子生长的直立性能，也有利于水分和养料的横向输导，但对竹材的劈性能带来不利的影响。在生产习惯上，常将竹壁厚度的不同组织自外向内称为竹青、竹肉和竹黄三个部分。在解剖学上则将竹壁分为表皮、皮层、基本组织、维管束和竹腔壁等五个部分。

表皮：表皮是竹壁的最外一层细胞，由长形细胞和矩形细胞纵向排列而成。

皮层：表皮内侧无维管束分布的部分称为皮层。其细胞呈圆柱状，纵向排列。生产上所称的竹青即为表层与皮层两部分组成，它使竹青组织紧密、质地坚韧、表面光滑和呈现绿色。

基本组织：基本组织环绕维管束，并充塞于维管束与维管束之间，是构成维管束内外的营养组织。基本组织由薄壁细胞组成，在横切面上呈多角形或椭圆形；在径切面上呈四边形或长方形。它的细胞壁薄，较柔嫩，故强度不高。

维管束：维管束由木质纤维、导管、筛管及伴胞等组成。其中主要是木质纤维（机械组织）。木质纤维细胞壁厚、腔窄、纤维狭长，因此质地坚韧。生产上所称的竹肉由基本组织与维管束组成。在竹材的横切面上，肉眼可以看见的深色，就是维管束，在维管束周围是基本组织。愈近竹青，维管束分布愈密，基本组织愈少，故质地致密，力学强度较大。愈近竹黄，维管束分布愈稀，基本组织愈多，其力学强度较低。竹肉占竹壁厚度的绝大部分，是竹材物理力学性质的重要体现者，同时也是生产竹材人造板可供利用的最好和最多的部分。

竹腔壁：竹腔壁是竹壁的最内部分。竹腔壁无维管束分布，它是由数层至数十层高度木质化的细胞组成，竹腔壁的物理力学性能比竹青、竹肉差，较难进行加工利用，特别是竹青、竹黄的润湿性差，难以进行胶合，给竹材人造板的生产造成不利影响。

综上所述，竹材构造的特点是：竹材为非均质结构；竹子无形成层，生长期间不能横向增大；竹材无髓心，没有横向的木射线；各类细胞均与竹秆纵向平行排列；竹材维管束分布于基本组织之间，故竹材易于纵向劈裂。

14.1.2 竹材的化学性质

竹材是一种多年生天然植物的主干，其化学成分比较复杂。根据分析，组成竹材的主要成分是纤维素、半纤维素和木质素；三者总量在90%以上；其次是各种糖类、脂肪类和蛋白质类等物质。

竹材的化学成分是影响竹材材性和加工利用的重要因素。纤维素是竹材顺纹抗拉强度特别高的主要原因；半纤维素和木质素将木纤维细胞胶粘在一起，起着支撑纤维骨架的作用，因而赋予竹材较高的弹性和抗压强度。各种竹子随着竹龄的增加，纤维素、半纤维素的含量逐年减少，木质素的含量逐年增加，一般至6年后趋于稳定，因而竹材的物理力学性能也趋于稳定。竹材的浸提物多存在于竹材的细胞腔内，也部分沉粘在细胞壁和纹孔口上，因而阻碍竹材的渗透性，对于竹材防霉、防腐处理有一定的影响。此外，竹材的浸提物常将竹材组织中的空隙填实，因而能减少竹材的干缩性或湿胀性，有增强竹材尺寸稳定性的作用。

14.1.3 竹材的物理性质

14.1.3.1 密度

竹材密度的计算与木材相同，其大小依竹种、竹龄、立地条件和竹秆部位的不同而变化。(1)主要经济竹种的密度在0.46～0.83 g/cm^3 的范围，一般来说，密度大的竹种，其材质硬度大、强度高。(2)竹材密度随竹龄增加而增加，但到老龄竹阶段，密度呈下降趋势。(3)同一竹种在气候温暖多湿、土壤深厚肥沃的条件下，生长较好，竹秆粗大，但组织较疏松，密度较小。(4)同一竹种，从竹秆基部至梢部，维管束的密集度相应增加，密度呈逐渐增加的趋势。在竹壁的横断面上，维管束的密集度从外侧到内侧逐渐减少，故靠近竹青侧的密度大，靠近竹黄侧的密度小。

14.1.3.2 含水率

竹材中所含水分通常以含水率表示。含水率的表示方法与木材含水率相同。

在竹材科学和工业生产中，一般都使用绝对含水率。新鲜竹材的含水率与竹龄、部位和砍伐季节有密切关系。一般来说，含水率随竹龄的增加而减少，基部的含水率比梢部的含水率高，从竹壁外侧(竹青)至竹壁内侧(竹黄)，含水率逐渐增加。

14.1.3.3 竹材中的水分

竹材的竹壁主要有纵向纤维(或纵向细胞)组成。纵向纤维排列方向基本与轴向平行，大致可分为维管束和基本组织两大部分。维管束是一种原壁细胞，主要由纤维细胞和导管细胞组成，而基本组织是一种薄壁细胞，存在于维管束的周围。无论是原壁细胞和薄壁细胞都由细胞壁与细胞腔组成，但有胞壁厚度与胞腔大小之分。无数的相互贯通的细胞构成了竹材的大毛细管系统。细胞壁内的纤维与纤维之间，基本纤丝与基本纤丝之间都存在着相互贯通的空隙，因而构成了细胞壁内的微毛细管系统。竹材结构上的大毛细管系统和微毛细管系统，既是水分储存的空间又是水分移动的通道，但大毛细管系统对水分没有束缚力，而微毛细管系统对水分有一定的束缚力。

竹材的水分可分为自由水和吸附水。自由水存在于大毛细管系统内，吸附水存在于微毛细管系统内。大毛细管系统内的自由水，在其表面的水蒸气分压接近或等于空气中液态水面的水蒸气分压时，它可以与空气中的液态水一样进行蒸发，表明大毛细管系统对水分无束缚力，因而比较容易被排除。大毛细管系统只能向空气中蒸发水分而不能从空气中吸收水分，但液态水可以直接进入大毛细管系统。自由水的数量决定于大毛细管系统的容量，由于竹种不同，因而差异较大，一般都在30%以上。大毛细管系统自由水数量的增减，对竹材的导电性、胀缩性影响不大。蒸发这部分水分时，可以采用较剧烈的干燥工艺。当微毛细管的直径越小时，微毛细管系统内的吸附水在微毛细管中的表面张力就越大，其束缚力也就越强，也就是说水分与微毛细管的结合力越强。因为吸附水产生的水蒸气分压低于空气中液态水在相同温度下产生的水蒸气分压，所以吸附水必须在空气相对湿度低到一定程度，或在额外加热的情况下，才能向空气中蒸发。微毛细管系统在一定条件下既可以向空气中排除水分，也可以从空气中吸收水分。吸附水的数量一般都在0～30%范围内，30%是微毛细管系统所能容纳的最大含水量的平均值，也是竹材在常温条件下，在空气中吸湿的最大饱和量，称为纤维饱和点。吸附水数量的增减对竹材材性影响较大，故在空气中吸入和排除这部分水分时，要采取适当的工艺措施，以防止变形与开裂。

在常温条件下，竹材微毛细管系统向空气中排除水分或从空气中吸收水分，来逐步达到与空气状态(一定温度与湿度)相平衡的含水率，称之为平衡含水率。

14.1.3.4 竹材中水分的移动

竹材中水分移动的通道是大毛细管系统和微毛细管系统。竹材中水分的运动主要是由于毛细管表面张力、液体或蒸汽不同的压力(即压力差)和竹材中产生的含水率梯度引起的。当竹材的含水率高于纤维饱和点时，假如大毛细管系统内全部充满自由水，水分在该系统内呈液体状态，竹材中只可能有液体状态的自由水沿大毛细管系统运动(即此时没有蒸汽状态的水分运动)，水分运动的动力来自毛细管表面张力。当竹材的含水率低于纤维饱和点时，竹材内不含自由水，在大毛细管系统内都充满着空气。一般认为，竹材中的水分以蒸汽状态或液体状态沿着下列三种水分传导方式进行运动。

(1)液体状态，沿微毛细管系统运动；

(2)蒸汽状态，沿大毛细管系统运动；

(3)蒸汽状态与液体状态不断的相互交替，沿着相邻的大毛细管系统和微毛细管系统运动。

竹材在一定温度的热介质中加热时，首先在其表面引起水分蒸发，使表面水分减少，而内部的水分则通过毛细管系统向表面移动，从而形成了竹材内部与表面的含水率梯度和水蒸气压力梯度。对于除高频或微波干燥以外的干燥，含水率梯度是内高外低，水蒸气压力梯度则是内低外高。在含水率梯度、蒸气压力梯度和传递到竹材内部热量的综合作用下，竹材的水分不断通过毛细管系统向表面移动，并扩散到临界层，以水蒸气的形态向空气中散发，从而使竹材的含水率降低。因此，竹材的干燥过程是由表面蒸发和内部扩散两个因素作用的。如果内部扩散作用比表面蒸发作用剧烈，则干燥速度主要受表面蒸发速度的制约；反之，则主要受内部扩散作用的影响。

14.2 竹材的干缩特性

竹材是一种非匀质、各向异性的毛细管多孔材料，在干燥过程中，当含水率降到纤维饱和点以下时，将发生纵向、径向和弦向的几何尺寸缩减，称之为干缩。由于各个方向干缩程度不同，因而会使竹材的形状改变，称之为变形。一般来说，在干燥过程中产生干缩与变形是不可避免的。干缩的程度用干缩率来表示。

14.2.1 干缩

竹材的干缩特性为：

(1)干缩率的方向：弦向最大，径向次之，纵向最小。

(2)干缩率的部位为：

横向干缩率：竹青最大，竹肉次之，竹黄最小。

纵向干缩率：竹黄最大，竹肉次之，竹青最小。

(3)竹龄的干缩特征：竹龄愈小，则横向干缩率愈大，但纵向干缩率与竹龄无关。

由于竹材的上述干缩特性，加工竹材时，在考虑板材的裁边余量和压缩率时，还必须留有干缩余量，才能保证成品的几何尺寸。

14.2.2 变形

竹材在干燥过程中，当含水率降低到纤维饱和点以下时，不仅会发生干缩现象，同时还可能产生变形。变形产生的原因主要是竹材在各个方向(纵向、弦向和径向)和各个部位(竹青、竹肉、竹黄)的干缩率差异造成的。此外，干燥时干燥机或干燥室各个部位的温度、湿度与气流循环速度的不同，会造成竹材各部位含水率的不同，也可能造成变形。

竹材的干燥变形会造成材料的浪费，应该设法防止或消除。为了减少或克服这种变形，可以采取下列措施：

(1)在竹材收购时，应剔除幼龄竹。因为幼龄竹材不但力学强度低，易生霉腐朽，而且干燥变形量大。

(2)在加工时，要尽量使其材质均匀，干燥时就不易产生变形。特别是高档产品如竹地板等，要完全剔除竹青与竹黄。

(3)在干燥前进行水热处理。通过水热处理，一方面可以浸提竹材中的部分热水浸提物(糖分、淀粉、果胶等)，达到防霉、防虫的目的，也可在一定程度上改变竹材的干缩特性，有效减小变形。

(4)合理选择干燥方法与工艺。对易变形的材料，采用特殊的干燥方法如热压干燥法、束缚室干法等；干燥工艺可采用低温高湿的室干工艺。

14.3 竹材干燥工艺与设备

14.3.1 竹材加热方式

干燥过程实质上是一个传热和传质同时进行的过程。由温差引起的热量传递过程称作传热过程，竹材内部的水分向表面移动，并向空气中散发的过程称作传质过程。

热量交换有传导、对流和辐射三种基本形式。在竹材干燥中，空气对流加热是主要的传热形式。

14.3.1.1 空气对流加热干燥

(1) 空气对流加热的干燥过程。竹材在一定的空气温度、相对湿度和气流速度条件下，干燥过程大致可分为如下三个阶段：加热阶段、恒速干燥阶段和减速干燥阶段。

(2)空气对流加热的干燥速度。空气对流加热时，影响干燥速度的因素主要是干燥介质的温度、相对湿度、气流速度和竹材的厚度、初始含水率与竹种等。

14.3.1.2 非对流加热干燥

热空气对流加热干燥是竹材干燥的主要方式，但非对流加热干燥也有应用。主要包括接触加热干燥和辐射加热干燥。

14.3.2 干燥设备

竹材的干燥与木材一样，所以木材干燥的设备都可以用来干燥竹材。竹材的干燥设备大致可分为对流传热网带式干燥机、对流传热式干燥室、气流干燥设备、接触式干燥机和联合加热式干燥机等。

(1)对流传热网带式干燥机。对流传热网带式干燥机是靠热空气对流来蒸发水分进行干燥的。按热空气的流向，可分为气流平行于物料表面的横向通风网带式干燥机和气流垂直于物料表面的喷气式网带干燥机，而后者使用较为广泛。

网带式干燥机是一种连续式干燥设备，它主要由干燥段和冷却段两部分组成，干燥段用来加热物料，通过热空气循环加速物料中水分的排出。冷却段的作用是使物料在保持压力的传送过程中通过冷风进行冷却，一方面可以消除物料的内应力，使其平整；另

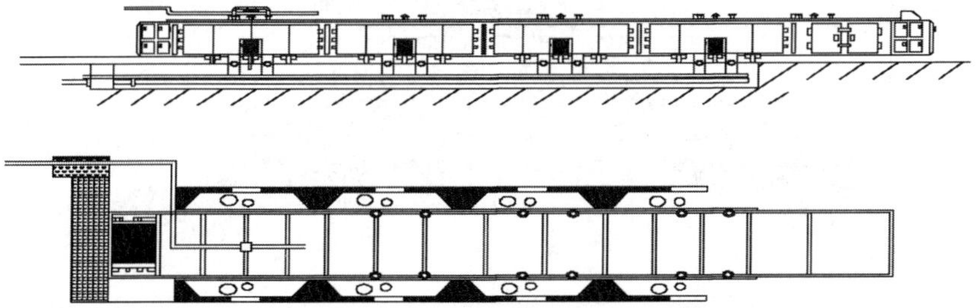

图 14.1 横向通风网带式干燥机结构简图

一方面可以利用物料表面温度低、中部温度高的温度梯度而达到蒸发水分的目的。干燥阶段由若干结构相同的分室组成，而冷却段一般由一两个分室组成。物料的传送由上、下成双的循环网带来传送，下层网带主要用于送料，上层网带用于压紧，其作用是在物料干燥过程中给以适当的压紧力，以防止物料干燥时产生变形。

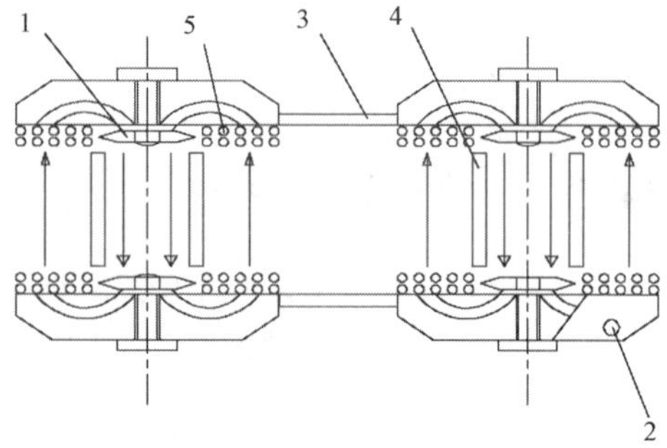

图14.2 横向通风网带式干燥机热空气循环图

1. 风机叶片 2. 排湿管 3. 盖板 4. 空气导板 5. 散热器

横向通风网带式干燥机 结构如图14.1所示。全机干燥段共分四个干燥分室，每个分室的两侧各设有通风机和两组散热器，共十六组散热器。加热段长度一般为17m，冷却段长度为2m，网带宽度为4m。

图14.2为横向通风网带式干燥机热空气循环图。由于采用横向通风，空气在循环流动过程中，所受的阻力比纵向通风小，气流能直接通过物料表面进行干燥，且有五个工作层，所以生产能力大。但上下层网带温度不均匀，在进板端的温差可达35～45℃，因而干燥后物料含水率相差很大。

喷气式网带干燥机 结构如图14.3所示。喷气式网带干燥机由于采用高温、高速热气流，从物料的两面垂直喷射在表面上，冲破物料表面的临界层，使其干燥速度大大加快，因而目前在国内外被广泛采用。与一般网带式干燥机相比，具有以下优点：

①由于在物料的上下表面均匀喷射热空气，并且热空气温度高，物料干燥时间可缩短70%～80%，产量相应提高。

②由于物料干燥均匀，减少了因含水率偏差而引起的翘曲和开裂。

热空气循环，如图14.4所示。

新型高效节能型BG183A的喷气式网带干燥机，三层结构，分前后两个干燥段。特

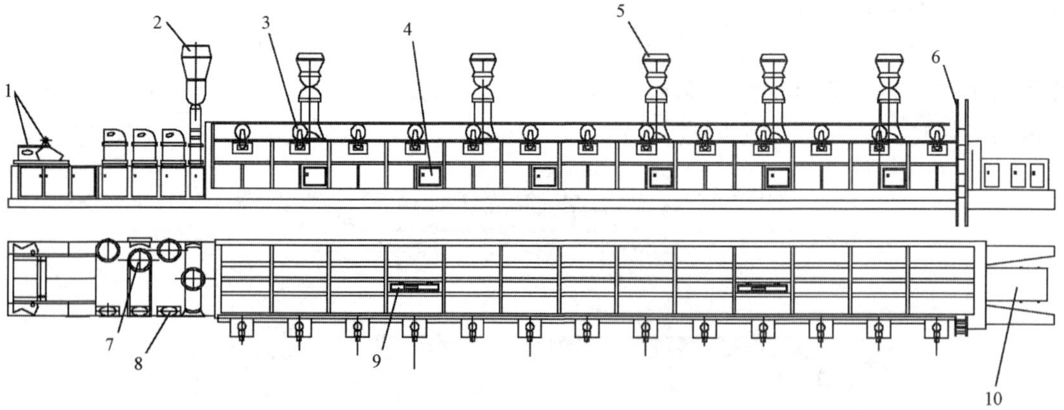

图14.3 喷气式网带干燥机结构简图

1. 传动装置 2. 排气管 3. 电动机 4. 小门 5. 排湿管 6. 扶梯 7. 排风管 8. 吸风管 9. 小门 10. 网带

点：热能损失小，可防止加热器上沉积粉尘，加热均匀，热效率高。

(2)对流传热式干燥室。在特制的建筑物或金属容器内，装配通风和加热设备，利用气体介质的对流传热，人为地控制干燥介质的温度、湿度和气流速度，对物料进行干燥处理的设备，称作对流传热式干燥室。主要分为顶风机型、侧风机型、喷气型及端风型等。其中短轴型、端风型和隧道式干燥室在竹材人造板工业中应用较多。

(3)接触传热式干燥机。接触传热式干燥机有两种类型：一种是采用步进式进料，间歇接触加热加压相配合的竹片干燥定型机；一种是周期式生产的热板干燥机。

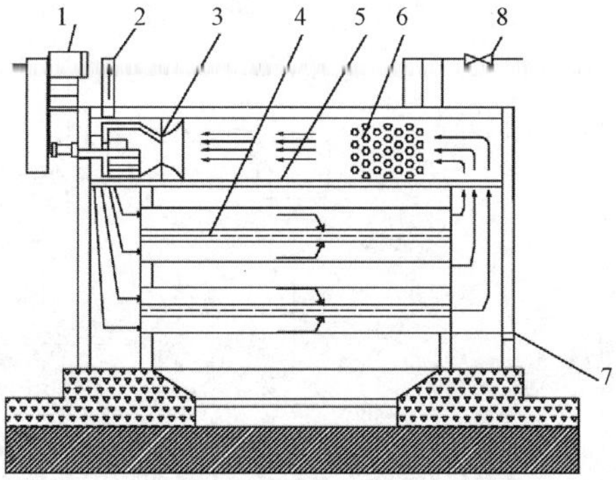

图 14.4　横向循环喷气式网带干燥机热空气循环图

1. 电动机　2. 排气管　3. 离心式风机　4. 物料　5. 喷气管　6. 散热器　7. 新鲜空气入口　8. 供气管

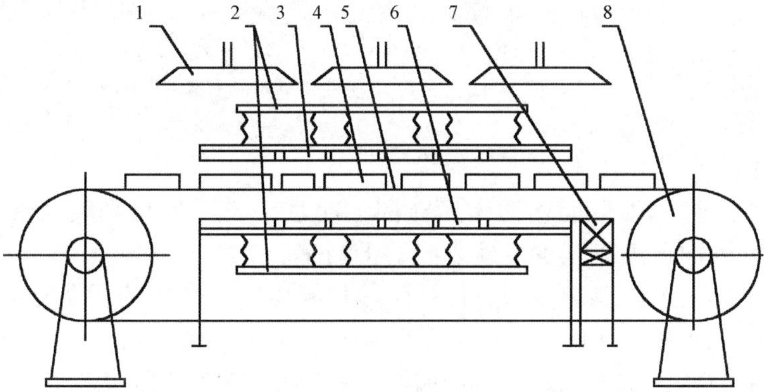

图 14.5　竹片干燥定型机

1. 排气罩　2. 进、排气管　3. 上压板　4. 竹片　5. 钢带　6. 下压板　7. 工作台　8. 钢带驱动轮

竹片干燥定型机　竹片干燥定型机是在水平面上由多组上下成对的热压板和钢带进料装置组成的，如图 14.5 所示。

竹片干燥定型机的工作过程如下：预干后的竹片依次排列在传送钢带上，上压板提升，传送钢带启动运行，将竹片送入第一组的上下两热板之间的一定距离后，传送钢带停止运行，上压板下落接触竹片，加温加压一定时间(通常 2 ~ 5min)后，上压板提升，传送钢带启动继续将竹片往前输送至第二组的上下两块热平板之间，其后排列的竹片则进入第一组的上下两热板之间，如此依次反复进行。在进料端竹片送入的同时，出料端通过传送钢带也依次将干燥后的竹片从干燥定型机卸出。

周期式热板干燥机　周期式热板干燥机结构及工作原理类似于一般多层压机，把物料放在热板间加压干燥，在物料与热板之间放置一张带孔热板，使蒸汽能够逸出。此方

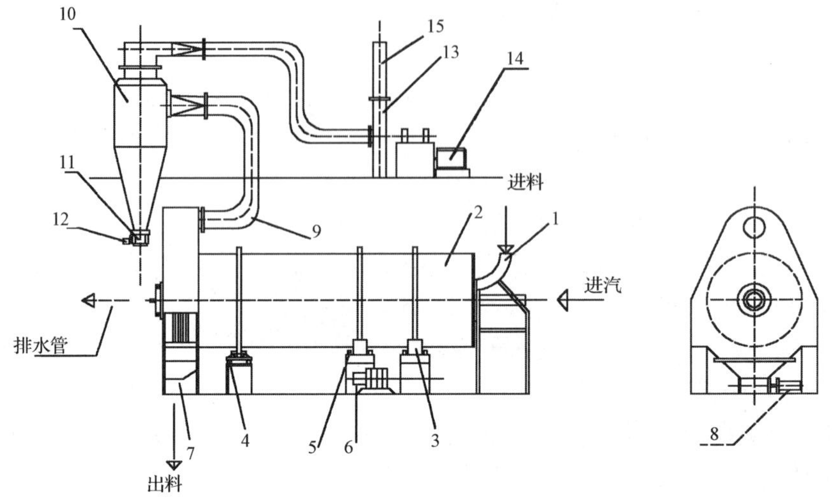

图 14.6 碎料圆筒干燥机

1. 进料斗 2. 干燥筒 3. 托辊 4. 导辊 5. 齿轮 6. 电动机 7. 出料器
8. 出料电动机 9. 风管 10. 旋风分离器 11. 出料器 12. 电动机
13. 排湿风机 14. 电动机 15. 排气管

法用在竹帘、竹席的干燥上有较好的效果。

周期式热板干燥机不但能缩短干燥时间，而且干燥后光滑平整，由于属于接触加热，热效率高，因而还可以减少宽度方向的干缩率。

碎料圆筒干燥机 碎料圆筒干燥机是竹碎料板生产中常用的干燥设备。一般圆筒长5～8m，直径与长度之比为1∶4～1∶6。圆筒用两对导轮支承，由电动机带动圆筒回转，圆筒的调速范围为3.5～25r/min，如图14.6所示，便于控制干燥时间。

蒸汽从圆筒一端的进气管进入，通过内部多组加热管，从另端的排气管带走；碎料从进料口进入，与加热管接触，加热碎料使之干燥。圆筒的安装有一定的倾斜度，并在圆筒内有导向叶片，在圆筒回转时使碎料逐渐向出口处移动。

圆筒干燥机特点：①碎料的干燥时间短，而且可以连续作业；②碎料间、碎料与圆筒壁、加热管之间存在摩擦，容易破碎或变成粉尘；③圆筒内有多组加热管，维修较困难。

(4)联合加热式干燥机。联合加热式干燥机是在干燥机内采用几种加热方式对被干物料进行联合加热来蒸发水分，因而干燥速度快，干燥质量好。联合加热干燥机可分为对流－接触加热式干燥机、对流－红外线加热式干燥机和对流－微波加热式干燥机三种。

对流－接触加热式干燥机 对流－接触加热式干燥机是靠上下成对的辊筒系统传递物料，利用循环热空气进行干燥的，故称为辊筒式干燥机。

辊筒式干燥机的气流循环方向有纵向的，也有横向的(图14.7)。纵向循环中有顺向与逆向之分。其中以横向循环喷气式辊筒干燥机为好。影响其干燥过程的因素决定于传热方式是接触式还是对流式，哪一种占主要地位。

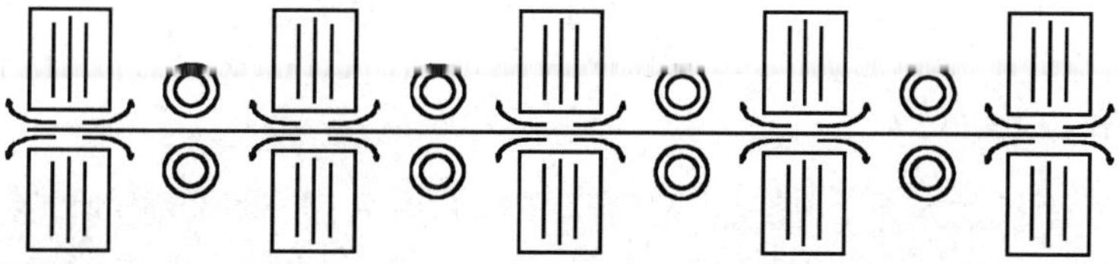

图 14.7 横向循环喷气式辊筒干燥机示意图

由于辊筒式干燥机的辊筒传动系统较复杂，造价高，干燥效率也不如喷气式网带干燥机，因此目前除喷气式辊筒干燥机外，一般较少使用。

对流－红外线加热干燥机 采用热空气对流和红外线辐射联合对物料进行干燥。它可以用电或用燃烧气体（如煤气、重油）来加热辐射表面——金属网或多孔陶瓷板，使辐射表面温度为800～1000℃，再由辐射表面辐射出大量的红外线来加热物料。由于红外线的透入程度有限，所以这种对流－红外线加热式干燥机只适用于干燥平薄的和细碎的物料。

对流－微波加热式干燥 利用微波干燥有如下特点：①对整个物料的厚度同时加热，加热时间与厚度无关；②可使被干物料的终水率均匀；③干燥的延续期比对流干燥短；④被干物料变形、开裂的危险性小，有利于提高干燥质量；⑤耗电量大，成本高。

这种对流－微波式干燥机可以在喷气式网带干燥机加热段的尾部，安装微波装置，使物料从微波电场中通过，进行加热和蒸发水分，并利用高速喷射的热气流将水分带走，从而达到缩短干燥时间和使干燥后物料含水率均匀的目的。

总之，竹材的干燥方法与工艺比较多，几乎木材加工生产中所有的干燥设备都可用来进行干燥竹材，但是要根据竹材构成单元的形态与几何尺寸来进行选择干燥的方法与工艺。一般情况下，生产竹材胶合板时，竹片的干燥可考虑选用竹片干燥定型机；生产竹编胶合板时，竹席的干燥可考虑选用干燥室、网带式干燥机及自然干燥；生产竹篾集成胶合板时，竹篾的干燥可考虑选用干燥室、连续机械法及自然干燥；生产竹材碎料板时，碎料板的干燥可考虑选用圆筒干燥机；生产竹地板时，竹片的干燥可采用干燥室；生产竹材刨切薄片、竹材旋切薄单板时，可以考虑采用隧道式干燥室、网带式干燥机、红外线加热干燥以及微波干燥等方法。

14.4 竹材干燥工艺与举例

14.4.1 竹地板

（1）生产的工艺：毛竹截断——圆竹剖片——粗刨——蒸煮处理——（炭化）——干燥——精刨——涂胶——组坯——热压——截断——四面刨——砂光——油漆——检验入库。

（2）干燥：竹片的干燥一般都采用连续的隧道式干燥室，经过粗刨、蒸煮（炭化）处理的竹片捆扎后装上小车，从隧道的一端进入，从另一端出料，整个过程根据温度的高低、含水率的高低、是否炭化等条件调整。竹片干燥常用的条件：初始温度40～45℃，干燥结束终了温度60～65℃，时间一般为4～7天。

14.4.2 竹帘、竹席板

为了提高干燥机的效率，喷气式网带干燥机，多采用高温低湿的快速干燥工艺。经过编织后的竹帘、竹席的干燥可以采用喷气式网带干燥机，干燥时机内温度可高达180～200℃，而相对湿度仅为10%～20%，物料在机内的时间仅需10min左右。

参考文献

1. 梁世镇，等. 1998. 木材工业实用大全：木材干燥卷. 北京：中国林业出版社.
2. 朱政贤. 1992. 木材干燥. 2版. 北京：中国林业出版社.
3. 成俊卿. 1985. 木材学. 北京：国林业出版社.
4. 顾炼百. 2003. 木材加工工艺学. 北京：中国林业出版社.
5. 寺澤眞，等. 1998. 木材の高周波真空乾燥. 海青社.
6. 张齐生，等. 1995. 中国竹材工业化利用. 北京：中国林业出版社.
7. 赵仁杰，等. 2002. 竹材人造板工艺学. 北京：中国林业出版社.
8. 韩建，郭泽球. 1983. 竹胶合板生产工艺. 北京：中国林业出版社.
9. 向仕龙，蒋远舟. 2001. 非木材植物人造板. 北京：中国林业出版社.
10. 吴旦人，等. 1999. 竹材学基础. 长沙：湖南科技出版社.

第 15 章

木材干燥室的设计

15.1　设计任务和依据

木材干燥就是要根据不同木制品的质量要求，将制材车间加工的湿锯材干燥成不同质量等级和数量的干材，为木制品加工车间提供加工材料。在传统的木材加工厂或木制品生产加工企业中，干燥室是其车间总体设计中的一部分。随着市场经济体制的形成与完善以及环保措施的严格化，木材干燥工艺正在从传统的木制品生产企业的生产线中分离出来，形成专门的木材干燥企业。目前木材干燥已基本形成规模化生产，特别是在木材进口口岸地，如我国黑龙江的绥芬河地区和内蒙古自治区的满洲里地区，有众多专门从事木材干燥的企业。木材干燥工艺的专门化，有利于工艺实施过程中的节能化、环保化，并有效降低了运输费用。

15.1.1　木材干燥室的设计任务

(1)干燥方式和室型的选择；
(2)干燥室数量的计算；
(3)热力计算；
(4)气体动力计算；
(5)进气道和排气道的计算；
(6)绘制干燥室的结构图和施工图以及干燥车间(或工段)的布置规划图；
(7)解决装堆、卸堆和运输机械化问题；
(8)核算干燥成本和确定干燥技术经济指标。
本章将讨论上述任务中的前五项和第八项。

15.1.2　木材干燥室的设计依据

在设计干燥室之前应取得下列各项资料作为设计的依据：

(1)一年内应干燥处理的木料的清单，内容包括被干锯材的树种、规格、材积、初含水率以及所要求的终含水率和用途或干燥质量等级；
(2)关于能源(蒸汽、电力等)及燃料的资料；
(3)地质及地下水位资料；
(4)所在地区一年中最冷月份及年平均气象资料；
(5)干燥室的位置以及原材料及产品的运输线；

(6)投资总额。

由于木材干燥室的类型很多，其计算方法虽然各有特点，但总的来说，都是要确定干燥室的数量、热力设备的能力，对于强制循环干燥室还要确定迫使气流以一定速度通过材堆所需要的通风机的风量和风压。本章介绍目前普遍采用的周期式强制循环空气干燥室的设计计算方法，对于过热蒸汽干燥室的设计计算方法，可以通过类比法进行设计与计算，但由于过热蒸汽干燥时温度较高，干燥速度较快，因此在热动力、风量、进排气道等方面的计算应区别考虑。

15.2 干燥室的选型及数量的计算

15.2.1 板材类型的选择

目前所干燥的板材大部分为整边板，这样不仅简化了木制品加工企业的机械加工程序，减少了装卸运输作业的劳动力，提高了出材率，而且还便于加大材堆的体积，提高了干燥企业的生产效率。只有在干燥特殊用材如纺织器材木配件、军工用材时，才采用毛料形式干燥。

15.2.2 室型选择

室型的选择是一个比较复杂的问题，因为它涉及到投资、干燥效率、成本、安装维修等问题。在选型时主要是结合应用单位的具体情况和干燥质量等级要求，尽可能选择符合干燥工艺要求、运转可靠、效率高、对设备检查维修方便、投资许可的室型。目前干燥企业大多选择周期式空气强制循环用蒸汽加热的常规干燥室。

15.2.3 干燥室数量的计算

为了完成全年干燥木材任务，所需要的干燥室的间数直接和干燥室的容量有关。由于我国实施了天然林保护工程，林种多变的特点已经不复存在。而国内的速生林树种相对单一(针叶材主要是杉木、落叶松、马尾松；阔叶材主要是桉木和杨木)，径级也比较小。目前干燥企业主要干燥进口材，材种变化很小。北方以针叶材为主，主要是从俄罗斯和蒙古进口，而南方则是以阔叶材为主，主要从东南亚地区进口。所以干燥室的容量主要依据进口量和任务量来确定，总的趋势是向大容量方向发展，现在 $200m^3$ 的干燥室已经投入使用。

在具体确定干燥室数量时，由于涉及的因子很多，在没有统一的干燥基准和定额的干燥时间作依据的情况下，只能作近似于实际需要的估算。

批量生产时可参考如下设计步骤。

15.2.3.1 一间干燥室的容量

先要根据被干木料的长度确定合适的材堆的长 l、宽 b、高 h 的尺寸和一间干燥室的装堆数 m，根据室内总的材堆外形体积 $V=m\cdot l\cdot b\cdot h(m^3)$就可算出一间干燥室内容

纳的实际材积，其表达式为

$$V_a = V \cdot \beta_V \tag{15.1}$$

式中：V_a 为单间干燥室的实际容积（m^3）；β_V 为材堆的容积充实系数，表示材堆的实际材积与材堆的外形体积之比，其值可从表 15.1 中查得。

当干燥室内的材堆数和材堆尺寸确定以后，参考第 7 章中有关室型介绍的材堆外廓与室内各部位的间距数值，就可以初步确定设计的干燥室的内部尺寸。

表 15.1 材堆容积充实系数

板材厚度（mm）	隔条厚度 25mm						隔条厚度 40mm	
	自然循环		逆向循环		快速可逆循环		自然循环	
	整边板	毛边板	整边板	毛边板	整边板	毛边板	整边板	毛边板
13	0.233	0.200	0.216	0.185	0.317	0.271	0.168	0.144
16	0.265	0.228	0.246	0.211	0.360	0.308	0.196	0.168
19	0.293	0.251	0.273	0.234	0.398	0.341	0.220	0.189
22	0.315	0.271	0.293	0.251	0.428	0.367	0.241	0.207
25	0.337	0.289	0.312	0.267	0.457	0.392	0.261	0.224
30	0.366	0.313	0.340	0.291	0.496	0.425	0.290	0.249
35	0.390	0.334	0.362	0.310	0.529	0.453	0.315	0.270
40	0.411	0.353	0.382	0.327	0.557	0.478	0.347	0.289
45	0.428	0.367	0.399	0.342	0.581	0.498	0.356	0.305
50	0.443	0.380	0.411	0.352	0.601	0.516	0.372	0.319
55	0.457	0.391	0.424	0.363	0.618	0.537	0.387	0.332
60	0.468	0.401	0.435	0.372	0.636	0.545	0.401	0.313
70	0.487	0.417	0.452	0.389	0.661	0.566	0.424	0.362
80	0.503	0.428	0.467	0.400	0.682	0.585	0.433	0.380
90	0.515	0.441	0.478	0.410	0.698	0.599	0.449	0.393
100	0.526	0.451	0.488	0.419	0.714	0.612	0.472	0.405
110	0.535	0.459	0.497	0.426	0.727	0.623	0.484	0.415
120	0.543	0.466	0.504	0.432	0.738	0.626	0.496	0.425
130	0.550	0.472	0.511	0.437	0.746	0.638	0.505	0.432
140	0.556	0.477	0.517	0.442	0.754	0.648	0.511	0.437
150	0.562	0.482	0.521	0.446	0.761	0.653	0.519	0.455

（自 Сокалов，1955）

15.2.3.2 确定干燥室的年周转次数

干燥室在全年内的生产周转次数按（15.2）计算：

$$f = \frac{24d}{\tau_e + \tau_r}（次/年） \tag{15.2}$$

式中：f 为年周转次数（次/年）；d 为年工作日（天），一般取 280 天；τ_e 为木料的干燥时间（h）；τ_r 为装卸料时间（h），根据具体的装卸料方式确定。

当干燥木材的材种较多时，木料干燥时间 τ_e 用干燥时间加权平均数 $\bar{\tau}_e$ 来确定，即

$$\bar{\tau}_e = \frac{\sum \tau_k V_k}{\sum V_k} \quad (h) \tag{15.3}$$

式中：$\bar{\tau}_e$ 为木料平均干燥时间(h)；τ_k 为某种规格、材种木料的干燥时间(h)；V_k 为某种被干木料的材积(m^3)。

不同规格、材种木料的干燥时间参见表15.2和表15.3。

15.2.3.3 干燥室间数的确定

根据年干燥任务量所需干燥室数量(N)，按式(15.4)计算：

$$N = \frac{\sum V_k}{V_a \cdot f} (\text{间}) \tag{15.4}$$

表15.2 不同规格、材种板材干燥时间定额 h

板材厚度(mm)	初含水率(%) 红松、白松、椴木		水曲柳		榆、色、桦、杨木、落叶松		楸木		柞木、海南杂木、越南杂木	
	<50	>50	<50	>50	<50	>50	<50	>50	<50	>50
22以下	50	80	80	120	60	90	70	90	163	209
23~27	64	108	96	140	72	117	90	120	205	289
28~32	82	130	115	168	87	142	122	167	242	335
33~37	105	156	156	209	110	180	164	209	282	397
38~42	125	172	264	315	149	202	207	274	372	504
43~47	150	206	338	421	190	261	292	365	479	628
48~52	195	246	413	532	265	334	377	457	579	755
53~57	234	283	489	619	335	420	464	569	612	806
58~62	265	311	543	698	445	525	552	669	646	857
63~67	281	342	598	767	488	625	607	752		
68~72	309	376	693	910	542	703	658	833		
73~77	340	450	787	1052	596	781	757	983		
78~82	408	495	1102	1471	691	840	856	1194		
83~87	450	565			787	938				
88~92	498	624								
93~97	557	695								

注：板材干燥的终含水率为10%~15%。

表15.3 过热蒸汽干燥木材的时间表 h

厚度(mm)	红松、白松、椴木	马尾松	桦木	色木
20	18	22	24	30
25	22	27	28	36
30	25	30	38	
40	29	34	48	
50	36	40		
60	46	51		
70	56	62		

注：板材由初含水率50%的湿材干燥到终含水率10%~12%。

15.3　周期式空气干燥室的热力计算

干燥室的热力计算包括热消耗量的确定、加热器散热面积的确定以及蒸汽消耗量的确定。

干燥室在全年内因干燥木料的树种、厚度和质量等级的要求各不相同，因此加热设备的供热应具有相应变化的能力。热力计算的起始温度以被干材种中允许最高温度操作的干燥基准作为参考，并以该基准中接近基准平均温度的第三阶段(此时木材的含水率为30%～35%)的干球温度数值、相对湿度数值作为计算有关量值时的参考依据，其目的是使计算确定加热设备的能力不至于明显过大或不足，避免盲目性。

如果被干材种多，批量又大，需要建造的干燥室数量多时，应根据耗热量最多的数种来设计配置加热器，在具体干燥过程中，视运行实际情况来开启加热器。这样既可以节省设备费用又可以有适应生产的灵活性。

在干燥室数量不多的情况下，宜于设计常温和高温两种干燥工艺都能用的干燥室，对干燥不同材种可以有比较大的适应性。为了便于计算，选择了一种适用于干燥基本密度为0.4g/cm^3、厚度为3cm的松、杉类木材(如冷杉)的干燥基准，列出基准第三阶段的温、湿度数值，用t_1和φ_1符号表示，分别为$t_1=85℃$，$\varphi_1=62\%$。由于在以下的各项计算中还需要确定其他参数，因而可以用$I-d$图绘制干燥过程图，如图15.1所示。图上点O为新鲜空气的状态。新鲜空气一般由操作室引入干燥室，其状态大致可取为$t_0=20℃$，$\varphi_0=78\%$。点1表示介质进入材堆之前的介质状态，即由上述的t_1和φ_1数值确定。点2表示介质通过材堆后的状态，从点1到点2是水分蒸发过程，在理论上是沿着等热焓线进行的，即$I_2=I_1$，点2的位置在$I_1=\text{const}$线上来确定。为了使计算确定干燥空气的进、排气道有足够大的通气断面积，可假设空气被饱和到φ_2为90%～95%，这样，点2的位置是在$I_2=I_1=\text{const}$线与$\varphi_2=90\%$～95%线相交处。于是在$I-d$图上可以查出各项状态参数，分别为$t_0=20℃$，$\varphi_0=78\%$，$d_0=13\text{g/kg}$，$\nu_0=0.87\text{m}^3/\text{kg}$；$t_1=85℃$，$\varphi_1=62\%$，$d_1=356\text{g/kg}$，$I_l=1025.8\text{kJ/kg}(245\text{kcal/kg})$；$t_2=76℃$，$\varphi_2=90\%$，$d_2=363\text{g/kg}$。

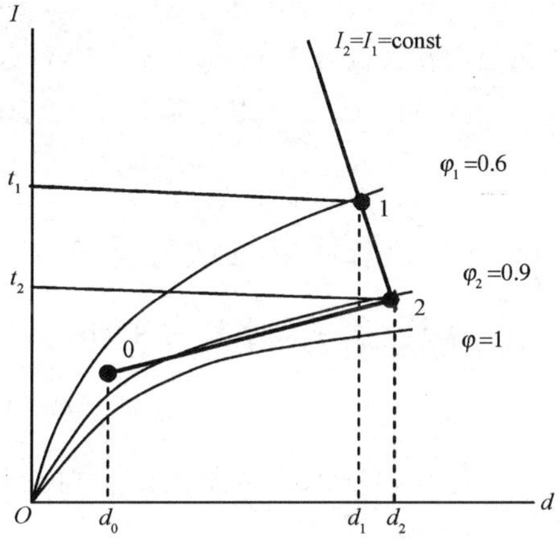

图15.1　*I-d*图上的干燥过程

15.3.1　每小时蒸发水分量的计算

干燥室在一次周转期间从室内材堆蒸发出来的全部水分的数量按式(15.5)计算：

$$W_v=\rho_b\cdot\frac{M_1-M_2}{100}\cdot V_t\quad(\text{kg})\tag{15.5}$$

式中：W_v为一次周转期间从室内材堆蒸发出来的水分量(kg)；ρ_b为木材的基本密度(kg/

m^3)；V_t 为材堆理论计算体积(m^3)，该值与 V_a 有所不同，主要是因 β_v 取值不同所致(具体见 15.6 节中的相关计算)；M_1、M_2 分别是木材的初含水率和终含水率(%)。

平均每小时从干燥室内蒸发出来的水分量按式(15.6)计算：

$$W_h = \frac{W_v}{\tau_t} \quad (kg/h) \tag{15.6}$$

式中：W_h 为每小时从干燥室内蒸发出来的水分量(kg/h)；τ_t 为理论计算的干燥周期(h)。

考虑到室内各部分干燥速度不均匀，当干燥缓慢部分达到指定含水率时，整个室内失去的水分已大于按上式算出的数量。因此，M_h 的数值须乘以系数 x，才得到计算用的每小时由室内蒸发出来的水分数量，即

$$W_a = W_h \cdot x \quad (kg/h) \tag{15.7}$$

x 的数值与木料的终含水率有关，即

M_2(%)	20 ~ 16	15 ~ 12	<12
x	1.1	1.2	1.3

15.3.2 循环空气量与新鲜空气量的确定

以 1kg 被蒸发水分为准的新鲜空气量 g_0 按式(15.8)计算：

$$g_0 = \frac{1000}{d_2 - d_0} \quad (kg/kg) \tag{15.8}$$

每小时输入干燥室内的新鲜空气的体积按式(15.9)计算：

$$V_0 = W_a \cdot g_0 \cdot \nu_0 \quad (m^3/h) \tag{15.9}$$

每小时排出干燥室外的废气的体积按式(15.10)计算：

$$V_2 = W_a \cdot g_0 \cdot \nu_2 \quad (m^3/h) \tag{15.10}$$

每小时在干燥室内的循环空气的体积按式(15.11)计算：

$$V_c = 3600 \cdot v_c \cdot A_c \cdot k \quad (m^3/h) \tag{15.11}$$

式中：V_c 为每小时在干燥室内循环空气的体积(m^3/h)；v_c 为空气流过材堆的流速(m/s)，一般在 1.5 ~ 5.0m/s 范围内；A_c 为材堆迎风面空气通道的有效断面面积(m^2)；k 为补偿系数，取 1.2。

A_c 通过式(15.12) 计算：

$$A_c = m \cdot l \cdot h \cdot (1 - \beta_h) \quad (m^2) \tag{15.12}$$

式中：m 为干燥室内迎风面宽度方向上材堆的个数；l 为材堆的长度(m)；h 为材堆的高度(m)；β_h 为材堆高度密实系数。

β_h 通过下式计算：

$$\beta_h = \frac{b_b}{b_s + h_b}$$

式中：b_b 为板材厚度(mm)；b_s 为隔条厚度；h_b 为板材厚度。

15.3.3 干燥过程中热消耗量的确定

干燥过程中热量的消耗主要有三个部分：即预热湿木料、蒸发木料中的水分及透过

干燥室壳体的热损失。为了保证冬季干燥的正常进行，各部分的热量消耗按冬季平均条件计算。

15.3.3.1 预热湿木料的热量消耗

将湿木料从室外的冬季平均温度加热到干燥室内的平均温度所消耗的热量，在计算时应分两种情况，倘若冬季计算用温度在0℃以上，预热$1m^3$木料的热消耗量按式(15.13)计算：

$$Q_0=\rho_b\cdot\left(c_0+c_w\frac{M_1}{100}\right)\cdot(\bar{t}-t_{wc})\quad(kJ/m^3)\tag{15.13}$$

式中：Q_0为冬季计算温度高于0℃时预热$1m^3$木材所消耗的热量(kJ/m^3)；c_0为绝干木材的比热容，1.591kJ/(kg·℃)；c_w为水的比热容，4.1868kJ(kg·℃)；$\bar{t}$为干燥室内的平均温度(℃)，约为$(t_1+t_2)/2$；t_{wc}为冬季计算温度(℃)。该温度可按下式计算：

$$t_{wc}=0.4t_{wa}+0.6t_{ch}$$

式中：t_{wa}为冬季最冷月份的平均温度(℃)；t_{ch}为冬季最低温度(℃)。

如果缺乏历年的气象资料，可以用当地近5年内冬季最冷月份的平均气温作为冬季计算温度。

如果冬季的计算温度在0℃以下，那么预热$1m^3$木料所消耗的热量按式(15.14)计算：

$$Q'_0=\rho_b\left[\left(c_0+c_w\frac{M_{aw}}{100}\right)(\bar{t}-t_{wc})+\frac{M_1-M_{aw}}{100}(-c_it_{wc}+r_i+c_w\bar{t})\right]\quad(kJ/m^3)\tag{15.14}$$

式中：Q'_0为冬季计算温度低于0℃时预热$1m^3$木材所消耗的热量(kJ/m^3)；M_{aw}为木料内部分吸着水含水率(%)，按15%计；c_i为冰的比热容，2.09kJ(kg·℃)；r_i为冰的融解热，334.9kJ/(kg·℃)。

为了粗略估算成本，也可以根据年平均条件来估算预热$1m^3$木材的热消耗量。此时可按式(15.15)计算：

$$\overline{Q}_0=\rho_b\cdot\left(c_0+c_w\frac{M_1}{100}\right)\cdot(\bar{t}-t_a)\quad(kJ/m^3)\tag{15.15}$$

式中：$\overline{Q}_0$为年均条件下预热$1m^3$木材的热消耗量(kJ/m^3)；$\bar{t}_a$为年均气温(℃)。

预热期平均每小时的热消耗量按式(15.16)计算：

$$Q''_0=\frac{Q_0\cdot V_t}{\tau_0}\quad(kJ/h)\tag{15.16}$$

式中：Q''_0为预热期单位时间的平均热耗量(kJ/h)；τ_0为预热时间(h)，可按经验确定，每1cm厚木材预热时间为1.5~2h。

以1kg被蒸发水分为基准，用于预热的单位热耗量按式(15.17)计算：

$$q_0=\frac{Q_0\cdot V_t}{W_v}\quad(kJ/kg)\tag{15.17}$$

15.3.3.2 木材蒸发水分的热消耗量

由木材中每蒸发 1kg 水分的热消耗量按式(15.18)计算：

$$q_1 = 1000\frac{I_2 - I_0}{d_2 - d_0} - c_w \cdot \bar{t} \qquad (\text{kJ/kg}) \qquad (15.18)$$

干燥室内每小时蒸发水分的热消耗量按式(15.19)计算：

$$Q_1 = q_1 \cdot W_a \qquad (\text{kJ/h}) \qquad (15.19)$$

15.3.3.3 透过干燥室壳体的热损失

单位时间内透过干燥室壳体的热消耗量按式(15.20)计算：

$$Q_2 = \chi \cdot A \cdot \kappa \cdot (t_1 - t_{out}) \cdot \Psi \cdot C \qquad (\text{kJ/h}) \qquad (15.20)$$

式中：χ 为附加热损系数，干燥室露天建造取 1.1，在厂房内建造取 1.0；A 为壳体的外表面积(m^2)；t_{out} 为干燥室外温度(℃)，若干燥室露天建造，该温度与 t_{wc} 相同，若在厂房内建造，该温度按照冬季最冷月份室内平均温度计；Ψ 为干燥室内外温差系数，室内外温差大于 50℃时，取 2.0，室内外温差不大于 50℃时，取 1.5；C 为单位换算系数，等于 3.6，κ 为壳体的传热系数[W/(m² · ℃)]，砖混结构干燥室壳体各部分的传热系数见表 15.4，其他材料壳体或多层结构壳体(如金属结构)的干燥室，其 κ 按式

表 15.4 壳体各部分的传热系数 κ_2 W/(m² · ℃)

壳 体	传热系数
一面涂抹灰浆的砖墙，厚度以 mm 计	
250(1 块砖)	2.047
380(1.5 块砖)	1.535
510(2 块砖)	1.233
640(2.5 块砖)	1.035
盖有两层油毡和下列保温层的钢筋混凝土天棚	
厚 190mm 的细炉灰渣层	1.116
厚 350mm 的细炉灰渣层	0.698
混凝土地面的传热系数是墙壁的一半	

(15.21)计算：

$$\kappa = \frac{1}{\frac{1}{\alpha_1} + \sum \frac{\delta}{\lambda_c} + \frac{1}{\alpha_2}} \qquad [\text{W/(m}^2 \cdot ℃)] \qquad (15.21)$$

式中：α_1为干燥室内壁的换热系数[W/(m² · ℃)]，热湿空气介质为 11.63，常压过热蒸汽介质为 13.96；α_2为干燥室外壁的换热系数[W/(m² · ℃)]，干燥室建在露天时，取 23.26，建在厂房内，取 11.63；δ、λ_c分别为组成干燥室壳体某种材料壁层的厚度(m)及该种材料的导热系数[W/(m · ℃)]。不同材料的导热系数见表 15.5。

干燥室壳体的传热系数 κ 应当控制在干燥室壳体内表面不发生水汽凝结现象的范围内。因此，计算得到的 κ 值要按式(15.22)进行检验：

表 15.5 各种材料的导热系数 λ_i

材料名称	密度 (g/cm^3)	λ_i [W/(m·℃)]	材料名称	密度 (g/cm^3)	λ_i [W/(m·℃)]
膨胀珍珠岩散料	300	0.116	矿渣砖	1100	0.418
膨胀珍珠岩散料	120	0.058	锯末	250	0.093
膨胀珍珠岩散料	90	0.046	软木板	250	0.069
水泥膨胀珍珠岩制品	350	0.116	胶合板	600	0.174
水玻璃膨胀珍珠岩制品	200~300	0.056~0.065	硬质纤维板	700	0.209
岩棉制品	80~150	0.035~0.038	松和云杉(垂直木纹)	550	0.174
矿棉	150	0.069	松和云杉(顺木纹)	550	0.349
酚醛矿棉板	200	0.069	玻璃	2500	0.67~0.71
玻璃棉	100	0.058	混凝土板	1930	0.79
沥青玻璃棉毡	100	0.058	水泥	1900	0.30
膨胀硅石	100~130	0.051~0.07	石油沥青油毡、油纸、焦油纸	600	0.174
沥青硅石板	150	0.087	建筑用毡	150	0.058
水泥硅石板	500	0.139	浮石填料(每块10~20mm)	300	0.139
石棉水泥隔热板	500	0.128	纯铝	2710	236
石棉水泥隔热板	300	0.093	杜拉铝	2790	169
石棉绳	590~730	0.10~0.21	建筑钢	7850	58.15
碳酸镁石棉灰	240~490	0.077~0.086	铸铁件	7200	50.00
硅藻土石棉灰	280~380	0.085~0.11	砖砌圬土	1800	0.814
脲醛泡沫塑料	20	0.046	空心砖墙	1400	0.639
聚苯乙烯泡沫塑料	30	0.046	矿渣砖墙	1500	0.697
聚氯乙烯泡沫塑料	50	0.058	水泥砂浆	1800	0.930
锅炉炉渣	1000	0.290	混合砂浆	1700	0.872
锅炉炉渣	700	0.220	钢筋混凝土	2400	1.546

$$\kappa \leqslant \alpha_1 \frac{t_1 - t_c}{t_1 - t_{out}} \quad [\mathrm{W/(m^2 \cdot ℃)}] \tag{15.22}$$

式中：t_c 为干燥介质状态在 t_1、φ_1 时的露点温度(℃)。

各地区因气候差异可设计不同结构的干燥室屋顶，其传热系数按式(15.21)计算。如果采用固定结构的天棚，即 8~10cm 厚的钢筋混凝土板、2~3 层油毡和 0.5~1cm 厚的水泥表层，该结构的传热系数 κ' 为 4.303W/(m^2·℃)。若在该天棚中铺设隔热层，其厚度按式(15.23)计算：

$$\Delta_i = \lambda_i \left(\frac{1}{\kappa} - \frac{1}{\kappa'}\right) \quad (\mathrm{m}) \tag{15.23}$$

在计算干燥室壳体墙壁的热损失是，若几间干燥室并排连接而建，内隔墙因热损小而忽略不计，只计算端头干燥室的外侧墙热损失。

以蒸发 1kg 水分为基准，透过干燥室壳体的热消耗量按式(15.24)计算：

$$q_2 = \frac{\sum Q_2}{W_c} \quad (\mathrm{kJ/kg}) \tag{15.24}$$

15.3.3.4 干燥过程中总的单位热消耗量

工作过程中总的单位热消耗量按式(15.25)计算。

$$q = \chi(q_0 + q_1 + q_2) \qquad (\mathrm{kJ/kg}) \qquad (15.25)$$

式中：χ 为补充热损系数，取 1.2。

15.3.4 加热器散热面积的确定

应当由加热器供给的热量为蒸发水分的热消耗量和透过干燥室壳体的热损失。预热期间的热消耗量主要是由喷射的蒸汽供热，由加热器供热占的比例较小，在计算加热器时不需考虑。这样，每小时应由加热器供给的热消耗量按式(15.26)计算：

$$Q = \mu\left(Q_1 + \sum Q_2\right) \qquad (\mathrm{kJ/h}) \qquad (15.26)$$

干燥室内应具有的加热器的散热面积按式(15.27)计算：

$$A_e = \frac{1}{\alpha} \cdot \frac{\mu \cdot Q}{\kappa_e \cdot (t_{bh} - \bar{t})} \qquad (\mathrm{m^2}) \qquad (15.27)$$

式中：α 为单位换算系数，为 3.6；μ 为加热器补充系数，在 1.1～1.3 范围取值；κ_e 为加热器传热系数[W/(m^2·℃)]，因加热器类型而异；t_{bh} 为加热器内饱和蒸汽的温度(℃)，因饱和蒸汽的压力而异，一般木材干燥室的蒸汽表压力为 0.3～0.5MPa。

各类加热器的 κ_e 值与气流通过加热器表面的速度有关，将随气流速度的增加而增加。在未知室内配置加热器时，可通过计算干燥介质通过加热器表面的实际速度 v_a 来确定 κ_e 值，可以参考下列加热器表面积(m^2)与室内实际材积(m^3)的经验配比数值选定，进行初步运算至符合设计要求，即：常规干燥室(以热湿空气为介质)为 4～8m^2/m^3，过热蒸汽干燥室为 8～14m^2/m^3。

v_a 的数值按式(15.28)计算：

$$v_a = \frac{V_m}{3600 \cdot F_m} \qquad (\mathrm{m/s}) \qquad (15.28)$$

式中：V_m 为干燥室内循环的干燥介质的数量(m^3/h)；F_m 为介质自由通过加热器的有效面积(m^2)。该面积通过式(15.29)计算：

$$F_m = F_h - F_t \qquad (\mathrm{m^2}) \qquad (15.29)$$

式中：F_h 为安装有加热器的气道的断面积(m^2)，此断面积和气流方向垂直；F_t 为气道中被加热管和散热片所占据的断面积(m^2)。

有的加热器需要用标准状态空气(温度为0℃，气压为 0.101 33MPa)的循环速度 v_0 来确定 κ_e 值，这时可按式(15.30)换算：

$$v_0 = \frac{v_a \cdot \rho_m}{\rho_s} \qquad (\mathrm{m/s}) \qquad (15.30)$$

式中：ρ_m 为通过加热器的介质密度(kg/m^3)；ρ_s 为标准状态下空气的密度(kg/m^3)。

15.3.5 干燥车间蒸汽消耗量的确定

确定一间干燥室和干燥车间每小时的蒸汽消耗量的主要目的在于考虑锅炉的负荷，

并选用合适的蒸汽管和冷凝水管的管径。其次是计算以 $1m^3$ 木料为准的蒸汽消耗量，以便核算干燥成本。

(1)预热期间干燥室内每小时的蒸汽消耗量按式(15.31)计算：

$$G_0 = \mu \frac{Q''_0 + \sum Q_2}{I_1 - I'_1} \quad (kg/h) \tag{15.31}$$

式中：G_0 为预热期间干燥室每小时蒸汽消耗量(kg/h)；I_1、I'_1 分别为蒸汽和凝结水的焓(kJ/kg)，当蒸汽压力为0.5MPa(表压力)时，二者的差约为2093kJ/kg，当蒸汽压力为0.3MPa(表压力)时，约为2135kJ/kg。

(2)干燥期间室内每小时的蒸汽消耗量按式(15.32)计算：

$$G_1 = \mu \frac{Q_1 + \sum Q_2}{I_1 - I'_1} \quad (kg/h) \tag{15.32}$$

(3)整个干燥车间每小时的蒸汽消耗量按式(15.33)计算：

$$G = n_0 \cdot G_0 + n_1 \cdot G_1 \quad (kg/h) \tag{15.33}$$

式中：n_0、n_1 分别为预热和加热时干燥室的数量。

(4)干燥 $1m^3$ 木料的平均蒸汽消耗量按式(15.34)计算：

$$G' = \mu \frac{W_v q}{V_t(I_1 - I'_1)} \quad (kg/h) \tag{15.34}$$

(5)蒸汽主管与通向加热器的蒸汽管的最小直径按式(15.35)计算：

$$d_s = \sqrt{\frac{1.27 \cdot G_{max}}{3600 \cdot \rho_n \cdot v_s}} \quad (m) \tag{15.35}$$

式中：G_{max} 为单位时间内通过管子的最大蒸汽量(kg/h)；ρ_n 为蒸汽密度(kg/m^3)；v_s 为蒸汽在管内流速(m/s)，约为25m/s。

(6)凝结水输送管的最小直径按式(15.36)计算：

$$d_{co} = \sqrt{\frac{1.27 \cdot G_1}{3600 \cdot \rho_{co} \cdot v_{co}}} \quad (m) \tag{15.36}$$

式中：ρ_{co} 为冷凝水密度(kg/m^3)，约为960kg/m^3；v_{co} 为冷凝水在管内流速(m/s)，约为0.5～1m/s。

根据冷凝水的量、蒸汽压力和工作环境来选配疏水器。

15.4 干燥室的气体动力计算

干燥室气体动力计算的主要任务是：选择通风机的类型和风机号；确定通风机的转数和功率。

为了选择通风机并确定其转数和功率，必须先确定通风机应有的风量和风压。

通风机的风量，对于一般的强制循环干燥室来说，取决于室环绕材堆循环的气体量 V_w。

通风机产生的风压，在封闭循环系统的干燥室内，必须能够克服气体由通风出风口起回到送风口的整圈流动过程中所遇到的阻力。

15.4.1 干燥室内气体运动阻力的计算

在木材干燥过程中，干燥室内介质循环所需要的压力为等断面直线运动的静摩擦阻力和局部变化的动压力之和。风机的压力 H 按式(15.37)计算：

$$H = \sum h_p + \sum h_f = \sum \xi \frac{\rho_m \cdot v_p^2}{2} + \sum \mu \frac{\rho_m \cdot v_f^2 \cdot l_f \cdot l_p}{2A_f} \quad (\text{Pa}) \qquad (15.37)$$

式中：h_p 为局部阻力(Pa)；h_f 为等断面直线运动摩擦阻力(Pa)；ξ 为局部阻力系数。与管道局部形状有关；ρ_m 为干燥介质的密度(kg/m^3)；v_p 为局部段干燥介质流速(m/s)；v_f 为直线段介质流速(m/s)；μ 为摩擦系数；l_f 为恒定断面直管的长度(m)；l_p 为恒定断面直管的断面周长(m)；A_f 为恒定断面直管的断面积(m^2)。

为了便丁计算气流的阻力，应当编制丁燥室内介质循环的流程图，并对各区段进行编号，按编号进行计算，如图 15.2 所示。

一般强制循环干燥室内的介质流程中各区段大致可分为加热装置、转向挡板和轴流通风机机壳、直线气道、材堆、区段转换(弯道、断面骤然扩大或缩小等)。按照这些区段划分分别进行阻力计算。

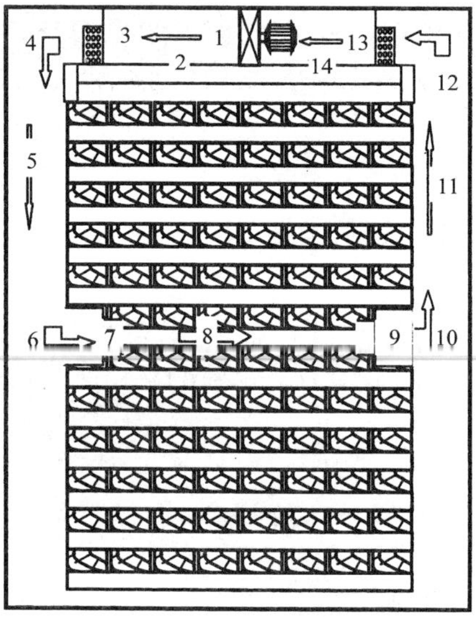

图 15.2 干燥室内介质循环示意图

1. 轴流通风机 2、5、8、11、14. 直线气道 3、13. 加热器 4、6、10、12. 直角弯道 7. 骤然缩小 9. 骤然扩大

15.4.1.1 轴流通风机机壳

轴流通风机机壳，即 1 段，其局部阻力按式(15.38)计算：

$$\Delta h_1 = \zeta_1 \frac{\rho_1 v_1^2}{2} \quad (\text{Pa}) \qquad (15.38)$$

式中：ζ_1 为风机的局部阻力系数，直联型风机的阻力系数为 0.5；ρ_1 为流过风机气流的密度(kg/m^3)；v_1 为流过风机气流的速度(m/s)。

流过风机气流的速度 v_1 按式(15.39)计算：

$$v_1 = \frac{V_c}{3600 \cdot \frac{\pi D^2}{4} \cdot m_f} \quad (\text{m/s}) \qquad (15.39)$$

式中：V_c 为每小时干燥室内循环空气的体积(m^3/h)；D 为风机叶轮直径(m)；m_f 为一间干燥室内所配风机数量。通风机未选定之前，可按照生产上常用的风机型号的规格尺寸及数量进行估计。

15.4.1.2 加热装置

加热装置，即图 15.2 中 3、13 段，其局部阻力根据加热器产品性能指标确定或给定的公式计算。

15.4.1.3 断面固定的直线气道

直线气道主要是指材堆与墙壁之间，材堆上方挡板与天棚之间的气体通道而言。直线气道对气流的阻力 Δh_3 按式(15.40)确定：

$$\Delta h_3 = \frac{\mu \cdot p \cdot l}{4F} \cdot \frac{\rho_3 \cdot v_3^2}{2} \quad (\mathrm{Pa}) \tag{15.40}$$

式中：摩擦因数 μ 取值为金属气道为 0.016，粗糙气道为 0.03，平整砖气道为 0.04；p 为直线气道的周长(m)；l 为直线气道的长度(m)；F 为直线气道的断面积(m^2)；ρ_3 为直线段空气的密度(kg/m^3)；v_3 为直线段空气的流速(m/s)。

15.4.1.4 材堆的阻力

克服材堆阻力所需要的压头损失按式(15.41)确定：

$$\Delta h_4 = \frac{\zeta_4 \cdot \rho_4 \cdot v_4^2}{2} \quad (\mathrm{Pa}) \tag{15.41}$$

式中：v_4 为气体在进入材堆之前的运动速度(m/s)；ζ_4 为气体通过材堆的阻力系数。

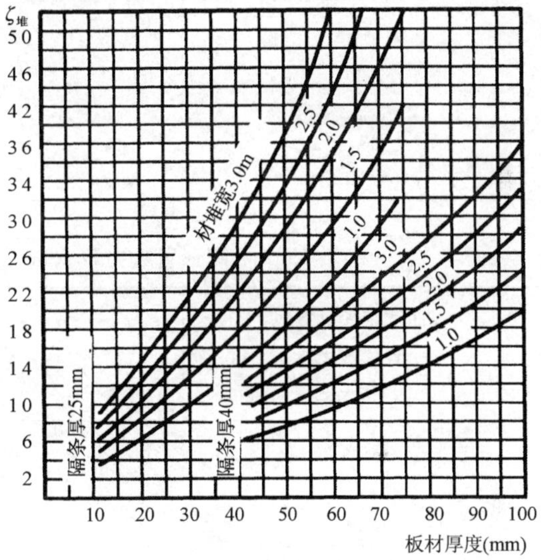

图 15.3 确定材堆的阻力系数图

对于横向水平强制循环的、不留空格的材堆，ζ_4 的数值用图 15.3 查出。

对于横向水平循环但留有空格的材堆，ζ_4 的数值可用式(15.42)确定：

$$\zeta_4 = (2.55 + 0.46n)\left(\frac{s}{a}\right)^{1.5} + \frac{0.03bn}{a^3}(a+5)^2 \tag{15.42}$$

式中：n 为材堆宽度方向的木板数量；a 为隔条的宽度(m)；s 为木料的厚度(m)；b 为一块板的宽度(m)。

15.4.1.5 其他各种局部阻力

各种局部阻力，例如转弯、气道断面缩小或扩大等，均按局部阻力计算式计算：

$$\Delta h_p = \frac{\zeta_p \cdot \rho_p \cdot v_p^2}{2} (\mathrm{Pa}) \tag{15.43}$$

式中：阻力系数 ζ_p 的数值因局部阻力发生的条件而异，按局部阻力系数表(表 15.6 ~ 表 15.10)查出。

管子断面作长方式 $b \times h$ 时，则必须根据表 15.6 内所列的 ζ_p 的数值乘以系数 η，系

数 η 依 b/h 的大小而异：

b/h	0.25	0.50	0.66	0.80	1.0	1.25	1.5	1.75	2.0	2.5	3.0	7.5
η	1.8	1.5	1.3	1.17	1.0	0.8	0.67	0.55	0.46	0.4	0.37	0.6

排气管(附有盖罩)上的转向器，$\zeta_p=2.0$；

保护网(在网的有效断面约为 80% 时)，$\zeta_p=0.1$；

直气道口，$\zeta_p=0.3$，方变圆气道口，$\zeta_p=0.1\sim0.2$。

表 15.6 弯管局部阻力系数 ζ_p 的值

回转角 α°	ζ_p
90	1.1
120	0.55
135	0.25
150	0.20

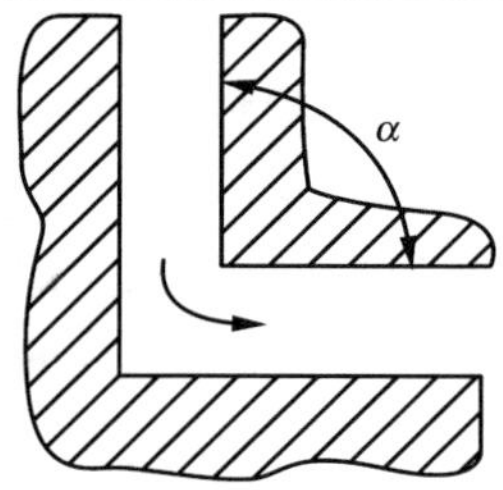

表 15.7 圆形管或方形管以 90° 角分支时的局部阻力系数 ζ_p 的值

曲率半径对管子直径的比值 R/d	ζ_p
0.75	0.5
1.00	0.25
1.25	0.20
1.5	1.175
2.0	0.15

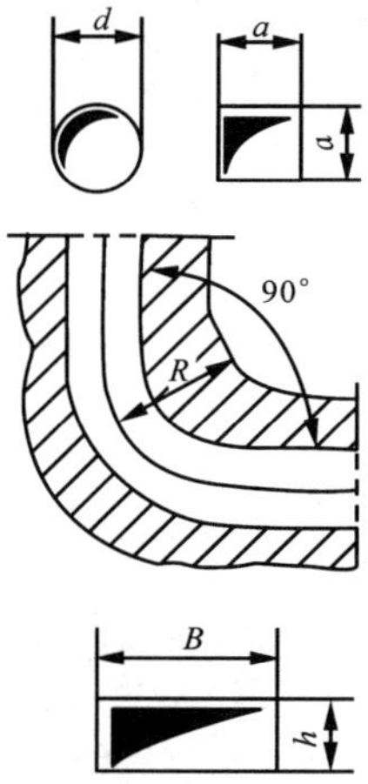

表 15.8 气流骤然缩小处的局部阻力系数 ζ_p 的值(根据缩小后的速度)

两断面之比 f/F	ζ_p	两断面之比 f/F	ζ_p
0.1	0.29	0.7	0.08
0.3	0.25	0.8	0.04
0.5	0.18	0.9	0.01
0.6	0.13	1.0	0

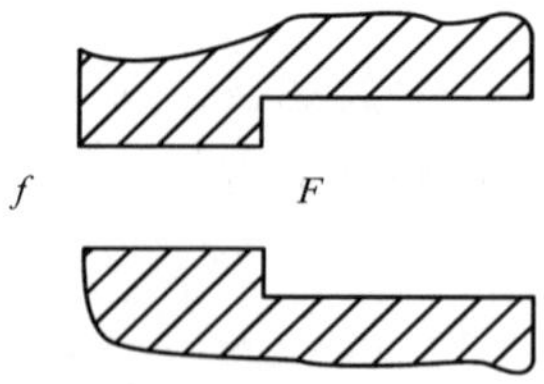

表 15.9　气流骤然扩大处的局部阻力系数 ζ_p 的值（根据扩大前的流速）

两断面之比 f/F	ζ_p	两断面之比 f/F	ζ_p
0.0	1.0	0.5	0.25
0.1	0.81	0.6	0.16
0.2	0.64	0.7	0.1
0.3	0.48	0.8	0.05
0.4	0.36	0.9	0.01

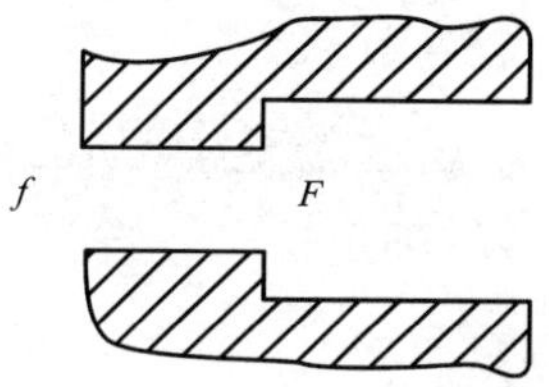

表 15.10　转成不均匀气流的扩大管的局部阻力系数 ζ_p 的值（根据膨胀前的速度）

F/f	α (°)					
	10	15	20	25	30	45
1.25	0.01	0.02	0.03	0.04	0.05	0.06
1.50	0.02	0.03	0.05	0.08	0.11	0.13
1.75	0.03	0.05	0.07	0.11	0.15	0.20
2.00	0.04	0.06	0.10	0.15	0.21	0.27
2.25	0.05	0.08	0.13	0.19	0.27	0.34
2.50	0.06	0.10	0.15	0.23	0.32	0.40

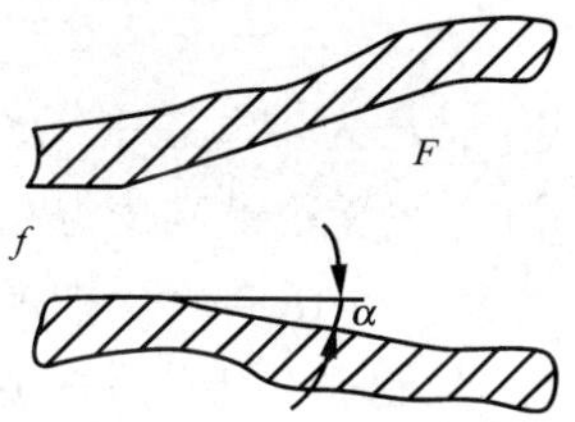

15.4.2　通风机的选择及所需功率的确定

通风机所应有的风量应等于或大于干燥室内循环介质量 V_c（m^3/h）。倘若室内配置 n 台风机，每一台风机所应有的风量 V_i 为

$$V_i = \frac{V_c}{n} \qquad (m^3/h) \tag{15.44}$$

对于气流每循环一次要通过材堆两次的侧向通风干燥室来说，用 1/2 的循环风量 V_c 来确定 V_i。

选择风机时用的风压，是标准空气（压力等于 0.101 33MPa，温度等于 20℃）下的规格压头 H_s，需要将计算的实际压头 $H_a = \sum h_q$ 按式（15.45）进行换算：

$$H_s = \frac{H_a \cdot \rho_s}{\rho_a} \qquad (Pa) \tag{15.45}$$

式中：ρ_s、ρ_a 分别为标准状态空气和实际空气的密度（kg/m^3），其中标准状态空气密度为 $1200kg/m^3$。

通风机所需要的功率：通风机的功率可以直接查产品目录确定。

整个干燥车间消耗的功率：

$$P = \sum P_i \cdot l \qquad (kW) \tag{15.46}$$

式中：P_i 为每组通风机的安装功率（kW）；l 为全干燥车间通风机的组数。

干燥车间全年的电力消耗量为

$$E = 280 \times 24 \times P \qquad (kWh/a)$$

15.5 进气道和排气道的计算

以热湿空气为介质的干燥室必须设置进、排气道，气道的断面积 A_t 大体上可按式(15.47)确定：

$$A_t = \frac{V_0}{3600 \cdot v_t} \qquad (m^2) \qquad (15.47)$$

式中：V_0为每小时被干燥室吸入新鲜空气或排出废气的体积(m^3)，用式(15.9)或式(15.10)计算；v_t 为气道内介质流速(m/s)，自然循环取 1 ~2，强制循环取 2 ~5。

自然循环干燥室的排气道应符合下列条件：

$$P_t \leqslant h_t \cdot (\rho_o - \rho_2) \qquad (Pa) \qquad (15.48)$$

式中：P_t为排气道中气流的阻力(Pa)；h_t 为烟囱高度(m)；ρ_o 为室外空气的密度(kg/m^3)，按夏季最高气温条件确定；ρ_2 为由干燥室排出的废气的密度(kg/m^3)。

由式(15.48)反推烟囱的高度 h_t。

强制循环干燥室的废气是靠风机的风压排出的，它与室内外气体密度的差异无关，所以不需要计算排气烟囱的高度。

生产单位一般采用在轴流式风机前后配置 20cm ×20cm 到 35cm ×35cm 尺寸的进、排气道断面；容量 10m^3 左右木料的小型干燥室，采用 10cm ×10cm 到 15cm ×15cm 尺寸的断面。

15.6 周期式顶风机(直联)型空气干燥室计算示例

15.6.1 设计条件

设北京某一木材厂全年要干燥 5000m^3 锯材，被干木料的树种、规格和用途如表 15.11 所示。

表 15.11 被干木料的树种、规格和用途

树种	木料名称	厚度(mm)	长度(m)	初含水率 W_1(%)	终含水率 W_2(%)	数量(m^3)	用途
马尾松	整边板	30	4	60	16	1500	建筑材
马尾松	整边板	60	4	60	16	1500	建筑材
白松	整边板	30	4	60	16	1000	建筑材
桦木	整边板	40	4	60	12	1000	家具材
色木	整边板	22	4	60	12	500	家具材

上海地区年平均气温 11.6℃，全年最冷月份平均气温 -4.6℃，最低气温 -14.7℃。

工厂有电力、蒸汽供应。供汽表压力为 0.3 ~0.4MPa。

15.6.2 干燥室数量的计算

15.6.2.1 规定材堆和干燥室的尺寸

材堆的外形尺寸和堆数：长度(l)4.0m，宽度(b)1.8m，高度(h)2.6m，堆数(m)2。

干燥室的内部尺寸：长度(l)8.5m，宽度(b)2.6m，高度(h)4.1m(其中风机间高1m)。

15.6.2.2 计算一间干燥室的容量

按30mm厚的木料计算，堆垛用25mm厚的隔条。按式(15.1)计算：

$$V_a = V \cdot \beta_V = m \cdot l \cdot b \cdot h \cdot \beta_V = (2 \times 4 \times 1.8 \times 2.6 \times 0.54)\text{m}^3 = 20.2\text{m}^3$$

式中：β_V 的数值在计算干燥室的全年干燥量时，应以全年被干木料的加权平均厚度 $\bar{S}$ 的数值来确定，即

$$\bar{S} = \left(\frac{30 \times 1500 + 60 \times 1000 + 30 \times 1000 + 40 \times 1000 + 22 \times 500}{5000}\right)\text{mm}$$

$$\approx 37\ \text{mm}$$

查表15.1，在“快速可循环”中的“整边板”一列中，对应板材厚度35mm和40mm行中，用插入法计算得 β_V 为0.540。

15.6.2.3 确定干燥室全年周转次数 f

参考表15.2，确定以下各树种木材的干燥时间定额：

树种	厚度(mm)	时间定额
马尾松	30	130h
马尾松	60	311h
白松	30	130h
桦木	40	202h
色木	22	90h

以上所列时间定额中的马尾松的定额，暂按表15.2中的红松定额取值。

用式(15.3)计算上述材种的平均干燥周期为

$$\bar{\tau}_e = \frac{\sum \tau_k V_k}{\sum V_k} = \frac{(1500 + 1000) \times 130 + 1000 \times 311 + 1000 \times 202 + 500 \times 90}{5000}$$

$$= 177.6(\text{h})$$

干燥室年周转次数按式(15.2)确定：

$$f = \frac{d}{\bar{\tau}_e + \tau_r} = \frac{280 \times 24}{177.6 + 2.4} \approx 37.3\ \text{次/年}$$

15.6.2.4 确定需要的干燥室数

按式(15.4)为

$$N=\frac{\sum V_k}{V_a \cdot f}=\frac{5000}{20.2\times37.3}\approx 7\ \text{间}$$

15.6.3 热力计算

由于被干木料中软材较多，在干燥工艺上有改进和提高生产效率的潜力，因此在干燥室加热器配置时选用供热能力较强的加热器。其基本条件可采用本章 15.3 提供的条件，即被干木料厚度 30mm，基本密度 $400kg/m^3$，初含水率 M_1 为 60%，终含水率 M_2 为 12%，干燥周期 τ_t 为 84h。干燥介质参数：$d_0=13g/kg$，$I_0=54kJ/kg$，$v_0=0.87m^3/kg$；$t_1=85℃$，$\varphi_1=62\%$，$d_1=356g/kg$，$I_1=1025.8kJ/kg$，$v_1\approx1.65m^3/kg$，$\rho_1\approx0.83kg/m^3$；$t_2=85℃$，$\varphi_2\approx90\%$，$d_2=363g/kg$，$I_2=I_1$，$v_2\approx1.60m^3/kg$，$\rho_2\approx0.85kg/m^3$。

用于干燥室热力计算的室容量按式(15.1)计算：

$$V_a=V\cdot\beta_V=m\cdot l\cdot b\cdot h\cdot\beta_V=2\times4\times1.8\times2.6\times0.496=18.57m^3$$

式中体积充实系数 β_v 根据 30mm 厚整边板查表而得。

15.6.3.1 水分蒸发量的计算

干燥室在一次周转期间从室内材堆蒸发出来的全部水分的数量按式(15.5)计算：

$$W_v=\rho_b\cdot\frac{M_1-M_2}{100}\cdot V_t=400\times\frac{60-12}{100}\times18.57=3565.49\ \text{kg/次}$$

平均每小时从干燥室内蒸发出来的水分量按式(15.6)计算：

$$W_h=\frac{W_v}{\tau_t}=\frac{3565.49}{84}=42.45\ kg/h$$

计算用每小时水分蒸发量按式(15.7)计算：

$$W_a=W_h\cdot x=42.45\times1.2=50.94\ kg/h$$

15.6.3.2 新鲜空气量与循环空气量的确定

蒸发 1kg 水分所需要的新鲜空气量用式(15.8)计算：

$$g_0=\frac{1000}{d_2-d_0}=\frac{1000}{363-13}=2.86\ kg/kg$$

每小时输入干燥室内的新鲜空气的体积按式(15.9)计算：

$$V_0=W_a\cdot g_0\cdot v_0=50.94\times2.86\times0.87=126.61\ m^3/h$$

每小时排出干燥室外的废气的体积按式(15.10)计算：

$$V_2=W_a\cdot g_0\cdot v_2=50.94\times2.86\times1.6=232.85\ m^3/h$$

每小时在干燥室内的循环空气的体积按式(15.11)计算：

$$V_c=3600\cdot v_c\cdot A_c\cdot k=3600\times2\times9.45\times1.2=81\ 687.27\ m^3/h$$

式中：v_c 取 2.0m/s，A_c 利用式(15.12)计算得 $9.45m^2$。

15.6.3.3　干燥过程中热消耗量的确定

干燥室内的平均温度 $\bar{t} = \dfrac{t_1 + t_2}{2} \approx 80$ ℃。

室外冬季平均温度约为 -4℃。

由于不考虑统计干燥成本，各项热消耗量只按冬季条件计算。

(1)预热的热消耗量：预热 1m³ 木材的热消耗量用式(15.14)计算：

$$Q'_0 = \rho_b\left[\left(c_0 + c_w\frac{M_{aw}}{100}\right)(\bar{t} - t_{wc}) + \frac{M_1 - M_{aw}}{100}(-c_i t_{wc} + r_i + c_w\bar{t})\right]$$

$$= 400 \times \left[\left(1.591 + 4.1868 \times \frac{15}{100}\right) \times (80 + 4) + \frac{60 - 15}{100} \times (-2.09 \times (-4) + 334.9 + 4.1868 \times 80)\right]$$

$$= 1.97 \times 10^5 \mathrm{kJ/m^3}$$

预热期平均每小时的热消耗量按式(15.16)计算：

$$Q''_0 = \frac{Q_0 \cdot V_t}{\tau_0} = \frac{1.97 \times 10^5 \times 18.57}{3 \times 1.5} = 8.11 \times 10^5 \mathrm{kJ/h}$$

以 1kg 被蒸发水分为基准，用于预热的单位热耗量按式(15.17)计算：

$$q_0 = \frac{Q_0 \cdot V_t}{W_v} = \frac{1.97 \times 10^5 \times 18.57}{3565.49} = 1.02 \times 10^3 \mathrm{kJ/kg}$$

(2)由木材中每蒸发 1kg 水分所消耗的热量按式(15.18)计算：

$$q_1 = 1000\frac{I_2 - I_0}{d_2 - d_0} - c_w\bar{t} = 1000 \times \frac{1025.8 - 54}{363 - 13} - 4.1868 \times 80 = 2.44 \times 10^3 \mathrm{kJ/kg}$$

干燥室内每小时蒸发水分所消耗的热量按式(15.19)计算：

$$Q_1 = q_1 W_a = 2.44 \times 50.94 = 1.24 \times 10^5 \mathrm{kJ/h}$$

(3)透过干燥室壳体的热损失：

①干燥室的壳体结构和传热系数 κ_2 值。

干燥室壳体为内外 0.0015m 铝合金，中间填加 0.045m 的硬质聚氨酯泡沫板结构。铝合金的导热系数为 162W/(m·℃)，硬质聚氨酯泡沫板的导热系数为 0.027 W/(m·℃)，干燥室内表面的换热系数为 $\alpha_1 = 11.63$ W/(m²·℃)，外表面换热系数为 $\alpha_2 = 23.26$ W/(m²·℃)。

壳体的传热系数按式(15.21)计算：

$$\kappa_2 = \frac{1}{\dfrac{1}{\alpha_1} + \sum\dfrac{\delta}{\lambda_c} + \dfrac{1}{\alpha_2}} = \frac{1}{\dfrac{1}{11.63} + \dfrac{0.003}{162} + \dfrac{0.045}{0.027} + \dfrac{1}{23.26}} = 0.56 \mathrm{W/(m^2 \cdot ℃)}$$

当 $\kappa_2 = 0.56$ 的情况下，干燥室内外的温度分别为 80℃ 和 -14.7℃时，干燥室内壁是否会出现凝结水，用式(15.22)计算值检验。

干燥室的地面为混凝土加水泥抹光层，其传热系数约为 0.23W/(m² · ℃)。

$$\kappa_2 \leqslant \alpha_1 \frac{t_1 - t_c}{t_1 - t_{out}} = 11.63 \times \frac{80 - 73}{80 + 14.7} = 0.86\text{W/(m}^2 \cdot ℃)$$

计算表明干燥室结构在保温性能方面的设计符合要求。

②透过壳体各部分外表面的散热损失：

干燥室壳体的热损失主要包括室顶、左右侧墙、前后端墙及地面的热损失。室顶及干燥室的侧墙和端墙的材料及厚度相同，所以传热系数相同，均为 0.56W/(m² · ℃)。干燥室的前端设有大门，大门的材料和厚度与侧墙相同，因金属壳体的干燥室门的密封性好，所以将门与前端墙一起计算热损失。根据干燥室的内部尺寸，可以确定干燥室的外形尺寸为长 8.6m、宽 2.7m、高 4.15m。壳体的热损失按式(15.20)计算，其结果如表 15.12 所示。

表 15.12　壳体热损失计算表

序号	散热部分名称	散热面积(m^2)	κ 值 [W/(m² · ℃)]	t_1(℃)	t_2(℃)	Q_2(kJ/h)
1	外侧墙	8.6×4.15=35.69	0.56	85	-4	12736.33
2	内侧墙	35.69	0.56	85	15	10017.34
3	后端墙	4.5×6=11.21	0.56	85	-4	8286.29
4	前端墙	11.21	0.56	85	-4	8286.29
5	顶棚	9.4×4.5=23.22	0.56	85	-4	3998.62
6	地面	23.22	0.23	85	15	1428.77

总计热损失为 4.48×10^4kJ/h，附加 10% 热损，共计 $\sum Q_2 = 4.92\times10^4$kJ/h。

以 1kg 被蒸发水分为基准，壳体的地位热损失量按式(15.24)计算：

$$q_2 = \frac{\sum Q_2}{W_a} = \frac{4.92\times10^4}{50.94} = 996.5\ \text{kJ/kg}$$

(4)干燥过程中总的热消耗量按式(15.25)计算：

$$q = (q_0 + q_1 + q_2)\cdot\zeta = (1.02\times10^3 + 2.44\times10^3 + 996.5)\times1.2 = 5.32\times10^3\ \text{kJ/kg}$$

15.6.3.4　加热器散热面积的确定

(1)平均每小时应有加热器供给的热量按式(15.26)计算：

$$Q = \mu(Q_1 + \sum Q_2) = 1.2\times(1.24\times10^5 + 4.92\times10^4) = 2.08\times10^5(\text{kJ/h})$$

(2) 干燥室内应具有的加热器的散热面积按式(15.27) 计算：

$$A_e = \frac{1}{\alpha}\cdot\frac{\mu\cdot Q}{\kappa_e\cdot(t_{bh} - \bar{t})}\qquad(\text{m}^2)$$

本例采用天津暖风机厂产 IZGL—1 型盘管加热器,该加热器形体轻巧,安装方便,散热面积大,传热性能好,其性能参数见表 15.13。

表 15.13 IZGL—1 型管盘性能参数

管排数	传热系数 κ[W/(m² · ℃)]	空气阻力 Δh(Pa)
2	$23.54v_r^{0.301}$	$12.16v_r^{1.43}$
3	$19.64v_r^{0.409}$	$17.35v_r^{1.55}$
4	$19.46v_r^{0.412}$	$27.73v_r^{1.51}$

注:v_r 为迎风面质量流速,kg/(m² · s)。

如采用3排管 IZGL—1 型管盘散热器,根据表 15.13 计算其传热系数 κ 为:

$$\kappa = 19.64v_r^{0.409} = 19.64 \times 2.22^{0.409} = 27.19\ \text{W/(m}^2 \cdot ℃)$$

其中:$v_r = v_2 \cdot \rho_1 = 2.67 \times 0.83 = 2.22\ \text{kg/(m}^2 \cdot \text{s)}$

式中:v_2、ρ_1 为经过加热器(图 15.2 中 3 段)前空气流速(m/s)和密度(kg/m³)。

$$v_2 = \frac{V_c}{3600 \cdot A_2} = \frac{81687.27}{3600 \times 8.5} \times 1 = 2.67\ \text{m/s}$$

式中:A_2 为风机间直线段(图 15.2 中 2、14 段)与空气流速方向垂直断面积(m²)。

因此:

$$A_e = \frac{Q \cdot \mu}{\kappa(t_s - \bar{t})\alpha} = \frac{2.08 \times 10^5 \times 1.2}{27.19 \times (143 - 80) \times 3.6} \approx 40.53\ \text{m}^2$$

根据所选 IZGL—1 型管盘散热器的散热面积，在干燥室风机前后对称布置。

常规干燥时选用光滑管或绕片式散热器，每立方米实际材积需要 2 ~ 6m² 散热面积；用串片式散热器要 4 ~ 8m²；用铸铁散热器一般需要 7 ~ 10m²。如果采用高温干燥时，散热器的面积增加 1 倍。

15.6.3.5 干燥车间蒸汽消耗量和蒸汽管道直径的确定

(1)预热期间干燥室内每小时的蒸汽消耗量按式(15.31)计算:

$$G_0 = \mu \frac{Q_0'' + \sum Q_2}{I_1 - I'} = 1.2 \times \frac{8.11 \times 10^5 + 4.92 \times 10^4}{2135} = 483.76\ \text{kg/h}$$

(2)干燥期间室内每小时的蒸汽消耗量按式(15.32)计算:

$$G_1 = \mu \frac{Q_1 + \sum Q_2}{I_1 - I_1'} = 1.2 \times \frac{1.24 \times 10^5 + 4.92 \times 10^4}{2135} = 97.57\ \text{kg/h}$$

(3)若干燥车间有 1/3 的干燥室处于预热阶段，2/3 的处于干燥阶段，车间每小时的蒸汽消耗量按式(15.33)计算:

$$G = n_0 \cdot G_0 + n_1 \cdot G_1 = 2 \times 483.76 + 5 \times 97.57 = 1455.37\ \text{kg/h}$$

(4)干燥 1m³ 木料的平均蒸汽消耗量按式(15.34)计算:

$$G' = \mu \frac{W_v q}{V_t(I_1 - I_1')} = 1.2 \times \frac{3565.49 \times 5.32 \times 10^3}{18.57 \times 2135} = 573.97\ \text{kg/h}$$

(5)蒸汽主管与通向加热器的蒸汽管的最小直径按式(15.35)计算:

$$d_s = \sqrt{\frac{1.27 \cdot G_{max}}{3600 \cdot \rho_n \cdot v_s}} = \sqrt{\frac{1.27 \times 1455.37}{3600 \times 2.1 \times 25}} \approx 0.10\ \text{m}$$

式中：G_{max}与 G 相同，ρ_n 为 2.1kg/m^3，v_s 取 25m/s。

任一间干燥室为蒸汽支管，其直径为

$$d_i = \sqrt{\frac{1.27 \cdot G'_{max}}{3600 \cdot \rho_n \cdot v_s}} = 0.06 \text{ m}$$

式中：G'_{max} 的值与 G_0 相同，这是由于干燥室在预热时比正常干燥消耗的蒸汽量大。

(6)凝结水输送管的最小直径按式(15.36)计算：

$$d_{co} = \sqrt{\frac{1.27 \cdot G_1}{3600 \cdot \rho_{co} \cdot v_{co}}} = \sqrt{\frac{1.27 \times 97.57}{3600 \times 960 \times 1}} \approx 0.012 \text{ m}$$

(7)任一间干燥室的疏水器，根据干燥设备一章中疏水器选择方法确定。当蒸汽压为 0.3MPa(表压力)时，疏水器的入口压力 $P_1 = 0.3 \times 0.9 = 0.27$MPa，出口压力 $P_2 = 0$，$\Delta P = 0.27$MPa。每小时蒸汽消耗量为 97.57kg，疏水器每小时最大排水量为 $97.57 \times 3 = 292.71$kg。根据 S_{19}H—16 热动力式疏水器的性能曲线，选用公称直径 D_g20 的 S_{19}H-16 热动力 式疏水器。

15.6.4 空气动力计算

干燥室空气循环过程中的阻力如图 15.2 所示，可分为 16 个区段。各区段的阻力计算如下(为明确各段阻力，各段阻力序号与图中区段编号相同)。

15.6.4.1 1 段风机壳的阻力

1 段风机壳的阻力按式(15.38)计算：

$$\Delta h_1 = \zeta_1 \frac{\rho_1 v_1^2}{2} = 0.5 \times \frac{0.83 \times 11.29^2}{2} = 26.43\text{Pa}$$

式中 ζ_1 取 0.5，v_1 按式(15.39)计算：

$$v_1 = \frac{V_c}{3600 \cdot \frac{\pi D^2}{4} \cdot m_f} = \frac{81\ 687.27}{3600 \times \frac{3.14 \times 0.8^2}{4} \times 4} = 11.29\text{m/s}$$

式中初步选用 4 台 NO.8 轴流风机。

15.6.4.2 加热器的阻力

3 段、13 段为加热器，加热器的阻力 Δh 根据加热器产品性能指标确定或给定的公式计算。本例采用天津暖风机厂产 3 排管 IZGL-1 型盘管加热器，其空气阻力按下式计算：

$$\Delta h = 17.35 \cdot v_r^{1.55} \quad (\text{Pa})$$

因进入 3 段加热器和 13 段加热器前的空气的密度和速度都不同，因此阻力要分别计算。3 段的阻力为：

$$\Delta h_3 = 17.35 \cdot v_r^{1.55} = 17.35 \times 2.22^{1.55} = 59.54\text{Pa}$$

13 段的阻力为：

$$\Delta h_{13} = 17.35 \cdot v_r^{1.55} = 17.35 \times 2.27^{1.55} = 61.78\text{Pa}$$

15.6.4.3 断面固定的直线气道的阻力

断面固定的直线气道包括2、5、8、11、14段。其中8段按整体材堆阻力计算，其余因各段长度及断面不同而需分别计算，具体按式(15.40)计算：

$$\Delta h = \mu \frac{P \cdot l}{F} \cdot \frac{\rho \cdot v^2}{2} \quad (\mathrm{Pa})$$

2、14段的阻力为(为了便于计算，假设2、14阻力相同)：

$$\Delta h_2 = 2 \cdot \mu \frac{P_2 l_2}{F_2} \cdot \frac{\rho \cdot v_2^2}{2} = 2 \times 0.02 \times \frac{19 \times 1.05}{8.5 \times 1} \times \frac{0.83 \times 2.67}{2} = 0.22\mathrm{Pa}$$

式中摩擦系数μ取0.02，根据风机和加热器的安装尺寸以及干燥室内部尺寸，风机至加热器之间的距离为1.05m。

5段的阻力为：

$$\Delta h_5 = \mu \frac{P_5 l_5}{F_5} \cdot \frac{\rho \cdot v_5^2}{2} = 0.03 \times \frac{11.3 \times 1.5}{8.5 \times 0.4} \times \frac{0.83 \times 6.67}{2} = 2.76\mathrm{Pa}$$

式中摩擦系数μ取0.02，风道长度按材堆高度的一半加上材堆顶部距干燥间顶板的距离，共计1.5m。

11段的阻力为：

$$\Delta h_{11} = \mu \frac{P_{11} l_{11}}{F_{11}} \cdot \frac{\rho \cdot v_{11}^2}{2} = 0.03 \times \frac{11.3 \times 1.5}{8.5 \times 0.4} \times \frac{0.85 \times 6.67}{2} = 2.83\mathrm{Pa}$$

15.6.4.4 材堆的阻力

材堆阻力按式(15.41)计算：

$$\Delta h_8 = \zeta_8 \frac{\rho_1 v_8^2}{2} = 14 \times \frac{0.83 \times 2^2}{2} = 23.24\mathrm{Pa}$$

式中阻力系数根据图15.3查得，空气流速取2.0m/s。

15.6.4.5 其他局部阻力

局部阻力包括4、6、10、12四段直角拐弯处及4、7段骤然缩小和9、12段骤然扩大处的阻力。每部分均需分别按式(15.43)计算。

4段的拐弯阻力为：

$$\Delta h_4 = \zeta_4 \frac{\rho_1 v_4^2}{2} = 1.1 \times \frac{0.83 \times 2.67^2}{2} = 3.25\mathrm{Pa}$$

4段的骤然缩小阻力为：

$$\Delta h_4' = \zeta_4' \frac{\rho_1 v_5^2}{2} = 0.22 \times \frac{0.83 \times 6.67^2}{2} = 4.07\mathrm{Pa}$$

6段的拐弯处阻力为：

$$\Delta h_6 = \zeta_6 \frac{\rho_1 v_5^2}{2} = 1.1 \times \frac{0.83 \times 6.67^2}{2} = 20.33\mathrm{Pa}$$

7段骤然缩小处的阻力为：

$$\Delta h_7 = \zeta_7 \frac{\rho_1 v_7^2}{2} = 0.18 \times \frac{0.83 \times 2^2}{2} = 0.3\text{Pa}$$

9 段骤然扩大处的阻力为：

$$\Delta h_9 = \zeta_9 \frac{\rho_2 v_7^2}{2} = 0.25 \times \frac{0.85 \times 2^2}{2} = 0.43\text{Pa}$$

10 段拐弯处的阻力为：

$$\Delta h_{10} = \zeta_{10} \frac{\rho_2 v_{10}^2}{2} = 1.1 \times \frac{0.85 \times 6.67^2}{2} = 20.82\text{Pa}$$

12 段拐弯处的阻力为：

$$\Delta h_{12} = \zeta_{10} \frac{\rho_2 v_{10}^2}{2} = 1.1 \times \frac{0.85 \times 6.67^2}{2} = 20.82\text{Pa}$$

12 段骤然扩大处的阻力为：

$$\Delta h_{12}' = \zeta_{12}' \frac{\rho_2 v_{10}^2}{2} = 0.36 \times \frac{0.85 \times 6.67^2}{2} = 6.81\text{Pa}$$

15.6.4.6　干燥室内气流循环的总压力

$$H = \sum \Delta h = 253.65\text{Pa}$$

15.6.5　通风机的选择及其所需要的功率

一间干燥室内配置六台轴流式风机，每一台风机的风量：

$$V_i = \frac{V_c}{n} = \left(\frac{81687.27}{4}\right) \text{m}^3/\text{h} = 20421.82 \text{ m}^3/\text{h}$$

选用风机时所需的规格风压：

$$H_s = H \cdot \frac{1.2}{\rho} = 253.65\text{Pa} \times \frac{1.2}{0.83} = 366.72\text{Pa}$$

每一台风机需要的功率：

$$P' = \frac{H_s \cdot V_i}{3600 \cdot \eta} = \frac{165.8 \times 20421.82}{3600 \times 0.5} = 4160.61 = 4.2 \text{ kW}$$

每一台风机的安装功率：

$$P_i = \frac{P' \cdot \zeta}{\eta_1} = \frac{1.253 \times 1.2}{0.9} = 5.6 \text{ kW}$$

式中：ζ 为后备系数，取 1.2；η_1 为传动系数，取 0.9。

根据干燥室的特点及所需风量和压力，选择耐高温防潮的 BYG 型 8 号风机，14 叶片，安装角度为 25°，风量 34462m³/h，风压 469Pa，转速 1450r/min，安装功率 7.5kW，共 4 台。

15.6.6　进、排气道的计算

进、排气道的断面积按式(15.47)分别计算：

进气道断面 $A_{\text{in}} = \dfrac{V_0}{3600 \cdot v_t} = \dfrac{126.61}{3600 \times 2.0} = 0.02\ \text{m}^2$

排气道断面 $A_{\text{out}} = \dfrac{V_2}{3600 \cdot v_t} = \dfrac{232.85}{3600 \times 2.0} = 0.03\ \text{m}^2$

由于进、排气道混用，所以采用统一断面0.03m^2。

15.7　干燥车间布置及干燥室的技术经济指标

干燥室的技术经济指标是反映干燥室的技术特性和经济效能的重要数据，它是衡量所设计或选用的干燥室在技术和经济上是否合理的重要依据，也是影响干燥费用的重要组成部分。但和室干工艺影响的干燥费用无关。

为了增加干燥室之间的可比性，根据现时设计或生产的强制循环空气干燥室的趋向，规定用30mm厚整边板、25mm厚隔条的材堆来计算干燥室的装堆材积(实积)；以通过材堆的平均进口风速为1.5～2.5m/s等条件为前提，列出下列各项指标作为强制循环空气干燥室的技术经济指标的内容。至于自然循环空气干燥室因数量日趋减少，故已逐渐被强制循环干燥室所替代，不另行列出，但可参考除通风项目以外的有关项目。

各项技术经济指标如下：

——干燥室的内部尺寸长m×宽m×高m；

——材堆外形尺寸长m×宽m×高m，材堆堆数；

——一间干燥室的木材装载量(m^3)；

——年生产量(m^3)(注明树种)；

——干燥室的造价(元/m^3木材)(限于干燥室本身，下同)并注明建造干燥室壳体所用的材料；

——干燥室占地面积(m^2/m^3木材)；

——干燥室的有效体积利用系数，即干燥室的装载量(装堆材积)与室的空间体积之比值；

——蒸汽加热器的总加热面积(m^2)和单位加热面积(m^2/m^3木材)；

——干燥室允许操作的温度范围，室内温度分布的均匀性(指干燥室空间各点的温度差值)；

——干燥室内干球温度超过100℃时可能维持的最高湿球温度范围；

——在环境不低于室温(20℃)条件下，干燥室内温度在100℃时，其壳体外表温度与环境温度之间的温度差值(不应大于20℃)；

——通过材堆的空气循环风速及材堆风速分布均匀性(指材堆侧面各点之间的风速差值)，并注明风向可逆循环或非可逆循环；

——干燥室传动通风机的电动机安装功率(kW)；

——以1m^3木材计的单位小时通风机运转耗电量(注明计算电耗或实测电耗，kWh/m^3木材)(注明木材树种)；

——一间干燥室的最大蒸汽消耗量(kg/h)；

——以 $1m^3$ 木材计的蒸汽消耗量(kg/m^3)(注明树种);

——干燥成本(元/m^3 木材)(注明树种及初、终含水率)。

15.8 干燥成本核算

木材干燥是木材加工中的一项基本加工工序，关系到原材料能否合理利用、产品的加工和装饰质量有无保证，但又是加工工序中耗能最多的一道工序，如何合理应用干燥技术，直接关系到产品的生产成本和经济效益。因此无论从技术角度或经济角度考虑都有必要对干燥的费用进行核算，用价值观念来衡量所采用的或将要采用的干燥技术。

干燥成本的核算是一项复杂的工作，就工厂而言，木材综合加工厂就有可能利用余热作为干燥室的热源；干燥降等的木材可以作为其他产品的原材料处理，因而使得干燥成本可以明显低于单一产品的木制品厂，所以核算成本要从工厂的实际情况出发，才能起到促进干燥技术进步、增加经济收益的作用。

现就成本核算的基本项目进行讨论，以供参考。

15.8.1 按全年木材干燥量平均分摊的成本项目

(1)干燥设备的折旧。干燥室的折旧与室干工艺和建造的材料有关。一般土建材料的常规干燥室为15~20年，高温干燥室为6~8年；铝金属内壳结构的常规干燥室为10~15年，高温干燥室为8~10年。

干燥设备投资费参考上述折旧期限按年度均分计入成本。

(2)装、卸及运输设备的折旧。因尚难提供折旧的参考年限，可按实际情况估计使用年限平均分配投资费。

(3)干燥设备及辅助设备的年度维修费用。按设备投资费用的3%~4%确定。

(4)干燥设备投资费的年度利息。根据银行一般存款利息按折旧期限均分计入成本。

(5)每年更换隔条所需消耗木材的费用。按当年木材实际价格和加工费计入成本。

以上五小项费用之和除以年干燥木材材积，即为第一大项的以 $1m^3$ 木材计算的干燥费用。

15.8.2 按干燥周期分类计算的干燥费用

(1)能耗费用。能耗分热能和电能两种。电耗以干燥周期内实际电耗度数乘以电费计算。热能费用以干燥周期内实际耗汽量占锅炉供汽量的比例(指非专用锅炉)分摊燃料、电耗及锅炉折旧等费用计算。

(2)干燥工、装卸工和锅炉工(专用锅炉时)的工资

按干燥周期分类，将(1)、(2)两项费用之和除以该周期干燥的木材材积即得每 m^3 木材的第二项干燥费用。

15.8.3 按不同树种和材种的木材确定降等损失

一般硬材类的降等损失约为木材价格的2%~3%；软材类为1%~2%。

15.8.4 管理、材料保管等以上未计入成本的费用

采用现行的附加5%的企业管理费的方法计入成本，即每立方米木材第一、第二、第三项费用之和乘以0.05所得的金额。

合计以上四大项计算的费用，即可得出不同树种、材种每立方米木材的干燥成本。

参考文献

1. 朱政贤. 1992. 木材干燥. 2版. 北京：中国林业出版社.
2. 张璧光. 2005. 实用木材干燥技术. 北京：化学工业出版社.
3. 王立昌，张璧光，王天龙. 2001. 木材干燥室保温层的经济评估优化设计模型. 林业机械与木工设备，29(10)：9-11.
4. 唐晓淑，张璧光，高建民. 2001. 木材干燥室保温材料的选择与节能计算. 木材工业，15(2)：25-27.
5. 张贤安. 2004. 双金属轧片式翅片管管外对流换热准则关系式研究. 流体机械，32(7)：19-22.
6. 祁玉红. 2006. 三种常用换热器比较. 青岛大学学报(自然科学版)，24(6)：60-62.
7. 何洁浩. 2002. 金属壳体木材干燥窑热损失分析. 木材工业，16(3)：33-36.

附录 1

空气湿度表

空气湿度表　　%

干球温度 t(℃)	干湿球温度差 Δt(℃)(气流速度为 1.5～2.5m/s)																													
	0	1	2	3	4	5	6	7	8	9	10	11	12	13	14	15	16	17	18	19	20	22	24	26	28	30	32	34	36	38
30	100	93	87	79	73	66	66	55	50	44	39	34	30	25	20	16														
32	100	93	87	80	73	67	62	57	52	46	41	36	32	28	23	19	16													
34	100	94	87	81	74	68	63	58	54	48	43	38	34	30	26	22	19	15												
36	100	94	88	81	75	69	64	59	55	50	45	40	36	32	28	25	21	18	14											
38	100	94	88	82	76	70	65	60	56	51	46	42	38	34	30	27	24	20	17	14										
40	100	94	88	82	76	71	66	61	57	53	48	44	40	36	32	29	26	23	20	16										
42	100	94	89	83	77	72	67	62	58	54	49	46	42	38	34	31	28	25	22	19	16									
44	100	94	89	83	78	73	68	63	59	55	50	47	43	40	36	33	30	27	24	21	18									
46	100	94	89	84	79	74	69	64	60	56	51	48	44	41	38	34	31	28	25	22	20	16								
48	100	95	90	84	79	74	70	65	61	57	52	49	46	42	39	36	33	30	27	24	22	17								
50	100	95	90	84	79	75	70	66	62	58	54	50	47	44	41	37	34	31	29	26	24	19	14							
52	100	95	90	84	80	75	71	67	63	59	55	51	48	45	42	38	36	33	30	27	25	20	16							
54	100	95	90	84	80	76	72	68	64	60	56	52	49	46	43	39	37	34	32	29	27	22	18	14						
56	100	95	90	85	81	76	72	68	64	60	57	53	50	47	44	41	38	35	33	30	28	23	19	15						
58	100	95	90	85	81	77	73	69	65	61	58	54	51	48	45	42	39	36	34	31	29	25	20	17						
60	100	95	90	86	81	77	73	69	65	61	58	55	52	49	46	43	40	37	35	32	30	26	22	18	14					
62	100	95	91	86	82	78	74	70	66	62	59	56	53	50	47	44	41	38	36	33	31	27	23	19	16					
64	100	95	91	86	82	78	74	70	67	63	60	57	54	51	48	45	42	39	37	34	32	28	24	20	17					
66	100	95	91	86	82	78	75	71	67	63	60	57	54	51	49	46	43	40	38	35	33	29	25	22	18	15				
68	100	95	91	87	82	78	75	71	68	64	61	58	55	52	49	46	44	41	39	36	34	30	26	23	19	16				
70	100	96	91	87	83	79	76	72	68	64	61	58	55	52	50	47	44	41	39	37	35	31	27	24	20	17				
72	100	96	91	87	83	79	76	72	69	65	62	59	56	53	50	47	45	42	40	38	36	32	28	25	21	18				
74	100	96	92	87	84	80	76	72	69	65	63	60	56	53	51	48	46	43	41	39	37	33	29	26	22	19	14			
76	100	96	92	87	84	80	77	73	70	66	64	61	57	54	52	49	47	44	42	40	38	34	30	27	23	20	15			
78	100	96	92	88	84	80	77	73	70	66	64	61	58	55	53	50	48	45	42	40	38	34	31	27	24	21	16			
80	100	96	92	88	84	80	77	73	70	66	64	61	58	55	53	50	48	45	43	41	39	35	31	28	25	22	17			
82	100	96	92	88	84	80	77	74	71	67	65	62	59	56	54	51	49	46	44	42	40	36	32	29	26	23	18			

（续）

干球温度 t(℃)	干湿球温度差 Δt（℃）（气流速度为1.5～2.5m/s）																													
	0	1	2	3	4	5	6	7	8	9	10	11	12	13	14	15	16	17	18	19	20	22	24	26	28	30	32	34	36	38
84	100	96	92	88	84	80	77	74	71	68	65	62	59	56	54	51	49	46	44	42	40	36	32	29	26	23	19	14		
86	100	96	92	88	84	80	78	75	72	69	66	63	60	57	55	52	50	47	45	43	41	37	33	30	27	24	20	15		
88	100	96	92	89	85	81	78	75	72	69	66	63	60	57	55	52	50	48	46	44	42	38	34	31	28	25	21	16		
90	100	97	93	89	85	81	79	75	72	69	66	63	61	58	56	53	51	49	47	45	43	39	35	32	29	26	22	18		
92	100	97	93	90	86	82	79	76	73	70	67	64	62	59	57	54	52	50	47	45	43	39	36	33	30	26	22	19	16	
94	100	97	93	90	86	82	79	76	73	70	67	65	62	60	57	54	52	50	48	46	44	40	37	33	30	27	23	20	17	
96	100	97	93	90	87	83	80	76	73	70	68	65	62	60	58	55	53	51	48	46	44	41	37	34	31	28	24	21	18	
98	100	97	93	90	87	83	80	77	74	71	68	65	63	60	58	55	53	51	49	47	45	41	38	34	31	28	25	22	19	16
100	100	97	93	90	87	83	80	77	74	71	68	66	63	61	59	56	54	52	49	47	45	42	38	35	32	29	26	23	20	17
102			94	91	88	84	81	78	75	72	69	67	64	62	59	56	54	52	50	48	46	42	38	35	32	29	26	23	21	18
104					88	84	81	78	75	72	69	67	64	62	60	57	55	53	50	48	46	42	39	35	32	30	27	24	22	19
106							81	78	75	72	69	67	64	62	60	57	55	53	50	48	46	43	39	36	33	30	27	24	22	20
108									75	72	69	67	64	62	60	57	55	54	51	49	46	43	40	36	33	31	28	25	23	21
110											69	67	65	63	61	58	56	54	51	49	46	43	41	37	34	31	29	26	24	21
112													65	63	61	58	56	54	52	50	47	44	42	38	35	33	30	27	24	22
114															61	58	56	54	52	50	48	45	42	38	35	33	30	27	25	22
116																	57	55	53	51	49	46	43	39	36	34	31	28	25	23
118																			53	51	50	46	43	40	37	34	32	29	26	23
120																					50	47	44	41	38	35	32	29	26	24
125																								41	38	35	33	30	27	25
130																										35	33	31	28	26
20		88	78	67	57	47																								
22		89	79	69	60	50																								
24		90	80	71	62	53	45																							
26		91	81	73	64	56	48	40																						
28		91	82	74	66	58	51	43																						
30		92	83	75	68	60	53	46	39																					
32		92	84	76	69	62	55	49	42																					
34		92	85	77	71	64	57	51	45	39																				
36		93	85	78	72	65	59	53	47	41																				
38		93	86	79	73	67	61	55	49	44	39																			
40		93	87	80	74	68	62	57	51	46	41																			
42		93	87	81	75	69	63	58	53	49	43																			
44		93	87	81	75	70	64	59	54	50	45	40																		

（续）

干球温度 t(℃)	干湿球温度差 Δt(℃)（气流速度为1.5～2.5m/s）																													
	0	1	2	3	4	5	6	7	8	9	10	11	12	13	14	15	16	17	18	19	20	22	24	26	28	30	32	34	36	38
46		94	88	82	46	71	66	61	56	51	47	42																		
48		94	88	82	77	72	67	62	57	53	49	44	40																	
50		94	88	83	78	73	68	63	59	54	50	46	42																	
52		94	89	83	78	73	69	64	60	55	51	48	44																	
54		94	89	84	79	74	69	65	61	56	52	49	45	41																
56		95	90	84	79	74	70	66	62	57	53	50	46	43																
58		95	90	85	80	75	71	67	63	58	56	51	47	44	41															
60		95	90	86	80	75	71	67	63	59	56	52	48	45	42															
62		95	90	85	81	76	72	68	64	60	57	53	49	46	43	40														
64		95	90	86	81	76	73	69	65	61	58	54	51	47	44	41														
66		95	91	86	82	77	73	69	65	62	58	56	52	48	45	42	40													
68		96	91	86	82	77	73	70	66	62	59	57	53	49	46	43	41													
70		96	91	87	82	78	74	71	66	63	60	57	54	50	47	44	42	39												
72		96	91	87	83	78	74	71	67	64	60	58	55	51	48	45	43	40												
74		96	91	87	83	79	75	72	67	65	61	58	55	52	49	46	44	41	39											
76		96	91	87	83	79	75	72	68	65	62	59	56	53	50	47	45	42	40											
78		96	91	87	84	80	76	73	68	66	63	60	56	54	50	48	46	43	41	39										
80		96	91	88	84	80	76	73	69	66	63	60	57	55	51	49	47	44	42	39										
82		96	92	88	84	80	77	74	69	67	64	61	58	55	52	50	47	45	42	40	38									
84		96	92	88	84	81	77	74	70	68	64	61	58	56	53	51	48	46	43	41	39									
86		96	92	88	85	81	78	74	70	68	65	62	59	56	53	51	49	46	44	42	40									
88		96	92	88	85	81	78	75	71	68	66	62	59	57	54	52	49	47	45	43	40									
90		96	92	88	85	82	78	75	71	69	66	63	60	57	55	53	50	48	45	43	41									

（自 СоЮэнаучдепром，1985）

附录 2

湿空气的焓 - 湿图

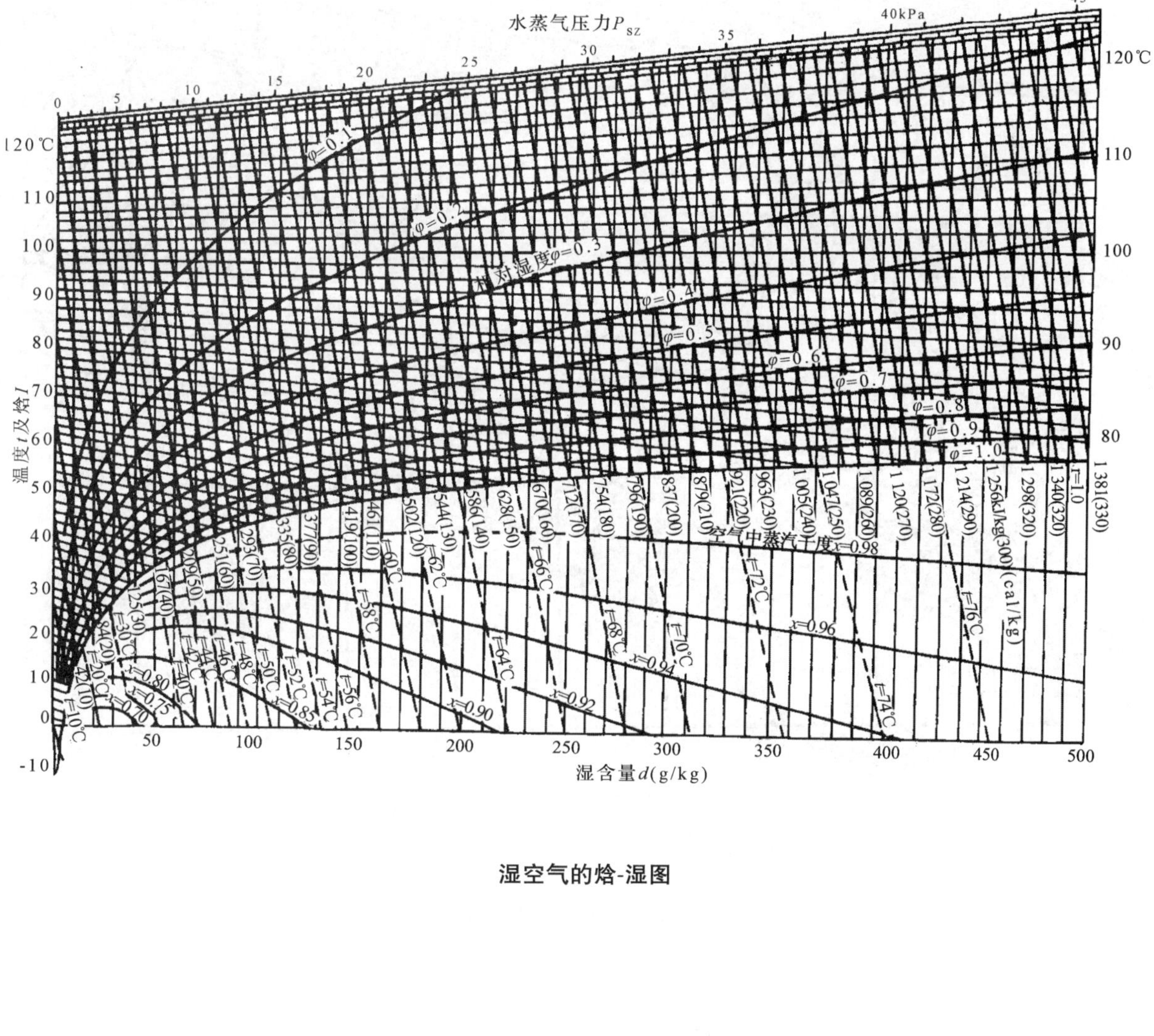

湿空气的焓-湿图

附录3

补充有密度和比体积线系的焓-湿图

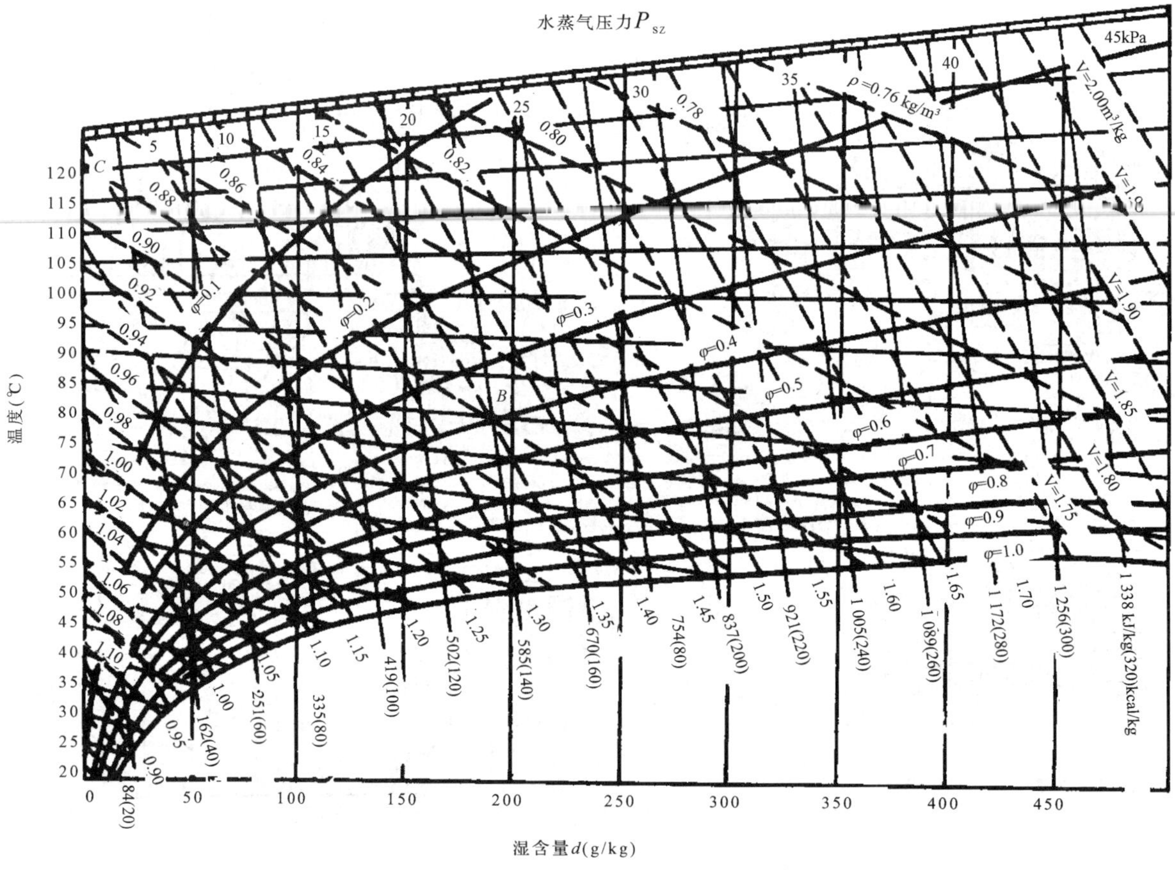

补充有密度和比体积线系的焓-湿图

附录 4

我国 160 个主要城市木材平衡含水率气象值

我国 160 个主要城市木材平衡含水率气象值

省（自治区）	地名	月份												年平均
		1	2	3	4	5	6	7	8	9	10	11	12	
黑龙江	呼玛			13.0	10.7	10.0	12.7	14.9	16.0	14.5	12.7	14.3		13.6
	嫩江			13.4	10.5	10.4	12.5	15.5	16.0	14.7	13.0	14.5		14.0
	伊春		15.1	13.0	10.9	11.0	13.5	15.6	16.8	15.4	13.2	14.8		14.2
	齐齐哈尔	14.9	13.5	11.0	9.6	10.0	11.5	13.9	14.4	13.9	12.2	12.8	14.2	12.7
	鹤岗	13.2	12.2	10.7	9.7	10.3	12.2	15.5	15.9	13.7	11.2	12.3	13.4	12.5
	安达	15.6	14.0	11.5	9.6	9.5	11.2	14.0	14.3	13.1	12.7	13.2	14.8	12.8
	哈尔滨	15.6	14.5	12.0	10.5	9.7	11.9	14.7	15.5	13.9	12.6	13.3	14.9	13.3
	鸡西	14.2	13.2	12.0	10.5	10.6	13.4	14.8	16.2	14.6	12.4	12.4	14.2	13.3
	牡丹江	15.3	13.7	12.2	10.6	10.7	13.3	14.8	15.8	14.6	13.3	13.6	14.9	13.6
吉林	吉林	15.7	14.8	12.8	11.2	10.6	12.9	15.6	17.0	14.9	13.7	14.0	14.9	14.0
	长春	14.5	13.0	11.2	10.1	9.8	12.2	15.0	15.8	13.8	12.3	13.1	14.1	12.9
	敦化	14.3	13.5	12.4	11.0	11.4	14.5	13.8	14.1	15.3	13.3	13.6	14.2	13.5
	四平	14.4	12.9	11.2	10.3	9.8	12.4	15.0	16.0	14.3	12.9	13.2	13.0	13.0
	延吉	13.0	11.9	11.0	10.5	11.1	13.9	15.8	16.2	14.9	13.0	12.8	13.2	13.1
	通化	15.8	14.2	13.0	11.0	10.8	13.6	15.8	16.6	15.6	13.9	14.6	15.0	14.2
辽宁	阜新	11.6	10.5	9.7	9.5	9.2	11.9	14.4	14.8	12.7	12.1	11.8	11.5	11.6
	抚顺	15.1	13.7	12.4	11.5	12.2	13.0	15.0	16.0	14.5	13.4	13.6	14.9	13.8
	沈阳	13.5	12.2	10.8	10.4	10.1	12.6	15.0	15.1	13.7	13.1	12.7	12.9	12.7
	本溪	13.4	12.4	11.0	9.7	9.5	11.6	14.1	14.7	13.5	12.5	12.7	13.7	12.4
	锦州	11.2	10.4	9.7	9.7	9.7	12.6	15.3	15.0	12.4	11.6	10.9	10.6	11.6
	鞍山	13.0	11.9	11.2	10.2	9.6	11.9	14.6	15.6	13.4	12.6	12.7	12.7	12.5
	营口	12.9	12.3	11.7	11.3	11.1	13.0	15.0	15.3	13.4	13.4	13.0	13.0	13.0
	丹东	12.4	12.0	12.5	12.9	14.1	6.8	19.4	18.3	15.3	14.0	13.0	12.7	14.5
	大连	12.0	11.9	11.9	11.5	12.0	15.2	19.4	17.3	13.3	12.3	11.9	11.8	13.4
新疆	克拉玛依	16.8	15.3	11.0	7.4	6.3	5.9	5.6	5.4	6.8	8.8	12.6	16.1	9.8
	伊宁	16.8	16.9	14.8	11.0	10.7	10.9	10.8	10.2	10.5	11.9	14.9	16.9	13.0
	乌鲁木齐	16.8	16.0	14.4	9.6	8.5	7.7	7.6	8.0	8.5	11.1	15.2	16.6	11.6
	吐鲁番	11.3	9.3	7.1	5.8	5.5	5.6	5.7	6.4	7.4	9.2	10.3	12.5	8.0
	哈密	13.7	10.5	7.8	6.1	5.7	6.1	6.2	6.4	6.9	8.1	10.3	12.7	8.4

（续）

省（自治区）	地 名	月份 1	2	3	4	5	6	7	8	9	10	11	12	年平均
青海	祁连	10.0	9.8	9.5	9.8	10.9	11.0	12.9	13.0	12.6	11.3	10.9	10.4	11.1
	大柴旦	9.5	9.1	7.1	6.6	7.3	7.6	8.0	7.9	7.6	7.6	8.4	9.3	8.0
	西宁	10.7	10.0	9.4	10.2	10.7	10.8	12.3	12.8	13.0	12.8	11.8	11.4	11.3
	共和	9.3	10.1	8.1	8.7	9.9	10.6	12.0	12.3	12.3	11.8	10.4	10.0	10.5
	格尔木	9.6	8.0	6.9	6.4	6.6	6.7	7.2	7.3	7.3	7.6	8.8	9.4	7.7
	同仁	9.0	9.2	9.1	9.7	11.0	11.9	13.3	12.8	13.5	12.4	11.4	9.4	11.0
	玛多	11.6	11.2	10.5	10.2	11.1	11.9	12.9	13.0	12.8	12.8	11.3	11.8	11.8
	玉树	9.6	9.1	8.9	9.6	10.8	10.5	13.4	13.7	13.9	12.4	10.1	9.3	10.9
甘肃	安西	11.6	9.9	7.5	6.6	6.2	6.4	6.9	7.1	6.9	7.6	9.6	11.6	8.2
	玉门镇	11.7	10.0	8.1	6.8	6.4	7.0	8.2	7.9	7.5	8.1	9.4	11.3	8.5
	敦煌	11.0	9.6	7.6	6.9	6.8	7.0	7.7	8.8	7.8	8.4	10.1	11.4	8.6
	酒泉	11.7	10.7	10.3	7.6	7.2	7.7	9.1	9.7	8.7	9.0	10.0	11.7	9.4
	张掖	12.1	10.7	9.3	8.3	8.6	9.1	10.1	10.2	10.4	10.9	11.8	12.6	10.3
	兰州	12.1	10.8	9.8	9.5	9.5	9.5	10.8	11.9	12.8	13.3	12.8	13.3	11.3
	天水	12.3	12.5	11.7	11.5	11.6	11.5	13.5	14.0	15.7	15.7	14.8	13.8	13.2
宁夏	石嘴山	10.6	9.7	8.8	8.5	8.6	8.7	10.3	11.2	10.8	11.1	11.3	11.4	10.1
	银川	12.4	11.0	10.3	9.4	9.2	9.8	11.6	13.0	12.6	12.5	13.0	13.4	11.5
	盐池	9.7	10.0	8.8	8.6	8.2	8.3	10.6	12.2	11.6	11.6	10.7	11.1	10.1
	中宁	10.4	9.7	9.0	8.6	9.0	9.2	10.6	12.0	12.2	11.8	11.9	11.3	10.5
	同心	10.5	9.6	8.8	8.7	8.7	8.2	10.2	11.5	12.0	12.3	11.8	11.2	10.3
	固原	10.8	11.1	10.8	10.8	10.7	10.3	13.6	14.2	14.7	14.5	13.1	11.6	12.2
陕西	榆林	11.9	12.0	9.9	9.3	8.7	8.9	11.1	12.5	12.0	12.3	12.2	12.7	11.1
	延安	11.2	11.0	10.7	10.3	10.5	10.7	13.7	14.9	14.8	13.8	13.0	12.2	12.2
	宝鸡	12.6	12.8	12.6	12.9	12.2	10.3	12.7	13.3	15.7	15.6	14.7	14.0	13.3
	西安	13.2	13.5	12.9	13.4	13.2	10.0	12.9	13.7	15.9	15.8	15.9	14.5	13.7
	汉中	15.4	15.1	14.6	14.8	14.4	13.4	15.1	15.9	17.6	18.4	18.6	17.7	15.9
	安康	13.8	12.4	12.8	13.5	13.6	12.1	13.7	13.2	15.2	16.0	16.9	14.8	14.0
内蒙古	满洲里		15.4	12.7	9.6	8.9	10.0	13.4	14.2	12.9	12.2	14.1		12.7
	海拉尔			15.1	11.2	9.7	11.1	13.6	14.5	13.6	12.7	13.9		13.8
	博克图		14.6	11.7	10.1	9.1	12.4	15.6	16.0	13.6	12.0	13.8	15.5	13.3
	呼和浩特	12.0	11.3	9.2	9.0	8.3	9.2	11.6	13.0	11.9	11.9	11.7	12.1	10.9
	根河			14.3	14.0	11.0	13.0	16.5	16.5	15.6	14.0	16.4		14.7
	通辽	11.7	10.3	9.3	8.8	8.5	11.2	13.6	14.2	12.4	11.4	11.3	11.6	11.2
	赤峰	10.1	9.8	8.8	7.4	7.6	9.8	12.0	12.5	10.7	9.8	9.8	10.1	9.9
山西	大同	11.0	10.5	9.7	8.9	8.5	9.8	12.0	13.0	11.0	11.2	10.7	10.9	10.6
	阳泉	9.2	9.6	10.0	9.0	8.6	9.7	9.1	14.8	12.7	11.8	10.5	9.7	10.4
	太原	10.6	10.4	10.2	9.4	9.5	10.1	13.1	14.5	13.8	12.9	12.6	11.6	11.6
	晋城	10.9	11.2	11.6	11.2	10.7	10.8	14.7	15.4	14.2	12.8	11.9	10.9	12.2
	运城	11.4	11.0	11.2	11.6	11.0	9.5	12.7	12.6	13.6	13.4	14.2	12.5	12.1

（续）

省（自治区）	地　名	月　份												年平均
		1	2	3	4	5	6	7	8	9	10	11	12	
河北	北京	9.6	10.2	10.2	9.3	9.4	10.7	14.6	15.6	13.0	12.6	11.6	10.4	11.4
	天津	10.8	11.3	11.2	10.2	10.0	11.7	14.8	14.9	13.3	12.6	12.5	11.8	12.1
	承德	10.1	9.8	9.1	8.2	8.4	10.6	13.3	13.9	12.1	11.3	10.7	10.6	10.7
	张家口	10.3	10.0	9.2	8.3	7.9	9.4	12.2	13.2	10.9	10.4	10.3	10.5	10.2
	唐山	10.6	10.9	10.6	10.1	9.7	11.5	15.2	15.6	13.1	12.8	12.0	11.2	12.0
	保定	11.3	11.5	11.3	9.8	9.8	10.2	14.0	15.6	13.1	13.2	13.4	12.4	12.1
	石家庄	10.7	11.3	10.7	9.4	9.6	9.8	14.0	15.6	13.1	12.9	12.8	12.0	11.8
	邢台	11.7	11.6	11.1	10.3	9.9	10.0	14.3	16.0	13.8	13.4	13.5	12.9	12.4
	德州	12.1	12.2	11.1	10.3	9.5	9.6	14.0	15.2	13.0	12.7	13.0	13.2	12.2
山东	济南	10.9	11.2	10.2	9.3	8.9	9.3	9.3	9.8	9.9	10.9	10.0	11.6	10.1
	青岛	13.5	13.6	12.9	12.9	13.2	15.5	19.2	18.2	15.2	14.4	14.5	14.6	14.8
	兖州	12.9	12.5	11.4	10.8	10.7	10.4	15.2	15.5	14.0	12.9	13.7	13.6	12.8
	临沂	12.2	12.5	12.0	11.7	11.6	12.4	16.8	15.8	14.3	12.8	13.2	13.0	13.2
江苏	徐州	13.4	13.0	12.4	12.4	11.9	11.7	16.2	16.3	14.6	13.4	13.9	14.0	13.6
	上海	14.9	16.0	15.8	15.5	13.6	17.3	16.3	16.1	16.0	15.0	15.6	15.6	15.6
	连云港	13.4	13.5	12.6	12.3	12.0	12.8	15.8	15.1	14.0	13.0	13.6	13.6	13.5
	镇江	13.7	14.4	14.6	14.9	14.6	14.6	16.2	16.1	15.7	14.2	14.7	14.2	14.8
	南通	15.5	16.4	16.6	16.6	16.4	16.9	18.0	18.0	16.9	15.4	15.9	15.6	16.5
	南京	14.4	14.8	14.7	14.5	14.6	14.6	15.8	15.5	15.6	14.5	15.2	15.0	14.9
	武进	15.1	15.7	15.8	16.1	15.9	15.6	16.1	16.5	16.9	15.4	15.9	15.9	15.9
安徽	蚌埠	14.2	14.1	14.1	13.6	13.0	12.2	15.0	15.2	14.8	13.7	14.3	14.4	14.1
	阜阳	13.5	13.4	13.9	14.3	13.8	12.0	15.5	15.5	14.8	13.6	13.6	13.9	14.0
	合肥	14.9	14.8	14.8	15.1	14.6	14.4	15.8	15.0	15.0	14.1	15.0	15.0	14.9
	芜湖	15.5	16.0	16.5	15.8	15.5	15.1	15.9	15.4	15.7	15.0	16.0	15.9	15.7
	安庆	14.6	15.3	15.8	15.7	15.5	15.1	15.0	14.4	14.6	13.9	14.8	15.0	15.0
	屯溪	15.7	16.3	16.5	16.0	16.1	16.4	14.8	14.7	15.0	15.4	16.4	16.7	15.8
浙江	杭州	16.0	17.1	17.4	17.0	16.8	16.8	15.5	16.1	17.8	16.5	17.1	17.0	16.8
	定海	13.6	15.0	15.7	17.0	18.0	19.5	18.5	16.5	15.2	13.9	14.1	14.1	15.9
	鄞县	15.6	17.0	17.2	17.0	16.7	18.3	16.5	16.1	17.7	16.8	17.0	16.6	16.9
	金华	14.8	15.6	16.5	15.4	15.5	16.0	13.3	13.4	14.4	14.5	15.1	15.9	15.0
	衢州	16.0	16.8	17.1	16.0	16.1	16.3	14.1	13.9	14.4	14.5	15.5	16.1	15.6
	温州	14.7	16.5	18.0	18.3	18.5	19.4	16.0	16.5	16.8	15.0	14.9	14.9	16.8
江西	九江	15.0	15.6	16.5	16.0	15.8	15.7	14.1	14.4	14.8	14.5	15.1	15.2	15.2
	景德镇	15.4	16.1	16.9	16.0	16.6	16.8	15.0	14.8	14.4	15.0	15.5	16.2	15.7
	南昌	15.0	16.6	17.5	16.9	16.5	16.2	13.9	13.9	14.1	13.9	15.0	15.2	15.4
	萍乡	17.6	19.3	19.0	17.8	17.0	16.2	13.8	14.8	15.6	16.0	18.0	18.3	17.0
	赣州	14.9	16.5	17.0	16.5	15.3	15.5	12.8	13.3	13.1	13.2	14.6	15.4	14.8

（续）

省（自治区）	地名	月份 1	2	3	4	5	6	7	8	9	10	11	12	年平均
福建	南平	15.7	16.4	16.1	15.9	16.0	16.8	14.1	14.5	14.9	14.9	15.8	16.4	15.6
	福州	14.2	15.6	16.6	16.0	16.5	17.2	14.8	14.9	14.9	13.4	13.7	13.9	15.1
	龙岩	13.8	15.0	15.8	15.2	15.4	16.8	14.5	14.8	14.3	13.5	13.7	13.9	13.7
	厦门	13.9	15.3	16.1	16.5	17.4	17.6	15.8	15.4	14.0	12.4	12.9	13.6	15.1
台湾	台北	18.0	17.9	17.2	17.5	15.9	16.1	14.7	14.7	15.1	15.4	17.0	16.9	16.4
河南	开封	13.0	13.2	12.7	12.0	11.6	10.8	15.1	15.9	14.3	13.8	14.5	13.8	13.4
	郑州	12.0	12.6	12.2	11.6	10.8	9.7	14.0	15.1	13.4	13.0	13.4	12.3	12.5
	洛阳	11.4	12.0	11.9	11.6	10.8	9.7	13.6	14.9	13.4	13.3	13.4	12.0	11.3
	商丘	14.3	14.0	13.5	13.0	12.1	11.4	15.5	15.8	14.8	14.0	14.4	14.6	14.0
	许昌	12.4	12.7	12.9	12.8	12.1	10.5	14.8	15.5	14.0	13.5	13.6	13.0	13.2
	南阳	13.5	13.2	13.4	13.6	13.0	11.4	15.1	15.2	13.8	13.8	14.3	13.9	12.9
	信阳	15.0	15.1	15.1	14.9	14.4	13.5	15.5	15.9	15.5	15.1	15.8	15.4	15.1
湖北	宜昌	14.8	14.5	15.4	15.3	15.0	14.6	15.6	15.1	14.1	14.7	15.6	15.5	15.0
	汉口	15.5	16.0	16.9	16.5	15.8	14.9	15.0	14.7	14.7	15.0	15.9	15.5	15.5
	恩施	18.0	17.0	16.8	16.0	16.1	15.1	15.5	15.1	15.4	17.3	19.0	19.8	16.8
	黄石	15.4	15.5	16.4	16.5	15.5	15.1	14.4	14.7	14.5	14.5	15.4	15.8	15.3
湖南	岳阳	15.4	16.1	16.9	17.0	16.1	15.5	13.8	14.8	15.0	15.3	15.9	15.8	15.6
	常德	16.7	17.0	17.5	17.4	16.1	16.0	15.0	15.5	15.4	16.0	16.8	17.0	15.0
	长沙	16.4	17.5	17.6	17.4	16.6	15.5	13.5	13.8	14.6	15.2	16.2	16.6	15.9
	邵阳	15.6	17.0	17.1	17.0	16.6	15.2	13.6	13.9	13.3	14.4	15.9	15.8	15.5
	衡阳	16.4	18.0	18.0	17.2	16.0	15.1	12.8	13.4	13.2	14.4	16.1	16.6	15.6
	郴县	17.6	19.2	18.0	16.8	16.5	14.8	12.5	14.2	15.7	16.4	18.0	18.9	16.6
广东	韶关	13.8	15.5	16.0	16.2	15.6	15.5	13.8	14.4	13.7	13.0	13.5	14.0	14.6
	汕头	15.5	17.0	17.5	17.5	17.9	18.5	17.0	17.0	16.2	15.0	15.3	15.4	16.7
	广州	13.1	15.5	17.3	17.5	17.5	18.0	17.0	16.5	13.5	13.4	12.9	12.8	15.6
	湛江	15.4	18.8	20.2	18.9	16.5	17.0	15.8	16.5	15.7	14.4	14.6	15.0	16.6
	海口	18.2	19.8	19.0	17.5	16.6	17.0	16.0	18.0	18.0	16.7	17.0	17.7	17.6
	西沙	15.0	15.6	16.0	15.8	15.6	17.0	17.0	17.0	17.5	15.8	16.0	15.0	16.1
广西	桂林	13.7	15.1	16.1	16.5	16.0	15.5	14.7	15.1	13.0	12.8	13.7	13.6	14.7
	梧州	13.5	15.5	17.0	16.6	16.4	16.5	15.4	15.8	14.8	13.2	13.6	14.1	15.2
	南宁	14.4	15.8	17.5	16.5	15.5	16.1	16.0	16.1	14.8	13.9	14.5	14.3	15.5
四川	阿坝	11.1	11.2	11.1	11.3	12.5	14.2	15.5	15.6	15.8	14.6	12.8	11.6	13.1
	绵阳	15.4	15.2	14.5	14.1	13.5	14.5	16.5	17.1	16.6	17.4	19.0	16.6	16.7
	万州	17.5	15.8	15.9	15.6	15.8	15.9	15.4	15.0	16.0	18.0	18.0	18.6	16.5
	成都	16.3	17.0	15.5	15.3	14.8	16.0	17.6	17.7	18.0	18.8	17.5	18.0	16.9
	雅安	15.6	16.1	15.2	14.5	14.0	13.8	15.1	15.5	17.0	18.5	17.5	17.5	15.9
	重庆	17.0	15.7	14.9	14.5	15.0	15.2	14.2	13.6	15.3	18.2	18.0	18.1	15.8
	乐山	16.1	17.0	15.2	14.6	14.8	15.5	17.0	17.1	17.5	18.7	18.0	17.6	16.6
	宜宾	17.0	16.9	15.1	14.6	14.8	15.6	16.6	16.0	16.9	19.1	16.5	17.0	16.5

（续）

省（自治区）	地 名	月份 1	2	3	4	5	6	7	8	9	10	11	12	年平均
贵州	铜仁	15.4	15.5	16.0	16.0	16.6	16.0	15.0	15.1	14.5	16.0	16.2	15.8	15.7
	遵义	16.6	16.5	16.4	15.4	15.9	15.4	14.6	15.3	15.4	17.9	17.6	18.0	16.3
	贵阳	16.0	15.9	14.7	14.2	15.0	15.1	14.9	15.0	14.6	15.7	16.0	16.1	15.3
	安顺	17.7	17.6	15.4	14.5	15.6	15.9	16.5	16.6	15.5	17.5	17.1	18.0	16.5
	榕江	14.7	15.1	15.2	15.2	16.1	16.8	17.0	16.9	15.2	15.9	16.1	15.7	15.8
云南	丽江	9.0	9.3	9.4	9.6	10.7	14.6	16.5	17.5	17.0	14.4	11.5	10.2	12.5
	昆明	13.2	11.9	10.9	10.3	11.8	15.3	17.0	17.7	16.9	17.0	15.0	14.3	14.3
西藏	昌都	8.4	8.5	8.3	8.6	9.3	11.2	12.1	12.8	12.5	11.1	9.1	8.8	10.1
	拉萨	7.0	6.7	7.0	7.6	8.1	9.9	12.6	13.4	12.3	9.5	8.2	8.1	9.2
	日喀则	7.2	5.7	6.1	6.2	7.1	9.5	12.4	13.8	11.8	9.9	7.5	7.6	8.7
	江孜	6.1	5.8	6.5	7.1	8.1	9.8	12.5	14.3	12.5	8.9	7.5	6.9	8.0

（自朱政贤，1985）

附录 5

我国各地区木材平衡含水率和干燥锯材最终含水率

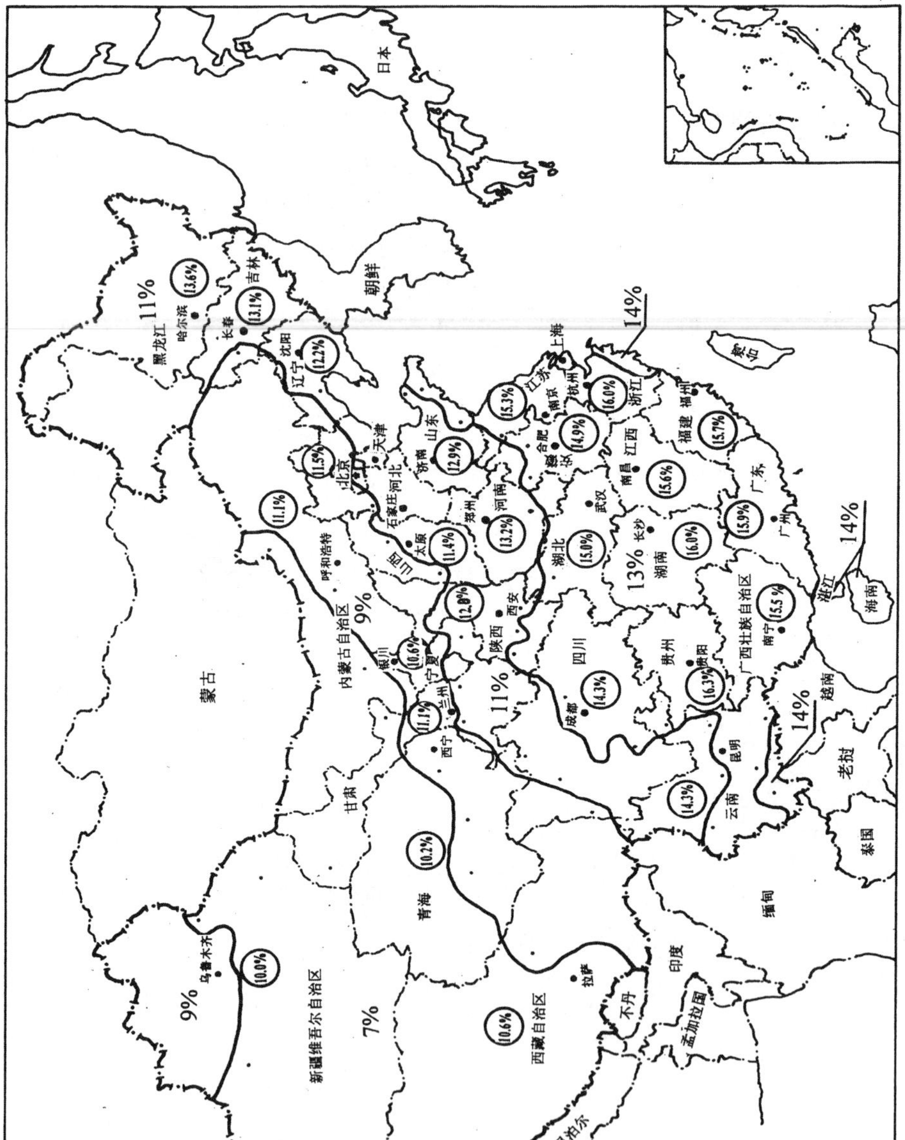

我国各地区木材平衡含水率和干燥锯材最终含水率
(自朱政贤，1985)

附录 6

阔叶树材室干含水率基准表(LY/T1068—1992)

阔叶树材室干含水率基准表(LY/T 1068—1992)

11-1				11-2				11-3			
W	*t*	Δ*t*	*EMC*	*W*	*t*	Δ*t*	*EMC*	*W*	*t*	Δ*t*	*EMC*
60 以上	80	4	12. 8	60 以上	80	5	11. 6	60 以上	80	7	9. 9
60 ~ 40	85	6	10. 5	60 ~ 40	85	7	9. 7	60 ~ 40	85	8	9. 1
40 ~ 30	90	9	8. 4	40 ~ 30	90	10	7. 9	40 ~ 30	90	11	7. 4
30 ~ 20	95	13	6. 5	30 ~ 20	95	14	6. 4	30 ~ 20	95	16	5. 6
20 ~ 15	100	20	4. 7	20 ~ 15	100	20	4. 7	20 ~ 15	100	22	4. 4
15 以下	110	28	3. 3	15 以下	110	28	3. 3	15 以下	110	28	3. 3

12-1				12-2				12-3			
W	*t*	Δ*t*	*EMC*	*W*	*t*	Δ*t*	*EMC*	*W*	*t*	Δ*t*	*EMC*
60 以上	70	4	13. 3	60 以上	70	5	12. 1	60 以上	70	6	11. 1
60 ~ 40	72	5	12. 1	60 ~ 40	72	6	11. 1	60 ~ 40	72	7	10. 3
40 ~ 30	75	8	9. 5	40 ~ 30	75	9	8. 8	40 ~ 30	75	10	8. 3
30 ~ 20	80	12	7. 2	30 ~ 20	80	13	6. 8	30 ~ 20	80	14	6. 5
20 ~ 15	85	16	5. 8	20 ~ 15	85	16	5. 8	20 ~ 15	85	18	5. 2
15 以下	95	20	4. 8	15 以下	95	20	4. 8	15 以下	95	20	4. 8

13-1				13-2				13-3			
W	*t*	Δ*t*	*EMC*	*W*	*t*	Δ*t*	*EMC*	*W*	*t*	Δ*t*	*EMC*
40 以上	65	3	15. 0	40 以上	65	4	13. 6	40 以上	65	6	11. 3
40 ~ 30	67	4	13. 6	40 ~ 30	67	5	12. 3	40 ~ 30	67	7	10. 5
30 ~ 25	70	7	10. 3	30 ~ 25	70	8	9. 6	30 ~ 25	70	9	8. 8
25 ~ 20	75	10	8. 3	25 ~ 20	75	12	7. 3	25 ~ 20	75	12	7. 3
20 ~ 15	80	15	6. 2	20 ~ 15	80	15	6. 2	20 ~ 15	80	15	6. 2
15 以下	90	20	4. 8	15 以下	90	20	4. 8	15 以下	90	20	4. 8

14-1				14-2				14-3			
W	*t*	Δ*t*	*EMC*	*W*	*t*	Δ*t*	*EMC*	*W*	*t*	Δ*t*	*EMC*
40 以上	60	3	15. 3	40 以上	60	4	13. 8	40 以上	60	6	11. 4
40 ~ 30	62	4	13. 8	40 ~ 30	62	5	12. 5	40 ~ 30	62	7	10. 6
30 ~ 25	65	7	10. 5	30 ~ 25	65	8	9. 8	30 ~ 25	65	9	9. 1
25 ~ 20	70	10	8. 5	25 ~ 20	70	12	7. 5	25 ~ 20	70	12	7. 5
20 ~ 15	75	15	6. 3	20 ~ 15	75	15	6. 3	20 ~ 15	75	15	6. 3
15 以下	85	20	4. 9	15 以下	85	20	4. 9	15 以下	85	20	4. 9

(续)

15-1				15-2				15-3			
W	*t*	Δ*t*	*EMC*	*W*	*t*	Δ*t*	*EMC*	*W*	*t*	Δ*t*	*EMC*
40 以上	55	3	15.6	40 以上	55	4	14.0	40 以上	55	6	11.5
40 ~ 30	57	4	14.0	40 ~ 30	57	5	12.7	40 ~ 30	57	7	10.7
30 ~ 25	60	6	11.4	30 ~ 25	60	8	9.8	30 ~ 25	60	9	9.3
25 ~ 20	65	10	8.5	25 ~ 20	65	12	7.5	25 ~ 20	65	12	7.7
20 ~ 15	70	45	6.3	20 ~ 15	70	15	6.4	20 ~ 15	70	15	6.4
15 以下	80	20	4.9	15 以下	80	20	4.9	15 以下	80	20	4.9

16-1				16-2				16-3			
W	*t*	Δ*t*	*EMC*	*W*	*t*	Δ*t*	*EMC*	*W*	*t*	Δ*t*	*EMC*
40 以上	50	3	15.8	40 以上	50	4	14.1	40 以上	50	5	12.7
40 ~ 30	52	4	14.1	40 ~ 30	52	5	12.7	40 ~ 30	52	6	11.5
30 ~ 25	55	6	11.5	30 ~ 25	55	7	10.7	30 ~ 25	55	9	9.3
25 ~ 20	60	10	8.7	25 ~ 20	60	10	8.7	25 ~ 20	60	12	7.7
20 ~ 15	65	15	6.4	20 ~ 15	65	15	6.4	20 ~ 15	65	15	6.4
15 以下	75	20	4.9	15 以下	75	20	4.9	15 以下	75	20	4.9

17-1				17-2				17-3			
W	*t*	Δ*t*	*EMC*	*W*	*t*	Δ*t*	*EMC*	*W*	*t*	Δ*t*	*EMC*
40 以上	45	2	18.2	40 以上	45	3	15.9	40 以上	45	4	14.2
40 ~ 30	47	3	15.9	40 ~ 30	47	4	12.6	40 ~ 30	47	6	11.4
30 ~ 25	50	5	12.7	30 ~ 25	50	6	10.7	30 ~ 25	50	8	9.8
25 ~ 20	55	9	9.3	25 ~ 20	55	10	8.7	25 ~ 20	55	12	7.6
20 ~ 15	60	15	6.4	20 ~ 15	60	15	6.4	20 ~ 15	60	15	6.4
15 以下	70	20	4.9	15 以下	70	20	4.9	15 以下	70	20	4.9

17-4				18-1				18-2			
W	*t*	Δ*t*	*EMC*	*W*	*t*	Δ*t*	*EMC*	*W*	*t*	Δ*t*	*EMC*
40 以上	45	7	10.6	40 以上	40	2	18.1	40 以上	40	3	16.0
40 ~ 30	47	9	9.1	40 ~ 30	42	3	16.0	40 ~ 30	42	4	14.0
30 ~ 25	50	13	7.0	30 ~ 25	45	5	12.6	30 ~ 25	45	6	11.4
25 ~ 20	55	18	5.2	25 ~ 20	50	8	9.8	25 ~ 20	50	9	9.2
20 ~ 15	60	24	3.7	20 ~ 15	55	12	7.6	20 ~ 15	55	12	7.6
15 以下	70	30	2.7	15 ~ 12	60	15	6.4	15 ~ 12	60	15	6.4
				12 以下	70	20	4.9	12 以下	70	20	4.9

18-3				19-1				20-1			
W	*t*	Δ*t*	*EMC*	*W*	*t*	Δ*t*	*EMC*	*W*	*t*	Δ*t*	*EMC*
40 以上	40	4	14.0	40 以上	35	2	18.0	60 以上	35	6	11.0
40 ~ 30	42	6	11.62	40 ~ 30	37	3	15.8	60 ~ 40	35	8	9.2
30 ~ 25	45	8	9.7	30 ~ 25	40	5	12.4	40 ~ 20	35	10	7.2
25 ~ 20	50	10	8.6	25 ~ 20	45	8	9.7	20 ~ 15	40	15	5.3
20 ~ 15	55	12	7.6	20 ~ 15	50	12	7.8	15 以下	50	20	2.5
15 ~ 12	60	15	6.4	15 ~ 12	55	15	6.3				
12 以下	70	20	4.9	12 以下	60	20	4.8				

附录 7

阔叶树材室干基准选用表

阔叶树材室干基准选用表

树　种	材　厚(mm)				
	15	25、30	40、50	60	70、80
椴木	11-3	12-3	13-3	14-3 *	
沙兰杨	11-3	12-3(11-2)	12-3		
石梓、木莲	11-2	12-2(11-2)	13-2		
白桦、枫桦	13-3	13-2	14-2 *		
水曲柳	13-3	13-2 *	13-1 *	14-1 *	15-1 *
黄波罗	13-3	13-2	13-1	14 – 1 *	
柞木	13-2	14-2	14-1	15-1 *	
核桃楸	13-3	13-2 *	14-2 *	15-1 *	
色木(槭木)、白牛槭		13-2 *	14-2 *	15-1 *	
甜锥、荷木、灰木、枫香、拟赤杨、桂樟		14-1 *	15-1 *		
樟叶槭、光皮桦、野柿、金叶白兰、天目紫茎		14-2 *	15-1 *		
檫木、苦楝、毛丹、油丹		14-2 *	15-1 *		
野漆		14-2	15-2 *		
橡胶木		14-2	15-2	16-2 *	
水青冈、厚皮香、英国梧桐		16-1 *	17-2 *		
马蹄荷		17-1 *			
米老排		18-1 *			
麻栎、白青冈、红青冈		18-1 *			
椆木、高山栎		18-1 *			
裂叶榆、春榆	14-3	15-3 *	16-2 *		
毛白杨、山杨	14-3	16-3	17-3		
毛泡桐	17-4	17-4	17-4		
兰考泡桐	20-1	20-1	20-1		

注:①初含水率高于 80% 的锯材,基准第 1、2 阶段含水率分别改为 50% 以上和 30% ~50%;初含水率高于 120% 的锯材,基准第 1、2、3 阶段含水率分别改为 60% 以上,40% ~60%,25% ~40%。

②有 * 号者表示需进行中间处理。

③其他厚度的锯材参照表列相近厚度的基准。

④毛泡桐、兰考泡桐室干前冷水浸泡 10 ~15 天,气干 5 ~7 天。不进行高湿处理。

附录 8

我国主要树种的木材密度、干缩系数及干燥特性

我国主要树种的木材密度、干缩系数及干燥特性

树　种	试材采集地	密度(g/cm³)		干缩系数(%)			干　燥　特　性
		基本	气干	径向	弦向	体积	
苍山冷杉	云南丽江	0.401	0.439	0.217	0.373	0.590	易干
杉松冷杉	东北长白山		0.390	0.122	0.300	0.437	易干
柳杉	福建、安徽	0.294	0.352	0.090	0.248	0.362	易干
杉木	湖南、安徽、江西、广西、四川、贵州、广东	0.300	0.369	0.124	0.276	0.421	易干
柏木	湖北、贵州	0.474	0.567	0.134	0.194	0.348	不易干,易翘曲
兴安落叶松	东北大、小兴安岭	0.528	0.669	0.178	0.403	0.604	较难干,常有表裂、端裂、环裂缺陷
长白落叶松	东北长白山		0.594	0.168	0.408	0.554	较难干,常有表裂、端裂、环裂缺陷
长白鱼鳞云杉	吉林	0.378	0.467	0.198	0.360	0.545	易干
红皮云杉	东北小兴安岭、吉林	0.352	0.426	0.139	0.317	0.470	易干
红松	东北小兴安岭、长白山	0.360	0.440	0.122	0.321	0.459	易干,常有端裂、湿心缺陷、高温干燥时性脆易断
马尾松	湖南、江西、安徽、广东、广西、贵州	0.431	0.536	0.156	0.300	0.486	易翘曲、开裂,高温干燥时性脆易断
樟子松	黑龙江	0.376	0.467	0.144	0.324	0.491	易干
云南松	云南、贵州	0.483	0.594	0.198	0.352	0.570	易干,常有翘裂缺陷
铁杉	四川、湖南、湖北	0.460	0.526	0.165	0.284	0.468	较易干
槭木(色木)	东北、安徽	0.616	0.749	0.200	0.332	0.544	不易干,易变形、翘曲,有端裂及内裂
拟赤杨	福建、江西、广东	0.359	0.445	0.131	0.273	0.423	易干
桤木	安徽、云南	0.424	0.518	0.126	0.279	0.425	易干
硕桦	黑龙江	0.590	0.698	0.272	0.333	0.650	不易干,易翘曲、变形
白桦	黑龙江、吉林、陕西、甘肃	0.495	0.607	0.208	0.284	0.433	不易干,易翘曲、变形
栲树	福建、江西、安徽、广东	0.470	0.583	0.139	0.286	0.444	难干,易变形、内裂、皱缩

（续）

树　种	试材采集地	密度（g/cm³）		干缩系数（%）			干 燥 特 性
		基本	气干	径向	弦向	体积	
红锥	广东	0.584	0.733	0.206	0.291	0.515	难干，易变形、内裂、皱缩
香樟	湖南、安徽	0.469	0.558	0.132	0.236	0.389	不易干，易变形
水青冈	云南	0.610	0.793	0.204	0.387	0.617	难干，易翘曲和内裂
梧桐	安徽	0.417	0.529	0.156	0.260	0.439	较易干、易变形
水曲柳	东北长白山、黑龙江	0.509	0.665	0.184	0.338	0.548	难干，易翘曲和内裂
核桃楸	东北长白山、黑龙江	0.420	0.527	0.191	0.296	0.491	不易干，有湿心、内裂、弯曲、皱缩等缺陷
枫香	湖南、安徽	0.473	0.603	0.165	0.333	0.528	不易干，易变形、翘裂
泡桐	四川、贵州	0.247	0.310	0.105	0.208	0.321	易干
白桦	黑龙江、吉林、陕西、甘肃	0.495	0.607	0.208	0.284	0.433	不易干，易翘曲、变形
黄波罗	东北长白山	0.430	0.449	0.128	0.242	0.368	不易干，有湿心
山杨	黑龙江、吉林	0.396	0.442	0.156	0.292	0.489	不易干，常有皱缩缺陷
麻栎	安徽、陕西	0.684	0.896	0.192	0.370	0.578	难干，常有表裂、内裂及纵向扭曲
柞木	东北长白山、黑龙江	0.603	0.757	0.190	0.317	0.555	难干，易翘曲，常有表裂及内裂
栓皮栎	安徽、贵州、陕西	0.707	0.895	0.203	0.403	0.620	难干，易翘曲，常有表裂及内裂
刺槐	北京、陕西	0.667	0.802	0.184	0.267	0.472	较难干
檫木	湖南、安徽	0.473	0.569	0.161	0.281	0.462	易干
荷木	湖南、福建、安徽	0.502	0.624	0.172	0.284	0.481	难干，易翘曲，常有表裂及内裂
紫椴	黑龙江、长白山	0.355	0.476	0.194	0.257	0.470	易干
糠椴	黑龙江	0.330	0.424	0.187	0.235	0.447	易干
裂叶榆	黑龙江	0.456	0.548	0.163	0.336	0.517	不易干

注：①试材如采自多数地区，则取平均值。

②杉松冷杉、鱼鳞云杉及红皮云杉，通常合称白松。

③本表根据成俊卿主编《木材学》统计而成。

附录 9

SRZ 型加热器主要技术参数

SRZ 型加热器主要技术参数

规格型号 长×宽	散热面积 (m^2)	通风净截 面积(m^2)	热介质通 过截面积 (m^2)	管排数 (排)	螺旋片 管根数 (根)	连接管 (mm)	外形尺寸(mm)			质量 (kg)
							长	宽	厚	
5×5D	10.13	0.154	0.0043	3	23	32	573	562	160	54
5×5Z	8.78	0.155								48
5×5X	6.23	0.158								45
10×5D	19.92	0.302					1067			93
10×5Z	17.26	0.306								84
10×5X	12.22	0.312					1316			76
12×5D	24.86	0.378								113
6×6D	15.33	0.231	0.0055	3	29	38	675	688	160	77
6×6Z	13.29	0.234								69
6×6X	9.43	0.239					1067			63
10×6D	25.13	0.381								115
10×6Z	21.77	0.385								103
10×6X	15.42	0.393								93
12×6D	31.35	0.475					1316			139
15×6D	37.73	0.572								164
15×6Z	32.67	0.579					1571			146
15×6X	23.13	0.591								139
7×7D	20.31	0.320	0.0063	3	33	51	776	772	160	97
7×7Z	17.60	0.324					1067			87
7×7X	12.48	0.329								79
10×7D	28.59	0.450								129
10×7Z	24.77	0.456								115
10×7X	17.55	0.464					1316			104
12×7D	35.67	0.564								156
15×7D	42.93	0.678					1571			183
15×7Z	37.18	0.685								164
15×7X	26.32	0.698					1816			145
17×7D	94.90	0.788								210
17×7Z	43.21	0.797					2268			187
17×7X	30.58	0.812								169
22×7D	62.75	0.991	0.0063	3	33	64				260
15×10D	62.14	0.921	0.0089	3	47	64	1571	1066	160	255
15×10Z	52.95	0.932								227
15×10X	37.48	0.951								203
17×10D	71.06	1.072					1816			293
17×10Z	61.54	1.085								260
17×10X	43.56	1.106								232
20×10D	81.27	1.226					2068			331

注:D 为大型,Z 为中型,X 为小型。

(自采暖通风设计手册,1979)

附录 10.1

锯材干燥基准表

锯材干燥基准表

基准序号	干燥阶段	干球温度(℃)	湿球温度(℃)	相对湿度(%)	干燥时间系数(%)
1	1	100			10
	2	120			40
2	1	96	74	41	30
	2	116	70	17	70
3	1	96	79	51	30
	2	114	72	20	70
4	1	90	74	52	40
	2	110	70	20	60
5	1	90	70	43	30
	2	100	70	29	20
	3	110	63	18	50
6	1	90	76	56	35
	2	100	76	39	30
	3	110	70	20	35
7	1	80	70	51	30
	2	96	74	41	20
	3	106	70	23	20
	4	110	68	17	30
8	1	80	69	62	30
	2	90	71	45	20
	3	100	74	35	20
	4	11	70	20	30
9	1	78	7	70	30
	2	88	74	56	20
	3	98	76	42	20
	4	108	74	26	30
10	1	78	72	77	30
	2	88	77	64	20
	3	98	76	42	20
	4	108	76	29	30
11	1	76	68	70	30
	2	80	67	56	20
	3	90	73	49	20
	4	100	72	32	30

（续）

基准序号	干燥阶段	干球温度(℃)	湿球温度(℃)	相对湿度(%)	干燥时间系数(%)
12	1	72	63	66	30
	2	80	66	54	20
	3	88	69	44	20
	4	96	66	28	30
13	1	64	60	82	30
	2	72	66	76	20
	3	78	67	61	20
	4	84	64	41	30
14	1	50	42	62	30
	2	54	44	56	20
	3	64	49	45	20
	4	76	52	30	30
15	1	74	69	80	30
	2	80	71	68	20
	3	86	68	46	20
	4	90	62	29	30
16	1	68	61	72	30
	2	74	63	60	20
	3	78	60	43	20
	4	84	58	30	30
17	1	60	61	79	30
	2	70	63	72	20
	3	76	64	58	20
	4	82	62	40	30
18	1	64	60	82	30
	2	72	66	76	20
	3	78	67	61	20
	4	84	64	41	30
19	1	80	69	62	30
	2	90	73	49	20
	3	100	76	39	20
	4	110	70	20	30
20	40 以上	68	65	87	
	40～30	72	67	80	15
	30～25	96	81	56	8
	25～20	100	80	46	10
	20～15	106	76	31	12
	15 以下	110	70	20	
21	40 以上	70	66	83	
	40～35	72	66	76	8
	35～30	76	68	70	9
	30～25	80	69	62	10
	25～20	86	71	53	11
	20～15	92	72	44	12
	15 以下	100	72	32	

（续）

基准序号	干燥阶段	干球温度(℃)	湿球温度(℃)	相对湿度(%)	干燥时间系数(%)
22	40 以上	68	65	87	
	40～35	72	67	80	8
	35～30	74	67	73	9
	30～25	78	69	67	10
	25～20	84	71	57	11
	20～15	90	71	45	12
	15～10	96	66	31	
23	10 以下	66	59	71	
	40～35	68	59	65	8
	35～30	70	59	59	9
	30～25	72	58	51	10
	25～20	74	57	44	11
	20～15	78	56	35	12
	15～10	82	56	29	14
	10 以下	88	56	20	
24	40 以上	68	64	83	
	40～35	70	65	79	8
	35～30	74	67	73	9
	30～25	78	69	67	10
	25～20	82	70	60	11
	20～15	88	72	51	12
	15 以下				
25	40 以上	64	60	82	
	40～35	68	63	79	8
	35～30	72	65	73	9
	30～25	76	65	68	10
	25～20	80	65	51	11
	20～15	86	66	42	12
	15～10	90	66	35	14
	10 以下	96	68	31	
26	40 以上	62	58	82	
	40～35	64	59	78	8
	35～30	66	60	75	9
	30～25	68	60	68	10
	25～20	72	62	63	11
	20～15	74	61	54	12
	15～10	76	59	45	14
	10 以下				
27	40 以上	64	60	82	
	40～35	66	61	79	8
	35～30	68	61	72	9
	30～25	70	61	65	10

（续）

基准序号	干燥阶段	干球温度(℃)	湿球温度(℃)	相对湿度(%)	干燥时间系数(%)
27	25～20	72	60	57	11
	20～15	76	60	47	12
	15～10	80	60	40	14
	10 以下	86	60	31	
28	40 以上	60	57	86	
	40～35	62	58	86	8
	35～30	64	58	74	9
	30～25	68	60	68	10
	25～20	70	60	62	11
	20～15	74	60	52	12
	15～10	80	62	44	14
	10 以下	86	60	31	
29	60 以上	58	56	90	
	60～40	60	57	86	8
	40～35	64	60	82	9
	35～30	66	60	75	10
	30～25	68	61	72	11
	25～20	70	61	65	12
	20～15	72	60	57	13
	15～10	76	59	45	14
	10 以下	82	58	35	
30	60 以上	50	48	90	
	60～40	54	51	85	8
	40～35	56	52	81	9
	35～30	58	52	73	10
	30～25	62	55	70	11
	25～20	64	55	64	12
	20～15	68	56	55	13
	15～10	74	57	44	14
	10 以下	80	56	32	

附录 10.2

锯材波动干燥基准

锯材波动干燥基准

基准序号	含水率阶段		干球温度(℃)	湿球温度(℃)	相对湿度(%)	干燥时间系数(%)	
31	50 以上		86	77	69		
	50～40		96	83	60	6	
	40～30		100	82	50	8	
		波动周期	干球温度(℃)	湿球温度(℃)	相对湿度(%)	干燥时间系数(%)	
	30～25	升温	110	99	68	20	
		冷却	70	50	36	24	
		升温	110	97	63	20	
		冷却	70	50	36	24	
		常温	100	80	46	48	
	25～20	升温	110	94	57	20	
		冷却	76	52	30	24	
		常温	104	78	36	48	
	20～15	升温	114	94	50	20	
		冷却	80	52	25	24	
	终了处理		110	99	68	15	
32	50 以上		60	57	86		
	50～40		62	58	82	8	
	40～35		64	58	74	9	
	35～30		68	60	68	10	
	30～25		70	59	59	11	
		波动周期	干球温度(℃)	湿球温度(℃)	相对湿度(%)	延续时间(h)	
						6.8～7.7cm	7.8～9.2cm
	25～20	升温	84	81	89	16	18
		冷却	60	47	49	20	20
		常温	80	60	52	72	72
	20～15	升温	88	84	85	16	18
		冷却	60	45	43	24	24
		常温	80	62	44	72	72
	15～10	升温	92	87	82	17	19
		冷却	60	43	38	24	24
		常温	80	62	37	72	72
	10 以下	升温	96	90	80	17	19
		冷却	60	40	31	28	28
		常温	88	62	31	72	72
	终了处理		90	85	82	18	20

（续）

基准序号	含水率阶段		干球温度(℃)	湿球温度(℃)	相对湿度(%)	干燥时间系数(%)	
33	50 以上		62	59	86		
	50～45		64	60	82	8	
	45～40		66	60	75	9	
	40～35		68	61	72	10	
	35～30		72	64	69	11	
	30～25		76	66	64	12	
		波动周期	干球温度(℃)	湿球温度(℃)	相对湿度(%)	延续时间(h)	
						6.8～7.7cm	7.8～9.2cm
	25～20	升温	84	80	85	16	18
		冷却	60	47	45	20	24
		常温	78	67	61	60	60
	20～15	升温	86	81	82	18	20
		冷却	60	43	38	20	24
		常温	78	64	53	60	60
	15～10	升温	90	84	79	18	20
		冷却	66	47	36	22	24
		常温	80	60	40	60	72
	10 以下	升温	90	83	76	18	20
		冷却	66	47	36	24	24
		常温	84	60	33	60	72
	终了处理		90	85	82	16	18
34	50 以上		76	72	84		
	50～45		78	72	77	7	
	45～40		82	74	71	8	
		波动周期	干球温度(℃)	湿球温度(℃)	相对湿度(%)	延续时间(h)	
						9.8～10.2cm	10.3～11.2cm
	40～35	升温	90	87	89	14	16
		冷却	66	56	61	30	32
		常温	84	74	66	48	48
	35～30	升温	90	87	89	14	16
		冷却	66	53	61	30	32
		常温	85	74	61	48	48
	30～25	升温	96	91	83	15	17
		冷却	66	53	52	32	34
		常温	90	76	56	48	48
	25～20	升温	100	95	83	16	18
		冷却	66	51	46	32	34
		常温	96	77	47	48	48
	20～15	升温	106	100	81	16	18
		冷却	70	52	40	34	36
		常温	100	78	42	48	48
	15～10	升温	110	100	71	18	20
		冷却	70	49	31	36	38
	终了处理		110	100	31	16	18

附录 10.3

干燥基准选择表

干燥基准选择表

厚度（mm）	基准序号															
	红松	美国松	雪松	白松	椴木	杨木	落叶松	桦木	色木	水曲柳	榆木	核桃楸	黄波罗	柞木	柳桉	越南杂
27 以下	1	1	1	1	1	14	9	12	12	12	12	11	11	13	29	17
28 ~ 37	1	1	3	3	3	15	10	12	12	12	16	11	11	13	29	18
38 ~ 47	1	1	4	4	4	15	21	12	12	12	16	12	12	23	29	27
48 ~ 57	2	2	6	6	6	24	21	23	23	23	23	25	25	27	30	28
58 ~ 67	5	5	8	8	8	24	21	23	23	23	26	25	25	28	30	28
68 ~ 77	7	7	19	19	19	24	22	33	33	33	26	32	32			
78 ~ 87	31	31	20	20	20	24	22	33	33	33		32	32			
88 ~ 97	31	31										32	32			
98 ~ 107	34	34														
108 ~ 117	34	34														

附录 11.1

锯材三阶段干燥基准表

锯材三阶段干燥基准表

基准标记	木材含水率(%)	基准号与干燥介质参数[t(℃);Δt(℃);φ]														
		1			2			3			4			5		
		t	Δt	φ	t	Δt	φ	t	Δt	φ	t	Δt	φ	t	Δt	φ
A	>30	90	4	0.85	82	3	0.88	75	3	0.87	69	3	0.87	63	2	0.91
	30~20	95	7	0.76	87	6	0.78	80	6	0.77	73	6	0.76	67	5	0.78
	<20	120	32	0.32	108	27	0.35	100	26	0.35	91	34	0.36	83	22	0.36
B	>30	90	5	0.81	82	4	0.84	75	4	0.84	69	4	0.83	63	3	0.86
	30~20	95	9	0.70	87	8	0.72	80	8	0.70	73	7	0.72	67	6	0.75
	<20	120	34	0.29	108	29	0.32	100	28	0.32	91	25	0.34	83	23	0.37
C	>30	90	7	0.75	82	6	0.77	75	5	0.80	69	5	0.79	63	4	0.82
	30~20	95	11	0.65	87	10	0.66	80	9	0.66	73	8	0.69	67	7	0.71
	<20	120	36	0.26	108	31	0.30	100	29	0.30	91	26	0.33	83	27	0.32
D	>30	90	9	0.69	82	8	0.71	75	7	0.73	69	6	0.76	63	5	0.78
	30~20	95	13	0.60	87	12	0.60	80	11	0.61	73	10	0.63	67	9	0.64
	<20	120	37	0.25	108	33	0.27	100	31	0.27	91	28	0.30	83	25	0.30
E	>30	90	11	0.63	82	10	0.65	75	9	0.66	69	8	0.68	63	7	0.70
	30~20	95	15	0.54	87	14	0.55	80	13	0.55	73	12	0.56	67	11	0.58
	<20	120	38	0.24	108	35	0.24	100	33	0.25	91	30	0.26	83	27	0.28

基准标记	木材含水率(%)	基准号与干燥介质参数[t(℃);Δt(℃);φ]														
		6			7			8			9			10		
		t	Δt	φ	t	Δt	φ	t	Δt	φ	t	Δt	φ	t	Δt	φ
A	>30	57	2	0.90	52	2	0.90	—	—	—	—	—	—	—	—	—
	30~20	61	5	0.78	55	4	0.80	—	—	—	—	—	—	—	—	—
	<20	77	11	0.36	70	20	0.35	—	—	—	—	—	—	—	—	—
B	>30	57	3	0.85	52	3	0.84	47	2	0.90	42	2	0.89	38	2	0.88
	30~20	61	6	0.74	55	5	0.76	50	5	0.75	45	4	0.79	41	4	0.77
	<20	77	22	0.34	70	21	0.35	62	18	0.36	57	17	0.36	52	16	0.36
C	>30	57	4	0.81	52	4	0.80	47	3	0.84	42	3	0.83	38	3	0.82
	30~20	61	7	0.70	55	7	0.68	50	6	0.70	45	5	0.74	41	5	0.72
	<20	77	23	0.32	70	22	0.31	62	19	0.33	57	18	0.34	52	17	0.43
D	>30	57	5	0.76	52	5	0.75	47	4	0.79	42	4	0.77	38	4	0.76
	30~20	61	9	0.62	55	8	0.64	50	7	0.66	45	6	0.69	41	6	0.67
	<20	77	25	0.29	70	23	0.29	62	20	0.31	57	19	0.35	52	18	0.30
E	>30	57	6	0.72	52	6	0.71	—	—	—	—	—	—	—	—	—
	30~20	61	10	0.59	55	9	0.60	—	—	—	—	—	—	—	—	—
	<20	77	26	0.27	70	24	0.27	—	—	—	—	—	—	—	—	—

附录 11.2

三阶段干燥基准选择表

三阶段干燥基准选择表

树　种	基准种类	锯材厚度(mm)							
		22 以下	22 以上～30	30 以上～40	40 以上～50	50 以上～60	60 以上～70	70 以上～85	85 以上～100
松 云杉雪松 冷杉	软	6—E	6—D	7—D	7—C	7—C	7—B	7—B	8—B
	标	2—E	3—D	3—C	4—C	4—B	5—B	4—C	7—B
	强	1—E	1—D	1—C	2—C	2—B	3—B	2—C	—
落叶松	标	3—C	4—B	5—B	5—A	6—A	8—B	5—A	10—B
	强	1—C	2—B	3—B	3—A	—	—	—	—
山杨 椴木 白杨	标	3—D	3—B	4—B	5—C	6—C	7—C	5—C	9—C
	强	2—D	2—B	3—B	4—C	—	—	—	—
桦木 赤杨	标	3—E	4—D	4—C	5—C	6—B	7—B	5—C	9—B
	强	2—E	3—D	3—C	4—C	—	—	—	—
水青冈 槭木	标	4—D	5—C	6—C	6—B	7—B	8—B	6—B	—
	强	2—D	3—C	4—C	—	—	—	—	—
柞木 榆木	标	5—D	6—C	6—B	7—B	8—B	9—B	7—B	—
	强	3—D	4—C	5—C	—	—	—	—	—
核桃楸	标	5—C	5—B	6—D	6—B	7—C	8—C	6—B	—
千金榆 水曲柳	标	6—C	6—A	7—B	8—B	8—B	9—C	8—B	—

参考文献

成俊卿. 1985. 木材学[M]. 北京：中国林业出版社.

顾炼百. 1983. 木材的除湿干燥[J]. 家具，(4).

顾炼百. 2003. 木材加工工艺学[M]. 北京：中国林业出版社.

韩健，郭泽球. 1983. 竹胶合板生产工艺[M]. 北京：中国林业出版社.

李业发. 1999. 能源工程导论[M]. 合肥：中国科学技术大学出版社.

梁世镇，等. 1981. 木材干燥[M]. 北京：中国林业出版社.

梁世镇，等. 1998. 木材工业实用大全：木材干燥卷[M]. 北京：中国林业出版社.

罗运俊. 2005. 太阳能利用技术[M]. 北京：化学工业出版社.

阮锡根. 2005. 木材物理学[M]. 北京：中国林业出版社.

唐旭华. 2005. 自动检测技术及仪表控制系统[M]. 2 版. 北京：化学工业出版社.

王绍林. 2003. 微波加热技术的应用[M]. 北京：机械工业出版社.

吴旦人. 1999. 竹页学基础[M]. 长沙：湖南科技出版社

向仕龙，蒋远舟. 2001. 非木材植物人造板[M]. 北京：中国林业出版社.

徐成海. 2003. 真空干燥[M]. 北京：化学工业出版社.

尹思慈. 1996. 木材学[M]. 北京：中国林业出版社.

应四新. 1976. 微波加热与微波干燥[M]. 北京：国防工业出版社.

张璧光. 2005. 实用木材干燥技术[M]. 北京：化学工业出版社.

张齐生. 1995. 中国竹材工业化利用[M]. 北京：中国林业出版社.

赵仁杰. 2002. 竹材人造板工艺学[M]. 北京：中国林业出版社.

赵荣义. 1994. 空气调节[M]. 3 版. 北京：中国建筑工业出版社.

朱政贤. 1992. 木材干燥[M]. 2 版. 北京：中国林业出版社.

[法]Aleon. 木材的除湿干燥[J]. C. T. B. Dossier sechage.

[法]若利. 1985. 木材干燥[M]. 宋闯译. 北京：中国林业出版社.

[日]日本機会学会编. 1992. 湿度・水分测定と環境のモニタ[M]. 東京：技報堂出版株式会社.

[日]渡辺人. 1986. 木材应用基础[M]. 上海：上海科学技术出版社.

[日]满久崇麿. 1983. 木材的干燥[M]. 马寿康译. 北京：轻工业出版社.